新2022 최신개정판

영양사

완벽마무리를 책임진다!

출제경향을 반영한 핵심이론 | 바로 복습이 가능한 핵심문제 | 적중률 높은 최종마무리 출제예상문제

1교시

영양학 및 생화학
영양교육, 식사요법 및 생리학

SD에듀
(주)시대고시기획

아무리 어려운 시험이라도
합격하는 사람은 꼭 있다!

이 책은 영양사 면허 국가시험을 준비하는 수험생들에게 길잡이가 되어 주고자 출간하게 되었습니다. 개정 방향에 맞추어 책의 내용이 집필되었고, 최근 출제 경향에 맞춰 중요한 부분을 쉽게 소화할 수 있도록 함을 집필 목적으로 두었습니다.

2017년부터 영양사 시험과목은 기존 9개 과목에서 4개 분야(영양학 및 생화학, 영양교육·식사요법 및 생리학, 식품학 및 조리원리, 급식·위생 및 관계법규)로 나뉘어 출제되고 있습니다. 합격자 결정 방법은 전 과목의 총점의 60% 이상, 매 과목 만점의 40% 이상 득점한 자를 합격자로 합니다. 출제 경향이 다소 어려워진 만큼 기본에 집중하자는 목표로 영양관련 기본과목들을 충실하게 정리했고, 시험장 입실 전에 꼭 알아야 할 내용을 기준으로 설명했습니다. 또한, 본 수험서는 2020년 한국인 영양소 섭취기준을 반영해 최신 정보를 기준으로 이론 및 문제를 정리했습니다.

미니멀리즘(Minimalism)이라는 용어가 화두가 되고 있습니다. 단순함과 간결함을 추구하는 예술과 문화의 흐름을 말하는 용어로, 제2차 세계대전을 전후하여 시각예술 분야에서 출현하여 음악, 건축, 패션, 철학 등 삶의 여러 영역으로 확대되어 다양한 모습으로 나타나고 있습니다. 이는 공부에도 적용될 수 있습니다. 수험생 여러분들은 방대한 전공 서적을 모두 찾아볼 것이 아니라, 영양사 국가고시를 위해 일목요연하게 정리된 본 수험서로 시험을 준비하시기 바랍니다.

최미희 편저자 올림

시험안내

GUIDE

시험일정

구 분	일 정	비 고
응시원서접수	• 인터넷 접수 : 2022년 09월경 • 국시원 홈페이지 [원서접수] • 외국대학 졸업자로 응시자격 확인서류를 제출하여야 하는 자는 위의 접수기간 내에 반드시 국시원에 방문하여 서류확인 후 접수 가능함	• 응시수수료 : 90,000원 • 접수시간 : 해당 시험직종 접수 시작일 09:00 부터 접수 마감일 18:00까지
시험시행	• 일시 : 2022년 12월경 • 국시원 홈페이지 [시험안내] → [영양사] → [시험장소(필기/실기)]	응시자 준비물 : 응시표, 신분증, 필기도구 지참 ※ 컴퓨터용 흑색 수성사인펜은 지급함
최종합격자 발표	• 2023년 1월경 • 국시원 홈페이지 [합격자조회]	휴대전화번호가 기입된 경우에 한하여 SMS 통보

※ 정확한 시험일정은 시행처에서 확인하시기 바랍니다.

응시자격

1. 2016년 3월 1일 이후 입학자

다음 내용에 모두 해당하는 자가 응시할 수 있습니다.

➡ 다음의 학과 또는 학부(전공) 중 1가지

① 학과 : 영양학과, 식품영양학과, 영양식품학과

② 학부(전공) : 식품학, 영양학, 식품영양학, 영양식품학

※ 학칙에 의거한 '학과명' 또는 '학부의 전공명'이어야 하며, 위와 명칭이 상이한 경우 반드시 담당자 확인 요망(1544-4244)

➡ 교과목(학점) 이수 : '영양관련 교과목 이수증명서'로 교과목(학점) 확인 가능

① 영양관련 교과목 이수증명서에 따른 18과목 52학점을 전공(필수 또는 선택)과목으로 이수해야 함

② 2016년 3월 1일 이후 영양사 현장실습 교과목 이수 시 80시간 이상(2주 이상), 영양사가 배치된 집단급식소, 의료기관, 보건소 등에서 현장 실습하여야 함

③ 법정과목과 그에 해당하는 유사인정과목은 동일한 과목이므로, 여러 개 이수해도 1개 과목 이수로만 인정(단, 학점은 합산 가능)

시험안내

2. 2010년 5월 23일 이후 ~ 2016년 2월 29일 입학자

다음 내용에 모두 해당하는 자가 응시할 수 있습니다.

➜ 식품학 또는 영양학 전공 : 식품학, 영양학, 식품영양학, 영양식품학 중 1가지

※ 학칙에 의거한 '전공명'이어야 하며, 위와 명칭이 상이한 경우 반드시 담당자 확인 요망(1544-4244)

➜ 교과목(학점) 이수 : '영양관련 교과목 이수증명서'로 교과목(학점) 확인 가능
① 영양관련 교과목 이수증명서에 따른 18과목 52학점을 전공(필수 또는 선택)과목으로 이수해야 함
② 2016년 3월 1일 이후 영양사 현장실습 교과목 이수 시 80시간 이상(2주 이상), 영양사가 배치된 집단급식소, 의료기관, 보건소 등에서 현장 실습하여야 함
③ 법정과목과 그에 해당하는 유사인정과목은 동일한 과목이므로, 여러 개 이수해도 1개 과목 이수로만 인정(단, 학점은 합산 가능)

3. 2010년 5월 23일 이전 입학자

2010년 5월 23일 이전 고등교육법에 따른 학교에 입학한 자로서 종전의 규정에 따라 응시자격을 갖춘 자는 국민영양관리법 제15조 제1항 및 동법 시행규칙 제7조 제1항의 개정규정에도 불구하고 시험에 응시할 수 있습니다. 다음 내용에 해당하는 자가 응시할 수 있습니다.

➜ 식품학 또는 영양학 전공 : 식품학, 영양학, 식품영양학, 영양식품학 중 1가지

※ 학칙에 의거한 '전공명'이어야 하며, 위와 명칭이 상이한 경우 반드시 담당자 확인 요망(1544-4244)

4. 국내대학 졸업자가 아닌 경우

다음 내용의 어느 하나에 해당하는 자가 응시할 수 있습니다.

➜ 외국에서 영양사면허를 받은 사람
➜ 외국의 영양사 양성학교 중 보건복지부장관이 인정하는 학교를 졸업한 사람

5. 다음 내용의 어느 하나에 해당하는 자는 응시할 수 없습니다.

➜ 정신건강복지법 제3조 제1호에 따른 정신질환자. 다만, 전문의가 영양사로서 적합하다고 인정하는 사람은 그러하지 아니하다.
➜ 감염병예방법 제2조 제13호에 따른 감염병환자 중 보건복지부령으로 정하는 사람
➜ 마약 · 대마 또는 향정신성의약품 중독자
➜ 영양사 면허의 취소처분을 받고 그 취소된 날부터 1년이 지나지 아니한 자

 **응시원서 접수**

1. 인터넷 접수 대상자

방문접수 대상자를 제외하고 모두 인터넷 접수만 가능

※ 방문접수 대상자 : 보건복지부장관이 인정하는 외국대학 졸업자 중 국가시험에 처음 응시하는 경우는 응시자격 확인을 위해 방문접수만 가능합니다.

2. 인터넷 접수 준비사항

➡ **회원가입 등**
 ① 회원가입 : 약관 동의(이용약관, 개인정보 처리지침, 개인정보 제공 및 활용)
 ② 아이디 / 비밀번호 : 응시원서 수정 및 응시표 출력에 사용
 ③ 연락처 : 연락처1(휴대전화번호), 연락처2(자택번호), 전자 우편 입력

※ 휴대전화번호는 비밀번호 재발급 시 인증용으로 사용됨

➡ **응시원서 : 국시원 홈페이지 [시험안내 홈] → [원서접수] → [응시원서 접수]에서 직접 입력**
 ① 실명인증 : 성명과 주민등록번호를 입력하여 실명인증을 시행, 외국국적자는 외국인등록증이나 국
 내거소신고증상의 등록번호 사용. 금융거래 실적이 없을 경우 실명인증이 불가능함. NICE신용평가
 정보(1600−1522)에 문의
 ② 공지사항 확인

※ 원서 접수 내용은 접수 기간 내 홈페이지에서 수정 가능(주민등록번호, 성명 제외)

➡ **사진파일 : jpg 파일(컬러), 276x354픽셀 이상 크기, 해상도는 200dpi 이상**

3. 응시수수료 결제

➡ **결제 방법 : 국시원 홈페이지 [응시원서 작성 완료] → [결제하기] → [응시수수료 결제] → [시험선택] →
 [온라인계좌이체 / 가상계좌이체 / 신용카드] 중 선택**
➡ **마감 안내 : 인터넷 응시원서 등록 후, 접수 마감일 18:00까지 결제하지 않았을 경우 미접수로 처리**

4. 접수결과 확인

➡ **방법 : 국시원 홈페이지 [시험안내 홈] → [원서접수] → [응시원서 접수결과]**
➡ **영수증 발급 : http://www.tosspayments.com → [결제내역 확인] → [결제방법 선택 조회] → [출력]**

5. 응시원서 기재사항 수정

➡ **방법 : 국시원 홈페이지 [시험안내 홈] → [마이페이지] → [응시원서 수정]**

➡ **기간 : 시험 시작일 하루 전까지만 가능**

➡ **수정 가능 범위**

① 응시원서 접수기간 : 아이디, 성명, 주민등록번호를 제외한 나머지 항목

② 응시원서 접수기간~시험장소 공고 7일 전 : 응시지역

③ 마감~시행 하루 전 : 비밀번호, 주소, 전화번호, 전자 우편, 학과명 등

④ 단, 성명이나 주민등록번호는 개인정보(열람, 정정, 삭제, 처리정지) 요구서와 주민등록초본 또는 기본
증명서, 신분증 사본을 제출하여야만 수정 가능

6. 응시표 출력

➡ **방법 : 국시원 홈페이지 [시험안내 홈] → [응시표 출력]**

➡ **기간 : 시험장 공고일부터 시험 시행일 아침까지 가능**

➡ **기타 : 흑백으로 출력하여도 관계없음**

 시험과목

시험과목 수	문제수	배 점	총 점	문제형식
4	220	1점/1문제	220점	객관식 5지선다형

 시험시간표

구 분	시험과목(문제수)	교시별 문제수	시험형식	입장시간	시험시간
1교시	영양학 및 생화학(60) 영양교육, 식사요법 및 생리학(60)	120	객관식	~ 08:30	09:00 ~ 10:40 (100분)
2교시	식품학 및 조리원리(40) 급식, 위생 및 관계법규(60)	100		~ 11:00	11:10 ~ 12:35 (85분)

※ 식품 · 영양 관계법규 : 식품위생법, 학교급식법, 국민건강증진법, 국민영양관리법, 농수산물의 원산지 표시에 관한 법률, 식품 등의 표시 · 광고에 관
한 법률과 그 시행령 및 시행규칙

 합격기준

1. 합격자 결정

➡ 합격자 결정은 전 과목 총점의 60% 이상, 매 과목 40% 이상 득점한 자를 합격자로 합니다.

➡ 응시자격이 없는 것으로 확인된 경우에는 합격자 발표 이후에도 합격을 취소합니다.

2. 합격자 발표

➡ 합격자 명단은 다음과 같이 확인할 수 있습니다.
　① 국시원 홈페이지 [합격자조회]
　② 국시원 모바일 홈페이지

➡ 휴대전화번호가 기입된 경우에 한하여 SMS로 합격여부를 알려드립니다.

※ 휴대전화번호가 010으로 변경되어, 기존 01* 번호를 연결해 놓은 경우 반드시 변경된 010 번호로 입력(기재)하여야 합니다.

 합격률

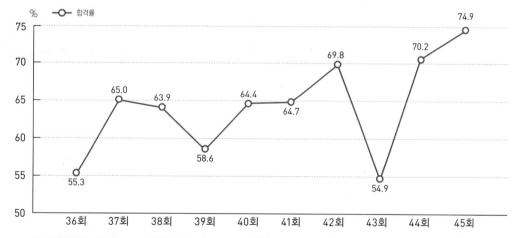

회 차	36	37	38	39	40	41	42	43	44	45
응시자	7,487	7,690	7,250	6,892	6,998	6,888	6,464	6,411	6,633	5,972
합격자	4,139	4,998	4,636	4,041	4,504	4,458	4,509	3,522	4,657	4,472
합격률(%)	55.3	65.0	63.9	58.6	64.4	64.7	69.8	54.9	70.2	74.9

이 책의 구성과 특징

출제경향을 반영한 핵심이론

완벽한 마무리를 위해 군더더기는 싹 뺀, 핵심이론만 철저히 준비했습니다.

따로따로가 아닌 하나로, 한 눈에!

각각 공부한 내용, 하지만 비교하면 더 쉽게 이해할 수 있습니다. 빠른 마무리를 위한 전문가의 연구결과입니다.

- 포도당 생성 : 대부분의 아미노산은 당 생성 아미노산으로서, 간에서 포도당 신생과정을 거쳐 포도당을 생성하거나 회로로 들어가 에너지원이 됨
- 지방산 및 케톤체 생성 : 케톤 생성 아미노산은 아세틸 CoA를 통해 지방산이나 케톤체를 합성하거나 TCA 회로로 들에너지원이 됨
- 아미노기의 대사
  - 요소 생성 : 아미노산의 아미노기로부터 생성된 암모니아는 간의 요소회로를 통해 요소로 전환되어 소변으로 배
  - 요산 생성 : 핵산의 염기인 퓨린의 탈아미노반응에 의해 요산이 생성됨
  - 크레아틴과 크레아티닌 생성 : 크레아틴은 신장에서 아르기닌, 글리신, 메티오닌 등에 의해 합성됨 → 근육으로 운크레아틴은 크레아틴 인산이 되어 ADP를 인산화시켜 ATP로 만들어 근육수축에 이용 → 크레아티닌은 크레아틴의 초해산물

아미노산	생리활성 물질	작용
트립토판	세로토닌	감정을 조절하며 농도가 낮아지면 우울증 유발
티로신	도파민	고도의 정신기능, 창조성 발휘와 감정, 호르몬 및 미세한 운동 조절
티로신	카테콜아민	혈관수축, 심박항진, 혈당상승
히스티딘	히스타민	혈관확장, 콧물이나 위액분비
메티오닌, 시스테인	타우린	태아의 뇌조직 성분, 담즙의 성분, 혈구 내의 항산화 기능
글리신, 시스테인, 글루탐산	글루타티온	과산화물을 제거하는 항산화 기능

📝 아미노산 분해대사 및 질소 배설

- 아미노산 분해대사
  - phenylalanine과 tyrosine은 산화에 의해 adrenalin, melanin, 탈탄산에 의해 tyramine, 요오드화에 의해 thyroxine이 생성
  - tryptophan은 분해되어 pyrrole 고리 계열에 의해 niacin, anthranilic acid, 탈탄산에 의해 tryptamine, 산화에 의해 serotonin이 생성
  - 탈아미노 반응 : 아미노산의 α-amino기가 제거되어 암모니아(NH_3)로 떨어져나가고 케토산(keto acid)으로 전환됨, 케토산은 TCA cycle로 들어가 완전 산화
  - 아미노기 전달반응 : 아미노산의 아미노기를 다른 α-케토산에 전달하여 새로운 아미노산을 형성하는 반응
  - 탈탄산 반응 : 아미노기는 그대로 둔 채 carboxyl만을 제거하는 반응으로 아민(amine)합성 반응
  - 암모니아 운반 : 조직세포에서 deamination, transamination으로 생성된 암모니아는 독성이 있어 새로운 운반형태가 필요
- 요소회로(urea cycle)
  - 간의 세포질과 미토콘드리아에서 아미노산 분해에서 생긴 암모니아를 ATP를 사용해서 해독작용하여 요소로 배설하는 일련의 순환과정
  - 반응장소는 간세포의 미토콘드리아와 세포질로 1분자의 요소(urea)는 2분자의 암모니아를 처리함 → 1분자의 요소(urea)는 생성 시 4ATP를 소모함

01 단백질을 섭취하는 양에 따라 소변으로 배설되는 양이 달라지는 것은? `2021.12`

① 빌리루빈
② 암모니아
③ 크레아틴
④ 인산크레아틴
⑤ 요 소

01 사람의 최종 질소 배설 형태는 요소, 어류는 암모니아, 양서류와 조류는 요산이다. 크레아틴은 근육에 있는 에너지 저장 형태로서 근육수축에 필요한 에너지를 고에너지 인산결합물질인 인산크레아틴으로 저장하고 있다가, ATP 공급이 급히 필요할 때 이용된다.

02 다음의 생리활성물질과 이와 관련된 아미노산의 연결로 옳은 것은? `2018.12` `2019.12`

① 멜라토닌 – 페닐알라닌
② 카르니틴 – 글루타민
③ 타우린 – 글리신
④ 세로토닌 – 트립토판
⑤ 도파민 – 히스티딘

02 트립토판은 인체 내에서 합성되지 않는 필수아미노산 중 하나로 세로토닌을 만드는 원료물질이다.

03 요소회로에서 카바모일 인산(carbamoyl phosphate)이 합성되는 곳은? `2021.12`

① 리보솜
② 리소좀
③ 세포질
④ 미토콘드리아
⑤ 골지체

생성된다.
물의 간에서 아미노산 분해로
ATP를 사용하여 요소로 배설하
.
토콘드리아와 세포질에서 일
이아에서 일어나는 반응은 NH₄
→ carbamoyl phosphate +
line이다.
하기 위해서 4ATP가 소모되
근데, carbamoyl phosphate와 argininosuccinate
생성에 각각 2ATP씩 사용된다.

● 기출유사문제로 복습

시험에 출제된 기출문제를 재구성·복원하여 출제경향을 파악할 수 있습니다.

04 산화적 탈아미노 반응에서 α-아미노기를 전이시키는 조효소는?

① biotin
② lipoic acid
③ pyridoxal phosphate
④ thiamine pyrophosphate
⑤ coenzyme A

용에서 아미노산의 α-아미노
전구체인 조효소 pyridoxal
전이시킨다.

04 ③

● 바로 복습이 가능한 핵심문제

핵심이론을 학습 후 바로 문제풀이를 할 수 있어 완벽히 이해를 했는지 확인할 수 있습니다.

안심Touch

이 책의 구성과 특징

1과목 **최종마무리** **영양학 및 생화학**

과목별 출제경향에 맞는 문제풀이

영양학 및 생화학, 영양교육, 식사요법 및 생리학으로 나누어 출제경향에 맞는 문제들만 수록했습니다.

---

01 세포 내 소기관의 하나인 미토콘드리아의 주요 기능은?

① 소화작용　　　　　　　② 단백질 합성
③ 에너지 발전소　　　　　④ 유전정보 함유
⑤ 분비기관

02 다음의 특성을 나타내는 물질이동의 방법은?

- 운반체를 매개로 한다.
- 에너지를 필요로 하지 않는다.
- 물질 농도가 높은 곳에서 낮은 곳으로 운반된다.
- 특히 혈당이 세포 내로 유입될 때 이용하는 물질의 운반기전이다.

① 능동수송　　　　　　　② 삼 투
③ 여 과　　　　　　　　　④ 촉진확산
⑤ 단순확산

해설 촉진확산
- 특정의 물질이 막에 존재하는 운반체를 매개로 해서 막을 통과하는 수동수송이다.

03 외부환경 변화에도 불구하고 세포의 내부환경이 일정하게 유지되는 현상이 아닌 것은?

① 혈압조절　　　　　　　② 혈당조절
③ 호흡조절　　　　　　　④ 체온조절
⑤ 신경계의 조절

해설 항상성
생물체내를 일정하게 유지하는 현상을 뜻하는 것으로 체온, 호흡, 혈당, 혈압, 체내 pH 등이 해당한다. 자율신경계와 내분비계의 조화로 이루어진다.

01 ③ 02 ④ 03 ⑤ **정답**

적중률 높은 최종마무리 출제예상문제

핵심이론과 핵심문제 풀이 후에는 출제 가능성이 높은 예상문제로 실력을 다져보세요.

75 세포막의 인지질에 있고 호르몬과 같은 기능을 하는 에이코사노이드의 전구체가 되는 지방산은? 2020.12

① 아라키돈산
② 팔미트산
③ 부티르산
④ 스테아르산
⑤ 올레산

해설   에이코사노이드(eicosanoid)
다가불포화지방산의 산화물이다. 탄소수 20개의 아라키돈산(Aachidonic acid)을 전구물질로 사이클로옥시게나제(Cyclooxygenase) 또는 리폭시게나제(Lipoxygenase)의 산화작용에 의해 프로스타글란딘(Prostaglandin)과 류코트리엔(Leukotrien) 등의 에이코사노이드류를 생합성하게 된다.

76 지방의 소화과정 중 문맥으로 바로 흡수되는 지방산은? 2018.12

① 올레산
② 팔미트산
③ 아라키돈산
④ 스테아르산

해설   지방의 소화와 흡수
• 단쇄지방산은 바로 문맥으로 들어간다.
• 중쇄지방산은 흡수세포 안에서 중성지방으로 전환되거나, 문맥으로 들어간다.
• 장쇄지방산은 중성지방으로 전환되어 킬로미크론(chylomicron)의 일부가 된다.
• 가수분해된 지방분해산물은 혼합미셀의 형태로 소장점막에서 흡수된다.

단쇄지방산(C_2-C_4)	중쇄지방산(C_6-C_{10})	장쇄지방산(C_{12} 이상)
아세트산, 프로피온산, 부티르산	카프론산, 카프릴산, 카프린산	팔미트산, 스테아르산, 아라키돈산, 올레산, 레놀레산 등

77 동물의 지방이나 간유에 함유되어 있으며 항피부병 인자로서 효능을 갖는 지방산은? 2017.02

① 리놀레산
② 리놀렌산
③ 아라키돈산
④ 올레산
⑤ 프로피온산

해설   지방산
• 아라키돈산 : 항피부병 인자로서 피부 건강에 필수적, 달걀, 간 등에 풍부하다.
• 리놀레산 : 동물의 성장과 피부건강에 필수적이며 일반 식물성유(옥수수 기름, 콩기름, 황화기름, 참기름 등)에 함유되어 있다.
• 리놀렌산 : ω-3 지방산으로 혈전 등을 예방하는 EPA와 뇌의 구성성분인 DHA의 전구체, 동물의 성장에 필수적이며 들기름, 콩기름, 아마씨유 등에 많이 함유되어 있다.

정답   **75** ①   **76** ⑤   **77** ③

모르는 문제는 있을 수 없다!
꼼꼼한 전문가 해설

모르는 문제도 완벽하게 자신의 것으로 만드는 것이 중요합니다. 전문가가 풀이한 해설로 실력을 한 단계 더 업그레이드하세요.

혼자 공부하기 힘드시다면 방법이 있습니다.
SD에듀의 동영상 강의를 이용하시면 됩니다.
www.sdedu.co.kr ➔ 회원가입(로그인) ➔ 강의 살펴보기

영양학 및 생화학

📝 영양과 성장, 영양표시

- 영양과 성장
  - 성장 : 신체의 길이와 크기가 형태적으로 증대하는 과정(체중, 신장 등)
  - 발달 : 신체의 기능면이 점점 복잡해지면서 성숙되는 과정(호흡기능, 소화기능, 운동기능 등)
  - 세포의 성장단계 : 세포 증식기(세포분열에 의해 세포수 증가, 성장·발달에 결정적으로 중요한 시기) → 세포 증식기 및 비대기(세포수 및 세포 크기의 증가가 동시에) → 세포 비대기(세포분열 중지, 세포 크기만 증가)
- 영양표시제
  - 식품의 영양에 대한 적절한 정보를 소비자에게 공급함으로써 합리적인 식품선택을 하도록 돕기 위한 제도
  - 필요성 : 식품산업의 발달 및 가공식품의 이용 증대로 제품의 차별화를 강조하는 데 필요함. 영양정보의 범람 및 소비자의 식품선택을 위한 표준화된 품질표시양식 장착이 필요
  - 영양성분표시 : 열량, 탄수화물, 당류, 단백질, 지방, 포화지방, 트랜스지방, 콜레스테롤, 나트륨
  - 영양강조표시 : 영양소 함량강조표시(무, 저, 고 또는 풍부), 영양소 비교강조표시(덜, 더, 강화, 첨가 등)
  - 표시대상식품 : 특수영양식품, 건강보조식품, 영양강조식품

📝 세포의 구조와 기능

- 세포막
  - 단일지질 이중층 구조(두께 : 약 75~100Å, 지질, 단백질 및 탄수화물로 구성)
  - 세포 외액·내액 구분, 새포 내외의 물질이동(선택적 투과), 세포 내 환경을 일정하게 유지해 소기관을 보호
- 사립체(mitochondria)
  - 이중막, 외막과 내막으로 구성(세포 내 호흡기구)
  - 내막은 호흡효소계(연쇄계, 산화적 인산화)가 있어 ATP 생산
  - 기질 : 자체의 DNA, RNA, ribosome을 가지며, 물질대사에 관여함(TCA cycle, urea cycle 등)
  - 대사가 왕성한 조직일수록 미토콘드리아가 많음
- 소포체
  - 단일막, 관상구조
  - 활면소포체(무과립소포체) : 당질대사, 지방산 합성 및 불포화, 콜레스테롤 합성, 해독작용
  - 조면소포체(과립소포체) : ribosome 부착으로 단백질 합성
- 골지체(golgi complex) : 단일막, 거대물질분자(당단백)의 합성 및 분비과립 제조
- 용해소체(lysosome) : 단일막, 가수분해효소 함유(세포 내 소화기구)
- 과산화소체(peroxisome, 미소체) : 단일막, catalase(과산화수소 파괴) 및 산화효소 함유
- 리보솜(ribosome) : 단백질과 RNA로 이루어진 과립, 단백질 합성
- 핵(nucleus)
  - 이중막으로 이루어진 세포의 생명 중추이며 유전정보를 함유
  - 염색체 : 유전정보(DNA) 함유
  - 핵소체(핵인) : rRNA 합성 및 저장
  - DNA와 RNA 함유

01 영양성분표시에서 의무표시 영양소는?

① 칼 슘　　　　　② 칼 륨
③ 나트륨　　　　　④ 철 분
⑤ 마그네슘

02 세포의 성장단계에서 증식성 성장(hyperplasia)에 대한 설명으로 옳지 않은 것은?

① DNA량이 증가한다.
② 세포수가 증가한다.
③ 세포의 크기만 커진다.
④ 성장과 발달에 매우 중요하다.
⑤ 세포분열만 진행된다.

03 TCA 회로에 관여하는 효소가 있으며, 호기성 진핵세포의 ATP 생성 장소는? 2019.12

① 미토콘드리아　　　② 골지체
③ 소포체　　　　　　④ 미소체
⑤ 리보솜

04 세포 내 소기관 중 이중막으로 이루어진 세포의 생명 중추이며 유전정보를 함유하고 있는 곳은?

① 핵　　　　　　　② 세포막
③ 소포체　　　　　④ 골지체
⑤ 리보솜

---

01 영양성분표시제도
열량, 나트륨, 탄수화물, 당류, 지방, 트랜스지방, 포화지방, 콜레스테롤, 단백질을 의무적으로 표시해야 한다.

02 증식성 성장 VS 비대성 성장

증식성 성장 (hyperplasia)	비대성 성장 (hypertrophy)
• 세포분열에 의해 세포 수가 증가함 • DNA량 증가	• 세포분열은 중지되고 세포의 크기만 커짐 • DNA량은 비교적 일정함

03 • 미토콘드리아는 외막과 내막의 2개의 막을 가지고 있으며, 내부는 접혀진 구조로 구성된다. 산화적 인산화에 의한 ATP 합성은 미토콘드리아 내막에서 이루어지고 있다.
• 소포체는 단일막 관상구조로 활면소포체와 조면소포체가 있다.
• 리보솜은 단백질과 RNA로 이루어진 과립이며 단백질 합성에 관여한다.
• 리소좀은 동물 세포 내에 존재하며 생체막 안에 다양한 물질 분해효소를 함유하며 세포 내 노폐물의 처리를 맡는 기관이다.

04 핵(nucleus)
이중막으로 이루어진 세포의 생명 중추이며 유전정보를 함유한다.
• 염색체 : 유전정보(DNA) 함유
• 핵소체(핵인) : rRNA 합성 및 저장
• DNA와 RNA 함유

01 ③　02 ③　03 ①　04 ①

안심Touch

☑ 탄수화물의 소화, 흡수

	입에서의 소화	위에서의 소화	소장에서의 소화
소화	• 치아의 저작작용으로 음식을 부수고 타액과 혼합 • 타액 아밀라아제(pH 6.6) : 전분 → 덱스트린 → 맥아당 • 머무는 시간이 짧아 소화작용이 미약함	• 강한 수축작용과 위산에 의해 음식물은 유미즙 상태 • 위에는 아밀라아제 없음 • 음식물과 위액이 완전히 혼합되는 데 걸리는 시간은 15~20분 정도 • 타액 아밀라아제 작용	• 유미즙이 십이지장으로 내려오면 세크레틴(secretin)이 분비되어 알칼리성의 췌장액 분비를 촉진 • 췌장 아밀라아제는 전분의 α-1,4 결합을 절단, 전분 → 맥아당, 이소맥아당
	흡수		운반
흡수와 운반	• 포도당, 갈락토오스 – 능동수송, 과당 – 촉진확산 • 소장점막 융모의 상피세포 안으로 이동함(소화흡수율 90%) • 흡수속도 : 포도당 100, 갈락토오스 110, 과당 43, 만노오스 19		흡수된 단당류는 융모 안의 모세혈관으로 들어가 문맥을 통해 간으로 이동

☑ 혈당조절

• 혈당원 : 식사로부터 섭취하는 당질, 간의 글리코겐이 분해되어 생성된 포도당, 당신생을 통해 만들어진 포도당 등
• 혈당 농도

공복 시 정상혈당	80~100mg/dL	고혈당	공복 시 혈당 140~150mg/dL
정맥혈당	170~180mg/dL 이상	저혈당	공복 시 혈당 40~50mg/dL

 – 정맥혈당 농도 이상이 되면 소변 중에 포도당 배설(신장의 당 배설 역치 : 160~180mg/dL)
• 혈당의 작용
 – 혈장포도당 농도가 낮아지면 인슐린 분비가 감소되고 근육으로부터 아미노산의 유리가 증가되어 포도당 신생과정이 촉진됨
 – 혈당량은 식후 30분에 120~130mg/dL까지 상승하나, 식후 2시간에는 거의 정상 수준으로 회복
 – 혈당량이 감소되면 우선 간글리코겐이 분해되어 혈당량을 정상으로 유지
 – 정상 혈당농도는 항상성을 유지하는데, 정맥혈에 혈당농도가 180mg/dL 이상 되면 당뇨현상이 일어나고, 이 수준을 당에 대한 신장의 역치라고 함

☑ 탄수화물의 생리적 기능

• 에너지 공급
 – 인체의 주된 에너지 공급원으로서, 1g당 4kcal를 제공함
 – 뇌, 적혈구, 신경세포는 정상세포에서 포도당만을 에너지원으로 이용하므로 이들 세포의 기능 유지를 위해 탄수화물 섭취는 필수적임
• 단백질 절약작용
 – 탄수화물 섭취가 부족하고 혈당이 저하되면 뇌, 적혈구, 신경세포 등의 주요 에너지원인 포도당을 공급하기 위해 체조직 단백질 분해로 나온 아미노산으로부터 포도당을 생성하는 포도당 신생합성이 이루어짐
 – 따라서 탄수화물의 적절한 섭취를 통해 혈당을 유지하여 에너지 공급이 원활하면 체단백질 분해는 억제되므로 단백질은 절약됨

01 전분을 가수분해하여 맥아당이 될 때까지의 중간 생성물은?

① 전 분   ② 이눌린
③ 펙 틴   ④ 셀룰로오스
⑤ 덱스트린

02 당질의 흡수에 대한 설명으로 옳은 것의 조합은?

> 가. 포도당의 흡수에는 나트륨이 관여함
> 나. 과당은 촉진확산에 의해 흡수됨
> 다. 이당류의 흡수속도는 단당류와 비슷함
> 라. 단당류 중 과당이 가장 빨리 흡수됨

① 가, 나   ② 다, 라
③ 가, 나, 다   ④ 라
⑤ 가, 나, 다, 라

03 건강검진을 받기 위해 아침식사를 하지 않았다면 혈중농도가 증가하는 호르몬은? `2018.12`

① 알도스테론   ② 콜레시스토키닌
③ 인슐린   ④ 가스트린
⑤ 글루카곤

04 정상 성인의 체내 혈당조절에 관한 설명으로 가장 옳은 것은? `2019.12`

① 인슐린, 글루카곤, 렙틴, 레닌 등이 혈당조절에 관여한다.
② 식후 1시간 이내에 혈당이 정상수준으로 회복된다.
③ 신경계와 호르몬 등에 의해서 혈당의 항상성이 유지된다.
④ 고혈당 시 포도당은 간이나 근육에서 에너지로 모두 소모된다.
⑤ 공복 시 혈당은 100~125mg/dL로 유지된다.

---

01 덱스트린
- 전분보다 작고 맥아당보다 큰 여러 중간 생성물들을 덱스트린이라고 한다.
- 분자의 크기에 따라 아밀로덱스트린, 에리트로덱스트린, 아크로덱스트린이 있다.
- 소화되기 쉽다.

02 당질의 흡수
- 포도당의 흡수속도를 100으로 볼 때 : 갈락토오스 110 > 포도당 100 > 과당 43 > 만노오스 19 > 자일로오스 15 > 아라비노스 9(6탄당이 5탄당보다 빠름)
- 포도당과 갈락토오스는 능동수송 과정인 나트륨 펌프의 도움으로 점막 세포 내로 경쟁·흡수된다.
- 과당은 촉진확산에 의해 흡수된다.
- 흡수된 단당류는 모세혈관을 통해 문맥으로 간다.

03 혈당이 많이 저하된 경우, 글루카곤과 함께 에피네프린, 노르에피네프린, 글루티코르티코이드, 성장호르몬, 갑상선호르몬 등의 분비가 촉진되어 간의 글리코겐 분해과정과 포도당 신생합성과정을 증가시켜 혈당을 증가시킨다. 인슐린은 글리코겐을 합성하여 혈당을 저하시킨다.

04 정상 성인의 체내 혈당조절
- 혈당조절에 관여하는 호르몬에는 인슐린, 글루카곤, 부신피질자극호르몬, 티록신, 아드레날린 등이 있다.
- 공복 시 혈당은 80~100mg/dL이다.
- 식후 2시간 내 혈당은 139mg/dL 이하가 정상이다.
- 혈액 내 포도당의 농도가 증가한 경우 인슐린이 혈액으로 분비되어 혈액 내 포도당을 간과 근육 세포 내로 이동시켜 혈당을 정상범위로 낮춰준다. 이렇게 혈액에서 조직으로 이동된 포도당은 일부 에너지원으로 사용되고, 나머지는 글리코겐이나 지방으로 저장된다.

01 ⑤   02 ①   03 ⑤   04 ③

안심Touch

- 케톤증 예방
  - 당질 섭취 부족·이용 부족(당뇨병) 또는 오랜 공복 시(기아나 단식) 세포는 주로 체지방을 에너지원으로 이용 → 지방산의 β-산화에서 다량 생성된 아세틸 CoA에 비해 당질에서 주로 생성되는 옥살로아세트산의 부족으로 TCA 회로는 원활히 진행이 안 됨 → 아세틸 CoA는 축합하여 케톤체(아세톤, 아세토아세트산, β-하이드록시부티르산) 다량 생성 → 케톤증
- 단맛 제공
  - 음식에 단맛을 제공함
  - 설탕의 감미도를 100으로 볼 때, 과당 170, 포도당 74, 맥아당 33, 유당 16

✎ 탄수화물 섭취기준, 급원, 탄수화물 관련 문제

- 섭취기준
  - 당질에 대한 권장섭취량은 없고, 1세 이후 전 연령층의 에너지 적정비율을 55~70%로 설정함
- 급원식품
  - 쌀, 보리 등의 곡류와 감자, 고구마 등은 주된 급원식품으로 식물성 식품에 다량 함유됨
  - 채소와 과일류에는 식이섬유 함유량이 많으며 과일에는 과당 함량도 많음
  - 우유 및 유제품은 유당을 함유하고 설탕, 엿, 물엿, 시럽, 사탕 등의 당류는 단순당의 급원이며 꿀에는 포도당, 과당, 서당이 함유됨
  - 단순당 급원식품은 단순당 외에 다른 영양소는 거의 없어 '빈 칼로리 식품(empty calorie food)'이라 함
- 건강문제
  - 충치 : 구강 박테리아에 의해 치아에 부착된 당으로부터 산이 생성되며, pH 5.5 이하에서 치아의 에나멜층은 용해되어 충치를 발생함
  - 고지혈증 : 과식, 고에너지식, 고당질식 섭취 → 에너지를 소모하고 남은 여분의 혈당은 중성지방을 합성 → 혈중 중성지방 농도를 올림
  - 당뇨병 : 인슐린 양이 부족하거나 비만, 스트레스 등으로 인슐린이 효과적으로 작용하지 못할 때 → 혈당이 세포 내로 들어가지 못함 → 고혈당 → 혈당치가 170mg/dL 이상이 되면 당뇨
  - 유당불내증 : 유당분해효소(lactase)의 부족이나 활성 저하 → 유당은 포도당과 갈락토오스로 분해되지 못함 → 유당은 대장으로 이동 → 박테리아에 의해 발효되어 유기산과 다량의 가스 생성 → 복부팽만, 장경련, 복통, 설사를 유발함
  - 게실증 : 식이섬유 섭취 부족 → 대변량 감소 → 대장의 지름 감소 → 대장 내 압력 증가 → 대장 벽을 부풀려 게실 형성(게실증) → 대장의 게실 안에 변이 쌓여 염증 일으킴 → 게실염

01 다음 중 포도당의 기능으로 옳은 것은?

① 단백질이 에너지원으로 이용되는 것을 촉진한다.
② 뇌의 유일한 에너지원이다.
③ 정상인의 혈당을 약 1%로 유지해준다.
④ 자당보다 감미도가 높아 좋은 감미료로 쓰인다.
⑤ 섬유소의 흡수를 막는 단점이 있다.

02 탄수화물의 생리적 기능에 관한 설명으로 옳은 것은?

2021.12

① 영양소를 운반한다.
② 산염기 평형을 조절한다.
③ 항체를 형성한다.
④ DNA와 RNA의 구성성분이다.
⑤ 세포막의 주요 구성성분이다.

03 장기간 저당질·고지방 식이를 할 경우 혈액 pH 저하, 메스꺼움, 식욕부진 등의 증상이 나타날 수 있다. 이를 예방하는 데 적합한 식품은? 2019.12

① 시금치나물 70g   ② 치즈 20g
③ 우유 200g   ④ 쌀밥 210g
⑤ 소고기 60g

04 우유를 마시면 헛배가 부르고 복부에 가스 차며 복통, 설사를 했다면 이와 관련된 효소는? 2018.12 2020.12

① 말타아제   ② 락타아제
③ 수크라아제   ④ 췌장 아밀라아제
⑤ 가스트린

---

01 당질은 에너지원의 급원, 단백질의 절약작용, 지질대사의 조절, 혈당 유지, 감미료, 섬유소의 공급기능이 있다. 그중에 포도당은 뇌의 유일한 영양원이다. 자당의 감미도가 1.0이면 포도당은 0.60이다.

02 탄수화물의 생리적 기능
에너지 공급, 단백질 절약작용, 케톤증(ketosis) 예방 등의 기능을 하며 오탄당 리보오스(ribose)는 RNA와 DNA의 구성성분이다.

03 지나친 저탄수화물 식사는 케톤 생성을 증가시켜 식욕감소를 일으키나 케톤증을 유발할 수 있으므로 바람직하지 않다. 비만의 바람직한 식사요법은 열량은 제한하되 균형식을 섭취하는 것이다. 지방의 섭취는 가능하면 줄이고 단백질의 섭취는 충분히 해주며 무기질 및 비타민의 섭취도 충분히 해준다.

04 유당불내증 – 락타아제
• 유당이 포도당과 갈락토오스로 분해되지 못하고 소장 내 박테리아에 의해 이용되어 많은 양의 가스를 발생하고, 삼투압 증가로 인해 수분을 끌어들여 복부경련과 설사를 유발한다.
• 이유 후에 유당을 섭취할 기회가 없었던 사람들에서 유당분해효소(락타아제)의 부족으로 생기며 소량의 우유로 시작하여 서서히 양을 늘리면 유당분해효소를 합성할 수 있게 된다. 우유는 칼륨, 리보플라빈의 좋은 급원이므로 유당불내증을 치료하는 것이 바람직하다.

01 ② 02 ④ 03 ④ 04 ②

안심Touch

📝 식이섬유

- 구조 : 포도당의 β-1,4 결합으로 이루어진 구조로 사람의 체내 소화효소에 의해 가수분해되지 않는 고분자 화합물
- 특 징
  - 소화관을 자극하여 연동운동을 촉진
  - 장 내용물이 대장에 머무는 시간을 짧게 하여 여러 가지 성인병을 예방
  - 가용성 섬유질은 1g당 3kcal의 열량 발생(열량원으로 이용)
  - 혈청 콜레스테롤의 저하 작용과 장과 간에 순환하는 담즙산을 감소시킴
  - 체중조절, 대장기능 개선(변비 예방), 대장암 예방, 혈청 콜레스테롤 함량의 저하, 혈당조절(당뇨병 개선), 무기질의 흡수 방해(생체 유용률 저하)

📝 탄수화물 대사 – 해당작용, TCA 회로, 전자전달계, 오탄당인산경로

- 해당작용(glycolysis) : 산소가 없는 세포질에서 이루어지는 혐기적 과정
  - 1분자의 포도당이 2분자의 피루브산으로 분해되는 과정, ATP 2분자와 NADH 2분자 생성. 포도당 + 2NAD = 2ADP → 2피루브산 + 2NADH + 2ATP
- TCA 회로(ctric acid cycle, 구연산 회로)
  - 미토콘드리아에서 이루어지는 호기적 과정(aerobic process)으로 두 단계를 거침

1단계	• 세포질에서 생성된 2분자의 피루브산(3탄소)은 미토콘드리아로 들어가 2분자의 아세틸(2탄소) CoA로 산화되는 단계 • 티아민의 조효소 형태인 TPP가 탈탄산 반응을 도움 • 니아신의 조효소 형태인 NAD는 탈수소 반응을 도움 • 이 과정에서 생성된 2NADH로부터 5ATP 생성 • 2피루브산 + 2NAD + 2CoA → 2아세틸 CoA + 2NADH + 2CO$_2$
2단계	• 아세틸 CoA는 옥살로아세트산과 결합하여 구연산(시트르산, TCA)을 생성하는 반응으로 시작 • 여러 과정을 거치면서 TCA 회로 진행 : 1회로의 TCA 회로를 통해 3NADH, 1FADH$_2$, 1ATP, 2CO$_2$ 생성 → 전자전달계를 통하여 3NADH로부터 7.5ATP, 1FADH$_2$로부터 1.5ATP, 1GTP는 1ATP로 전환됨 → 1회전의 TCA 회로를 통해 10ATP 생성 • 1포도당으로부터 2회전의 TCA 회로를 진행하므로 20ATP 생성

  - 포도당 1분자는 해당과정, TCA 회로, 전자전달계를 통해 6분자의 CO$_2$와 6분자의 H$_2$O로 완전 연소되면서 총 30~32ATP 생성. C$_6$H$_{12}$O$_6$(포도당) + 6O$_2$ → 6CO$_2$ + 6H$_2$O + 30~32ATP
- 전자전달계
  - 1분자의 포도당으로부터 생성된 2분자의 피루브산은 TCA 회로를 거치면서 30ATP를 생성하며 해당작용과 TCA 및 전자전달계를 통해 38개의 ATP를 생성
- 오탄당인산경로(pentose phosphate pathway)
  - 포도당으로부터 리보오스(핵산 구성성분)를 생성하는 과정으로서, NADPH를 생성함
  - 주로 피하지방조직, 간, 적혈구, 부신피질, 유선조직, 고환 등에서 활발히 진행. NADPH는 지방산과 스테로이드호르몬(성 호르몬, 부신피질호르몬) 합성에 이용함
- 글루쿠론산 회로 : 포도당에서 생성된 글루쿠론산(glucuronic acid)은 간에서 독성물질을 해독함

01 식이섬유가 식후 혈당 상승 속도를 낮추는 이유로 적합한 것은? `2019.12`

① 섭취한 음식물의 위 배출이 지연되기 때문이다.
② 소화효소의 작용시간이 감소하기 때문이다.
③ 섭식중추가 자극되기 때문이다.
④ 유산균이 증식하기 때문이다.
⑤ 대장을 통과하는 속도가 감소되기 때문이다.

02 셀룰로오스, 리그닌 등 불용성 식이섬유의 생리적 기능은? `2020.12`

① 장 통과시간을 단축한다.
② 담즙산의 배설을 감소시킨다.
③ 혈중 포도당 농도를 증가시킨다.
④ 장의 연동운동을 억제한다.
⑤ 짧은사슬지방산 생성을 감소시킨다.

03 TCA Cycle에 대한 설명으로 옳은 것은? `2017.12`

① CO_2와 H_2O로 최종 산화된다.
② 조효소로 피리독살(PLP)이 필요하다.
③ 핵산 합성에 필요한 리보오스를 공급한다.
④ 1회의 순환으로 1mol의 CO_2가 생성된다.
⑤ 이 회로의 최초 생성물은 옥살로아세트산이다.

04 당질대사 중 오탄당인산경로에 대한 설명으로 옳은 것은? `2017.12`

① 리보오스-5-인산과 NADPH를 합성하는 경로이다.
② 오탄당인산경로는 주로 근육에서 일어난다.
③ ATP를 생성하는 중요한 역할을 한다.
④ 혈당이 저하된 후 가장 먼저 일어나는 반응이다.
⑤ 미토콘드리아 내에서 일어난다.

01 식이섬유의 생리적 기능
- 가용성 식이섬유는 혈당 저하와 혈청 콜레스테롤 저하 및 비만 예방 효과가 있으며, 종류로는 펙틴, 검, 해조 다당류 등이 있으며 감귤류, 사과, 딸기(펙틴), 호밀, 보리, 미역, 다시마에 많이 들어 있다.
- 불용성 식이섬유는 분변의 장내 체류시간을 단축시키고, 배설량을 증가시켜 변비를 예방하는 효과가 있다. 셀룰로오스(cellulose), 헤미셀룰로오스(hemicellulose), 리그닌(lignin)이 이에 속한다.

02 불용성 식이섬유는 분변의 장내 체류시간을 단축시키고, 배설량을 증가시켜 변비를 예방하는 효과가 있다.

03 ② 비타민 유도체인 NAD^+, FAD, TPP 등이 조효소로 작용한다.
③ 핵산 합성에 필요 ribose를 공급하는 대사경로는 오탄당인산경로이다.
④ 1회 순환으로 2mol의 CO_2가 생성된다.
⑤ 최초 생성물은 Citrate이다.

04 오탄당인산경로(Pentose Phosphate Pathway, HMP shunt)
- 주로 피하조직이나 지방 합성이 활발히 일어나는 곳에서 중요한 역할을 하며, 간, 부신피질, 적혈구, 유선조직, 고환 등에서도 활발히 일어난다.
- 당질의 섭취가 많을 때 일어난다.
- 오탄당인 리보오스-5-인산을 합성하는데, 이것이 RNA 합성에 이용된다.
- 세포질에서 환원력을 나타내는 NADPH를 생성한다.

01 ① 02 ① 03 ① 04 ①

탄수화물 대사 - 포도당 신생, 글리코겐 대사

- 포도당 신생(gluconeogenesis)
  - 아미노산(주로 알라닌과 글루타민), 글리세롤, 피루브산, 젖산 등으로부터 포도당이 합성되는 과정
  - 혈당이 저하되면 간 글리코겐이 분해되거나 포도당 신생합성을 통하여 혈당을 올림 : 뇌세포, 적혈구, 신경세포는 혈당을 주된 에너지원으로 이용하므로 혈당 유지는 매우 중요함
  - 주로 간과 신장에서 이루어짐
- 글리코겐 대사
  - 글리코겐 합성(glycogenesis)
    ⓐ 에너지를 생성하고 남은 포도당은 글리코겐 합성효소에 의해 간과 근육에서 글리코겐으로 전환되어 저장됨
    ⓑ 포도당 → 포도당-1-인산 → 포도당-6-인산 → UDP → 포도당 → 이미 존재하던 글리코겐에 포도당 1분자가 결합함
  - 글리코겐 분해(glycogenolysis)
    ⓐ 혈당이 저하되면 글리코겐이 포도당으로 분해됨 : 글리코겐 → 인산분해효소에 의해 포도당-1-인산 → 포도당-6-인산 → 포도당-6-인산분해효소에 의해 포도당을 생성함
    ⓑ 간 글리코겐은 포도당으로 분해되어 혈당원으로서 혈당을 조절하지만, 근육에는 포도당-6-인산분해효소가 없어서 포도당을 생성하지 못하므로 혈당원이 되지 못하고 단지 근육에서만 에너지원으로 이용됨

지질의 소화

- 입, 위
  - 유즙에 많은 짧은사슬지방이나 중간사슬지방을 분해하는 리파아제(lipase)가 있으나 대부분 일상식의 지방은 긴사슬지방이므로 분해작용은 미약
- 소장 : 위의 산성 유미즙이 십이지장에 도달 → 세크레틴 분비 → 췌장 자극으로 알칼리 분비를 촉진하여 유미즙 중화 → 십이지장 벽을 산으로부터 보호, 췌장효소들의 작용에 적당한 약알칼리성 환경을 만듦
  - 짧은(중간)사슬지방 : 소장 점막에 있는 리파아제에 의해 글리세롤 1개와 유리형 지방산 3개로 쉽게 분해됨
  - 긴사슬지방 : 위의 유미즙 중의 긴사슬지방이 십이지장에 도달 → 콜레시스토키닌(cholecystokinin) 분비 → 담낭 수축하여 담즙 분비 촉진, 췌액 리파아제 분비 촉진 → 담즙 성분 가운데 유화제인 담즙산과 레시틴은 소수성의 긴사슬지방 덩어리를 여러 개의 미세입자로 나누어 췌장액 리파아제의 분해작용을 도움 → 긴사슬지방은 모노글리세리드(monoglyceride)와 2개의 유리형 지방산으로 분해됨
  - 인지질, 콜레스테롤
    ⓐ 인지질은 췌장액의 인지질 가수분해효소(phospholipase)에 의해 유리지방산과 리소인지질(lysophospholipid)로 분해됨
    ⓑ 음식 중 지방산과 결합되어 있는 콜레스테롤 에스테르는 췌장액의 콜레스테롤 에스테르 가수분해효소(cholesterol esterase)에 의해 유리형 지방산과 콜레스테롤로 분해됨
    ⓒ 소화가 완료된 지방 분해산물로서 글리세롤, 지방산, 모노글리세라이드, 리소인지질, 콜레스테롤은 담즙과 함께 복합 미셀(micelle)을 형성한 후 소장 융모의 상피세포 가까이 이동함

01 우리 몸에서 당신생 반응이 가장 활발하게 일어나는 곳과 당질공급이 충분하지 않을 때 당신생 합성과정이 필수적으로 요구되는 곳으로 연결된 것은?

① 간 – 뇌 ② 간 – 근육
③ 소장 – 뇌 ④ 근육 – 간
⑤ 근육 – 뇌

02 체내 글리코겐 대사에 대한 설명으로 옳지 않은 것은?

① 간의 글리코겐은 공복 시 혈당으로 이용된다.
② 근육의 글리코겐은 근육 내에서 에너지로 이용된다.
③ 글리코겐의 저장량은 근육이 간보다 더 많다.
④ 극심한 운동 시 간의 글리코겐이 분해된다.
⑤ 글리코겐 분자구조는 신속하게 포도당으로 공급하기에 유리하다.

03 지방의 최종분해산물이면서 포도당으로 전환 가능한 물질은? `2017.12`

① 글리세롤 ② 지방산
③ 피루브산 ④ 젖 산
⑤ 아세틸–CoA

04 지방의 소화·흡수에 관여하는 효소로 조합된 것은?

> 가. 리파아제
> 나. 키모트립신
> 다. 콜레스테롤 에스테라아제
> 라. 디펩티다아제

① 가, 다 ② 나, 라
③ 가, 나, 다 ④ 라
⑤ 가, 나, 다, 라

01 당신생 반응은 간에서 가장 활발하게 일어나며 신장에서도 일어난다. 뇌조직은 포도당을 에너지원으로 사용하므로 포도당 공급이 충분하지 않을 때, 비탄수화물 전구체인 피루브산, 젖산, 글리세롤, 아미노산 등으로부터 간에서 당신생에 의해 포도당이 생성되어 혈당으로 공급된다.

02 글리코겐 대사
• 글리코겐의 합성과 분해는 다른 대사과정으로 일어난다.
• 저장량은 간 무게의 4~6%(100g), 근육 무게의 1%(250g) 정도이다.
• 극심한 운동 시 근육의 글리코겐이 분해되며, 근육의 글리코겐 저장량이 많을수록 지구력이 향상된다.
• 간 글리코겐은 포도당으로 분해되어 혈당원으로서 혈당을 조절하지만, 근육에는 포도당-6-인산 분해효소가 없어서 포도당을 생성하지 못하므로 혈당원이 되지 못하고 단지 근육에서만 에너지원으로 이용된다.

03 당신생이란 비탄수화물 전구체인 pyruvate, lactate, glyerol 등으로부터 간에서 당신생 경로에 의해 포도당이 합성되는 과정이다.

04 • 중성지방은 리파아제에 의해 지방산과 모노글리세롤로, 지방산 에스테르는 콜레스테롤 에스테라아제(cholesterol esterase)에 의해 지방산과 콜레스테롤로 분해된다.
• 키모트립신, 디펩티다아제는 단백질 분해효소이다.

01 ① 02 ④ 03 ① 04 ①

📝 지질의 흡수와 운반

- 흡 수
  - 상피세포 가까이 이동한 후 세포 안팎의 농도차에 의한 단순확산을 통해 세포 내로 흡수됨
  - 지방산의 길이에 따라 경로가 다름
  - 담즙의 대부분은 회장에서 흡수되어 문맥을 통해 간으로 이동된 후 담즙 형성에 재이용됨
- 운반 : 지방은 소수성이므로 지단백질 형태(내부에는 소수성의 지방이 있고, 표면에는 친수기와 소수기를 다 가지는 인지질과 아포단백질이 같이 둘러싼 형태)를 이루어 수용성인 혈액을 따라 자유롭게 운반됨
- 짧은(중간)사슬지방산 : 수용성이므로 수용성인 글리세롤과 함께 융모 안의 모세혈관으로 들어와 문맥을 통해 간으로 운반됨
- 긴사슬지방산, 인지질, 콜레스테롤 : 소수성으로서 혈액을 따라 운반되는 데 어려우므로 친수기와 소수기를 다 가진 인지질과 아포단백질이 이들 소수성 지방을 둘러 싼 지단백질 형태의 킬로미크론(chylomicron)을 형성한 후, 융모의 상피세포를 통과하여 융모의 유미관으로 들어와 림프관과 흉관을 지나 대정맥을 통해 혈류에 합류됨
- 지단백질의 이동경로 : 킬로미크론은 혈류를 따라 간 외의 조직(주로 근육이나 지방조직)으로 이동 - 에너지원으로 이용되거나 남는 것은 지방조직에 중성지방 형태로 저장됨

📝 지질의 생리적 기능

- 중성지방
  - 고효율 에너지 급원 : 인체의 주된 에너지 공급원으로서, 1g당 9kcal를 제공함. 뇌, 적혈구, 신경세포는 정상세포에서 포도당만을 에너지원으로 이용하므로 이들 세포의 기능 유지를 위해 탄수화물 섭취는 필수적
  - 지용성 비타민 흡수·운반 도움 : 지용성 비타민은 지방에 용해되어 흡수되며 지방과 함께 혈중 운반됨
  - 필수지방산 공급 : 반드시 섭취해야 하는 필수지방산(리놀레산, α-리놀렌산, 아라키돈산) 공급원
  - 맛, 향미, 포만감 제공 : 음식에 맛과 향미를 더해주고, 당질이나 단백질에 비해 위에 오래 머무르므로 포만감을 제공함
  - 체온유지 및 생체기관 보호 : 피하지방은 외부로의 체온손실을 막고 유방, 난소, 신장, 폐 등 장기를 보호함
- 인지질
  - 세포막 주요성분 : 세포막은 인지질(특히 레시틴)의 이중구조
  - 유화작용 : 인지질의 지방산은 소수성이나 인산과 염기는 친수성이므로 인지질은 양친매성으로서 유화제 역할을 함
- 콜레스테롤
  - 세포막 구성성분 : 인지질과 함께 세포막을 이루며 특히 뇌, 신경조직, 간, 신장에 다량 함유
  - 담즙산 합성 : 긴사슬지방의 소화와 흡수에서 유화제로서 중요한 역할
  - 스테로이드호르몬 합성 : 성호르몬(에스트로겐, 테스토스테론), 부신피질호르몬(코르티코이드) 등
  - 비타민 D 합성 : 자외선에 의해 비타민 D_3가 되는 7-디하이드로콜레스테롤 합성

01 지질의 소화 흡수에 대한 설명으로 옳은 것은? 2021.12

① 중성지방은 지방산이나 모노글리세리드 형태로 흡수된다.
② 장점막으로 흡수된 긴사슬 지방산은 문맥을 통해 운반된다.
③ 담즙은 지질을 유화시킨 후 대부분 대변으로 배설된다.
④ 성인의 위에서 중성지방이 다량 소화된다.
⑤ 리파아제의 활성은 pH와 연관이 없다.

02 지방의 소화·흡수에 대한 설명으로 옳지 않은 것은?

① 리파아제는 구강, 위, 췌장, 소장에서 분비된다.
② 인지질은 포스포리파아제에 의해 유리지방산과 라이소 인지질로 분해된다.
③ 글리세롤, 지방산, 모노글리세라이드, 라이소 인지질, 콜레스테롤은 담즙과 함께 복합 미셀(micelle)을 형성한다.
④ 지방산의 길이에 상관없이 소화 경로가 같다.
⑤ 소화·흡수율은 95%이다.

03 다음 중 간에서만 생성되는 지단백질은?

① VLDL(Very Low Density Lipoprotein)
② LDL(Low Density Lipoprotein)
③ chylomicron
④ HDL(High Density Lipoprotein)
⑤ IDL(Intermediate Density Lipoprotein)

04 지단백질의 생성 순서로 옳은 것은? 2017.12

① LDL → IDL → VLDL
② LDL → VLDL → IDL
③ HDL → VLDL → IDL
④ VLDL → IDL → HDL
⑤ VLDL → IDL → LDL

---

01 ② 장점막으로 흡수된 긴사슬 지방산은 CoA 유도체로 활성화된다.
③ 담즙은 지질을 유화시킨 후 대부분 문맥으로 흡수된다.
④ 성인의 소장에서 중성지방이 다량 소화된다.
⑤ 리파아제의 활성은 pH와 연관이 있다.

02 지방의 소화·흡수
• 짧은사슬과 중간사슬지방산은 수용성이므로 담즙을 필요로 하지 않고, 모세혈관을 통해 문맥으로 흡수되어 간으로 운반된다.
• 긴사슬지방산은 장점막 내에서 중성지질과 콜레스테롤에스테르로 재합성되며, 소수성이므로 인지질 및 단백질과 결합하여 킬로미크론을 형성 → 림프관을 거쳐 간으로 운반되어 혈액을 통해 지방조직이나 근육 조직 등에 공급된다.

03 HDL은 간에서 생성되고 일부 소장에서도 합성된다. 지질 중 간에서 합성되는 것은 중성지방, 콜레스테롤, 레시틴, VLDL 등이 있으며 킬로미크론은 소장점막에서 합성되며 섭취한 중성지방의 흡수·운반형태이다.

04 지단백질의 생성 순서
VLDL(Very Low Density Lipoprotein) → IDL(Intermediate Density Lipoprotein) → LDL(Low Density Lipoprotein)

01 ① 02 ④ 03 ① 04 ⑤

📝 지질의 섭취기준 및 급원식품

- 지방의 에너지 적정비율
  - 1~2세에는 총 열량의 20~35%, 3~18세에는 총 열량의 15~30%, 19세 이상에서는 총 열량의 15~30%
- P/M/S
  - 섭취 비율 : 다중불포화지방산(PUFA), 단일불포화지방산(MUFA), 포화지방산(SFA)의 섭취 비율은 1 : 1.5 : 1
  - PUFA : 면실유, 콩기름, 옥수수기름, 들기름 등 식물성 기름에 많음
  - MUFA : 올리브유, 미강유, 채종유에 많음
  - SFA : 동물성 기름에 많음(단, 코코넛유, 팜유, 마가린은 식물성이지만 포화지방산 함량이 많음)
- 포화지방산과 트랜스지방산의 에너지 적정 비율
  - 19세 이상 성인 기준 포화지방산은 총 열량의 7% 미만, 트랜스지방산은 총 열량의 1% 미만
- $\omega-6$ 지방산과 $\omega-3$ 지방산
  - 섭취 비율 : $\omega-6$ 지방산은 4~10%, $\omega-3$ 지방산은 1% 내외
  - 리놀레산 : 참기름, 면실유 > 옥수수기름, 들기름 > 콩기름
  - $\alpha-$리놀렌산 : 들기름에 가장 많고 채종유나 콩기름 비교적 많음, 등푸른 생선에 EPA와 DHA가 다량 함유
- 콜레스테롤 섭취량
  - 19세 이상의 성인 : 300mg/일 미만으로 제한
  - 동물성 식품에만 함유되며 육류의 내장, 달걀, 오징어나 새우 등에 많음

📝 중성지방 대사

- 중성지방 분해
  - 공복 시 혈당수준이 낮아지면 간이나 지방조직에 저장되어 있는 중성지방이 리파아제에 의해 글리세롤과 지방산으로 분해되어 에너지원으로 이용
  - 글리세롤의 산화 : 세포질에서 해당과정의 3-글리세르알데히드로 들어가 에너지를 내거나 포도당신생의 전구체로 이용
  - 지방산의 $\beta-$산화 : 산화를 위해 산소가 많은 미토콘드리아로 이동해야 하므로 지방산은 CoA와 결합하여 아실 CoA로 활성화
- 중성지방 합성
  - 산소 없이 진행되는 반응, 세포질(주로 간과 지방조직)에서 이루어짐
  - 에너지를 과잉으로 섭취할 경우 에너지를 공급하고 남은 아세틸 CoA는 옥살로아세트산(oxaloacetic acid)에 아세틸기를 주고 시트르산(citric acid)이 된 후 TCA 회로를 돌지 않고, 미토콘드리아로부터 세포질로 이동하여 다시 아세틸 CoA로 전환되어 지방산을 합성함

01

킬로미크론의 중성지방을 유리지방산으로 분해하는 효소는? `2018.12` `2021.12`

① 지단백 분해효소(lipoprotein lipase, LPL)
② 중성지방 분해효소(triacylglycerol lipase)
③ 지방산 합성효소(fatty acid synthase)
④ 헥소키나아제(hexokinase)
⑤ 단백질 키나아제(protein kinase)

02

우리나라 성인의 지질 섭취기준으로 적절하지 않은 것은?

① 비만, 성인병 등을 예방하기 위하여 지방의 상한섭취량을 설정하였다.
② 지질의 섭취를 총 에너지 섭취량의 15~30% 정도로 한다.
③ 콜레스테롤의 섭취를 1일 300mg 미만으로 한다.
④ ω-3계 지방산의 섭취적정비율은 총 열량의 1% 내외이다.
⑤ 다중불포화지방산 : 단일불포화지방산 : 포화지방산의 비율을 1 : 1~1.5 : 1로 한다.

03

혈소판 응집을 저해하고 혈관을 확장하여 심혈관질환을 예방할 수 있는 식품은? `2019.12`

① 코코넛유
② 면실유
③ 들기름
④ 홍화씨유
⑤ 올리브유

04

다가불포화지방산 : 단일불포화지방산 : 포화지방산의 바람직한 섭취 비율은? `2017.12`

① 1 : 1 : 1
② 1 : 1 : 2
③ 1 : 1.5 : 1.5
④ 1 : 2 : 1
⑤ 1.5 : 1 : 1

---

01 지단백 분해효소는 혈중 지단백의 중성지방을 가수분해하여 지방세포 안으로 흡수하는 데 작용하는 효소이고, 중성지방 분해효소는 지방조직 내의 중성지방을 가수분해하여 유리지방산을 혈중으로 방출하는 데 작용하는 효소이다.

02 지질 섭취기준
- 한국인 영양소 섭취기준에는 지방과 필수지방산에 대하여 에너지 적정비율을 제시하였고, 상한섭취량은 충분한 자료가 없는 실정이라 설정하지 않았다.
- ω-6계 지방산은 총 열량의 4~10%, ω-3계 지방산은 총 열량의 1% 내외로 섭취를 권장한다.
- 트랜스지방산은 1일 총 열량의 1% 미만으로 섭취를 권장한다.

03 필수지방산 함유식품
- 올레산 : 올리브유
- 리놀산 : 옥수수유, 참기름, 홍화씨유
- 리놀렌산 : 들기름, 채종유(엽상채소)
- 에이코사노이드(eicosanoids)인 트롬복산은 혈관수축과 혈소판 응고에 관여한다.

04 바람직한 P : M : S의 권장섭취 비율은 1 : 1~1.5 : 1 이다.

📝 케톤체(ketone body)와 콜레스테롤의 대사

• 케톤체
  - 당질 섭취·이용 부족(당뇨병) 또는 오랜 공복 시 : 세포는 주로 체지방을 에너지원으로 이용 → 지방산의 β-산화에서 다량 생성된 아세틸 CoA에 비해 당질에서 주로 생성되는 옥살로아세트산의 부족으로 TCA 회로는 원활히 진행이 안 됨 → 아세틸 CoA는 축합하여 케톤체(아세톤, 아세토아세트산, β-하이드록시부티르산) 다량 생성 → 케톤체(산혈증) 초래
  - 기아와 같은 비상 시 : 뇌세포는 케톤체를 에너지원으로 이용하는데, 이는 뇌세포의 주된 에너지원인 혈당공급을 위해 체단백질이 계속 분해되는 것을 어느 정도 막아주므로 기아에 대한 적응반응으로 볼 수 있음
• 콜레스테롤
  - 합성 : 간에서 50%, 소장에서 25%, 나머지는 그 외 조직에서 아세틸 CoA로부터 합성 - 아세틸 CoA → 아세토아세틸 CoA → HMG-CoA → 메발론산(mevalonic acid) → 스쿠알렌(squalene) → 라노스테롤(lanosterol) → 콜레스테롤
  - 대사 : 콜레스테롤의 30~60%가 담즙산으로 전환 → 글리신이나 타우린과 결합하여 담즙산 형성 → 담즙산염은 유화제로서 담즙에 포함되어 담낭을 통해 십이지장으로 분비 → 긴사슬지방 유화 → 십이지장으로 분비된 담즙산의 95%는 회장에서 흡수되어 문맥을 통해 간으로 돌아감(나머지 5% 정도는 펙틴, 검 등 수용성 섬유소와 대장에서 결합하여 대변을 통해 배설됨) → 간에서 담즙에 포함되어 간에서 새로 합성된 담즙산과 함께 다시 십이지장으로 분비(장간순환)

📝 단백질의 소화

• 위
  - 입에는 단백질 소화효소 없음, 단지 저작작용의 기계적 소화만 있음
  - 위 근육의 수축으로 기계적 소화 이루어짐
  - 위의 유문부 자극 → 가스트린 분비 → 펩시노겐(pepsinogen, 불활성형 효소) 분비 촉진 → 위액의 염산에 의해 펩신(pepsin, 활성형 효소, 최적 pH 1.5~2.0)으로 전환 → 펩신은 단백질을 가수분해하여 프로테오스나 펩톤을 생성
• 소장 : 십이지장으로 펩톤이 들어오면 세크레틴과 콜레시스토키닌 분비
  - 세크레틴 : 약알칼리성의 췌액 분비 촉진
  - 콜레시스토키닌 : 췌액효소(트립시노겐, 키모트립시노겐, 프로카르복시펩티다아제, 최적 pH 약알칼리성) 분비 촉진
  - 트립시노겐 : 엔테로키나아제(소장에서 분비)에 의해 트립신으로 활성화
  - 트립신에 의해 키모트립시노겐 → 키모트립신, 프로카르복시펩티다아제 → 카르복시펩티다아제로 활성화
  - 트립신과 키모트립신에 의해 펩톤 → 작은 펩티드로 분해
  - 프로카르복시펩티다아제에 의해 카르복실기 말단에 있는 아미노산의 펩티드 결합 분해로 아미노산이 하나씩 나옴
  - 소장에서 분비되는 아미노펩티다아제에 의해 아미노기 말단에 있는 아미노산 펩티드 결합 분해로 아미노산이 하나씩 나옴
  - 디펩티다아제(소장 벽세포 내) : 디펩티드를 아미노산으로 분해하여 단백질 소화 도움

01 혈중 케톤체의 농도가 증가하는 경우로 적합한 것은?

2019.12

① 케토산 과잉 산화 시
② 인슐린 과다 투여 시
③ 체지방 과다 분해 시
④ 단백질 섭취 부족 시
⑤ 탄수화물 과잉 섭취 시

01 케톤체는 체내에서 과량의 지방산이 불완전 연소로 생성되는 지방산의 유도체이다.

02 콜레스테롤 합성 시 속도제한효소로 작용하며, 콜레스테롤의 섭취량을 증가시키면 활성이 저해되는 효소는?

2017.12   2019.12

① HMG–CoA 환원효소(HMG–CoA reductase)
② 아세틸–CoA 카르복실화효소(acetyl–CoA carboxylase)
③ 콜레스테롤 아실전이효소(cholesterol acyltransferase)
④ 스쿠알렌 에폭시다아제(squalene epoxidase)
⑤ 메발론산 키나아제(mevalonate kinase)

02 콜레스테롤 섭취량이 증가하면 HMG–CoA 환원효소(HMG–CoA reductase)의 활성이 감소하여 콜레스테롤 합성이 감소한다.

03 트립시노겐은 엔테로키나아제의 활성에 의해 무엇이 되는가? 2017.02   2017.12

① 세크레틴   ② 트립신
③ 키모트립신   ④ 펩파이드
⑤ 아미노산

03 트립시노겐은 소장에서 분비되는 엔테로키나아제에 의해 트립신으로 활성화된다.

04 단백질의 소화에 관한 설명으로 옳지 않은 것은?

① 단백질의 소화는 위에서부터 시작된다.
② 단백질의 소화효소인 pepsin의 최적 pH는 1.5~2.0이다.
③ 췌장에서는 trypsin, chymotrypsin의 작용을 받는다.
④ 소장에서는 aminopeptidase, dipeptidase가 있어 아미노산으로 분해된다.
⑤ pepsin은 casein 단백질을 응고시킨다.

04 단백질의 소화
• 영아의 위액에 함유되어 있는 레닌은 카세인을 응고시켜서 펩신의 작용을 충분히 받게 하여 십이지장으로 보내는 역할을 한다.
• 펩티드 결합들은 특정한 소화효소에 의해 분해 작용을 받는다.

01 ③ 02 ① 03 ② 04 ⑤

안심Touch

📝 단백질의 생리적 기능

- 체조직의 성장과 유지
  - 근육, 뼈, 치아, 피부, 머리카락, 세포막 및 각종 기관의 기초조직 형성에 관여함
  - 임신기(태아), 수유기(유즙), 성장기 등에 이루어지는 새로운 조직을 합성함
  - 머리카락, 손톱, 발톱의 소실이나 조직의 보수에 이용됨
- 효소, 호르몬, 항체 형성
  - 체내물질을 분해, 합성, 전환 등 대사과정에 관여하는 효소를 합성함
  - 인슐린, 글루카곤은 단백질이고 티록신, 아드레날린 등은 티로신으로부터 합성됨
  - 세균이나 바이러스 등의 항원에 대한 방어작용을 하는 항체는 단백질로부터 합성됨
- 혈장 단백질 합성
  - 간에서 혈장 알부민, 글로불린, 피브리노겐 등을 합성함
  - 알부민은 혈중 레티놀과 지방산 등을, α-글로불린은 구리를, β-글로불린은 철을 운반하며, γ-글로불린은 항체로서 작용함
  - 피브리노겐은 혈액응고에 관여함
- 삼투압 조절(수분평형 조절)
  - 혈중 수분은 혈압에 의해 혈액으로부터 빠져 나와 조직 사이로 끊임없이 이동되나, 혈중 알부민이 삼투압을 유지하여 수분을 혈액으로 재이동시킴으로써 수분평형 유지
  - 혈중 알부민이 부족하면 삼투압이 저하되면서 수분이 혈관 내로 회수되지 못하고 조직 사이에 체류되어 부종이 생김
- 산-염기 평형조절
  - 아미노산은 염기성인 아미노기와 산성인 카르복실기를 다 가지고 있어서 산이나 염기의 역할을 다 할 수 있으므로 체액의 정상산도(pH 7.4)를 유지시키는 완충제 역할을 함
- 포도당 신생과 에너지 공급
  - 간이나 신장에서 아미노산의 이화로 나온 α-케토산은 포도당을 새로 만들어 혈당을 유지하는 데 관여함
  - 하루 소모 에너지의 15% 정도의 에너지를 공급(4kcal/g)하는데, 탈아미노 과정에서 떨어져 나온 아미노기로부터 요소를 생성하는 데 에너지가 필요하므로 당질이나 지방보다 에너지효율이 낮음

📝 단백질의 질 평가

- 제한아미노산과 단백질 상호보완 효과
  - 제한아미노산
    ⓐ 식품에 함유되어 있는 필수아미노산 가운데, 그 함량이 체내 요구량에 비해 적은 것
    ⓑ 가장 적게 함유되어 있는 것(제1제한아미노산)
    ⓒ 제한아미노산으로 인해 체조직 단백질 합성이 제한되므로 이들이 단백질의 질을 결정함

01 단백질의 기능에 대한 설명으로 옳지 않은 것은?

① γ-globulin - 항체 운반, 면역반응에 관여하는 혈장단백질
② actomyosin - 근육 구성 단백질
③ prothrombin - 혈액응고
④ fibrinogen - 철 저장형태
⑤ cytochrome - 전자 전달

02 쌀밥에는 제한아미노산이 있다. 이때 부족한 아미노산을 보충하기 위해 섭취하면 좋은 음식은? 2019.12

① 청포묵무침　　② 검은콩조림
③ 감자채볶음　　④ 버섯볶음
⑤ 오이무침

03 제한아미노산을 이용하여 단백질의 질을 평가하는 방법은?

① 단백질 효율
② 단백질 실이용률
③ 아미노산가
④ 생물가
⑤ 질소평형법

04 질소평형 상태가 양(+)인 경우는? 2021.12

① 기 아　　② 발 열
③ 감 염　　④ 화 상
⑤ 임 신

---

01 fibrinogen
혈액응고에 관여하는 혈장단백질 중 하나이며 fibrin으로 전환되면 혈액이 응고된다.

02 쌀밥에는 리신이 제일 부족하므로 리신을 많이 함유한 콩이나 우유 등과 같이 섭취하면 단백질 보완 효과가 있다.

03 아미노산가
• 단백질의 아미노산 조성을 분석한 후 FAO/WHO가 인체의 단백질 필요량에 근거하여 만든 기준 아미노산 조성과 비교하여 평가하는 방법이다.
• 기준 아미노산에 대한 식품 단백질 중 제1제한 아미노산의 백분율을 말한다.

04 질소평형
• 건강한 성인은 질소평형을 균형 상태로 유지시키면 된다.
• 성장을 하고 있거나(사춘기, 임신부) 새로운 조직을 형성하는 상태에 있을 때(회복기 환자, 운동선수)에는 질소평형이 양(+)으로 유지되도록 해야 한다.
• 음의 질소평형 : 섭취한 질소량보다 배설된 질소량이 많을 때 나타난다. 단백질과 에너지 섭취 부족, 발열, 화상, 감염, 오랜 기간 병상에 누워있을 때, 신장질환으로 체단백 손실, 갑상선호르몬 분비 증가의 경우

01 ④　02 ②　03 ③　04 ⑤

– 단백질 상호보완 효과 : 필수아미노산 조성이 다른 2개의 단백질을 함께 섭취하여 서로 부족한 제한아미노산을 보충하는 것으로 다양한 식품을 섭취할수록 단백질의 상호보완 효과는 커짐

식 품	제한아미노산	제한아미노산 급원	상호보완의 예
곡 류	리신, 트레오닌	콩류, 유제품	콩밥, 밥과 두부(치즈), 파스타와 치즈
콩 류	메티오닌	곡류, 견과류	완두콩 수프와 식빵
견과류	리 신	콩 류	견과류와 강낭콩을 넣은 샐러드
채소류	메티오닌, 트립토판, 리신	곡류, 콩류, 견과류	샌드위치(식빵, 양상추, 치즈)와 샐러드(아몬드, 강낭콩)

• 질 평가 : 식품 단백질의 필수아미노산 함량을 기준단백질과 비교하는 화학적 평가와 체내 질소보유 정도, 즉 성장률을 측정하는 생물학적 평가가 있음
• 질소평형(nitrogen balance) : 질소의 섭취량과 배설량이 같은 상태로서, 정상 성인의 경우에 해당되며 체내 단백질 함량이 항상 일정함을 의미함(양의 질소평형, 음의 질소평형)

✒️ 단백질 급원, 단백질 섭취

• 영양섭취기준 및 급원식품
 – 근육량이 많을수록, 에너지 공급이 부족하거나 질이 낮은 단백질 섭취량이 많을수록, 또한 성장기・질병・수술・영양불량 상태에서는 단백질 필요량이 증가함
 – 동물성 식품과 식물성 식품에 골고루 들어 있지만, 동물성 식품에 더 많고 질도 더 좋음
 – 고기, 생선, 달걀, 콩류, 견과류와 우유 및 유제품에 많고 곡류나 채소류에는 적음
• 결핍증과 과잉증
 – 콰시오커 : 단백질, 에너지 모두 부족하나 특히 단백질 부족이 심함
 – 마라스무스 : 단백질, 에너지가 모두 부족하나 특히 에너지 부족이 심함
 – 단백질 과잉 섭취 시 : 단백질을 에너지원으로 이용하여 당질과 지방의 연소를 감소시키므로 체지방 축적이 따르고 그로 인해 체중이 증가함
 – 함황 아미노산이 많은 동물성 단백질 과잉 섭취 시 : 산성 대사산물을 중화하기 위해 혈중 칼슘이 동원되어 소변으로 배설되므로 체내 칼슘손실이 커짐

✒️ 아미노산의 대사

• 단백질 합성 : 세포핵에 있는 DNA의 유전정보를 m-RNA에 전사 → m-RNA는 핵을 떠나 단백질 합성장소인 리보솜으로 이동 → 유전정보에 따라 아미노산 풀에서 아미노산 선택 → 아미노산은 t-RNA와 결합하여 리보솜으로 운반 → 운반된 아미노산은 차례로 연결되어 폴리펩티드 사슬 형성 → 폴리펩티드 사슬은 리보솜에서 분리됨
• 비필수아미노산 합성 : 간에서는 탄수화물과 지방의 분해과정에서 생성된 탄소골격(α-케토산)에 아미노산의 탈아미노반응에서 떨어져 나온 아미노기($-NH_2$)를 붙여(아미노기 전이반응) 인체에 필요한 아미노산(비필수아미노산)을 합성함
• α-케토산의 대사 : 아미노산에서 아미노기가 제거된 α-케토산은 여러 경로를 통해 이화됨
 – 에너지 공급 : 아세틸 CoA로 전환되거나 TCA 회로의 여러 단계를 통해 산화됨

01 「2020 한국인 영양소 섭취기준」 중 단백질 섭취기준에 대한 내용으로 옳지 않은 것은?

① 0~5개월 영아의 경우 모유 섭취량과 모유의 단백질 농도를 기준으로 충분섭취량을 산출하였다.
② 단백질 상한섭취량이 설정되어 있다.
③ 성인기 권장섭취량은 평균필요량에 권장량산정계수인 1.25를 적용하여 0.91g/kg/일을 기준으로 하였다.
④ 성인의 평균필요량은 질소균형 실험 결과로부터 얻은 값에 소화율을 반영하여 산출하였다.
⑤ 영아 후기부터 18세까지 성장기의 평균필요량에는 질소평형 유지에 필요한 단백질 양에 체내 단백질 이용효율을 반영한 뒤 성장에 필요한 단백질 양을 추가하여 산정하였다.

01 단백질의 섭취기준
- 6개월 이상 연령층에서는 평균필요량과 권장섭취량을 설정하였고, 영아 전반기에는 충분섭취량을 설정하였다. 단백질의 평균필요량은 국제적으로 통용되는 질소균형 실험 결과를 근거로 하되 소화율을 반영하여 추정하였다. 0~5개월 영아의 단백질 섭취기준은 평균 모유섭취량과 모유 내 평균 단백질함량을 바탕으로 충분섭취량을 제시하였다.
- 단백질의 상한섭취량은 설정에 필요한 과학적 근거가 부족하여 제시하지 않았다.

02 동물성 단백질 과잉 섭취 시 체내에서 일어나는 현상은?
2021.12

① 요소 합성이 감소한다.
② 근육이 손실된다.
③ 혈당이 감소한다.
④ 칼슘이 손실된다.
⑤ 체지방이 감소한다.

02 동물성 단백질을 과잉 섭취할 경우 소변을 통한 칼슘 배설이 증가하고, 신장의 부담이 많아지므로 특히 신장질환자는 단백질 섭취에 주의해야 한다.

03 아미노산 풀에 관한 설명으로 옳지 않은 것은? 2019.12

① 탄수화물 섭취가 부족한 경우 당신생에 사용한다.
② 에너지원으로 이용되지 못한다.
③ 체지방 합성에 사용되기도 한다.
④ 주로 간에 대부분 있으며 혈액, 근육, 체내 각 세포에 있다.
⑤ 단백질 섭취량과 관련이 있으며, 아미노산이 과도하게 많으면 에너지 대사경로를 밟게 된다.

03 아미노산 풀
- 아미노산 풀로 들어오는 아미노산의 급원은 식사에서 섭취한 단백질과 체단백질의 분해에 의한 것이다.
- 아미노산 풀이 너무 크면 과잉 아미노산들이 에너지, 포도당, 지방 형성에 사용되고, 아미노산 풀이 감소하면 세포 내 단백질을 분해하여 사용한다.

01 ② 02 ④ 03 ②

안심Touch

- 포도당 생성 : 대부분의 아미노산은 당 생성 아미노산으로서, 간에서 포도당 신생과정을 거쳐 포도당을 생성하거나 TCA 회로로 들어가 에너지원이 됨
- 지방산 및 케톤체 생성 : 케톤 생성 아미노산은 아세틸 CoA를 통해 지방산이나 케톤체를 합성하거나 TCA 회로로 들어가 에너지원이 됨
• 아미노기의 대사
- 요소 생성 : 아미노산의 아미노기로부터 생성된 암모니아는 간의 요소회로를 통해 요소로 전환되어 소변으로 배설됨
- 요산 생성 : 핵산의 염기인 퓨린의 탈아미노반응에 의해 요산이 생성됨
- 크레아틴과 크레아티닌 생성 : 크레아틴은 신장에서 아르기닌, 글리신, 메티오닌 등에 의해 합성됨 → 근육으로 운반된 크레아틴은 크레아틴 인산이 되어 ADP를 인산화시켜 ATP로 만들어 근육수축에 이용 → 크레아티닌은 크레아틴의 최종분해산물
• 생리활성 물질의 합성

아미노산	생리활성 물질	작 용
트립토판	세로토닌	감정을 조절하며 농도가 낮아지면 우울증 유발
티로신	도파민	고도의 정신기능, 창조성 발휘와 감정, 호르몬 및 미세한 운동 조절
티로신	카테콜아민	혈관 수축, 심박항진, 혈당상승
히스티딘	히스타민	혈관 확장, 콧물이나 위액분비
메티오닌, 시스테인	타우린	태아의 뇌조직 성분, 담즙의 성분, 혈구 내의 항산화 기능
글리신, 시스테인, 글루탐산	글루타티온	과산화물을 제거하는 항산화 기능

☑ 아미노산 분해대사 및 질소 배설

• 아미노산 분해대사
- phenylalanine과 tyrosine은 산화에 의해 adrenalin, melanin, 탈탄산에 의해 tyramine, 요오드화에 의해 thyroxine이 생성
- tryptophan은 분해되어 pyrrole 고리 계열에 의해 niacin, anthranilic acid, 탈탄산에 의해 tryptamine, 산화에 의해 serotonin이 생성
- 탈아미노 반응 : 아미노산의 α-amino기가 제거되어 암모니아(NH_3)로 떨어져나가고 케토산(keto acid)으로 전환됨. 케토산은 TCA cycle로 들어가 완전 산화
- 아미노기 전달반응 : 아미노산의 아미노기를 다른 α-케토산에 전달하여 새로운 아미노산을 형성하는 반응
- 탈탄산 반응 : 아미노기는 그대로 둔 채 carboxyl만을 제거하는 반응으로 아민(amine)합성 반응
- 암모니아 운반 : 조직세포에서 deamination, transamination으로 생성된 암모니아는 독성이 있어 새로운 운반형태가 필요
• 요소회로(urea cycle)
- 간의 세포질과 미토콘드리아에서 아미노산 분해에서 생긴 암모니아를 ATP를 사용해서 해독작용하여 요소로 배설하는 일련의 순환과정
- 반응장소는 간세포의 미토콘드리아와 세포질로 1분자의 요소(urea)는 2분자의 암모니아를 처리함 → 1분자의 요소(urea)는 생성 시 4ATP를 소모함

01 단백질을 섭취하는 양에 따라 소변으로 배설되는 양이 달라지는 것은? `2021.12`

① 빌리루빈　　　　　② 암모니아
③ 크레아틴　　　　　④ 인산크레아틴
⑤ 요 소

01 사람의 최종 질소 배설 형태는 요소, 어류는 암모니아, 양서류와 조류는 요산이다. 크레아틴은 근육에 있는 에너지 저장 형태로서 근육수축에 필요한 에너지를 고에너지 인산결합물질인 인산크레아틴으로 저장하고 있다가, ATP 공급이 급히 필요할 때 이용된다.

02 다음의 생리활성물질과 이와 관련된 아미노산의 연결로 옳은 것은? `2018.12` `2019.12`

① 멜라토닌 – 페닐알라닌
② 카르니틴 – 글루타민
③ 타우린 – 글리신
④ 세로토닌 – 트립토판
⑤ 도파민 – 히스티딘

02 트립토판은 인체 내에서 합성되지 않는 필수아미노산 중 하나로 세로토닌을 만드는 원료물질이다.

03 요소회로에서 카바모일 인산(carbamoyl phosphate)이 합성되는 곳은? `2021.12`

① 리보솜
② 리소좀
③ 세포질
④ 미토콘드리아
⑤ 골지체

03 요소회로
- 요소는 세포질에서 생성된다.
- 요소회로는 척추동물의 간에서 아미노산 분해로 생긴 암모니아를 ATP를 사용하여 요소로 배설하는 일련의 과정이다.
- 요소회로는 간의 미토콘드리아와 세포질에서 일어나며, 미토콘드리아에서 일어나는 반응은 NH_4 + CO_2 + 2ATP → carbamoyl phosphate + ornithine → citrulline이다.
- 1mol의 요소를 합성하기 위해서 4ATP가 소모되는데, carbamoyl phosphate와 argininosuccinate 생성에 각각 2ATP씩 사용된다.

04 산화적 탈아미노 반응에서 α–아미노기를 전이시키는 조효소는?

① biotin
② lipoic acid
③ pyridoxal phosphate
④ thiamine pyrophosphate
⑤ coenzyme A

04 산화적 탈아미노 반응에서 아미노산의 α–아미노기는 비타민 B_6가 전구체인 조효소 pyridoxal phosphate(PLP)가 전이시킨다.

01 ⑤　02 ④　03 ④　04 ③

📝 효소

- 활성화 에너지를 감소시켜 반응 속도를 증가시키는 생물학적 촉매
- 분류 : 산화환원효소, 전이효소, 가수분해효소, 탈이효소, 이성화효소, 합성효소
- 효소활성의 영향인자
  - 기질농도 : 효소농도가 일정할 때 효소반응속도는 반응초기에는 기질농도에 비례하나 곧 효소가 기질에 포화되어 일정
  - 효소농도 : 기질농도가 일정할 때 효소반응속도는 효소농도에 비례하나 곧 반응생성물이 효소활성을 저해하여 일정
  - 온도 : 온도가 상승함에 따라 반응속도가 증가하지만 일정온도를 넘으면 효소단백질이 열변성되어 급격히 활성 소실
  - pH : 효소 단백질의 아미노산의 R(side chain)기가 pH에 따라 변화되므로 pH에 따라 활성이 변화
  - 금속이온 : 금속이온은 효소에 따라 활성을 증가시키거나 저해
  - 반응생성물 : 반응생성물이 축적됨에 따라 반응속도가 감소 → 되먹임 저해
- 반응 속도론-활성의 저해

구 분	경쟁적 저해	비경쟁적 저해
저해방식	효 소	효소, 효소·기질복합체
K_m	증 가	불 변
V_{max}	불 변	감 소

📝 에너지 필요량

- 생리적 열량가 : 체내에서 발생하는 열량으로, 애트워터 계수(Atwater factor)라고도 함
  - 소화흡수율과 단백질의 경우, 요소로의 에너지 손실을 고려함
  - 1g당 탄수화물은 4kcal, 지방은 9kcal, 단백질은 4kcal, 알코올은 7kcal의 에너지를 만듦
- 인체의 에너지 소모량
  - 기초대사량 : 인체가 생명유지를 위해 필요로 하는 최소한의 에너지. 1일 에너지 소모량의 60~70%를 차지하고 여러 요인의 영향을 받음
  - 휴식대사량 : 식후 2~3시간 후에 아무런 근육활동 없이 편안한 자세에서 측정함. 1일 에너지 소모량의 60~75%를 차지함
  - 활동대사량 : 근육의 수축에 필요한 에너지로서 활동 강도, 활동 시간, 체구성 성분에 따라 다름. 근육이 많을수록 커짐
  - 식품이용을 위한 에너지 소모량 : 섭취한 식품의 소화, 흡수, 운반 및 대사에 필요한 에너지
  - 적응대사량 : 환경변화(추위, 영양상태 등)나 심리적 요인(스트레스, 불안 등)에 의해 열이 발생하여 소비되는 에너지. 갈색지방조직에 의한 열발생과 관련됨

01 효소에 관한 설명 중 옳지 않은 것은?

① 단백질로만 이루어진 효소와 보조인자가 필요한 효소가 있다.
② 모든 효소는 보조인자가 필요하다.
③ 효소는 온도, pH, 금속 등의 영향을 받는다.
④ 기질은 효소의 활성부위에 결합한다.
⑤ 활성화 에너지를 낮춰 반응속도가 빨라진다.

02 효소반응에서 경쟁적 저해제 첨가 시 미카엘리스 상수(K_m)와 최고속도(V_{max})의 변화는? `2020.12`

① K_m 감소, V_{max} 불변
② K_m 감소, V_{max} 감소
③ K_m 증가, V_{max} 감소
④ K_m 증가, V_{max} 불변
⑤ K_m 불변, V_{max} 불변

03 기초대사량에 대한 설명으로 옳지 않은 것은?

① 갑상선기능 저하로 티록신 분비가 적어지거나 영양불량일 때 기초대사율은 감소한다.
② 근육노동자는 정신노동자보다 기초대사량이 높다.
③ 남성이 여성보다 높다.
④ 호흡, 순환, 체온유지, 소화작용에 필요한 에너지이다.
⑤ 근육활동이 전혀 없는 완전한 휴식상태에서 측정한다.

04 성인의 1일 에너지 소모량을 결정하는 요인들로 조합된 것은?

> 가. 휴식대사량
> 나. 활동대사량
> 다. 식품이용을 위한 에너지 소모량
> 라. 적응대사량

① 가, 나, 다
② 가, 다
③ 나, 라
④ 라
⑤ 가, 나, 다, 라

---

01 효소는 단백질로 이루어져 있는데, 단백질로만 이루어진 효소와 보조인자가 필요한 효소가 있다. 모든 효소는 보조인자를 필요로 하지 않는다.

02 활성의 저해
• 경쟁적 저해 : K_m 증가, V_{max} 불변
• 비경쟁적 저해 : K_m 불변, V_{max} 감소

03 ④ 소화작용에 필요한 에너지는 식품 이용을 위한 에너지 필요량(TEF)에 포함된다.
기초대사량
• 인체가 생명유지(체내 항상성 유지, 신경 전달, 심장박동, 혈액 순환, 체온유지, 호흡, 내분비선 유지 등)를 위해 필요로 하는 최소한의 에너지이다.
• 근육활동이 전혀 없는 완전한 휴식상태(식후 12시간이 지나 잠에서 깨어난 직후, 실내온도 18~20℃, 누운 상태)에서 측정한다.
• 1일 에너지 소모량의 60~70%를 차지하고 여러 요인의 영향을 받는다.

04 1일 열량필요량
기초대사량(휴식대사량) + 활동대사량 + 식품이용을 위한 에너지 소모량

01 ② 02 ④ 03 ④ 04 ①

안심Touch

📝 비타민의 분류와 특성

특 성	수용성 비타민	지용성 비타민
종 류	비타민 B군, 비타민 C	비타민 A, D, E, K
성 질	물에 녹음	기름과 유기용매에 녹음
구성성분	C, H, O, N 외에 S, Co 함유	C, H, O로 구성
전구체	존재하지 않음(niacin 예외)	존재함
흡수 및 운반	융모의 모세혈관, 문맥을 통해 간으로 운반됨	지단백질 형태로 융모의 유미관을 통해 림프관, 흉관을 거쳐 혈액으로 들어옴
저장 및 배설	체액 내에서 자유로이 순환되고, 과잉분은 소변으로 쉽게 배설됨	과잉분은 간과 지방조직에 저장되어 쉽게 배설되지 않음
결핍증	빨리 나타남	서서히 나타남
공 급	매일 섭취해야 함	매일 섭취하지 않아도 됨

- 비타민 전구체
  - 니아신 : 트립토판
  - 비타민 A : 카로티노이드
  - 비타민 D_2 : 에르고스테롤
  - 비타민 D_3 : 7-디하이드로콜레스테롤

📝 지용성 비타민

- 비타민 A
  - 동물성 레티노이드(레티놀, 레티날, 레티노인산)와 식물성 카로티노이드(α-카로틴, β-카로틴, γ-카로틴, 크립토잔틴)
  - 카로티노이드는 체내에서 레티놀로 전환되므로 프로비타민 A라고 함
  - 열, 산, 알칼리에 강하나 산소와 자외선에는 불안정하여 쉽게 분해됨
  - 시각회로 유지(망막의 시각세포 : 간상세포, 원추세포)
  - 점액을 합성하고 분비하는 상피세포의 분화를 도와서 상피조직 유지, 뼈의 재구성에 관여하여 골격이상이나 성장지연 방지
  - β-카로틴은 활성산소를 제거하는 항산화제로서 항암작용(특히 폐암 발생을 낮춤)
  - 체액성 면역, 세포 매개성 면역, 점액에 의한 면역, 식균작용 등 모든 면역반응 증강
  - 결핍 시 : 야맹증, 각막·피부·장점막 세포의 각질화, 안구건조증, 각막연화증, 실명, 모낭각화증, 뼈와 치아발달 손상
  - 과잉 시 : 식욕상실, 건조피부, 탈모, 뼈 통증, 간비대, 월경중지, 신경과민, 임신 시 태아기형
  - 1일 성인 권장섭취량 : 남자 $800\mu g$ RAE(19~49세), $750\mu g$ RAE(50~64세), 여자 $650\mu g$ RAE(19~49세), $600\mu g$ RAE(50~64세)
  - 함유식품 : 간, 생선 간유, 우유, 유제품, 버터, 난황
- 비타민 D
  - 비타민 D_2 : 에르고스테롤(ergosterol)로부터 자외선에 의해 합성됨
  - 비타민 D_3 : 피부의 7-디하이드로콜레스테롤로부터 자외선에 의해 합성됨
  - 열, 빛, 산소에 안정하지만 산과 알칼리에서는 불안정하여 분해됨
  - 신장에서 칼슘과 인의 재흡수 증진, 뼈로부터 혈액으로 칼슘 용출 촉진

01 당뇨 환자의 망막 손상 시, 환자에게 줄 수 있는 비타민 A의 형태로 옳은 것은? `2018.12`

① 베타카로틴(β-carotene)
② 레티놀(netinol)
③ 레티날(retinal)
④ 레티노익산(retinoic acid)
⑤ 레티닐 팔미트산(retinyl palmitate)

02 비타민 A에 대한 설명 중 옳지 않은 것은?

① 레티날은 시력유지에 관여하고, 카로티노이드는 항암 및 항산화 작용을 가진다.
② 부족 시 점액분비 저하로 상피조직이 비정상적으로 거칠어지고 각막연화증을 일으킨다.
③ 체내에서 칼슘의 항상성을 조절한다.
④ 레티노산은 세포의 성장과 분화과정, 동물의 성장 및 면역기능에 관여한다.
⑤ 레티놀과 레티닐에스테르는 주로 동물성 식품에 들어있는 형태이다.

03 평소 식사습관에서 지질 섭취가 부족할 때 흡수가 어려운 영양소는? `2020.12`

① 비타민 C
② 비타민 A
③ 포도당
④ 나트륨
⑤ 페닐알라닌

04 비타민 E의 체내 기능으로 옳은 것은? `2018.12` `2019.12`

① 단백질 절약작용
② 세포막 손상방지
③ 로돕신 생성
④ 골격의 석회화
⑤ 혈액응고 지연

---

01 비타민 A
비타민 A는 레티날, 레티놀, 레티노익산 등으로 구성되어 있으며 식물성 급원인 카로티노이드는 체내에서 비타민 A로 전환된다. 간상세포에서 레티날(retinal)은 단백질인 옵신(opsin)과 결합하여 로돕신 색소를 형성하며, 로돕신은 어두운 곳에서의 기각 기능에 관여한다.

02 비타민 D
• 골격의 석회화 및 칼슘의 항상성 유지 역할을 한다.
• 비타민 D는 칼슘과 인의 소장 흡수, 신장에서의 재흡수, 뼈로부터의 용출을 촉진하여 혈장 칼슘 농도를 높인다.

03 지질의 섭취가 부족하게 되면 지용성 비타민 A, D, E, K 결핍이 나타날 수 있다.

04 비타민 E의 기능이 확실히 밝혀진 것은 항산화제로서의 기능이다. 세포막에 존재하는 다가불포화지방산은 유리라디칼에 의해 쉽게 산화되는데, 비타민 E는 유리라디칼의 연쇄반응을 중단시킴으로써 지질과산화반응을 억제하여 세포막을 산화적 손상으로부터 보호하는 역할을 한다.

01 ③ 02 ③ 03 ② 04 ②

- 결핍 시 : 구루병, 골연화증, 근육경련
- 과잉 시 : 탈모, 체중 감소, 설사, 메스꺼움, 식욕부진, 성장지연, 연조직의 석회화, 혈관 경화, 신결석
- 1일 성인 충분섭취량 : 남녀 $10\mu g$
- 함유식품 : 대구간유, 난황, 간, 기름진 생선(정어리, 청어, 참치, 연어), 비타민 D 강화우유, 마가린, 버섯
- 비타민 E
  - α-토코페롤이 천연에 가장 풍부하고 생리적 활성도 가장 큼
  - 열에 안정하나 산화, 자외선에 의해 쉽게 파괴됨
  - 항산화 기능(먼저 산화되어 산화에 필요한 산소를 제거)
  - 결핍 시 : 용혈성 빈혈, 신경과 근육계의 기능 저하, 시력과 언어구사력 손상, 망막증, 근무력증
  - 1일 성인 충분섭취량 : 남녀 $12mg$ α-TE
  - 함유식품 : 식물성 기름, 마가린, 전곡, 견과류, 콩
- 비타민 K
  - 비타민 K_1 : 식물성 급원
  - 비타민 K_2 : 장내 박테리아에 의해 합성
  - 열, 공기, 습기에는 안정하지만 빛에 의해 쉽게 파괴됨
  - 글루탐산으로부터 γ-카르복시글루탐산을 합성하는 카르복실화 효소의 조효소로 작용
  - 혈액응고, 뼈의 석회화, 소변으로 칼슘배설
  - 건강한 성인은 장내 합성되므로 결핍증이 거의 나타나지 않음
  - 신생아나 항생제 장기 복용자의 경우 결핍
  - 1일 성인 충분섭취량 : 남자 $75\mu g$, 여자 $65\mu g$
  - 함유식품 : 순무, 시금치, 케일, 양배추, 브로콜리 등의 푸른 잎채소와 간

☑ 수용성 비타민

- 티아민(비타민 B_1)
  - TPP 조효소(탈탄산효소 반응, 오탄당인산경로, 아세틸콜린 합성), 황 함유
  - 산화에 강하고 열과 알칼리에 약함
  - 결핍 시 : 각기병
  - 1일 성인 권장섭취량 : 남자 1.2mg, 여자 1.1mg
  - 함유식품 : 육류, 콩, 배아(현미, 통밀), 효모
- 리보플라빈(비타민 B_2)
  - FMN·FAD 조효소(탈수소효소, 산화효소, 환원효소)
  - 열에 안정하나 자외선에 약함
  - 결핍 시 : 조직손상, 성장지연, 빛 과민증, 코와 눈 주위의 피부염, 구순구각염, 설염, 두통
  - 1일 성인 권장섭취량 : 남자 1.5mg, 여자 1.2mg
  - 함유식품 : 우유, 요플레, 치즈, 육류, 달걀, 콩류, 내장, 강화곡류
- 니아신(비타민 B_3, 니코틴산)
  - NAD·NADP 조효소(탈수소효소, 지방산 합성, 스테로이드 합성)
  - 빛, 열, 산화, 산, 알칼리 등에 가장 안전함

01 비타민 K에 대한 설명으로 옳지 않은 것은?

2018.12   2020.12

① 혈장단백질인 prothrombin의 생합성에 필요하며 혈액 응고에 관여한다.
② 항산화 작용을 한다.
③ 시금치, 알팔파 등 푸른잎 채소에 다량 들어있다.
④ 필요량은 미생물에 의한 장내 합성과 식사를 통해 섭취된다.
⑤ 지방 흡수장애나 항생제 등의 약물복용 시 결핍이 우려가 있다.

02 티아민의 체내 기능과 대사에 대한 설명으로 옳지 않은 것은?

① 탄수화물 대사에 관여하지 않는다.
② 오탄당인산경로에서 케톨기 전이효소의 조효소로 작용한다.
③ 아세틸콜린 합성과정의 조효소로 작용한다.
④ α-케토글루타르산의 숙시닐 CoA로의 전환에 필요하다.
⑤ 티아민은 소장 상부 공장에서 흡수되어 간으로 이동하여 인산화 된다.

03 니아신의 생리적 기능 및 섭취기준에 대한 설명으로 옳지 않은 것은?

① 세포 내 산화·환원반응의 조효소로 작용한다.
② 체내에서 트립토판으로부터 전환된다.
③ 니아신 결핍으로 신경계 장애를 유발할 수 있다.
④ 1일 권장섭취량은 성인 남자 16mg NE, 여자 14mg NE 이다.
⑤ 고지혈증의 치료제로 니코틴산을 과량으로 복용할 경우 독성이 나타난다.

---

01 비타민 K
- 건강한 성인은 장내 박테리아에 의해 합성되므로 결핍증이 거의 나타나지 않는다.
- 혈장단백질인 프로트롬빈의 형성을 도와 혈액응고에 관여하며 시금치, 알팔파 등 푸른잎 채소에 다량 함유되어 있다.
- 항산화 작용을 하는 대표적 물질에는 비타민 C, E, β-카로틴이 있다.

02 티아민
- 피루브산이 아세틸 CoA로 되는 산화적 탈탄산반응에 조효소로 작용한다.
- 티아민은 체내에서 저장되는 양이 적고 과량 섭취 시 신장을 통해 배설된다.
- 주로 공장에서 흡수되며 흡수된 티아민은 인산반응을 통해 활성형인 TPP로 전환되고, 탄수화물, 단백질, 지방이 에너지를 생산할 때 조효소로 관여한다.

03 니아신(niacin)
- 니아신 결핍이 쉬운 환경 : 알코올 중독, 식이제한, 피리독신·리보플라빈·티아민 결핍, 갑상선기능 항진, 스트레스, 외상, 임신·수유기, 당뇨 등
- 니아신은 자연식품을 통해 섭취할 경우 거의 독성이 없으나 강화식품이나 보충제를 통해 과량을 섭취하거나 고지혈증 치료 목적으로 사용 시 독성이 나타난다.
  - 영양강화 목적으로 니코틴아마이드를 3,000mg/day 이상 공급할 경우 간독성, 메스꺼움, 구토 유발
  - 고지혈증 치료 목적으로 니코틴산의 형태로 1,000mg/day 이상 공급할 경우 혈관 확장 및 홍조현상

01 ② 02 ① 03 ③

- 니아신 1mg은 트립토판 60mg으로부터 합성
- 결핍 시 : 피로, 허약, 식욕부진, 소화불량, 염증, 빈혈, 구토, 펠라그라
- 과잉 시 : 니아신 홍조, 두통, 가려움, 소화장애, 부정맥
- 1일 성인 권장섭취량 : 남자 16mg NE, 여자 14mg NE
- 함유식품 : 육류(특히 닭고기)의 살코기, 생선, 전곡, 견과류, 우유, 달걀

• 판토텐산(비타민 B₅)
- 코엔자임 A(coenzyme A, CoA)의 성분
- CoA의 형태로 아실기를 운반하는 운반체로서 신경전달물질인 아세틸콜린 합성에 관여
- 당질, 지방, 단백질은 분해되어 아세틸 CoA의 형태로 TCA 회로와 전자전달계를 거쳐 에너지를 생성

• 피리독신(비타민 B₆)
- 피리독살인산(PLP, 강력한 활성 지님), 피리독사민인산(PMP), 피리독신인산(PNP) 조효소
- 광선에 의해 쉽게 분해
- 글리코겐 분해대사에 관여하는 효소의 조효소로 작용
- 포도당 신생, 적혈구 합성에 관여함, 니아신 합성
- 경구 피임약, 결핵치료제, 류마티스 관절염 치료제 장기간 복용 시 결핍증 발생
- 결핍 시 : 피부염, 구각염, 설염, 근육경련, 신경장애, 비정상적 뇌파, 빈혈
- 1일 성인 권장섭취량 : 남자 1.5mg, 여자 1.4mg
- 함유식품 : 육류, 생선류, 가금류

• 비오틴(비타민 B₇)
- 카르복실기의 운반체로서 카르복실화 반응, 탈탄산 반응에 관여하는 카르복실화 효소(carboxylase), 탈탄산 효소(decarboxylase)
- 결핍 시 : 피부발진, 습진, 탈모, 우울증, 설염
- 1일 성인 충분섭취량 : 남녀 30㎍
- 함유식품 : 난황, 유제품, 연어, 맥주효모, 견과류, 간

• 엽산(비타민 B₉)
- 테트라히드로엽산(THF) 조효소
- 결핍 시 : 거대적아구성 빈혈
- 1일 성인 권장섭취량 : 남녀 400㎍ DFE
- 함유식품 : 시금치, 근대, 상추, 브로콜리 등의 푸른잎 채소, 오렌지주스, 간

• 코발아민(비타민 B₁₂)
- 메틸코발아민 조효소
- 결핍 시 : 악성 빈혈, 무기력, 창백, 체중 감소
- 1일 성인 권장섭취량 : 남녀 2.4㎍
- 함유식품 : 동물의 내장, 어패류, 달걀, 우유, 된장, 청국장

• 비타민 C(ascorbic acid)
- 항산화 작용, 콜라겐 합성, 철·칼슘 흡수 촉진, 카르니틴 합성, 신경전달물질 합성
- 결핍 시 : 괴혈병, 근육퇴화, 빈혈
- 1일 성인 권장섭취량 : 남녀 100mg(상한섭취량은 2,000mg)
- 함유식품 : 감귤류, 풋고추, 브로콜리, 케일, 피망, 시금치, 토마토

01 엽산에 대한 설명으로 옳지 않은 것은?

① 엽산의 형태(식품, 보충제, 강화된 식품 등)에 따른 흡수율에 차이가 없다.
② 알코올 중독자의 경우 엽산 결핍이 발생하기 쉽다.
③ 엽산은 소장의 conjugate에 의해 monoglutamate로 가수분해되어 흡수된다.
④ 시금치, 근대, 상추, 브로콜리 등의 푸른잎 채소, 오렌지주스, 간 등에 함유되어 있다.
⑤ 영양실조, 고령, 비스테로이드계 항염소제 등이 엽산의 흡수를 저해한다.

02 혈중 호모시스테인 농도를 낮추는 데 관여하는 영양소의 조합은? 2018.12

가. 니아신	나. 엽 산
다. 비타민 B$_6$	라. 비타민 B$_{12}$

① 가, 나, 다
② 나, 다, 라
③ 가, 나, 라
④ 라
⑤ 가, 나, 다, 라

03 지방산의 β-산화 시 지방산 활성화에 필요한 비타민은? 2019.12

① 리보플라빈
② 피리독신
③ 비타민 K
④ 판토텐산
⑤ 니아신

04 비타민 C 보충제 과잉 섭취 시 나타나는 증상은? 2021.12

① 반사기능 장애
② 신결석
③ 고칼슘혈증
④ 간경변
⑤ 백혈구 생성 저하

---

01 엽산(folic acid)
• 엽산의 형태에 따라 엽산의 흡수율이 다르므로 식이엽산당량(Dietary folate equivalent ; DFE)으로 요구량을 표시한다.
• 식품 중의 흡수율은 50% 정도이나, 엽산보충제의 엽산 흡수율은 85% 정도이므로 식품 중의 엽산에 비해 1.7배(85/50) 정도 높다. DFE = 자연식품 중 엽산(μg) + 1.7 × 엽산보충제(μg)

02 혈중 호모시스테인 농도 조절
• 엽산은 단일탄소(메틸기)의 운반체로서, 비타민 B$_{12}$와 함께 단일탄소들이 새로운 물질의 합성에 쓰이도록 한다.
• 엽산과 비타민 B$_{12}$는 호모시스테인에 메틸기를 제공하여 메티오닌을 합성하는 데 관여한다.
• 비타민 B$_6$는 호모시스테인이 시스타티오닌을 거쳐 시스테인을 형성하는 데 보조효소로 관여한다.
• 혈중 호모시스테인 농도를 낮추어 동맥경화 등 심혈관질환을 예방한다.

03 CoA는 판토텐산의 조효소 형태로 지방산의 β-산화 시 지방산 활성화에 작용한다.

04 다량의 비타민 C를 장기간 복용 시 소변 중 수산 농도가 증가하므로 보충제 섭취를 제한한다.

---

01 ① 02 ② 03 ④ 04 ②

📝 다량 무기질

- 칼슘(Ca)
  - 체내 가장 많은 무기질, 골격과 치아에 99%, 1%는 혈액과 체액
  - 골격과 치아 구성, 혈액응고에 관여, 신경자극 전달, 근육 수축 및 이완, 세포대사
  - 흡수 촉진 요인 : 소장의 산성, 유당, 식사의 칼슘과 인의 비슷한 비율, 비타민 C·D, 칼슘 요구량 증가, 부갑상선호르몬
  - 흡수 방해 요인 : 수산, 피트산, 지방, 식이섬유, 비타민 D 부족, 폐경
  - 결핍증 : 구루병, 골연화증, 골다공증, 근육경련, 고혈압, 대장암
  - 1일 성인 권장섭취량 : 남자 800mg(19~49세), 750mg(50~64세), 여자 700mg(19~49세), 800mg(50~64세)
  - 함유식품 : 우유와 유제품, 뼈째 먹는 생선
- 인(P)
  - 골격과 치아 구성, 에너지 대사 관여, 비타민과 효소의 활성화, 신체(핵산, 세포막과 지단백질) 구성성분, 완충작용
  - 흡수 촉진 요인 : 소장의 산성, 식사의 칼슘과 인의 비슷한 비율, 비타민 D
  - 흡수 방해 요인 : 마그네슘과 알루미늄의 과량 섭취, 부갑상선호르몬
  - 제산제 남용, 신장투석 등으로 결핍 발생
  - 결핍증 : 신체의 기능 이상, 골다공증, 어린이의 성장부진과 뼈의 기형
  - 1일 성인 권장섭취량 : 남녀 700mg
  - 함유식품 : 쇠간, 우유, 유제품, 멸치, 어육류
- 마그네슘(Mg)
  - 동식물의 모든 체세포에 존재하는 양이온
  - 골격과 치아 구성, 신경자극 전달, 근육의 수축과 이완, 효소의 활성제
  - 결핍증 : 신경이나 근육의 경련, 불규칙한 심장박동, 근육 약화, 발작, 정신착란
  - 1일 성인 권장섭취량 : 남자 370mg(19~29세 360mg), 여자 280mg
  - 함유식품 : 대두, 푸른잎 채소, 견과류, 코코아, 전곡
- 나트륨(Na)
  - 세포 외액의 주된 양이온, 신경자극 전달, 수분평형 조절, 산·염기 평형, 영양소의 흡수
  - 결핍증 : 혈압 저하, 무기력, 메스꺼움, 구토, 설사, 성장 감소, 근육경련
  - 과잉증 : 고혈압, 심근 수축 증가
  - 1일 성인 충분섭취량 : 남녀 1.5g
  - 함유식품 : 염소와 결합한 소금의 형태
- 칼륨(K)
  - 신경자극 전달, 수분평형 조절, 산·염기 평형, 글리코겐 합성, 단백질 합성
  - 저칼륨혈증, 고칼륨혈증
  - 1일 성인 충분섭취량 : 남녀 3.5g
  - 함유식품 : 감자, 고구마, 바나나, 근대, 멸치, 토마토
- 염소(Cl)
  - 수소이온과 결합하여 염산(HCl)으로서 위액의 중요성분, 삼투압과 산·염기 평형
  - 1일 성인 충분섭취량 : 남녀 2.3g
  - 나트륨과 결합한 소금의 형태

01 다음 무기질에 대한 설명 중 옳지 않은 것은?

① 매우 적은 양으로 신체조절에 관여한다.
② 과량섭취로 인한 독성이 없다.
③ 신체조직을 구성하고 에너지 대사에 관여한다.
④ 호르몬 조절과 보조효소 기능 등을 통해 생체기능을 조절한다.
⑤ 수분평형을 유지하고 항산화 기능 등을 수행한다.

02 심장의 정상적인 수축과 이완에 관여하는 무기질은?

가. Ca	나. Na
다. K	라. P

① 가, 다
② 나, 라
③ 가, 나, 다
④ 라
⑤ 가, 나, 다, 라

03 다음 중 무기질과 그 기능으로 옳지 않은 것은?

① 나트륨 – 염기로 작용하여 혈액을 알칼리로 유지한다.
② 칼륨 – 삼투압 유지에 관여하며, 특히 세포 내에 많이 존재한다.
③ 마그네슘 – 신경흥분 억제와 근육이완과 관련이 있다.
④ 황 – 인체에 해로운 물질과 결합하여 비독성 물질로 전환시킨 후 소변으로 배설한다.
⑤ 염소 – 혈액응고에 관여한다.

04 무기질은 다른 물질의 구성성분이 될 수 있다. 다음 중 그 관계가 바르지 않은 것은?

① 황 – 페리틴
② 아연 – 금속효소의 성분
③ 크롬 – 당내성 인자
④ 요오드 – 티록신(thyroxine)
⑤ 코발트 – 비타민 B_{12}

---

01 무기질
- 신체조직 구성 : 칼슘, 마그네슘, 인
- 에너지 대사 : 마그네슘, 망간, 인 등
- 호르몬 조절 : 칼슘, 요오드, 크롬 등
- 보조효소 기능 : 구리, 철, 셀레늄, 아연 등
- 항산화 기능 : 아연, 망간, 구리, 철, 셀레늄 등
- 요오드 과잉 섭취 시 바세도우씨병(안구돌출, 심박항진 등이 나타나는 갑상선 중독증), 불소 과잉증으로 불소증(뼈나 치아에 불소가 과다하게 침착되어 갈색반점이 생김)이 나타난다.

02 심장의 수축과 이완 관여 무기질
- 수축 : Ca, Na
- 이완 : K

03 무기질
- 칼슘 : 혈액응고 과정에 관여한다(prothrombin을 thrombin으로 활성화하여 fibrinogen이 fibrin으로 바뀌는 과정에 관여하는 영양소는 칼슘과 비타민 K이다).
- 염소 : 나트륨과 함께 삼투압과 산·염기 평형을 조절한다.

04 무기질
- 황 : 비타민 B_1, 리포산
- 철분 : 혈색소, 트랜스페린

01 ② 02 ③ 03 ⑤ 04 ①

안심Touch

📝 미량 무기질

- 철(Fe)
  - 혈액(헤모글로빈의 헴)과 근육의 미오글로빈, 시토크롬
  - 산소 운반과 저장, 에너지 대사, 지방산 산화, 콜라겐 합성, 신경전달물질의 합성
  - 결핍증 : 소적혈구 저색소 빈혈(철결핍성 빈혈), 피곤, 창백, 무기력, 호흡곤란
  - 함유식품 : 대합, 굴, 간, 홍합, 푸른잎 채소
- 아연(Zn)
  - 효소의 구성성분, 핵산 합성, 생체막의 구조와 기능 유지, 상처회복, 면역증진
  - 결핍증 : 성장이나 근육발달의 지연, 상처회복 지연, 면역 저하, 야맹증
  - 함유식품 : 굴, 조개류, 간, 육류, 게, 새우 등 고단백질 식품, 전곡류, 콩류
- 구리(Cu)
  - 철의 흡수와 이동, 면역체계, 혈액응고
  - 결핍증 : 빈혈, 백혈구 감소, 뼈 손실, 성장 저하, 심장질환, 탈색
  - 함유식품 : 굴, 새우, 조개류의 해산물, 쇠간, 견과류, 바나나, 토마토, 곡류
- 요오드(I)
  - 갑상선호르몬의 구성성분
  - 갑상선 기능 저하증 : 호흡곤란, 태아의 발육 저하, 정신박약, 성장장애, 크레틴병
  - 갑상선 기능 항진증 : 바세도우씨병
  - 함유식품 : 해조류, 해산물
- 불소(F)
  - 충치 예방, 골다공증 예방
  - 결핍증 : 충치, 골다공증
  - 과잉증 : 불소증, 골격과 신장의 손상
  - 함유식품 : 고등어, 정어리, 연어 등의 어류, 해조류
- 망간(Mn)
  - 효소의 구성성분·활성제, 골격 형성

📝 수분의 기능

- 영양소와 대사물질의 운반
- 노폐물 배출
- 상피조직의 기능 유지
- 전해질 균형 유지
- 체내 대사과정에 관여
- 체액의 구성 및 유지
- 체온의 유지
- 신체 보호 및 윤활제 역할
- 소화액의 성분으로 소화작용을 도움

01 철의 흡수를 증진시키는 요인들로 조합된 것은?

> 가. 위산의 부족
> 나. 피트산, 타닌
> 다. 섬유소
> 라. 시트르산, 비타민 C

① 가, 다   ② 나, 라
③ 가, 나, 라   ④ 라
⑤ 가, 나, 다, 라

02 미량 무기질과 그 역할이 옳지 않은 것은?

① 불소 – 충치 예방
② 크롬 – 인슐린의 보조인자
③ 구리 – ceruloplasmin 형성
④ 셀레늄 – 항악성 빈혈인자
⑤ 요오드 – 갑상선호르몬의 구성성분

03 면역기능 저하, 성장지연, 식욕부진 및 미각감퇴 등의 증상이 나타났다면 이와 관련된 영양소의 급원식품으로 적합한 것은? `2019.12`

① 시금치   ② 당 근
③ 요구르트   ④ 굴
⑤ 바나나

04 체내에서 수분의 기능으로 옳지 않은 것은? `2018.12`

① 근육의 수축과 이완에 관여한다.
② 체내 신진대사에서 생성된 노폐물을 운반하여 폐, 피부, 신장을 통해 배설한다.
③ 열의 발생과 방출을 통해 체온을 조절한다.
④ 체액조직을 통해 여러 영양소를 각 세포조직에 운반한다.
⑤ 소화액의 성분으로 소화작용을 돕는다.

---

01 철분 흡수 증가 · 저해 요인
- 철분 흡수 증가 요인 : 임신, 성장기, 수유기 등 체내 요구량이 높은 경우. Heme철, 아미노산, 설탕, 유기산(시트르산), 비타민 C, Ca(인산이나 피트산과 먼저 결합하여 제거하므로 철 흡수를 도움) 등
- 철분 흡수 저해 요인 : 위산 부족, 불용성 염을 형성하는 인산염 · 피트산 · 수산 · 타닌, 체내 철 저장량이 많은 경우, 섬유소 등

02 셀레늄은 항산화 작용과 관련이 있고, 항악성 빈혈인자는 B_{12}의 구성성분인 코발트와 관련이 있다.

03 아연 급원식품
아연의 주된 급원은 동물성 식품으로 쇠고기 등의 육류, 굴, 간, 게, 콩류, 전곡, 견과류가 좋은 급원이다.

04 수분의 기능
- 영양소와 대사물질의 운반
- 노폐물 배출
- 상피조직의 기능 유지
- 전해질 균형 유지
- 체내 대사과정에 관여
- 체액의 구성 및 유지
- 체온의 유지
- 신체 보호 및 윤활제 역할
- 소화액의 성분으로 소화작용을 도움

01 ④ 02 ④ 03 ④ 04 ①

✎ 수분평형 조절 및 이상

• 조 절
  – 섭취 조절 : 뇌의 갈증중추에 의해 섭취
  – 배설 조절 : 항이뇨호르몬에 의한 수분 재흡수, 레닌과 알도스테론에 의한 나트륨 재흡수로 수분배설을 조절
• 이 상
  – 탈수 : 운동에 의한 과다한 발한, 설사, 출혈, 화상, 구토 등이 원인. 혈액량 감소, 혈압 감소, 뇌조직으로의 산소와 영양소 공급 불충분
  – 수분 중독증 : 과잉 섭취 시 세포외액의 전해질 농도가 낮아져 수분이 세포내액으로 들어가거나, 칼륨이 세포외액으로 이동하게 되어 근육경련, 혈압 저하, 착란, 사망

✎ 인간의 발달단계

시 기	연 령	특 징
임신기	배아기 2~8주	세포분열 내·외·중배엽 형성
	태아기 8~40주	기관과 신체구조 형성, 출생 후 비대기, 근육 형성
분 만	40주	만출, 산통, 태반기능 종료
신생아기	출생~4주	신생아 황달
영아기	4주~1년	급격한 성장발달, 뇌기능 성숙
유아기	전기 만 1~3세	자아성장, 배설기능 통제
학령기	남아 6~12세	신체기능 숙련, 사회생활성장, 지적능력 발달
	여아 6~10세	
청소년기	남아 12~20세	2차 성징, 사춘기, 자아신뢰, 독립성 요구
	여아 10~18세	
성인기	남아 20~64세	성장의 지연, 모든 장기 발달
	여아 18~64세	
노년기	65세 이상	신체적 능력 쇠약, 노쇠 현상

01 수분섭취가 부족한 경우 수분균형에 관여하는 물질과 분비 기관의 연결로 옳은 것은? `2019.12`

① 항이뇨호르몬 – 뇌하수체전엽
② 알도스테론 – 부신피질
③ 코르티솔 – 간
④ 레닌 – 부신수질
⑤ 안지오텐신 – 췌장

02 수분에 대한 설명으로 옳지 않은 것은?

① 피부와 폐를 통해 하루에 1kg의 수분이 증발한다.
② 아동은 성인보다 단위체중당 수분필요량이 적다.
③ 1일 약 300~400mL의 대사수를 생성한다.
④ 건강한 성인은 하루에 900~1500mL의 수분을 소변으로 배설한다.
⑤ 수분의 배설은 소변 > 피부발산 > 폐호흡 순으로 손실이 크다.

03 체수분의 평형 조절에 관계되는 호르몬은? `2021.12`

① 항이뇨호르몬
② 칼시토닌
③ 성장호르몬
④ 부갑상선호르몬
⑤ 에피네프린

04 만 1세 유아기 성장의 특징으로 옳은 것은? `2017.12`

① 출생 시 체중의 3배로 증가한다.
② 영아기의 성장속도가 지속적으로 유지된다.
③ 신장보다 체중의 성장속도가 더 빠르다.
④ 두뇌는 유아 초기에 성인과 비슷한 수준으로 발달된다.
⑤ 근육량과 수분의 비율이 증가하고 피하지방의 비율은 감소한다.

---

01 수분균형
알도스테론은 부신피질에서 분비되는 호르몬으로 신장에서 Na 재흡수를 촉진하고, 뇌하수체후엽에서 분비되는 항이뇨호르몬은 세뇨관에서 수분 재흡수를 촉진함으로써 소변량을 감소시켜 체액의 균형을 유지한다.

02 수 분
• 아동은 성인보다 단위체중당 수분 필요량이 많다.
• 수분의 배설은 소변(1,100mL), 피부 발산(600mL), 폐호흡(200mL)을 통해 이루어진다.

03 항이뇨호르몬
신장의 세뇨관에서 수분의 재흡수에 영향을 미침으로써, 분비가 증가하면 수분 재흡수를 촉진시켜 소변량이 감소한다. 반대로 항이뇨호르몬의 분비가 감소하면 소변량이 증가하여 요붕증이 발생한다.

04 유아기 성장
• 성장은 지속되나 영아기에 비해 성장속도는 감소한다.
• 체중보다는 신장의 성장속도가 빠르다.
• 두뇌는 유아기에 급격히 성장하여 2세에는 성인의 50%, 4세에는 75%, 6~8세에는 거의 성인과 비슷한 수준으로 발달한다.
• 연령이 증가함에 따라 근육량이 증가하고 피하지방 및 수분이 차지하는 비율은 감소한다.

01 ② 02 ② 03 ① 04 ①

📝 임신기의 영양과 생리

체지방량과 초경	• 건강한 여성의 평균 체지방량 : 체중의 25% 정도 → 체지방량의 과다와 과소는 성적 성숙 및 임신 등에 영향 미침 • 초경 : 체중 47kg 내외 또는 체지방 비율이 체중의 17~22%에 이를 때 에스트로겐의 분비로 시작됨. 10대 소녀의 체중이 이상체중보다 10~15% 이상 부족 시 호르몬 분비 저하와 활성 감소로 배란 장애나 무월경, 불임을 초래하거나 초경 지연됨
임신기간 중의 체중 증가	• 체중 증가 – 생식기관 및 임신으로 발달된 조직이 35%, 태아 조직이 25%, 양수가 6%, 나머지는 모체 조직과 체액 축적으로 임신 중 체중이 증가 – 체중의 증가는 수분 62%, 단백질 8%, 지방 30% – 축적된 단백질의 2/3 정도는 태아와 태반에 존재 – 지방의 90%는 모체의 지방조직에 축적, 임신기간 중 2~4kg의 지방이 축적되어 임신 말기의 에너지 소요와 수유를 준비 • 비정상적인 체중 증가 – 임신 중 체중 증가량이 7kg 이하인 경우 성장 부진의 신생아 분만 가능성 – 체중 증가량이 많은 경우 분만 시 진통 시간의 연장, 산과적 손상, 신생아 질식, 모체 및 영유아 사망의 위험

📝 태반을 통한 영양소 이전 기능

• 단순확산 : 모체혈액의 농도가 높은 쪽 → 낮은 쪽(물, 일부 아미노산과 포도당, 콜레스테롤, 유리지방산, 나트륨, 염소, 산소, 이산화탄소, 비타민 E, 비타민 K, 케톤체)
• 촉진확산 : 운반체가 있어 농도가 높은 쪽 → 낮은 쪽(일부 포도당, 대부분의 단당류, 철, 비타민 A, 비타민 D)
• 능동수송 : 운반체가 있고, ATP가 요구됨. 제대혈의 농도가 모체 혈액보다 높아도 제대혈로 이동하는 것(아미노산, 수용성 비타민, 칼슘, 철, 아연, 칼륨)
• 음세포 작용 : 모체 면역글로불린(IgG), 알부민, 지단백질은 태반을 통해 태아로 이동, 태아의 수동면역 형성
• 태아의 단백질 합성 : 모체의 태반에서 수송된 아미노산을 이용해 필요한 단백질을 스스로 합성함
• 위험물질 방어 : 분자 크기가 큰 혈장 단백질은 태반의 융모를 통과하지 못하므로 해로운 성분이나 고분자 화합물의 이동을 막아 태아를 보호함

01 임신 중 체중 증가 요인에 대한 설명으로 옳지 않은 것은?

① 총 수분 증가량의 70~90%는 모체 세포외액의 증가에 기인한다.

② 체중 증가량 구성분의 약 60%가 수분이다.

③ 임신 중 축적된 단백질의 약 2/3는 태아와 태반에 존재한다.

④ 체중 증가량의 1/3은 임신 시 생성물(태아, 태반, 양수)의 증가 때문이다.

⑤ 모체의 지방조직 축적량은 수유 시의 에너지 필요량을 보충하기 위해서만 사용된다.

01 임신 중 체중 증가
• 체중 증가량의 2/3는 모체조직과 체액의 증가 때문이다.
• 모체의 지방조직 축적량은 수유 시의 에너지 필요량과 임신 후반기의 에너지 소모를 위해 사용된다.

02 임신기의 생리적 대사기능 변화로 옳지 않은 것은?

① 태아의 성장, 모체 조직의 발육 등의 이유로 기초대사량이 증가한다.

② 신장에서 사구체 여과율이 감소한다.

③ 총 혈액량 증가로 순환기계에 부담이 가중된다.

④ 나트륨과 수분 보유력의 증가로 혈장과 세포외액의 양이 증가한다.

⑤ 평활근의 활동이 느려져 소량의 식사로도 포만감을 느낀다.

02 임신기 생리적 대사
• 임신 시 프로게스테론은 신장에서 나트륨 배설을 증가시킨다.
• 부신의 알도스테론과 신장의 레닌은 임신 중 증가하는 혈액량을 유지하기 위해 나트륨과 수분을 보유한다.
• 그 밖에 적혈구의 양이 임신 초기부터 꾸준히 증가하고, 적혈구 증가율이 혈장 증가율에 미치지 못하면 혈액희석현상이 나타난다.

03 태반의 주요기능이 아닌 것은?

① 태아의 배설물을 모체로 이동시킨다.

② 태아의 간, 폐, 신장의 구실을 한다.

③ 영양소 이외의 알코올, 약물 등은 태아로 이동하지 않는다.

④ 호르몬을 합성·분비한다.

⑤ 모체와 태아 사이에는 융모막 상피가 있어서 물질교환의 주요한 역할을 한다.

03 모체가 섭취한 알코올, 약물 등도 태반을 거쳐 태아로 이동하므로 임신부는 카페인, 알코올, 약물 등의 섭취를 제한해야 한다.

01 ⑤ 02 ② 03 ③

✎ 임신부의 영양필요량

	영양필요량
열 량	• 태아의 에너지 필요량 : 1일 50~95kcal/kg • 모체의 에너지 필요량 　– 임신 1/3기(+0kcal), 임신2/3기(+340kcal), 임신 3/3기(+450kcal) 　– 식사의 내용 : 식사의 질 중심으로 섭취하되 바람직한 체중 증가에 의함
탄수화물	• 태아 : 분만 직전 40g의 포도당 필요함, 가장 중요한 에너지원(1일 필요량의 80%) • 모체의 임신 중 고혈당 : 과체중과 인슐린 농도가 높은 신생아 출산 가능
지 방	• 태아 : 태반을 통해 모체 순환혈액의 지방을 공급받거나, 태반에서 새롭게 합성된 지방도 받아들임 　– 시기 : 임신 35주 이후에 태아 조직의 지방 축적이 빠르게 일어나 하루에 3.5mg 축적 • 합성과 저장 : 태아의 간과 지방조직에서 포도당, 젖산 또는 아미노산으로부터 지방을 합성하며 소량의 지방산을 산화하여 열량원으로 이용하지만 대부분은 지방조직에 중성지방으로 저장함 • 지방산 종류 : 리놀산, 리놀렌산과 함께 필수지방산과 EPA와 DHA는 뇌망막조직 합성에 필수적이나, 태아가 합성하지 못하므로 모체에서 공급받아야 함
아미노산과 단백질	• 임신기간 중 태아가 필요로 하는 총 단백질량은 350~450g(후기 : 1일 2g/kg) • 동물성 단백질 섭취량이 총 단백질 섭취량의 1/3을 차지하는 혼합식사의 경우 70%는 소화·흡수되므로 하루 10g의 단백질을 추가 섭취함
수 분	• 혈액량과 세포외액량의 증가와 양수 생성, 태아의 요구량 충족을 위해 수분섭취가 증가되어야 하고, 적절한 수분섭취는 모체와 태아의 조직에서 생성된 노폐물 배설과 변비 예방효과 • 임신 중 체중 증가의 62%가 수분, 하루 8~10컵 정도의 수분섭취가 바람직
비타민 D	• 1일 상한 섭취량 : 100μg • 권장식품 : 규칙적인 햇빛노출과 비타민 D 강화우유 섭취
엽 산	• 기능 : 임신 중 태반 형성을 위한 세포 증식, 적혈구 생성, 태아 성장 • 1일 권장섭취량 : 비임신기보다 220μg 증가, 1일 상한섭취량 : 1,000μg
비타민 B$_{12}$	• 기능 : 태아의 성장에 사용됨 • 권장섭취량 : 비임신기보다 0.2μg 증가 • 함유식품 : 동물성 식품, 채식주의자는 B$_{12}$를 보충하거나 강화식품 이용
칼 슘	태아에게 재태기간 동안 약 30g 이상의 칼슘이 축적되어 임신 후반기에 태아의 골격과 치아 형성에 이용
아 연	• 단백질·DNA와 RNA 합성으로 성장과 발달에 중요 • 1일 권장섭취량 : 비임신기보다 2.5mg 증가, 1일 상한섭취량 : 35mg
철	• 기능 : 임신 중 태반 형성, 태아와 모체의 헤모글로빈 생성, 분만 시 출혈에 대비 • 1일 권장섭취량 : 비임신기보다 10mg 증가, 1일 상한섭취량 : 45mg

보건복지부 : 2020

01 임신기의 영양요구량에 대한 설명으로 옳지 않은 것은?

① 임신 초기에는 0kcal, 임신 중기에는 340kcal, 임신 말기에는 450kcal의 열량이 더 필요하다.

② 임신 말기의 단백질 추가 1일 권장섭취량은 30g이다.

③ 성인여성의 철분 권장량은 14mg이고, 수유기에는 추가량은 없다.

④ 임신 전의 권장섭취량(또는 충분섭취량)에 대한 임신기 권장섭취량의 비율이 가장 크게 증가하는 영양소는 칼슘이다.

⑤ 임신기 동안 아연은 2.5mg의 추가 권장섭취량을 가진다.

---

01 임신기 영양요구량

• 임신 중에는 거의 모든 영양소의 권장섭취량이 증가되고 대사도 항진된다.

• 그중 엽산의 권장섭취량은 임신 전에 비하여 1.5배로 가장 크게 증가한다.

• 칼슘, 인, 나트륨, 염소, 칼륨, 불소, 망간, 비오틴, 비타민 D, 비타민 E, 비타민 K는 임신 전과 비교하여 추가로 섭취하지 않아도 된다.

• 임신부의 단백질 권장섭취량은 모체의 질소평형 유지와 체단백질 축적에 필요한 양을 고려하여 임신 초기 0g, 중기 15g, 말기 30g을 추가한다.

• 성인여성의 철분 권장섭취량은 14mg, 임신기에는 10mg이 추가되며, 수유기에는 추가량이 없다.

---

02 임신기에 필요량이 증가하는 영양소는? `2021.12`

① 비타민 K   ② 인
③ 엽 산   ④ 망 간
⑤ 칼 슘

---

02 임신기 – 엽산 필요량 증가

• 엽산은 수용성 비타민 B군 중 하나로서 세포 형성에 관여한다. 그러므로 엽산이 부족할 경우 저체중아 출산, 조산, 태아의 성장지연이 발생할 확률이 높다.

• 권장섭취량
– 400μg DFE/일(15세 이상 여자)
– +220μg DFE/일(임신부)
– +150μg DFE/일(수유부)

---

03 한국인 영양소 섭취기준량 중 수유부보다 임신부에게 더 많이 요구되는 영양소의 조합은?

> 가. 아 연
> 나. 칼 륨
> 다. 철 분
> 라. 비타민 C

① 가, 다   ② 나, 라
③ 다   ④ 라
⑤ 가, 나, 다, 라

03

구 분		평균필요량	권장섭취량
아 연	임신부	+2.0	+2.5
	수유부	+4.0	+5.0
철 분	임신부	+8.0	+10.0
	수유부	0	0
칼 륨	임신부		
	수유부		
비타민 C	임신부	+10	+10
	수유부	+35	+40

---

01 ④   02 ③   03 ③

📝 임신부의 질병

- 임신중독증
  - 원인 : 다산부, 가족 중 임신성 고혈압 산모가 있었던 경우, 쌍둥이를 임신한 경우, 당뇨, 신장질환, 고혈압, 포상기태로 의심되는 경우에는 임신중독증에 걸리기 쉬움
  - 증상 : 단백뇨, 부종, 고혈압. 두통, 오심, 시야 장애 등
  - 치료법 : 혈압이 안정적이고 두통, 시야 장애, 상복부 통증을 호소하지 않으며 단백뇨가 없는 경우는 대부분 집에서 치료. 하루 중 대부분의 시간 동안 신체적 활동을 줄이고, 매일 태동을 측정. 단백뇨 검사를 하도록 교육해야 하며, 적어도 주 2회 병원 방문
  - 식사요법 : 고단백식, 저열량식을 원칙으로 함. 단백뇨가 나타날 경우 단백질 손상으로 혈액도 저단백 상태가 되고 부종도 심해지므로 양질의 고단백식을 권장. 갑작스러운 체중 증가를 막기 위해 저열량식, 저탄수화물식, 저동물성지방식을 섭취. 부종 방지를 위해 나트륨과 수분을 제한
- 임신성 당뇨
  - 원인 : 모체와 태반에서 분비되는 호르몬 등이 혈당을 조절하는 인슐린의 능력을 감소시키는 cortisol 수준을 증가시키기 때문에 인슐린의 길항작용으로 혈당이 올라가기 쉬움
  - 증상 : 모체 혈당의 과대공급과 태아 인슐린의 복합작용으로 거대아, 기형아, 유산, 조산, 태아사망 가능성 증가. 임신 중 ketosis는 중추신경계에 손상을 주어 영아의 지능에 좋지 않은 영향
  - 치료법 : 분만 후 태아는 저혈당 증세에 빠지기 쉬움. 부종 예방으로 고단백식, 염분의 제한. ketosis 방지를 위해 탄수화물은 1일 200g 이상 섭취
- 철분결핍성 빈혈
  - 임신 기간 동안 하루 철분요구량은 5~8mg 증가하고 약 3mg은 태아와 태반으로 이송
  - 2mg은 분만 시 출혈에 소요됨. 임신기간 중 1일 평균필요량은 19mg
- Rh 동종면역 : Rh⁻인 어머니의 혈액 중에 항Rh인자인 면역체를 가지고 있는 경우, 임부가 Rh⁻이면서 태아는 Rh 동종면역을 가지고 있으면 태아에게 출혈성 질환 발생
- 갑상선기능장애 : 치료되지 않으면 무배란성이 됨. 임신 후 치료하지 않으면 자연유산과 조기분만이 되거나, 갑상선종 유발 위험이 있음

📝 수유기의 생리적 특성

- 수유 생리 : 모유의 개시와 유지(유두, 척수, 하수체 및 시상하부의 분포된 감각신경들과 하수체 및 시상하부에서 분비되는 호르몬들의 작용) → 모유의 생산(유즙의 합성과 방출 및 유즙 사출의 단계) → 모유의 분비(분만 후 2~3일부터 초유가 분비, 모유수유를 계속하는 한 모유 생산은 장기간 유지)
- 수유부의 대사 : 정상적인 유즙 생성을 위해 유포들이 중성지방, 아미노산, 포도당 등의 필요한 물질들을 식사를 통해 지속적으로 충분히 공급받아야 함
- 수유부의 영양섭취기준 : 산후의 회복과 모유의 양과 질에 따라 결정됨
  - 평균필요량 = 모유 750mL에 함유된 영양소 함량 + 모유 생성에 사용되는 이용 증가분 + 이용 효율
  - 권장섭취량 = 평균필요량 + 개인 변이계수

01 임신중독증에 대한 설명으로 옳지 않은 것은?

① 일반적인 증세는 부종, 고혈압, 단백뇨, 갑작스러운 체중 증가이다.
② 임신중독증 시에는 저단백, 저열량을 원칙으로 한다.
③ 심할 경우 뇌출혈, 요독증, 경련, 태반 초기박리 등의 증상을 보이기도 한다.
④ 저염식을 권장한다.
⑤ 과체중인 경우 특히 저지방 식이가 요구된다.

02 임신성 당뇨병의 문제점으로 조합된 것은?

가. 사산, 유산의 위험이 높음
나. 선천성 기형아
다. 거대아·과체중아
라. 빈 혈

① 가, 다　　　　　　　② 나, 라
③ 가, 나, 다　　　　　④ 라
⑤ 가, 나, 다, 라

03 임신기 입덧 증상을 완화하는 방법은? `2021.12`

① 찬 음식보다는 더운 음식을 먹는다.
② 음식을 소량씩 자주 섭취한다.
③ 기름에 볶거나 튀긴 음식을 섭취한다.
④ 향이 강한 조미료를 이용한다.
⑤ 식사 중 물을 자주 마신다.

04 임신부 전기 에너지를 충분히 섭취했으나 후기에 열량을 부족하게 섭취했을 때 태아에게 나타나는 현상은? `2017.12`

① 체지방 감소　　　　② 출생 후 성장지연
③ 기 형　　　　　　　④ 과체중아
⑤ 괴혈병

01 임신중독증
- 고단백, 저열량을 원칙으로 한다.
- 단백뇨가 나타날 경우 단백질 손실이 증가하므로 혈액도 저단백으로 되고 부종도 심해지므로 양질의 고단백식을 권장한다.
- 갑작스러운 체중 증가를 막기 위해 저열량, 저탄수화물, 저동물성 지방을 섭취하고 부종을 방지하기 위해 나트륨과 수분을 제한한다.
- 고혈압을 예방하기 위해 고칼륨 식이를 한다.

03 임신기 – 입덧 완화
- 개개인마다 입덧을 유발하는 특정 냄새나 음식 섭취를 피한다.
- 소량씩 자주 식사를 하며 지나치게 포만감이 들 정도로 먹는 것은 피한다.
- 가스를 생성하는 채소, 향이 강하거나 자극적인 음식, 튀긴 음식 등은 위장관에 불편을 주는 음식은 피한다.
- 적당한 수분 공급이 중요하기 때문에 소량의 물을 자주 마시고 식사 때보다 식사 사이에 마신다.
- 음식 냄새를 줄이는 게 도움이 된다면 찬 음식을 먹는 것도 좋은 방법이다.

04 임신 후반기
- 임신 후반기에는 기초대사가 항진하므로 열량 공급이 중요하다.
- 임신이 계속 진행됨에 따라 에스트로겐, 프로게스테론, 태반 락토겐의 분비량이 많아지는데, 이들 호르몬의 작용은 인슐린의 동화작용과는 상반된다.
- 따라서 임신 후반기에 들어서면 점차 인슐린에 의한 동화작용이 감소하면서 모체조직에 저장되었던 지방, 글리코겐 및 단백질이 분해되면서 빠른 속도로 성장하는 태아와 태반에 영양소를 공급한다.
- 임신 초기에는 태아의 영양소 필요량이 적어 쉽게 충족되지만 이 시기의 영양불량은 태아의 기관형성에 영향을 미쳐 선천적인 장애를 초래할 수 있다.

01 ②　02 ③　03 ②　04 ②

안심Touch

- 에너지
  - 모유분비로 인한 에너지 소비 증가
  - 모체의 지방조직에서 동원될 수 있는 에너지
  - 모유의 에너지 함량(0.65kcal/mL) × 모유분비량(750mL) ≒ 490kcal/day
- 단백질
  - 모유생산에 사용되는 단백질을 추가함
  - 1일 모유분비량(750mL)에 함유된 단백질 9.99g/day

✎ 수유부의 질병과 모유수유

- 당뇨병
  - 모유수유 가능(당뇨 수유부의 모유는 정상 모유와 동일함)
  - 혈액 중의 포도당이 유포에서 적극적으로 이용되므로 모체의 혈당조절에 도움
- 만성 질환
  - 수유부가 분만 전부터 약물 치료를 요하는 만성 질환을 앓고 있는 경우 모유수유에 허용되는 약물로 바꾸어 치료할 수 있다면 모유수유가 가능함
  - 소모성 질병으로 인해 영양 불량이 심한 경우, 약물 남용, 알코올 중독의 경우에서는 인공수유를 행함
- 감염성 질환
  - 바이러스와 박테리아는 모유를 통해 분비되나, 항체와 면역세포도 함께 분비되므로 영아는 감염을 막을 수 있음
  - 수유부에게 허용되는 약물로 바꾼다면 모유수유 가능함
- AIDS : 후천성 면역결핍증 바이러스는 모유를 통해 분비되고 27~40%의 영아가 모유수유를 통해 감염될 수 있음
- 수유를 금해야 할 경우
  - 수유부 측 금기사항 : 거대세포바이러스 또는 HIV에 감염된 경우, 심부전, 간염, 악성종양, 산후합병증, 정신과질환
  - 아기 측 금기사항 : 선천성 대사장애, 선천성 구개파열, 유당불내증, 유단백 알레르기, 미숙아, 허약아

✎ 영아기의 생리적 특성

- 신체발달, 체조성의 변화, 신체구성비의 변화가 일어남
- 성장 발달의 결정적 시기
  - 인체의 유전적 잠재성 한계에서 일정 기간 정해진 순서에 따라 비가역적으로 이루어짐
  - 세포 증식성 성장기 : 영양상태에 민감한 30개월 정도의 결정적 시기. 이 시기의 영양불량이나 질병으로 인한 성장장애는 이후 영양상태가 회복되어도 정상으로 복구되기 어려움
  - 세포 비대성 성장기 : 세포 증식성 성장기가 끝난 후 영양불량은 그 후 영양을 보충하면 정상적으로 회복됨
- 영아의 생리 발달
  - 소화 · 흡수 : 위 용량 증가
  - 소장 활동
    ⓐ 단백질 : 하루 체중 1kg당 1.95g → 4개월 후 체중 1kg당 3.1g 단백질 소화 가능
    ⓑ 지방 : 췌장 리파아제가 매우 낮고 담즙산이 적어 지방의 소화 · 흡수력 매우 약함

01 수유부의 식사와 영양상태가 유즙분비량에 미치는 영향으로 옳지 않은 것은?

① 에너지를 많이 섭취하거나 양의 에너지 평형을 나타내어도 유즙분비량에 영향을 주지 않는다.
② 극심한 영양결핍으로 유즙생산량이 감소될 수 있다.
③ 흡연은 유즙분비량에는 직접적인 영향을 주지 않는다.
④ 알코올 섭취는 옥시토신의 분비를 억제하여 모유사출을 저해한다.
⑤ 하루 필요량 이상으로 액체를 섭취한다고 해서 유즙분비량이 증가하지 않는다.

01 흡연은 에피네프린 방출을 자극하여 옥시토신의 방출을 억제한다. 옥시토신은 분만이 쉽게 이루어지도록 하고, 젖의 분비를 촉진시켜 수유를 준비하게 하는 호르몬이다.

02 모유수유를 금해야 하는 경우는?

① 모친이 저체중인 경우
② 모친이 비만인 경우
③ 모친이 골다공증인 경우
④ 모친이 결핵인 경우
⑤ 분만 시 제왕절개를 한 경우

02 수유부가 재임신을 한 경우, 결핵, 신장질환, 간질환, 암 등의 만성 질환이나 정신질환 및 매독 등 감염성 질환이 있는 경우에는 수유하지 않도록 한다.

03 수유부의 모유분비에 영향을 미치는 요인에 대한 설명으로 옳지 않은 것은? 2017.12

① 흥분, 공포, 불안 등 스트레스를 받을 때 모유분비량이 증가한다.
② 성숙유의 분비량은 약 700~800mL이다.
③ 분만 횟수는 유즙분비량에 영향을 미친다.
④ 수유부의 충분한 식사는 유즙분비를 증가시킨다.
⑤ 영아의 흡유력이 부족한 경우 유즙분비가 감소한다.

03 수유부의 모유분비
• 우리나라 수유부의 유즙분비량은 약 700~800mL이며, 여러 요인의 영향을 받는다.
• 수유부의 식사는 유즙의 양과 질에 영향을 미치며, 초산부에서 경산부에 비해 분비량이 감소한다.
• 영아의 흡유력, 유즙요구량 등도 영향을 미친다.
• 수유부가 피곤하거나 흥분, 불안 및 공포가 있는 경우 모유분비가 저하된다.

04 영아기의 생리적 특성에 대한 설명으로 옳지 않은 것은?

① 뇌세포의 형성과 발육에 가장 중요한 시기는 생후 1세까지이다.
② 신생아의 출혈성 질환 예방을 위해 비타민 K를 보충해야 한다.
③ 신생아기에 출생 시보다 6~10%가량 체중이 감소한다.
④ 영아기는 생애주기 중 유일하게 급성장이 이루어지는 시기이다.
⑤ 체내 총 수분함량은 생후 1년 동안 감소된다.

04 영아기
• 생애주기 중 태생기, 영아기, 사춘기는 급성장이 이루어지는 시기로 성장률이 높다.
• 두뇌세포의 증가는 태아시기에 거의 직선적인 성장을 보이고, 출생 후 8~12개월 사이에 성인수준에 도달한다.
• 신생아의 생리적 체중 감소 현상은 누구나 나타나며 피부와 폐의 수분증발 때문이다.

01 ③ 02 ④ 03 ① 04 ④

안심Touch

ⓒ 탄수화물 : 말타아제, 이소말타아제, 수크라아제가 32주경에 활성. 락타아제도 28주에 활성. 생후 6개월 이후 타액의
아밀라아제는 어른 수준이며, 췌액의 아밀라아제는 생후 4개월 이상이 되어야 분비되어 유아기에 걸쳐 계속 증가됨
- 신장기능 : 성인에 비해 크기가 작고, 네프론과 세뇨관이 미성숙하고, 항이뇨호르몬의 분비가 적음. 사구체 여과율이
낮으며 요를 농축시키는 능력이 성인의 절반 수준임

영아기의 영양필요량

	영양필요량

열 량	• 에너지 소비량 + 성장을 위한 에너지 축적
	  - 0~4개월에는 95kcal/kg, 그 후 1년까지 84kcal/kg
	  - 단위체중당 에너지 필요추정량은 성인의 2~3배
	• 필요추정량 : 0~5개월 500kcal/일, 6~11개월 600kcal/일

단백질과 아미노산	• 체단백은 출생 시 11% → 4~8개월 14.6%로 증가 • 생후 4개월까지 3.5g/day → 4~8개월 3.1g/day의 단백질이 체내 축적 • 영아에게 필수아미노산 : 류신, 페닐알라닌, 리신, 발린, 트립토판, 이소류신, 메티오닌, 히스티딘, 트레오닌, 아르기닌과 시스틴, 타우린 • 영양섭취기준 : 0~5개월 1일 충분섭취량 10g → 6~11개월 1일 권장섭취량 15g
지방과 필수지방산	• 모유의 지질은 총 에너지의 40~50%, 지질은 에너지 밀도가 높아 영아의 성장에 충분한 에너지 공급 • n-6 지방산 결핍 : 피부건조, 피부탈락, 성장 지연 • n-3 지방산 : 두뇌 성장과 망막 형성에 필요함 • 지방 1일 충분섭취량 : 0~11개월 25g
수 분	• 성인에 비해 단위체중당 수분필요량이 훨씬 많음 • 충분섭취량 : 0~5개월 700mL(150mL/kg) → 6~12개월 800mL(120~135mL/kg) • 체중당 수분필요량은 성인의 3~4배 : 성인 30~40mL/kg
칼 슘	• 골격이 급속도로 성장하므로 필요량이 많고 흡수율도 높음 • 1일 충분섭취량 : 0~5개월 250mg → 6~11개월 300mg
철 분	• 건강한 영아는 철을 충분히 확보하고 태어나지만 4~6개월 지나면 고갈 • 영양섭취기준 : 0~5개월 충분섭취량 1일 0.3mg → 6~11개월 1일 권장섭취량 6mg, 1일 상한섭취량 40mg
아 연	• 영아 후반기에 간에 저장된 아연이 거의 고갈됨 • 영양섭취기준 : 0~5개월 1일 충분섭취량 2mg → 6~11개월 1일 권장섭취량 3mg

보건복지부 : 2020

이유기 영양관리

• 이유의 정의와 목적 : 액체로 식사하다가 반고형식을 줌으로써 성인식사의 형태로 이끌어가는 것을 말하며, 섭식기능,
영양보충, 정신발달 및 바른 식습관을 확립하는 것이 목적임
• 이유 시기 및 주의점 : 아기 출생 시 체중의 2배(6kg)가 되는 시기로 주로 생후 5~6개월 때, 4시간 간격 6회라는 규칙적인
식사습관이 선행되도록 함
  - 새로운 식품은 하루 한 가지씩, 1숟가락씩 증가시킴. 거부감이나 알레르기를 관찰함
  - 공복 시, 기분이 좋을 때 먼저 이유식을 주고 이후에 모유나 우유를 줌
  - 염분은 0.25% 이하

01 영아기의 1일 에너지 필요추정량으로 옳은 것은?

① 0~5개월 : 500kcal, 6개월~11개월 : 600kcal
② 0~5개월 : 550kcal, 6개월~11개월 : 650kcal
③ 0~5개월 : 550kcal, 6개월~11개월 : 700kcal
④ 0~5개월 : 600kcal, 6개월~11개월 : 700kcal
⑤ 0~5개월 : 550kcal, 6개월~11개월 : 750kcal

02 영아기의 영양에 대한 설명으로 옳지 않은 것은?

① 단위체중당 수분필요량은 성인보다 적다.
② 단위체중당 영양소의 필요량이 성인보다 크다.
③ 영아의 소화·흡수에 관여하는 효소의 종류와 양은 성인과 다르다.
④ 설사나 고열 등으로 수분이 손실되기 쉬워 수분섭취에 유의해야 한다.
⑤ 골격이 급속도로 성장하므로 칼슘의 필요량이 많고 흡수율도 높다.

03 이유식을 실시할 때 주의사항으로 옳지 않은 것은?

① 이유식의 간은 싱겁게 한다.
② 새로운 식품은 반드시 한 숟가락씩 증가시키고 급격히 증량하지 않는다.
③ 하루에 1종류 이상의 새로운 식품을 주지 말아야 한다.
④ 이유식은 만 4~6개월에 시작하여 12~15개월에 끝내도록 한다.
⑤ 공복 시 기분이 좋을 때 모유나 우유를 주고 그 후 이유식을 준다.

04 일반적인 이유 시작 시기는? `2017.12`

① 생후 1년
② 신장이 출생 시의 약 2배가 되는 시기
③ 치아가 나는 시기
④ 체중이 출생 시의 2배가 되는 시기
⑤ 체중이 출생 시의 4배가 되는 시기

---

02 영아가 단위체중당 열량, 수분 및 여러 영양소의 필요량이 높은 이유는 체격에 비해 체표면적이 넓어서 열손실이 크기 때문이다.

03 이유식
• 이유식을 먼저 주고 모유나 우유를 준다.
• 4시간 간격의 규칙적인 식사습관이 선행되도록 한다.
• 새로운 식품은 하루에 한 가지씩, 1숟가락씩 증가시키면서 알레르기를 관찰한다.
• 염분은 0.25% 이하로 한다.
• 깨끗한 그릇, 조용하고 안정된 환경을 만들어 준다.

04 일반적인 이유의 시작 시기는 4~6개월이며 출생 시 체중의 약 2배에 가까워졌을 때이다.

01 ① 02 ① 03 ⑤ 04 ④

안심Touch

- 단순한 조리법 : 유동식(전유동식, 미음식) → 연식(죽식) → 정상식
- 자극성 식품이나 향신료는 피하되 되도록 다양한 식품을 소개
- 깨끗한 그릇, 조용하고 안정된 환경
- 미숙아 영양
  - 미숙아 생리 : 섭식에 필요한 흡인 반사와 위의 용량, 장운동이 감소되어 섭식이 어려움
  - 섭식 : 출생 후 정상 분만아보다 더 많은 에너지와 영양소가 필요, 미숙유의 성분은 초유와 비슷. 모유 외에도 칼슘, 인, 비타민 C, 비타민 E, 엽산을 보충
  - 농축 조제유 공급 : 경관급식 후 조제유를 줄 경우 피곤해하거나 젖을 빠는 힘이 약한 아기에게 공급. 일반 조제유의 20kcal에 비해 24kcal, 단백질이 2.1g에서 3g, 무기질과 비타민 많음, MCT(중쇄지방산)로 에너지를 보충

✏️ 영아기 영양관련 문제

- 선천성 대사이상 질환 : 중추신경계 장애로 지능발달이 늦어질 때 조기에 치료하면 증세를 경감
- 감염성 질환 : 모유 영양아가 설사, 급성 위장염 등 질환에 이환율이 낮은 이유는 모유의 유당이 장의 활동을 활발하게 하기 때문
- 식품 알레르기
  - 조제유에 대해 복통, 설사, 천식, 피부발진 등의 소화기, 호흡기나 피부질환 등의 알레르기 반응을 보일 때 두유 조제유를 먹이거나 단백질 가수분해물로 바꾸어 먹임
  - 가족력으로 알레르기가 있으면 모유를 먹이고, 밀가루, 달걀, 땅콩버터 외 몇몇 과일을 2~3세가 될 때까지 주지 않음
- 설 사
  - 어른에 비해 설사가 자주 일어날 수 있으며 수분 손실을 증가시켜 탈수 발생
  - 모유 영양아는 심한 설사를 하는 경우는 드묾
  - 설사가 심하면 수유 중단, 탈수 방지를 위해 엷은 포도당액, 보리차, 끓인 물을 계속해서 조금씩 공급함
  - 심한 설사가 일어날 시 수분, 나트륨, 칼륨 등을 보충함

01 생후 4~6개월 모유 영아의 이유식으로 좋은 것은?

2021.12

① 난황을 으깨서 넣은 미음
② 생선그라탕
③ 굵게 썬 채소
④ 표고버섯죽
⑤ 두부구이

02 영아기에 어른에 비해 자주 일어나며, 발생 시 수분전해질을 보충해줘야 하고 심하면 모유수유를 중단해야 하는 영양문제는? 2018.12

① 식품 알레르기
② 변 비
③ 설 사
④ 선천성 대사이상
⑤ 급성 위장염

03 이유기에 알레르기를 일으키기 쉬운 음식으로 조합된 것은?

가. 우 유	나. 달걀흰자
다. 고등어	라. 복숭아

① 가, 다
② 나, 라
③ 가, 나, 다
④ 라
⑤ 가, 나, 다, 라

04 영아 초기에 주면 알레르기 등을 일으킬 수 있는 이유 식품은? 2017.12

① 달걀흰자
② 바나나
③ 당근죽
④ 사과주스
⑤ 토마토

01 신생아는 체중 1kg당 약 75mg의 철분을 가지고 태어나지만 몸에 저장된 철분은 생후 4~6개월이 지나면 거의 다 소비된다. 모유에는 철분이 부족하기 때문에 이때부터는 분유나 이유식을 통해 철분을 섭취해야 한다.

02 영아기 영양관련 문제
• 어른에 비해 설사가 자주 일어날 수 있으며 수분손실을 증가시켜 탈수가 생기므로 수분·전해질을 보충해준다. 한편 모유 영양아는 심한 설사를 하는 경우는 드물다.
• 설사가 심하면 수유를 중단하고, 탈수 방지를 위해 엷은 포도당액, 보리차, 끓인 물을 계속해서 조금씩 공급한다.

03 이유기 알레르기
• 우유, 달걀흰자, 복숭아, 토마토, 고등어, 꽁치, 새우, 돼지고기, 땅콩, 밀 등은 알레르기 반응을 일으킬 수 있는 식품으로 생후 8~9개월부터 섭취하도록 권한다.
• 이유준비기에 과즙, 채소즙 등이 적당하다.

04 영아 초기 알레르기
• 영아 초기에는 아직 소화기가 완전히 발달되지 못한 상태이므로 영양소가 완전히 소화되지 못한 상태에서 흡수될 수 있고 이때 알레르기를 유발한다.
• 특히 단백질이 아미노산으로 완전히 분해되기 전에 흡수될 수 있다.
• 달걀흰자는 알레르기 유발식품으로 알려져 있으며, 영아 중기에 주는 것이 좋다.
• 상한 고기나 생선 등도 알레르기 유발식품이다.

01 ① 02 ③ 03 ⑤ 04 ①

안심Touch

유아기의 영양필요량

	영양필요량
열 량	• 에너지 소비량에 성장에 따른 추가 필요량(20kcal/day)을 더함 • 3~5세는 아주 가벼운 활동을 하는 성인 수준 • 에너지 밀도 높은 식품을 권함 : 건과류, 견과류, 치즈, 식물성 기름 • 필요추정량 : 1~2세 900kca/일, 3~5세 1,400kcal/일
탄수화물	• 대부분 복합 다당류가 포함된 전곡, 두류, 과일 및 채소 • 사과주스 등에는 흡수되지 않는 소르비톨이 있어 설사 일으킬 수 있으므로 주의 • 꿀과 콘시럽은 보툴리누스(Clostridium botulinum) 중독을 일으킬 수 있는 포자 있음 → 1세 이하의 유아에게 주지 않음 • 식이섬유 1일 충분섭취량 : 1~2세 15g → 3~5세 20g
지 방	• 전체 에너지의 20~25% 적당량 섭취 • 지질 섭취 제한 : 에너지 및 필수지방산의 부족과 지용성 비타민의 흡수 장애
아미노산과 단백질	• 조직의 유지, 체구성분의 변화, 새로운 조직의 합성에 필요 • 성장에 필요한 단백질은 조직 1kg당 1~4g • 1~3세에는 생물가가 높은 동물성 단백질의 섭취량을 전체 단백질의 2/3~4/5 → 4세 이상에는 1/2~2/3 • 1일 권장섭취량 : 1~2세 20g → 3~5세 25g
칼 슘	• 비타민 D는 칼슘의 흡수와 뼈의 칼슘 침착에 필요함(피하조직에서 햇빛의 작용으로 공급될 수 있음) • 우유 및 유제품을 섭취할 수 없는 어린이들은 칼슘 강화두유나 칼슘함량이 높은 전곡류, 두류, 짙은 녹색잎채소, 견과류 등으로 보충함 • 1일 권장섭취량 : 1~2세(칼슘 500mg, 인 450mg), 3~5세(칼슘 600mg, 인 550mg) • 1일 상한섭취량 : 칼슘 2,500mg, 인 3,000mg

보건복지부 : 2020

유아기의 영양관련 문제

• 유아비만
  - 유아비만은 성인비만으로 이행될 확률이 높음
  - 지방세포의 수가 증가하는 시기이므로 열량 제한으로만 회복할 수 없고, 식습관, 생활습관 등을 수정하고 적절한 열량섭취를 지도하며 신체활동을 권유해야 함. 특히 가족들의 협조가 필요
• 충 치
  - 충치발생 : 치아표면의 플라그는 수분, 타액, 단백질, 박리된 세포, 박테리아가 섞인 끈끈한 점성이 있는 혼합물(치아표면이 pH 5.5 이하로 되면 충치 박테리아가 치아를 공격함)
  - 당질 : 포도당, 과당과 같은 단당류가 주요 원인이며, 이당류인 설탕, 맥아당, 젖당들도 타액과 섞여 있는 amylase의 작용을 받으면 단당류로 분해되어 박테리아가 이것을 이용하면서 치아를 공격
  - 충치 예방 : 불소, 플라그 억제
• 식품 알레르기
  - 영아기와 아동기, 가족력이 있을 때
  - 주요원인 : 발달 중인 소화기관과 면역체계가 식품 알레르기를 처리하지 못해서
  - 알레르기를 나타내는 식품의 섭취를 제한함

01 유아(3~5세)의 성장에 필요한 1일 에너지 필요추정량은?

① 1,400kcal/day

② 1,300kcal/day

③ 1,000kcal/day

④ 700kcal/day

⑤ 550kcal/day

02 한국인 영양소 섭취기준에서 제시하는 1~2세 유아의 에너지 적절 비율은?

① 탄수화물 55~65%, 지방 20~35%, 단백질 7~20%

② 탄수화물 55~70%, 지방 20~25%, 단백질 10~20%

③ 탄수화물 55~70%, 지방 20~23%, 단백질 7~20%

④ 탄수화물 60~65%, 지방 15~25%, 단백질 7~20%

⑤ 탄수화물 60~65%, 지방 20~30%, 단백질 15~20%

03 설사가 잦은 유아의 식이요법으로 옳지 않은 것은?

① 소화 및 흡수가 어려운 섬유소를 제한한다.

② 처음에는 당질, 지질 함량이 높은 식품을 제한한다.

③ 음식을 먹게 되면 처음에는 약간의 설탕이 포함된 수분을 공급하다가 섭취량을 늘려간다.

④ 심한 설사의 경우 24~48시간 동안 금식하고 정맥주사로 전해질과 수분을 공급해 준다.

⑤ 음료의 온도가 높으면 장의 연동운동을 증가시켜 설사를 악화시킬 수 있으므로 찬 음료를 준다.

04 유아가 식품 알레르기 반응을 보이는 경우 우선적으로 적용해야 하는 식사관리 방법은? `2020.12`

① 증상이 없어질 때까지 금식을 권고한다.

② 생식품보다 가공식품을 제공한다.

③ 원인식품을 조금씩 섭취시켜 익숙해지도록 한다.

④ 단백질 식품의 섭취를 금지한다.

⑤ 원인식품을 찾아 공급을 중단한다.

---

01 영·유아 1일 에너지 필요추정량(한국인 영양소 섭취기준)

영아(0~5개월) 500kcal/day, 영아(6~11개월) 600kcal/day, 유아(1~2세) 900kcal/day, 유아(3~5세) 1,400kcal/day

02 한국인 영양소 섭취기준(에너지, 2020년 기준)

- 1~2세 : 탄수화물 55~65%, 지방 20~35%, 단백질 7~20%
- 3~18세 : 탄수화물 55~65%, 지방 15~30%, 단백질 7~20%
- 19세 이상 : 탄수화물 55~65%, 지방 15~30%, 단백질 7~20%

03 너무 차거나 뜨거운 음료는 장의 연동운동을 증가시켜 설사를 악화시킬 수 있으므로 실온과 같은 온도의 액체가 좋다.

04 유아기에는 계란, 우유, 땅콩, 대두, 견과류 등의 식품이 알레르기를 일으킬 수 있다. 원인식품을 찾아 공급을 중단하는 것이 중요하며 다양한 대체식품을 제시한다. 되도록 가공, 첨가되지 않은 신선식품을 섭취하도록 한다.

01 ① 02 ① 03 ⑤ 04 ⑤

📝 학령기의 영양필요량

열량필요량 (체위 기준)	영양필요량/일		
	연령(세)	남(kcal)	여(kcal)
	6~8	1,700(126.4cm, 26.5kg)	1,500(125.0cm, 25.0kg)
	9~11	2,000(142.9cm, 38.2kg)	1,800(142.9cm, 35.7kg)
단백질	• 필요성 : 체조직의 유지, 체성분의 변화, 체조직의 합성 • 매 끼니 10g 정도의 단백질을 섭취하되 동물성 단백질을 1/2 이상 섭취		
탄수화물	• 1일 에너지 적정섭취비율 : 55~65% • 1일 식이섬유 충분섭취량 : 남자 25g(6~11세), 여자 20g(6~8세), 25g(9~11세)		
지 질	• 1일 적정섭취비율 15~30%(n-6 : 4~10%, n-3 : 1% 내외)		
비타민	• 리보플라빈이 결핍되기 쉬움. 우유, 동물성 식품의 섭취로 결핍증 예방		

무기질	• 칼슘 : 성장기, 임신·수유기에 이용률 증가. 1일 상한섭취량 2,500mg(6~8세) → 3,000mg(9~11세)
	• 인 : 과잉 섭취 우려. 1일 상한섭취량 3,000mg(6~8세) → 3,500mg(9~11세)
	• 칼륨 : 결핍은 고혈압, 뼈의 탈무기질화, 신석증 등의 만성 질환을 유발
	• 마그네슘 : 정제된 식품이나 가공식품 섭취 시 부족
	• 철분 : 철 손실, 혈액의 증가, 조직의 철 함량 증가로 요구량 증가. 비타민 C와 함께 섭취 시 흡수가 증가하며 1일 상한섭취량 40mg
	• 아연 : 정상적인 단백질 합성과 성장, 면역능력, 상처치유, 미각, 성장에 필요
	   – 급원식품 : 쇠고기, 굴, 생선, 치즈, 달걀, 견과류, 잡곡류
	   – 1일 권장섭취량 : 5mg(6~8세), 8mg(9~11세)		

📝 학령기 아동의 식생활 문제

• 소아비만
  – 남아의 비만율이 높음. 에너지 섭취 과다와 소비 부족으로 인한 단순성 비만이며 지방세포의 수가 증가함
  – 원인 : 빠른 이유식, 가족의 비만, 단맛 집착, 불규칙적인 식사
  – 치료 : 행동수정, 영양학적으로 적합한 식사, 운동 및 활동량의 증가, 집단활동을 통한 관리
• 아침결식 : 주의집중력과 학습능력 저하. 점심의 과식과 이른 간식으로 이어짐
• 주의력 결핍 및 과잉행동 장애(ADHD)
  – 지능은 정상. 수업 시 산만하고 학습장애, 우울증, 약물남용, 가출, 폭행 수반
  – 가족 중 맏아이, 남아가 여아보다 많음
  – 천연으로 존재하는 살리실산염, 식품첨가물, 설탕, 납, 트립토판·티로신 결핍

01 생애주기 중 림프조직의 발달이 가장 빠르게 성장을 보이다가 그 후 성장 속도가 점차 감소된다. 이 시기는? 2019.12

① 태아기   ② 영아기
③ 유아기   ④ 학동기
⑤ 성인기

02 우리나라 학령기 아동의 영양문제로 조합된 것은?

> 가. 높은 아침식사 결식률
> 나. 열량 위주의 간식과 외식의 증가
> 다. 인스턴트 식품의 과다 섭취
> 라. 식욕부진

① 가, 다   ② 나, 라
③ 가, 나, 다   ④ 라
⑤ 가, 나, 다, 라

03 학령기에 나타날 수 있는 주의력 결핍 및 과잉행동 장애(ADHD)에 대한 설명으로 옳지 않은 것은?

① 남아가 여아보다 3~4배 발생률이 높다.
② 지능은 정상이나 집중시간이 짧고 산만하다.
③ 학습장애, 우울증, 약물남용, 가출, 폭행이 수반될 수 있다.
④ 트립토판·티로신 결핍에 의한다.
⑤ 식사요법만으로 완치될 수 있다.

04 소아비만의 특징으로 옳지 않은 것은? 2019.12

① 성인비만에 비해 건강 장애가 많이 발생한다.
② 체중감량 후 재발의 가능성이 높다.
③ 성인비만에 비해 체중감량이 비교적 어렵다.
④ 지방세포의 수와 크기가 모두 증가한다.
⑤ 기초대사량의 저하가 주된 원인이다.

---

01 조직의 성장 발달
내장기관이나 조직의 성장 발달속도는 각 기관마다 다양한 패턴을 나타낸다. 두뇌성장은 10세 정도가 되면 거의 성인과 비슷하게 되며, 심장, 신장, 폐 등은 일반적인 S자형 성장 패턴을 이룬다. 반면 흉선, 림프절과 같은 림프조직의 경우는 학동기에서 성인의 두 배 정도의 성장을 보이다가 그 후 성장속도가 점차 감소된다.

02 학령기 아동 영양문제
- 학령기에는 급성장이 이루어지는 시기이므로 충분한 에너지를 공급해야 한다.
- 아침식사 결식률이 높으며 고열량 간식섭취와 외식의 증가가 문제될 수 있다.
- 소아비만, 주의력 결핍 및 과잉행동 장애가 나타날 수 있다.

04 소아비만
성인비만에 비해 지방세포의 수가 증가하는 세포증식형 비만이 많으며 체중조절 후에도 지방세포의 수는 줄어들지 않아 성장 후에 성인비만이 되기 쉽다.

01 ④   02 ③   03 ⑤   04 ⑤

청소년의 신체성장

- 사춘기 : 성장속도가 영아기와 같이 빠르고, 발달을 촉진시켜주는 estrogen, testosterone, 성장호르몬 등이 분비되어 남녀의 2차 성징이 나타나는 시기
- 생식기능 : 빠른 성장과 현저한 신장의 증가, 성적 성숙
- 신장과 체중
  - 신장과 체중의 급격한 증가. 사춘기 5~7년 동안의 성장이 성인의 신장과 체중에 각각 20%와 50%에 해당하는 양이 증가
- 남자가 여자보다 더 늦게 사춘기에 들어서고 4~6년 계속되고, 여자는 남자보다 약 2년 빨리 생식기능의 성숙이 완성되며, 신장과 체중 증가는 서서히 진행되다가 멈춤
- 체구성
  - 골격의 축적이 많이 일어나며 성인 골질량의 50%에 해당하는 골격이 됨. 18세가 되면 성인 골질량의 90%가 축적
  - 사춘기에 섭취하는 단백질, 칼슘의 양에 따라 최대 골질량의 크기가 결정되므로 중요
  - 여자는 16%였던 체지방이 27%로 증가. 초경은 체지방이 17%가 되어야 하며 배란은 25%의 체지방 함량이 필요함

청소년의 잘못된 섭식 행위

- 신경성 식욕부진증(거식증)
  - 평소보다 25% 이하의 체중 감소와 함께 식욕저하
  - 섭식·음식·체중에 대해 왜곡되고 무자비한 태도 : 영양소 요구량의 중요성을 무시함. 지나칠 정도로 마른 몸매를 원함
  - 식욕감퇴와 체중 감소를 초래하는 어떠한 임상적 질병이 전혀 없음
  - 정신분열증, 공포증과 같은 정신의학적 질병증상 없이 섭식을 거부
  - 증상 : 월경 중지, 서맥(1분당 맥박수 60회 이하), 과장된 행동, 스스로 유도하는 잦은 구토
  - 치료 대책 : 초기에 이런 장애를 발견하여 적절한 심리상담, 정신의학적 치료 및 영양관리가 이루어져야 함
- 신경성 탐식증(폭식증)
  - 폭식 또는 많은 양의 음식을 순식간에 섭취하는 태도를 반복적으로 보임(열량이 높고, 쉽게 소화되는 음식을 섭취)
  - 남의 눈에 띄지 않게 폭식
  - 폭식행위는 복통, 수면, 고립 또는 구토 자행 등으로 일시중단
  - 섭취태도가 비정상적이고 문제가 있음을 인식하나, 스스로 제어하지 못함
  - 우울증이나 고립감을 폭식행위로 보상
  - 다른 신체적 장애 없이 나타남
  - 치료 대책 : 죄의식이나 열등감을 씻어주고 자신감을 갖도록 주위에서 도와야 함. 가족의 정성어린 태도가 중요. 심리적인 치료와 상담 외에도 환자에게 섭식의 중요성과 신체 제반 생리기능을 이해시킴. 식품에 대한 편견을 없애주어야 함

01 청소년기의 신경성 식욕부진증에 대한 설명으로 옳지 않은 것은?

① 표준체중조차 원하지 않게 된다.
② 월경 중지, 서맥(1분당 맥박수 60회 이하) 등이 나타난다.
③ 영양소 요구량의 중요성을 무시한다.
④ 지나칠 정도로 마른 몸매를 원한다.
⑤ 폭식 또는 많은 양의 음식을 순식간에 섭취하는 태도를 반복적으로 보인다.

02 다음과 같은 식행동을 보이는 섭식행위는? 2020.12

> • 폭식과 굶기, 구토를 반복하고 하제, 이뇨제를 사용한다.
> • 음식에 집착하며 자신의 행동이 비정상임을 자각한다.
> • 우울증이나 고립감을 이를 통해 보상받으려고 한다.

① 야식증후군
② 이식증
③ 신경성 식욕부진증
④ 비 만
⑤ 신경성 탐식증

03 청소년기 섭식장애인 신경성 탐식증에 대한 설명으로 옳지 않은 것은?

① 엄청나게 많은 음식을 한꺼번에 먹는다.
② 섭취태도가 비정상적이고 문제가 있음을 인식하나, 스스로 제어하지 못한다.
③ 체중이 적정체중보다 20~40%나 적다.
④ 우울증이나 고립감을 폭식행위로 보상받으려고 한다.
⑤ 폭식과 잦은 구토 행위를 보이며, 환자의 수는 여성이 더 많다.

안심Touch

✍ 성인기 영양필요량

	영양필요량
단백질	1일 권장섭취량 : 남자 19~49세 65g, 50~64세 60g / 여자 19~29세 55g, 30~64세 50g
지 질	• 지용성 비타민의 공급원, 티아민 절약효과 / 동맥경화증, 심장질환의 위험요인 • 1일 에너지의 15~30%, n-6 4~10%, n-3 1% 내외, 콜레스테롤 19세 이상 300mg 미만
비타민	• 비타민 D : 골밀도 유지를 위해 50세 이상에서 충분히 섭취 • 비타민 E : α-TE : PUFA 비율을 0.5로 섭취 • 비타민 C : 콜라겐 형성, 신경전달물질 합성, 철 흡수 도움. 면역기능, 상처회복, 자유라디칼의 제거, 항산화 기능 1일 권장섭취량 100mg, 흡연자는 1일 130mg 섭취 권장 • 니아신 결핍증 : 펠라그라, 만성 알코올중독증, 선천적인 트립토판 대사장애, 만성 설사로 인한 흡수장애증후군, 크론병 환자에게 생길 수 있음
무기질	• 칼슘 : 35세 이전 골격 형성, 35세 이후 골격 유지. 폐경기 골다공증 예방 • 칼륨 : 세포의 흥분과 자극 전달. 근수축과 이완조절, 심장박동 유지, 세포의 삼투압과 수분균형의 유지, 섭취 부족할 때 고혈압 위험 증가 • 철분 : 1일 권장섭취량 남자 19~49세 10mg, 여자 19~49세 14mg, 50세 이상 폐경 후 남자 > 여자 • 셀레늄 : 흡수율 90% 이상. 항산화 기능

보건복지부 : 2020

✍ 중년여성의 건강

• 폐 경
 − 시기 : 45~55세(평균 49세), 초경의 시작시기와 무관함. 흡연 시 3년 정도 조기폐경. 40세 이후 난소기능 저하 → 월경주기 단축·연장 → 불규칙한 월경 → 정지
 − 증상 : 안면홍조, 다한, 화끈거림, 우울증, 골다공증(에스트로겐 감소로 골밀도 감소) 등
• 건강관리
 − 골다공증 : 칼슘, 콩(이소플라본) 섭취 증가. 알코올, 탄산음료 섭취 감소
 − 에스트로겐 대체요법 : 갱년기 증상 감소, 골다공증과 심혈관질환 예방, 노화 지연
 − 운동 : 스트레칭, 맨손체조, 걷기, 계단 오르기 권장. 높은 등산, 줄넘기, 테니스는 조심

✍ 노인의 생리기능의 변화

• 생리기능의 저하
 − 신체 내외의 환경변화에 대한 반응이나 적응력 감소
 − 30세 이후 80세에 이르기까지 나타남
• 소화·흡수 및 위장기능
 − 치아 상실과 미뢰수의 감소로 미각의 인지가 곤란
 − 타액과 위액분비의 감소로 소화력 저하, 빈혈증도 초래
 − 진한 농도의 음식, 소화가 어려운 것, 비타민 B_{12} 등은 주의해서 섭취
 − 장기능이 저하되므로 수분과 수용성 식이섬유소를 섭취하여 장 건강에 주의

01 성인기의 생리적 특성에 대한 설명으로 옳지 않은 것은?

① 대부분의 신체기능은 20대 중반까지 발달하여 최대가 된다.
② 신체기능은 약간 감소 및 퇴화하기 시작하나 그 정도는 개인마다 다르다.
③ 체중에서 차지하는 체지방 비율이 남자보다 여자가 높다.
④ 신체 구성성분의 분포는 성, 비만정도, 근육과 골격근의 발달정도에 따라 달라진다.
⑤ 성인기는 신체의 변화가 매우 큰 시기이다.

02 성인에서 칼슘섭취가 가장 강조되는 연령과 성별은?

① 19~29세 여자
② 50~64세 남자
③ 65~74세 남자
④ 50세 이상 여자
⑤ 75세 이상 남자

03 노년기의 소화·흡수에 대한 설명으로 옳지 않은 것은?

① 소장액의 리파아제와 췌장액의 스테압신의 활성도가 떨어진다.
② 담즙 분비의 저하로 지질흡수가 감소된다.
③ 타액 분비량의 저하로 단백질의 소화·흡수가 저하된다.
④ 장의 락타아제 양과 활성이 감소하므로 유당섭취를 주의해야 한다.
⑤ 장점막의 위축으로 소화·흡수 능력이 저하된다.

04 폐경기 여성이 걸리기 쉬운 질병은? `2017.12` `2021.12`

① 심혈관계 질환
② 당뇨병
③ 위 암
④ 결 핵
⑤ 간경화

---

01 성인기는 다른 생애주기에 비하여 거의 변화가 없는 안정된 시기이다.

02 50세 이상의 여성은 골격장애에 민감하여 칼슘 섭취가 강조되므로 1일 권장섭취량이 높다(800mg). 19~49세 성인 남자의 경우도 800mg으로 1일 권장섭취량이 높다.

03 타액은 탄수화물을 소화하는 역할을 하며, 단백질은 위액의 산도 저하, 펩신, 트립신의 감소로 소화율이 감퇴하지만 단백질 흡수율과 대사산물의 처리 기능은 변함이 없다.

04 폐경기 여성
• 폐경 후 여성은 총 콜레스테롤과 LDL 콜레스테롤의 농도가 높아져 심혈관계 질환이 발생할 위험이 높아진다.
• 폐경으로 에스트로겐에 의한 혈관의 탄력과 심장질환 보호효과를 잃게 되어 심혈관계 질환의 발병빈도가 높아진다.

01 ⑤   02 ④   03 ③   04 ①

안심Touch

- 심장순환계 기능
  - 관상동맥경화나 혈관의 지질 축적, 혈관의 탄력성 상실로 혈액순환이 곤란
  - 좌심실이 커지고, 1회 심박출량이 감소하여 혈류속도가 저하되어 영양소 공급이 늦어지므로 고혈압, 체중관리, 염분섭취 등에 주의
- 신장기능
  - 네프론의 감소로 사구체 여과속도가 저하되어 노폐물과 약물 배설이 느려짐
  - 고단백식과 수용성 비타민의 과량섭취를 삼가야 하며 수분의 적절한 섭취가 중요
- 호흡 기능
  - 폐포면적이 감소하고 폐포탄력성이 저하되어 호흡 시 가스교환이 효율적이지 못함
  - 동맥혈의 산소의 포화도가 낮아지고, 체조직으로의 산소운반이 어려움
- 감 각
  - 시각은 30세부터 저하되어 40세 이후에는 심하게 저하됨
  - 암적응능력, 수정체의 조절력이 낮아져 원시
  - 고음부와 저음부 청각이 저하되어 난청
  - 현저한 미각의 감소 : 미뢰수 감소, 미뢰의 위축으로 염미, 감미에 대해 둔감

📝 노인의 영양필요량

	영양필요량
열 량	• 기초대사와 신체활동의 저하, 체표면적의 감소, 소화액 및 효소의 분비량 감소 • 1일 필요추정량 : 남자 65~74세 2,000kcal, 남자 75세 이상 1,900kcal, 여자 65~74세 1,600kcal, 여자 75세 이상 1,500kcal
단백질과 아미노산	• 위액의 산도 저하, 펩신, 트립신의 감소로 소화율 감퇴 • 단백질 흡수율과 대사산물의 처리 기능은 변화가 없음 • 단백질 이용 효율이 감소하고 체중당 근육 비율도 감소 • 1일 권장섭취량 : 남자 65세 이상 60g, 여자 65세 이상 50g
지 질	• 지질 분해효소의 분비와 담즙의 분비 저하로 지질 소화율 감퇴 • 소화부담 경감, 지용성 비타민과 필수지방산 공급, 티아민 절약, 세포막 · 뇌신경 기능의 유지, 스테로이드 공급 등의 긍정적인 효과 • 흡연, 설탕의 섭취는 혈중 중성지방 증가, 카페인은 유리지방산 증가(순환기질환 증가)
비타민	• 비타민 A · E · D 함유식품을 권장량 정도로 섭취 • 비타민 C : 체조직의 형성, 체내에서의 산화환원반응, 페닐알라닌 대사와 치아 건강에 요구됨. 조리과정과 보관에 따라서 손실이 많아지므로 신선한 채소로 섭취 • 비타민 B_{12} : 위산 분비의 장애로 빈혈증을 유발할 수 있으므로 육류, 생선 등으로 보충
무기질	• 철분 : 위산 분비 감소로 흡수가 제한되므로 간, 달걀, 쑥갓, 시금치, 굴 등을 섭취 • 칼슘 : 혈액의 완충작용, 뼈나 치아의 강직성, 근육의 수축, 신경물질의 전달, 혈액응고 기능을 유지시키려면 일정한 수준을 유지해야 함
수 분	• 노인은 탈수에 대한 감각이 둔화되어 수분섭취 감소 • 고단백 식사 시 수분섭취가 충분치 못하면 탈수가 쉽게 옴 • 신장의 여과 · 재흡수의 능력이 저하되고, 빈혈 예방을 위해 적절한 수분섭취 필요

보건복지부 : 2020

01 노인을 위한 식사관리로 가장 옳은 것은? `2021.12`

① 지적능력이 저하되므로 과일 섭취를 줄이기
② 단맛 예민도가 감소하므로 더 달게 조리하기
③ 타액이 적게 분비되므로 음식을 촉촉하게 부드럽게 조리하기
④ 위점막이 위축되므로 칼슘 섭취 줄이기
⑤ 신체활동량이 적으므로 단백질 섭취 줄이기

02 우리나라 노인의 영양섭취를 조사했을 때 가장 부족하기 쉬운 영양소로만 조합된 것은?

| 가. 리보플라빈 |
| 나. 칼 슘 |
| 다. 칼 륨 |
| 라. 비타민 C |

① 가, 다
② 나, 라
③ 가, 나, 다
④ 라
⑤ 가, 나, 다, 라

03 노인의 생리적·생화학적 변화로 옳지 않은 것은?

① 근육의 감소와 더불어 기초대사량이 저하된다.
② 포도당 내성 저하와 인슐린에 대한 저항성이 증가된다.
③ 위액 분비량이 증가한다.
④ 신체 내외의 환경변화에 대한 반응이나 적응력이 감소된다.
⑤ 세로토닌, 도파민, 아세틸콜린 등 신경전달물질의 합성 속도가 감소하여 미세한 운동기능이나 인지능력의 변화가 온다.

---

01 노인의 식사관리
연령이 증가함에 따라 타액선의 위축으로 타액의 분비가 감소된다. 또한, 위액 분비량이 감소하고 장 점막이 위축되어 소화·흡수 능력도 저하되므로 음식을 촉촉하고 부드럽게 조리한다.

02 노인기 영양섭취 실태
• 국민건강영양조사에 의하면 노인기에 부족하기 쉬운 영양소는 리보플라빈, 칼슘, 칼륨이다.
• 리보플라빈 부족 시 구순구각염이 생긴다.

03 노인기
• 위산의 분비가 감소되어 소화력이 떨어지며 산성 조건하에서 흡수가 잘되는 영양소들의 흡수가 감소된다.
• 체내 총 수분량은 근육량과 비례하므로 근육의 감소로 인하여 기초대사량이 저하된다는 가설을 뒷받침한다.
• 인슐린 분비능력의 감소로 혈당조절능력도 떨어진다.

01 ③ 02 ③ 03 ③

📝 노인기 영양관련 문제

• 골다공증
  - 발생위험군
    ⓐ 조기 폐경 또는 폐경 전 난소 절제
    ⓑ estrogen 과다 사용(피임약), 과도한 흡연, 음주 및 카페인 섭취
    ⓒ 골다공증 가족력, 수척하며 골격이 빈약하고 비활동적인 사람
    ⓓ 단백질, Ca, 비타민 D, 불소 섭취, Ca : P 섭취비가 낮은 경우, Ca 흡수불량(위절제술)
  - 증상 : 뼈의 크기와 골밀도가 감소되어 골절
  - 예방 : 금연과 절주, 규칙적인 신체 및 근육운동, 우유·미역 등 적절한 칼슘 섭취
• 빈혈증
  - 철분결핍성 빈혈 : 노화로 조혈작용 감소, 단백질·철분 섭취 부족, 내출혈 등이 원인
  - 거대적아구성 빈혈증 : 엽산, 비타민 B_{12}의 결핍
  - 악성 빈혈 : 위산 감소, 비타민 B_{12}의 흡수 장애
• 약물 대사
  - 고혈압치료제, 항우울제, 진통제 : 구강건조로 인한 식사 제한
  - 고단백식사는 약물 대사 증진
  - 아스피린 : 위를 자극하여 소량의 출혈을 유도, 항응고 작용으로 빈혈이 발생
  - 알루미늄이나 마그네슘이 함유된 제산제 : 골다공증 위험
  - 콜레스티라민 : 지용성 비타민, 철, 엽산의 흡수 방해
  - 변비치료제 : 칼슘이나 칼륨의 배설 증가, 지용성 비타민 흡수 억제

📝 운동과 영양

• 운동 시 에너지 대사
  - 8초 미만의 강한 운동에는 근육세포의 ATP-CP(creatine phosphate)와 젖산계(혐기적 해당과정의 젖산)를 에너지원으로 이용
  - 2~4분 정도 강한 운동 시는 젖산계와 호기적 경로의 포도당과 글리코겐을 에너지원으로 이용
  - 4분 이상의 운동에는 호기적 경로의 글리코겐과 지방산을 에너지원으로 이용
• 운동 후 식사지침
  - 근육의 글리코겐이 고갈되면 경기 직후 글리코겐의 합성효소의 활성이 증가되므로 장시간 운동 후는 2시간(가능하면 20분) 이내에 당질을 섭취하는 것이 좋음
  - 이때는 글리코겐 합성속도가 운동 2~4시간 후보다 50% 정도 높음

01 알츠하이머성 치매 환자의 뇌조직에 농도가 높은 것으로 알려져 있어 노인성 치매와 연관성이 높은 무기질은?

① 알루미늄　　　　② 인
③ 붕 소　　　　　　④ 아 연
⑤ 칼 륨

02 뼈에 하중을 가하는 운동이나 칼슘섭취로 개선시킬 수 있는 질병은? `2018.12`

① 골다공증　　　　② 당뇨병
③ 신증후군　　　　④ 빈 혈
⑤ 고지혈증

03 연령이 증가함에 따라 소장점막세포 기능 저하 등으로 영양소 흡수능력이 약해진다. 노인이 위점막의 수축과 함께 위산 분비가 감소된 경우, 부족하기 쉬운 영양소는? `2019.12`

① 단백질　　　　　② 비타민 B_1
③ 망 간　　　　　　④ 비타민 B_{12}
⑤ 칼 륨

04 100m 달리기와 같이 순발력을 요하는 종목의 운동선수가 경기 전날 주로 섭취해야 하는 영양소는? `2017.02` `2017.12`

① 지 방　　　　　　② 단백질
③ 탄수화물　　　　④ 비타민
⑤ 글리코겐

---

01 알츠하이머 치매 환자 뇌조직의 알루미늄 농도는 정상 뇌조직의 농도보다 10~30배 정도 높은 것으로 알려져 있다.

02 골다공증
- 뼈에 하중을 가하는 운동은 골질량을 증가시킬 수 있으며 칼슘을 충분히 섭취한다(1일 1,200~1,500mg 정도 공급).
- 골다공증 환자에게 칼슘과 인의 비율을 1 : 1로 유지하는 것이 바람직하다.

03 위액 분비의 저하로 단백질분해효소인 펩신이 감소하면 철의 흡수가 저하되고 비타민 B_{12}의 내적인자 저하로 비타민 B_{12}의 흡수가 감소한다.

04 순발력은 당질, 지구력은 지방, 2시간 이내로 지속되는 꽤 강력한 운동 시의 포도당 급원은 글리코겐이다.

01 ① 02 ① 03 ④ 04 ③

영양사 1교시

영양교육,
식사요법 및
생리학

영양교육의 의의 및 목적

• 의 의
- 개인이나 집단이 적절한 식생활을 실천하기 위한 합리적 방법이나 행위
- 다양한 교육적 수단을 통해 영양에 관한 지식과 정보를 여러 대상자들에게 바르게 이해
- 영양교육의 목표에 도달하기 위해 스스로 의욕을 갖고 태도를 변화시켜 실천
• 목 적
- 식품과 영양에 관한 지식 및 기술을 이해시키고 영양에 대한 관심과 의욕을 일으킴
- 감정과 의지로 생각을 바꾸게 하고 태도와 행동을 변화
- 영양에 관한 지식을 갖도록 하여 국민의 건강을 증진

영양교육의 목표 및 내용

• 목 표
- 영양에 대한 지식의 보급으로 영양수준 및 식생활의 향상을 꾀함
- 영양교육으로 질병예방과 건강증진을 도모
- 체력향상과 경제안정을 꾀하여 국민의 복지향상에 기여
• 영양교육의 내용
- 식생활에 대한 올바른 이해와 인식에 관한 내용
- 식생활과 건강과의 관계
- 영양섭취에 대한 실태와 식품소비 유형의 변화
- 편식 및 잘못된 식습관의 건강피해
- 식품낭비와 손실의 방지
- 식량의 생산과 배분에 대한 문제

영양교육의 난이성

• 피교육자가 다양함 : 나이, 교육수준, 지식, 식습관, 경제상태 등
• 영양문제로 인한 질병발생은 장기적·완속적·비가시적·복합적으로 나타나며 교육효과도 바로 나타나지 않음
• 경제문제와 식생활이 연결되며, 식습관 변화가 어려움
• 식품과 영양의 결함으로 야기되는 위험에 대한 인식이 부족함

영양교육이 평생교육이 되어야 하는 이유

• 생활패턴과 소비패턴의 지속적인 변화
• 다양한 기능과 모양의 식품의 지속적인 개발
• 경제적으로 어려운 계층의 사람들에게 바람직한 식품선택의 요령을 지도하는 것이 필요함
• 주요 사망원인인 만성 퇴행성질환이 영양과 식생활에 관련이 있음

01 영양교육의 목적에 속하지 않는 것은?

① 국민건강을 통한 의료비용 절감
② 대상자의 영양개선
③ 식습관의 변화
④ 직업에의 의욕 촉진과 쾌적한 생활 유지
⑤ 국민의 체력향상과 함께 국가경제의 안정 도모

01 영양교육의 목적
영양교육의 목적은 포괄적이고 광범위하며, 식습관의 변화는 세부적이고 구체적인 하위단계의 목표수준이다.

02 현대사회에서 영양교육의 필요성이 강조되는 배경으로 관련성이 적은 것은?

① 도시화, 핵가족화, 1인 가구의 증가 및 식생활의 개인화 등 인구·사회적인 변화
② 식품이나 영양과 관련된 질병의 증가 등 현대인의 질병 구조의 변화
③ 가공식품, 편의식품, 건강보조식품 등 식품산업의 발달
④ 식생활에 대한 가치관의 변화로 인한 영양결핍의 증가
⑤ 식품의 생산과 수입, 음식물쓰레기 감소 등의 국가 정책적인 측면

02 영양교육의 필요성 배경
현대사회의 인구·사회적 변화, 질병구조의 변화, 현대인의 인성변화, 식품산업의 발달, 국가 정책적 차원 등이 영양교육이 필요한 배경이다.

03 영양교육 실시의 어려운 점으로 조합된 것은?

> 가. 교육 대상자의 나이나 성별, 교육정도, 노동정도, 식습관, 기호도 등에 차이가 있다.
> 나. 영양교육의 효과는 빨리 나타나지만 단기적이다.
> 다. 영양교육에 대한 인식과 적극성이 적으므로 실행하는 데 곤란하다.
> 라. 영양상의 결함은 쉽고 빠른 효과가 나타나지 않는다.

① 가, 나, 다   ② 가, 나, 라
③ 가, 다, 라   ④ 라
⑤ 가, 나, 다, 라

03 영양교육의 어려움
• 영양교육 대상자의 나이나 성별, 교육수준, 경제 상태에 따라 식생활, 식습관, 기호도 등이 다양하게 나타난다. 그러므로 개인의 식습관은 보수적이고, 경제와 식생활이 직결된다.
• 영양교육의 효과는 장기적, 비가시적으로 나타난다.
• 영양교육에 대한 인식과 적극성이 적으므로 실행하는 데 곤란을 겪는다.
• 식품과 영양의 결함으로 야기되는 해독이나 위험은 빨리 판단되고 인식되는 것이 아니다.

01 ③ 02 ④ 03 ③

📝 지역사회 영양진단

- 지역사회의 문화적인 환경 지표와 보건통계자료, 식품수급자료 등을 종합적으로 파악하여 지역사회 영양관련 문제와 영양위험 집단을 총체적으로 진단
- 지역사회 영양진단 과정
  - 목표설정 : 영향요인과 영양불량 정도를 우선순위별 파악, 사회·문화·환경적 문제 파악
  - 팀 구성, 계획 및 일정표 설정 : 지역사회 영양진단팀 구성, 예산 계획 및 세부 추진 일정표
  - 진단을 위한 자료 수집 : 총인구조사, 통계청, 보건사회통계연보, 식품수급표 등
  - 자료 분석 및 활용 : 영양 문제의 우선순위와 결정문제의 크기, 심각한 정도, 개선 효과, 정치적 지원 고려
  - 프로그램 분석 및 개선방향 : 실시되고 있는 프로그램 분석
- 지역사회 영양사업의 계획과 실행
  - 문제 발견 및 분석과정 → 정책 및 프로그램 개발과정 → 프로그램 실천과정 → 평가과정

📝 영양교육의 이론

- 건강신념 모델
  - 질병에 걸릴 위험이 있는 사람의 질병을 진단하고 예방하는 프로그램에 왜 참여하지 않는지를 알기 위해 개발된 이론
  - 적용 : 질병을 예방하거나 질병을 진단하는 프로그램의 참여 여부, 약물요법에 대한 환자의 순응도, 비만아 식사처방에 대한 어머니의 순응도 등을 연구하는 데 적용됨
- 합리적(계획적) 행동이론
  - 건강과 관련된 행동은 행동을 하고자 하는 의도에 의해 결정되며, 인간은 자신이 이용할 수 있는 정보를 합리적으로 사용하는 가정에 토대를 둠
  - 적용 : 체중조절, 금연, 모유수유, 패스트푸드 이용 등에서의 행동을 예측하고 다양한 행동을 설명하는 데 적용되고 있음
- 행동변화단계 모델
  - 행동변화에 대한 대상자의 현재 의도와 행동상태에 따른 단계를 구분하고 그 단계에 따라 다른 전략을 사용하여야 교육효과를 얻을 수 있다는 이론
  - 적용 : 금연 행동에서 시작된 초기의 이론을 식생활 행동 이론으로 적용한 것으로 맞춤식 교육을 가능하게 해 효과를 볼 수 있다고 하여 최근 주목을 받고 있음
- 사회인지론
  - 사회학습론에서 발전한 이론으로 인간의 행동은 개인의 인지적 요인과 행동적 요인이 서로 상호작용을 하면서 결정되는 상호결정론에 기반을 두고 있음
  - 적용 : 영양교육을 계획할 때 개인의 식행동 변화에 영향을 주는 다양한 요인들을 파악하여 행동수정방법을 제시할 수 있으므로 널리 활용되고 있음

01 교육대상자에게 동맥경화증의 위험성, 동맥경화증에 걸렸을 때 건강에 미치는 심각한 영향에 대해 교육을 하고, 혈청지질을 개선하기 위한 식사요법으로 인한 이득을 교육한다면 이것은 어떤 영양교육을 이용한 것인가?

① 사회학습이론
② 합리적 행동이론
③ 건강신념 모델
④ 개혁확산 모델
⑤ 계획적 행동이론

02 건강신념모델을 이용하여 편식 아동에게 유제품 섭취 시 장점에 대한 교육을 하였다면 이에 적용한 구성요소는?
　　　　　　　　　　　　　　　　　　　　　　　2020.12

① 인지된 민감성
② 인지된 심각성
③ 자아효능감
④ 인지된 이익
⑤ 행위의 계기

03 금연 행동에서 시작된 초기의 이론을 식생활 행동 이론으로 적용한 것으로 맞춤식 교육을 가능하게 해 효과를 볼 수 있다고 하여 최근 주목을 받고 있는 영양교육 이론은?

① 건강신념 모델
② 합리적 행동이론
③ 사회인지론
④ 개혁확산 모델
⑤ 행동변화단계 모델

04 당뇨 환자에게 식품교환표의 사용, 간식과 외식을 식사요법에 맞게 선택하는 법 등을 교육한다면 사회인지론의 요소 중 어떤 요인을 목적으로 하는 것인가? 　2018.12

① 주관적 규범 향상
② 자아효능감 증진
③ 인지된 위협성 증대
④ 인지된 위협성 감소
⑤ 행동에 대한 태도 향상

---

01 건강신념 모델
건강신념 모델은 질병에 걸릴 위험이 있는 사람이 질병을 진단하고 예방하는 프로그램에 왜 참여하지 않는지를 알기 위해 개발된 이론이다.
- 첫째 요소 : 건강상의 위험에 대한 인식으로 질병에 걸릴 가능성과 질병의 심각성에 따라 인식정도가 달라진다.
- 둘째 요소 : 행동에 수반되는 결과에 대한 기대로 사람들은 바람직한 행동을 했을 때 그로 인해 자신이 얻게 될 이득과 장애요인을 비교하여 건강행동을 할 것인지 결정한다.

02 건강신념모델의 구성요소(개념)
- 인지된 민감성 : 자신이 어떤 질병에 걸릴 위험이 있다고 지각하는 것으로 인지한 정도에 따라 특정 행위를 실천할 가능성은 달라진다.
- 인지된 심각성 : 상태나 후유증이 얼마나 심각한가에 대한 지각으로 의학적 결과(통증, 불구, 죽음 등)와 사회적 결과(가족 및 직장생활 등)를 포함한다.
- 인지된 이익 : 특정 행위를 함으로써 얻을 수 있는 혜택과 유익에 대해 인지한 정도를 말한다.
- 인지된 장애 : 제안된 특정 행위에 대한 부정적 측면에 대한 인식이다.
- 행위의 계기 : 사람들로 하여금 특정행위에 참여하도록 자극을 줄 수 있는 중재(행동촉발요소)를 말한다.
- 자기효능감 : 어떤 결과를 생산하기 위해 요구되는 행동을 성공적으로 수행할 수 있는 자기 확신을 말한다.

03 행동변화단계 모델
행동변화에 대한 대상자의 현재 의도와 행동상태에 따른 단계를 구분하고, 그 단계에 따라 다른 전략을 사용하여야 교육효과를 얻을 수 있다는 이론이다.

04 자아효능감
- 어떤 행동을 수행할 때 개인이나 집단이 수행능력에 대해 어느 정도 자신감을 느끼고 있는지를 의미하며, 동기가 부여되어 있어도 자신감이 없으면 행동변화를 이루기 어렵다.
- 자아효능감에 대한 정보는 비슷한 상황에서 겪은 선행경험이나 비슷한 상황의 다른 사람을 관찰함으로써 얻거나 사회적 설득 또는 타인에 의해서 얻게 된다.

01 ③　02 ④　03 ⑤　04 ②

안심Touch

- 사회지지이론
  - 한 개인이 타인으로부터 얻을 수 있는 사회적 지지를 이용하여 자신의 자발적인 선택에 의해 행동변화를 실천하는 이론
- 개혁확산 모형
  - 개혁의 확산이란 새롭다고 여겨지는 아이디어나 기술이 일정한 경로를 통하여 구성원에게 전달되는 과정을 의미함
- PRECEDE-PROCEED 모델
  - 교육적·생태학적 접근으로 보건 프로그램의 계획부터 수행평가 과정의 연속적인 단계를 제공하여 포괄적인 건강증진 계획과 실행 및 평가를 행할 수 있는 모형

📝 영양교육과 사업의 계획 및 실행

- 문제 발견 및 분석
  - 지역사회 식생활 관련 자료 수집, 분석, 진단
  - 참여를 통한 현실적인 문제 진단
- 정책 및 프로그램 개발과정
  - 정책 수립
  - 정책 실천을 위한 프로그램 개발
- 프로그램 실천과정
  - 자원과 인력에 기초하여 특정 전략 실행
  - 영양 프로그램 실행
  - 대상 참여 유지, 프로그램 유지
- 평가과정
  - 과정평가, 영향평가, 결과평가
  - 프로그램의 계속·중단·수정·결정에 활용

📝 개인지도

- 개인지도 시 면담자가 갖추어야 할 태도
  - 성실한 태도로 안정감과 신뢰감을 주어야 함
  - 인내력과 객관성을 갖고 있어야 함
  - 상대방의 입장을 이해하고 공감대를 갖도록 함
  - 중립적 입장을 유지하면서 친절해야 함
  - 상대방의 기분, 표정 등을 파악하여 충고나 지시는 삼가야 함
  - 경험을 살리는 힘을 길러야 함
  - 잘 경청하여야 함

01 초등학교에서 급식 시에 채소류 음식의 잔반을 많이 남기는 편식 아동을 대상으로 영양교육 프로그램을 진행하였다면 어떤 영양교육 이론을 적용한 것인가?

① 건강신념 모델
② 사회학습이론
③ 사회인지론
④ 개혁확산 모델
⑤ 합리적 행동이론

02 프리시드-프로시드(PRECEDE-PROCEDE) 모델은 교육적·생태학적 보건 프로그램의 계획부터 수행평가과정의 연속적인 단계를 제공하여 포괄적인 건강증진 계획과 실행 및 평가를 할 수 있는 모형이다. 영양문제와 관련된 식행동에 영향을 미치는 요인을 분석하고 진단하는 단계는?

2019.12

① 사회적 진단
② 역학적 진단
③ 환경적 진단
④ 생태학적·교육적 진단
⑤ 행정적·정책적 진단

03 다음은 영양교육 실시과정에 대한 설명이다. 이 중 첫 단계에 대한 설명으로 옳은 것은? 2019.12

① 대상자의 문제를 분석하고 교육요구도를 파악한다.
② 교육의 목표, 내용, 방법 등에 대한 구체적인 계획을 수립한다.
③ 적극적인 홍보로 참여율을 높인다.
④ 교육의 내용과 방법의 타당성을 평가한다.
⑤ 학습환경을 고려하여 융통성 있게 교육한다.

04 개인지도 방법으로 옳지 않은 것은?

① 가정 방문
② 상담소 방문
③ 전화 상담
④ 강의식 토의법
⑤ 서신 지도

---

01 사회인지론
- 사회학습론에서 발전한 이론으로 인간 개인의 인지적 요인과 행동적 요인, 환경적 요인이 서로 상호작용하면서 결정되는 상호결정론에 기반을 두고 있다.
- 적용 : 영양교육을 계획할 때 개인의 식행동 변화에 영향을 주는 다양한 요인들을 파악하여 행동수정방법을 제시할 수 있다.

02 프리시드-프로시드(PRECEDE-PROCEDE) 모델
사회적 진단(삶의 질) → 역학적 진단(건강상태, 건강형태) → 환경적 진단 → 생태학적·교육적 진단(상황, 촉진, 강화요인) → 행정적·정책적 진단(사회생태학 차원에 따른 목표 구분 및 관련 중재 활동)

03 영양교육 실시과정의 일반원칙
- 영양교육은 대상의 진단-계획-실행-평가의 순으로 실시되며 평가의 결과를 계획에 반영함으로써 보다 좋은 계획을 수립하여 효과적인 영양교육이 될 수 있다.
- 첫 단계인 대상자의 진단에서는 실태파악을 통하여 대상자가 안고 있는 영양문제를 발견하고 그 영양문제의 원인 및 관련 요인들을 분석하는 과정 등이 포함된다.

04 개인지도 방법에는 가정 방문, 상담소 방문, 전화 상담, 서신 지도, 임상 방문, 인터넷 상담 등이 있고, 강의식 토의법은 강사가 1명인 것이 특징인 집단 영양지도방법이다.

01 ③ 02 ③ 03 ① 04 ④

안심Touch

- 개인지도의 종류 및 장·단점
  - 가정 방문 : 가정을 방문하여 개별적인 영양상담을 하는 경우
    ⓐ 장점 : 개인의 생활환경을 직접 보고 파악할 수 있어서 개인의 특성과 요구에 맞는 교육이 가능함
    ⓑ 단점 : 시간, 경비, 노력이 많이 필요함
  - 임상 방문 : 환자나 교육대상자가 보건소나 병원을 직접 방문하여 영양교육을 받는 것
  - 상담소 방문 : 영양전문기관이나 단체를 방문하여 개인의 영양문제에 대해 교육받는 것
    ⓐ 장점 : 대상이 제한됨
    ⓑ 단점 : 시간, 경비, 노력은 가정방문에 비해 적게 듦
  - 전화 상담 : 전화를 통한 상담
    ⓐ 장점 : 편리하고 능률적임
    ⓑ 단점 : 간단한 정보교환만 가능하고 효과는 다소 떨어짐
  - 서신 지도 : 우편, 서신을 이용한 영양교육
    ⓐ 장점 : 시간·경비가 절감됨. 사전 준비가 가능함
    ⓑ 단점 : 직접교육이 아니므로 전화상담에 비해서도 효과가 적음
  - 인터넷 상담 : 병원, 보건소 및 영양관련 학회, 영양사 협회 등의 전문기구나 단체에 개설된 홈페이지를 방문하거나 전자메일을 이용하여 상담을 받는 것
    ⓐ 장점 : 시간·경비가 절감됨. 사전 준비가 가능함
    ⓑ 단점 : 효과가 적음

📝 집단 영양지도

- 집단·집회지도라고 하며 공통의 문제에 관심을 가지고 있는 일반 대중을 상대로 실시하는 방법
- 장점 : 기회를 여러 번 만들 수 있고 많은 사람에게 동시에 보다 많은 교육 자료를 전달할 수 있음
- 단점 : 성과 면에서 개인지도보다 철저하지 못함
- 종 류
  - 강의형 지도 : 강의
  - 토의형 지도 : 강의식 토의, 강단식 토의, 좌담회, 6·6식 토의, 배석식 토의, 공론식 토의, 연구집회, 토론회, 두뇌충격법, 시범교수법
  - 실험형 지도 : 시뮬레이션, 역할연기법, 인형극, 그림극, 견학, 동물사육실험
  - 기타 : 오리엔테이션, 캠페인 교육방법, 지역사회조사

01 4~5명의 전문가가 먼저 자신들의 의견을 발표한 후 일반 청중과 질의응답을 하는 방법은? 2018.12

① 좌담회(round table discussion)
② 공론식 토의(debate forum)
③ 배석식 토의(panel discussion)
④ 강의식 토의(lecture forum)
⑤ 강단식 토의(symposium)

02 강의형 집단지도의 유의사항으로 옳지 않은 것은?

① 강의 도중에 교육대상자에게 질문을 하고 답변을 받아서 내용의 이해도를 측정해야 한다.
② 교육자는 강의의 목적과 목표를 교육대상자에게 구체적으로 이해시킨다.
③ 교육내용은 쉽고 간단한 것부터 구체적인 내용으로 구성한다.
④ 교육자는 강의 분위기를 밝고 명랑하게 유지한다.
⑤ 교육자가 교육에 대해 열성을 가지고 있음을 보인다.

03 A구에 소재한 보건소의 영양사들이 초등학생들을 대상으로 한 새로운 영양교육 매체를 개발하기 위해 모였다. 참가자 전원이 자유롭게 서로의 생각이나 의견을 제시한 후 좋은 아이디어에 대해 토론하였다. 이 방법은 무엇인가?

① 두뇌충격법
② 시범교수법
③ 시뮬레이션
④ 역할연기법
⑤ 연구집회

04 주부를 대상으로 어린이의 편식교정지도를 주제로 영양교육을 할 때 참가자들이 식탁에서 벌어질 수 있는 상황을 즉흥적으로 직접 연기하고 문제를 제기하고, 끝난 후 같이 토의하는 교육방법은? 2017.12

① 방법시범교수법
② 결과시범교수법
③ 연구집회
④ 역할연기법
⑤ 인형극

---

01 토의 방법
- 강단식 토의(symposium) : 강사 상호간에 토론을 하지 않는 것을 원칙으로 하며 강사가 바뀌면서 강의의 내용에 변화가 있기 때문에 지루하지 않다. 그러나 강사들의 발표시간이 길어지면 청중은 지루함을 느끼고 분위기가 산만해지며 질의토론 시간도 짧아져서 효과를 기대할 수 없다.
- 공론식 토의(debate forum) : 2~3명의 강사가 한 가지 주제에 대해 서로 다른 의견을 발한 다음 청중의 질문을 받고 이에 대해 다시 간추린 토의를 하는 형식으로서 일종의 공청회이다. 강사들의 의견 제세는 충분히 들을 수 있으나 서로 의견이 달라서 일정한 결론을 내리기 어려우며, 좌장이 강사들의 발표내용을 요약하고 최종적인 결론을 내리도록 한다.

02 강의형 집단지도 중 질의응답으로 답변을 강요하면 교육의 분위기가 침체될 수 있다.

03 두뇌충격법(브레인스토밍)은 참가자들의 흥미 유발, 적극적 참여 및 발언, 사기 고조 등의 특징이 있다. 또한 단시간에 새롭고 좋은 착상이나 해결방안을 끌어낼 수 있어 실천의욕이 높아진다는 장점이 있다.

04 역할연기법
- 같은 문제에 대하여 관심이 있는 사람들이 참가하여 그 몇 사람이 단상에서 연기를 하고 청중들이 연기자의 입장을 재평가하면서 그것을 토의 소재로 삼는 교육방법이다.
- 시뮬레이션의 일종으로 롤플레잉이라고도 한다.

01 ⑤ 02 ① 03 ① 04 ④

📝 영양교육 매체의 개발 및 활용

- 시청각교육의 이론적 발달 : 시각교육(1920년대부터 활발) → 시청각교육(1930년대 말부터 보급) → 시청각통신(1950년대 보급) → 교육공학(1970년대 이후 발전)
- 매체의 효과 및 종류
  - 신속히 이해하고 판단할 수 있음
  - 강한 인상을 받고 이해와 기억을 확실하게 함
  - 피교육자의 기분을 전환시켜 분위기를 부드럽게 함
  - 인쇄매체 : 팸플릿, 리플릿·전단, 포스터, 벽신문, 간행물, 달력, 카드
  - 전시·게시매체 : 괘도, 그림판, 통계도표, 플란넬그래프, 사진
  - 입체매체 : 실물, 표본, 모형, 인형, 디오라마
  - 영사매체 : 슬라이드, 영화, 실물환등기
  - 전자매체 : 라디오, 녹음자료, VTR, TV, 컴퓨터, 인터넷, 팩시밀리
- 매체 활용의 절차(ASSURE 모형)
  교육대상자의 특성 분석(Analyze) → 교육목표의 설정(State) → 교재의 선택 및 제작(Select) → 교재의 활용(Utilize) → 대상자의 반응 확인(Require) → 평가(Evaluation)

📝 영양상담의 개념 및 중요성

- 영양상담이란 현재 영양문제를 가지고 있거나 혹은 그럴 가능성이 있는 사람들뿐만 아니라 건강한 사람들에게도 영양과 관련된 정보를 제공하고, 본인 스스로 자신의 영양관리를 할 수 있는 능력을 갖게 하여 행동변화를 수반하도록 개별화된 지도를 제공하는 전체 과정
- 영양상담의 중요성
  - 사회·경제적 변화와 더불어 식생활 환경이 급속도로 변화
  - 만성 질환의 발병 증가 추세
  - 영양 불균형 문제
  - 각종 식품첨가물의 남용, 가공식품에의 의존 증가 등
- 의 의
  - 올바른 영양지식과 정보를 제공함으로써 국민들의 건강에 지속적으로 영향을 미칠 수 있는 체계가 필요함
  - 영양상담을 통해 국민들에게 올바른 영양정보를 전달하고 식습관 및 생활습관을 개선하도록 지도함으로써 영양개선과 질병예방을 도모함

01 영양교육 매체를 선택할 때 고려해야 할 기준으로 옳은 것으로 조합된 것은?

> 가. 적절성, 신빙성, 흥미성
> 나. 종합성, 경제성, 다량성
> 다. 조직과 균형, 기술적인 질, 가격
> 라. 속보성, 직립성, 반복성

① 가, 나   ② 가, 다
③ 나, 라   ④ 라
⑤ 가, 나, 다, 라

02 전기가 없는 농촌 부락에서 적은 수의 어머니들을 대상으로 영양교육을 하려 할 때 가장 적합한 교육의 보조자료는?

① 영 화   ② 유인물
③ 슬라이드   ④ 융판그림
⑤ 소책자

03 보건소 방문객들에게 한 달에 한 번 영양정보 및 이슈를 간행물로 제공 시 이용할 수 있는 매체는? `2018.12`

① 입체매체   ② 영사매체
③ 게시매체   ④ 인쇄매체
⑤ 전시매체

04 영양상담의 중요성이 부각되고 있는 이유가 아닌 것은?

① 풍요로운 식생활 환경에도 불구하고 식품섭취와 관련된 만성 질환 발병의 증가
② 특정식품의 과다한 섭취로 인한 영양 불균형 문제
③ 각종 식품첨가물의 남용
④ 가공식품의 의존 증가
⑤ 외국과의 식품 교류 감소

---

01 영양교육 매체 선정기준
• 매체를 선택할 때는 매체의 적절성, 신빙성, 흥미성, 조직과 균형, 기술적인 질, 가격 등을 선택기준으로 삼는다.
• 교육 목적을 달성하기 위해 매체의 종류, 용어의 수준, 내용의 난이도, 제시방법 등이 대상자의 수준에 적절한지 검토해야 한다.

02 융판그림
영양에 관한 지식을 전달하는 과정 중에서 참가자들에게 직접 붙이도록 함으로써 흥미를 일으킬 수 있고, 움직이는 자료이므로 여러 가지 주제를 필요에 따라 바꿀 수 있다. 또 비용이 적게 들고 누구나 이용할 수 있으며 소수집단에서 효과적으로 사용할 수 있다.

03 영양교육 매체
정기간행물은 인쇄매체 중 하나로 한 달에 한 번 정도 간행되는 것이 보편적이다. 대상은 지역사회조직, 연구집단, 병원 및 보건소 외래환자들이 해당된다. 중심 기사가 드러나게 하고 만화식 기사를 게재하는 등 대상자들에게 적합한 내용으로 편집하는 것이 좋다.

04 최근 우리 사회는 사회·경제적 변화와 더불어 식생활 환경이 급속도로 변화되고 있으며 외국과의 식품 교류가 확대되면서 국민들의 식생활 양상에도 많은 영향을 미치고 있다. 따라서 올바른 영양지식과 정보를 제공함으로써 국민들의 건강에 지속적으로 영향을 미칠 수 있는 체계가 필요하고, 이러한 측면에서 영양상담의 중요성이 부각되고 있다.

01 ②   02 ④   03 ④   04 ⑤

안심Touch

📝 영양상담의 방법

- 문제제시 → 촉진적 관계의 형성 → 목표설정과 구조화 → 문제해결의 노력 → 지각과 합리적 사고의 촉진 → 실천행동의 계획 → 실천결과의 평가와 종결
- 영양상담의 기술과 도구
  - 영양상담의 기술 : 수용, 반영, 명료화, 질문, 요약, 조언, 직면, 해석
  - 영양상담의 도구 : 식품교환표, 식사구성안, 영양섭취기준, 영양상담기록표, 식생활지침, 식품모형, 영양권장량, 식사일기, 각종 교육매체
- 영양상담 결과에 영향을 미치는 요인
  - 내담자 요인 : 상담에 대한 기대, 문제의 심각성, 상담에 대한 동기, 자발적인 참여도, 정서 상태, 방어적 태도, 자아강도, 사회적 성취수준과 과거의 상담 경험
  - 상담자 요인 : 상담자의 경험과 숙련성, 성격, 지적능력, 내담자에 대한 호감도
  - 내담자와 상담자 간의 상호작용 : 성격적인 측면의 상호 유사성, 공동협력, 의사소통 양식
- 영양상담 기술
  - 긴밀한 상담관계를 형성 : 상담자의 태도를 수용, 내담자에게 관심, 경청, 이해하는 태도를 보일 것
  - 내담자의 문제점이나 관심사를 정확히 파악
  - 적절한 동기부여 및 목표설정
  - 교육 및 정보를 효과적으로 전달
  - 내담자를 지속적으로 관리

📝 영양정책과 영양행정

- 영양정책
  - 정책 : 공공문제를 해결하거나 어떤 목표를 달성하기 위하여 정부가 결정한 행동방침
  - 식품영양정책 : 국민이 최적의 영양 상태를 유지할 수 있도록 식품의 생산과 공급, 보건, 교육 등 다양한 분야를 연계·조정하는 복합조치로써 국민의 건강 확보와 국가 발전에 기여
  - 양적 영양정책 : 전체 인구집단이 충분한 식품을 섭취할 수 있어서 영양부족에 걸리지 않도록 하는 것, 일반적으로 영양부족이나 빈곤, 기아, 식품 수급 및 분배에 문제가 있는 경우
  - 질적 영양정책 : 식품 섭취를 이룰 수 있도록 하여 식생활과 관련된 질병들로 인한 조기 사망 등을 예방하기 위한 것, 잘못된 식생활이 당뇨, 고혈압, 심혈관계 질환 등 만성 질환과 관련
- 영양행정 : 영양관계법규에 따라 국민 전체를 대상으로 사회복지, 사회보장 및 공중위생의 향상 및 식생활개선을 위한 기본적인 업무를 행하는 것
  - 국민건강·영양조사, 국민식생활지침 제정, 영양섭취기준 마련, 영양사제도, 영양표시제, 국민건강증진법, 식품보조정책, 응용영양사업, 어린이 식생활 안전관리 특별법(2008년), 식생활교육 지원법(2009년), 국민영양관리법(2010년), 국민건강증진종합계획 수립 등

01 당뇨병 환자에게 식품교환법 및 목측량을 교육할 때 효과적인 매체는? `2019.12`

① TV
② 포스터
③ 식품모형
④ 괘 도
⑤ 유인물

01 식품모형(Food Model)
실물을 이용한 직접적인 경험은 일회적인 성격을 띠는 반면에, 모형을 이용한 영양교육은 시간에 구애받지 않고 대상자가 완전히 익숙해질 때까지 반복할 수 있어서 효과적이다.

02 영양상담 시 내담자에 의해 표현된 태도를 상담자가 새로운 용어로 부연해 주는 상담 방법은? `2017.12`

① 반 영
② 요 약
③ 직 면
④ 구조화
⑤ 수 용

02 영양상담의 기술
• 영양상담의 기술 : 수용, 반영, 명료화, 질문, 요약, 조언, 직면, 해석 등
• 수용 : "~ 이해가 갑니다." 등으로 긍정언어표현을 해 줌
• 구조화 : 상담과정의 본질, 제한조건, 목적에 대해 상담자가 정의를 내려주는 것
• 요약 : 상담과정에서 내담자가 한 표현을 요약
• 라포형성 : 신뢰관계 구축

03 영양상담자가 갖춰야 할 태도로 옳은 것만 조합된 것은?

> 가. 문제에 대해 항상 주관성을 갖는다.
> 나. 상대방의 입장을 이해하고 공감대를 형성한다.
> 다. 상대방을 깊이 파악하기 위해 반드시 충고를 한다.
> 라. 상대방의 얘기를 주의하여 듣는 집중력을 가진다.

① 가, 나
② 가, 다
③ 나, 라
④ 라
⑤ 가, 나, 다, 라

03 상담자는 내담자의 이야기에 대해 경청하고 이해·공감해야 하며, 실행 가능한 행동절차는 내담자와 합의하여 결정해야 한다.

04 현행 국민영양조사는 어떤 법을 근거로 시행되고 있는가?

① 국민건강증진법
② 식품위생법
③ 국민영양관리법
④ 정신건강복지법
⑤ 공중위생관리법

04 국민영양조사는 1969년 이래 매년 실시된 국민영양조사와 1962년에 시작된 국민건강 및 보건의식행태조사를 통합한 것으로서, 현행 조사는 국민건강증진법 제16조를 근거로 시행되고 있다.

01 ③ 02 ① 03 ③ 04 ①

- 우리나라 영양정책 현황
  - 1995년 국민건강증진법을 제정, 공포하고 이를 실천하기 위해 건강증진사업의 활성화를 위한 여러 가지 시책을 수립하고 자 정책의 목표설정과 전략의 개발을 촉구하고 있음
  - 전 세계적으로 비만인구가 급증하고, 당뇨, 심혈관계 질환 등 식이와 관련이 높은 질환으로 인한 질병과 사망이 증가함에 따라 국민의 건강증진, 만성 질환관리 및 식품안전관리 등에 있어 영양정책의 중요성이 새롭게 부각되고 있는 추세
- 국가영양목표 시행을 위한 영양정책 활성화 방안
  - 국민 영양상태 관련 자료의 축적
  - 영양관계법령 정비
  - 영양행정조직의 전문화
  - 영양전문 연구기관의 활성화
  - 재정지원의 확대
  - 국민 영양교육의 실시
  - 식품정책과의 연계

영양행정기구

- 우리나라의 영양행정기구
  - 보건복지부(영양행정의 중심기관) : 식품위생법, 영양사에 대한 규칙과 국민건강증진법 시행령 및 시행규칙 등을 관장하며 국민영양권장량을 제시함. 산하기관으로 보건소, 국립보건원, 한국보건산업진흥원, 한국보건사회연구원, 질병관리청, 식 품의약품안전처(위생행정의 중심기관)
  - 교육부 : 학교급식과 학교에서의 영양 및 식생활 교육내용에 대하여 연구, 계획
  - 국방부 : 육·해·공군의 급식관리
  - 법무부 : 교정국, 교도소, 소년원에 대한 급식 문제
- 영양행정 국제기구
  - WHO(세계보건기구) : 전인류의 건강 및 영양 향상
  - FAO(식량농업기구) : 세계의 영양상태 개선
  - UNICEF(국제아동구호기금) : 뉴욕에 본부 둠. 개발도상국에 인력·자금 원조

영양교육 실행 시 교수·학습과정안 작성 및 활용

- 교수·학습과정안 : 학습지도를 할 때의 체계적인 계획서로서, 수업의 흐름을 알기 쉽게 나타내면 되기 때문에 원칙적으로 정해진 틀이 있는 것이 아님
- 학습목표 : 영양교육의 결과로서 영양교육 대상자에게 예상되는 구체적인 변화에 대한 행동으로 진술하며 하나의 목표에 한 가지 성과만을 진술함

01 보건소에서 실시하고 있는 보충영양관리사업인 영양플러스 사업에 관한 설명으로 옳은 것은? `2019.12`

① 영양교육은 개별상담과 집단교육을 병행한다.
② 대상자 중 영양위험군은 혜택을 받을 수 없다.
③ 수혜대상자는 동일한 영양교육비를 지불한다.
④ 영유아보육법에 준하여 시행하고 있다.
⑤ 교육 대상자는 영유아, 초등학생, 출산부이다.

02 보건복지부의 역할로 옳은 것의 조합은?

> 가. 질병대책
> 나. 영양권장기준 설정
> 다. 식품유해성분 분석
> 라. 식량자원 개발 및 절약

① 가, 나, 다
② 가, 다
③ 나, 라
④ 라
⑤ 가, 나, 다, 라

03 영양교육 수업 설계를 위한 교수 · 학습 과정안의 작성은 학습지도의 어느 단계에 속하는가?

① 진단단계
② 계획단계
③ 평가단계
④ 피드백단계
⑤ 수업활동단계

04 영양사가 '체중조절로 고혈압 예방하기'라는 영양교육을 시행하고자 한다. 영양교육 대상자의 변화내용과 행동을 구체적으로 제시하기 위한 교수 · 학습 과정안 작성 시 도입단계에 해당하는 것은? `2019.12`

① 체중조절 방법 설명 및 체중 감소 목표를 설정한다.
② 에너지 섭취를 줄여야 함을 강조한다.
③ 학습목표를 제시하고 동기를 유발한다.
④ 교육대상자의 비만도를 산출한다.
⑤ 체중조절과 고혈압의 관계를 설명한다.

---

01 영양플러스사업
- 영양위험요인(빈혈, 저체중, 성장부진, 영양섭취 불량 등)을 가진 저소득층(기준 중위소득 80% 이하) 임신부 및 영유아를 대상으로 보충식품과 함께 영양교육 및 상담서비스를 제공하는 사업이다.
- 대상 : 만 6세 미만의 영유아, 임신부, 출산부, 수유부
- 교육형태 : 단체교육, 개별상담, 가정방문교육
- 주요 교육내용 : 대상자별 식생활 · 영양 관리방법, 식사구성안을 이용한 식사계획, 식생활 실천지침, 모유수유, 올바른 이유식 시작과 진행, 보충식품을 이용한 음식 조리 등
- 영양평가 : 정기적 영양평가로 영양상태를 파악하여 대상자 특성에 따른 맞춤 교육 실시, 빈혈검사, 신장 및 체중 측정, 식품섭취조사 등

02 보건복지부는 영양행정의 중심기관으로 산하기관으로는 보건소, 국립보건원, 한국보건산업진흥원, 식품의약품안전처, 한국보건사회연구원 등이 소속되어 있다. 국민영양사업의 기획 및 정책을 총괄하고, 국민건강증진법의 시행, 식품위생법, 지역보건법 등을 관장하고 있다. 식량자원 개발 및 절약은 농림축산식품부에서 주관한다.

03 학습지도를 할 때의 체계적인 계획서로서, 수업의 흐름을 알기 쉽게 나타내면 되므로 원칙적으로 정해진 틀이 없다.

04 영양교육의 교수 · 학습 과정안
도입, 전개, 정리, 평가의 순서대로 진행한다. 도입단계에서는 영양교육 대상자에게 동기를 유발하고, 학습목표를 제시한다. 전개 단계에서 실제적인 학습활동을 하고, 정리를 통해 학습결과를 확인한다. 마지막으로 평가의 시간을 갖는다.

01 ① 02 ① 03 ② 04 ③

안심Touch

📝 기관별 영양교육

- 유아교육기관 영양교육 : 영양 및 식품에 대한 기초지식을 배우고 바람직한 식생활을 영위
  - 교육목표
    - ⓐ 다양한 종류의 식품에 대해 긍정적인 태도를 갖게 하고 골고루 음식을 선택하게 함
    - ⓑ 식사시간을 즐거운 시간으로 인식하여 음식을 즐기도록 함
    - ⓒ 건강에 좋은 음식과 해로운 음식을 이해하여 식품과 건강과의 관계를 앎
    - ⓓ 건강에 좋은 식습관과 태도에 대해 설명함
  - 교육내용 : 음식을 먹는 이유, 음식의 선택, 음식을 먹는 태도, 다른 나라 음식 등
- 학교 영양교육
  - 교육목표
    - ⓐ 음식과 영양과의 관계를 이해하고 여러 가지 음식을 배합한 균형식을 선택하게 함
    - ⓑ 음식과 질병과의 관계를 설명하고 이를 통해 스스로 건강관리 능력을 기르도록 함
    - ⓒ 우리나라 식품의 생산, 분배, 소비에 대한 지식을 통해 올바른 식습관을 형성하고 우리 고유의 건전한 식문화를 유지, 발전하게 함
    - ⓓ 집단 급식을 통해 식사예절, 공동체 의식 함양, 그리고 사회성을 기르도록 함
  - 교육내용
    - ⓐ 영양의 중요성과 건강과의 관련성 이해
    - ⓑ 식품에 대한 이해
    - ⓒ 사회 문화적인 측면의 식행동
    - ⓓ 식생활과 관련된 문제해결 능력 배양
- 사업체 영양교육
  - 교육목표
    - ⓐ 규칙적인 생활습관으로 정상체중을 유지하도록 함
    - ⓑ 세끼 식사를 하되 아침식사는 꼭 하도록 함
    - ⓒ 금연과 절주를 유도함
  - 교육내용
    - ⓐ 개인의 건강생활에 영향을 주는 근로자의 식습관 교정 및 건강유지·증진을 위한 균형 잡힌 식생활에 관한 실천 방법
    - ⓑ 비만의 원인과 체중조절 방법
    - ⓒ 음식과 환경보건 문제, 산업질병 예방과 대책
  - 교육효과
    - ⓐ 근로자에게 정신적, 육체적, 심리적 작용을 통해 근로자의 건강을 유지, 증진시킴
    - ⓑ 직무에 대한 만족도를 증가시킴으로 기업의 생산성을 높이고 더 나아가 기업의 경쟁력을 강화시킴
- 보건소 영양교육
  - 교육목표
    - ⓐ 대상에 따라 알맞은 영양교육, 좋은 식습관을 갖기 위해 지역주민의 영양상태를 증진
    - ⓑ 만성 퇴행성 질환자의 비율 감소

01 유아기 부모를 대상으로 간식에 대한 영양교육을 실시하고자 한다. 간식에 대한 설명으로 옳은 것은?

> 가. 간식은 세끼의 식사에서 부족한 영양소를 보충한다.
> 나. 1일 필요한 간식의 비율은 필요한 에너지의 30%가 적합하다.
> 다. 간식은 긴장된 마음과 피로를 회복시키는 데 도움을 준다.
> 라. 성장기를 고려하여 주로 에너지를 보충하는 것이 좋다.

① 가, 나, 다   ② 가, 다
③ 나, 라   ④ 라
⑤ 가, 나, 다, 라

02 학교급식의 목적으로 옳은 것의 조합은?

> 가. 학교아동의 건강증진
> 나. 체위, 체력의 향상과 올바른 식습관의 형성
> 다. 지역사회에서의 식생활 개선에 기여
> 라. 급식을 통한 영양교육

① 가, 나, 다   ② 가, 다
③ 나, 라   ④ 라
⑤ 가, 나, 다, 라

03 보건소에서 실시하는 영양교육의 주된 내용의 조합은?

> 가. 노인의 생리적 변화 및 노화예방방법
> 나. 영양에 대한 지식기술 태도의 함양
> 다. 만성 퇴행성 질환의 예방방법 및 식사요법
> 라. 입원 환자에게 요구되는 영양소 필요량

① 가, 나, 다   ② 가, 다
③ 나, 라   ④ 라
⑤ 가, 나, 다, 라

---

01 간식으로 부족하기 쉬운 영양소를 보충해 주도록 하며 1일 에너지필요량의 10% 정도가 적당하다.

02 학교급식의 목적으로는 가~라의 내용 외에 정부의 식량정책에 대한 이해도의 증진 등이 있다.

03 보건소 영양교육의 목표는 대상에 따라 알맞은 영양교육을 실시하고, 좋은 식습관을 갖기 위해 지역 주민의 영양상태를 증진코자 한다. 만성 퇴행성 질환자, 노인, 임신·출산·육아 과정의 모자, 성장기 어린이에 대한 영양관리를 한다.

01 ②   02 ⑤   03 ②

안심Touch

ⓒ 노인을 대상으로 한 신체적 기능 저하를 극복할 수 있는 식사방법 실천

ⓓ 임신·출산·육아 과정에 필요한 영양지식, 모자건강

ⓔ 성장기 어린이의 영양관리

- 교육내용

ⓐ 개인의 필요한 영양권장량

ⓑ 비만을 비롯한 만성 퇴행성 질환의 원인 및 예방, 식사요법

ⓒ 노인의 생리적 변화, 노화현상, 노화예방 및 식사요법

ⓓ 임신과 출산에 의한 신체변화, 영양요구량 변화, 모유수유, 이유식 등

ⓔ 어린이 편식교정법, 어린이 영양관리, 치아관리

ⓕ 음주와 흡연, 좋은 식습관 등

• 병원 영양교육

- 교육목표

ⓐ 환자의 질병 회복과 합병증 예방

ⓑ 환자에게 알맞은 식사량을 인지

ⓒ 환자 가족에 영양교육 : 환자의 식사요법 수행을 돕도록 함

ⓓ 동기를 부여하여 식사요법을 지속

- 교육내용

ⓐ 환자가 앓고 있는 질병 상태와 정도에 따른 신체 내 변화와 식사요법의 필요성

ⓑ 식품 선택과 식사 원리에 대한 이해

ⓒ 환자와 그 가족에게 질병치료에 영향을 미치는 영양관련 지식과 식행동 변화를 위한 자가 관리 방법

ⓓ 기존의 식습관 분석 및 개선하기 위한 방법

ⓔ 환자의 자기 관리를 위한 음식의 분량 감각을 익히기 위해 목측량 지도

ⓕ 외식의 요령

- 입원 환자 상담 시 유의사항

ⓐ 적절한 시기에 영양상담 : 환자가 편안하고 적절한 시기 선정

ⓑ 환자의 증상이 의사소통 능력, 인지력, 이해력에 미치는 역할에 대해 파악

ⓒ 상담 시에는 가족이나 보호자를 포함

ⓓ 식행동 변화에 대한 환자의 의지와 의욕 정도를 파악

ⓔ 환자가 자신의 질병상태에 대해 가지는 우려와 태도와 관심을 표시

ⓕ 환자가 자신의 질병과 영양요법이 질병 치료에 미치는 역할에 대해 파악

ⓖ 약물과 영양소 간의 상호작용에 대해 파악

01 병원영양사의 영양교육업무 내용으로 옳지 않은 것은?

① 입원 환자에 대한 병실 순회지도를 한다.
② 당뇨 환자에 대한 뷔페식사 교육을 한다.
③ 외래 환자에 대한 영양교육과 상담을 한다.
④ 퇴원 환자에 대한 영양교육을 한다.
⑤ 환자 가족에게는 따로 교육을 실시하지 않는다.

02 만성 신부전을 앓던 40대 남자 환자(170cm, 62kg)가 부종, 오심, 구토, 호흡곤란, 고혈압(150/100mmHg) 증상을 나타내고 있으며, 1일 소변량이 650mL였다. 이 환자의 평소 식습관을 분석한 결과 1일 평균 열량 2,200kcal, 단백질 90g, 나트륨 8,000mg, 칼륨 120mEq였다. 이 환자에게 필요한 영양교육 내용으로 옳은 것만 조합된 것은?

> 가. 열량은 적당하므로 그대로 유지할 것을 권한다.
> 나. 단백질을 40g 정도로 줄일 것을 권한다.
> 다. 나트륨을 2,000~3,000mg으로 줄일 것을 권한다.
> 라. 칼륨은 소변에 나오므로 특별히 유의할 필요가 없다.

① 가, 나, 다　　　　② 가, 다
③ 나, 라　　　　　　④ 라
⑤ 가, 나, 다, 라

03 비만개선을 위한 식사치료 지침의 내용에 해당하지 않는 것은?

① 효과적인 체중감량을 위해서는 열량 섭취를 제한하여야 하며, 열량 섭취 정도는 개인의 상태를 고려하여 개별화한다.
② 과다한 당질 섭취는 혈액 내 중성지방 수치를 증가시킬 수 있으므로 총 열량의 50~60% 정도의 당질 섭취를 권장한다.
③ 비타민 및 무기질 섭취가 부족하지 않도록 하며, 1일 1,200kcal 이하로 열량을 제한할 경우 비타민 및 무기질 보충을 권장한다.
④ 지나친 음주는 열량 섭취를 증가시키고 대사적으로 바람직하지 않은 영향을 미치므로 음주 빈도와 음주량을 제한하며, 1회 섭취량이 1~2잔을 넘지 않도록 한다.
⑤ 성공적인 체중감량 이후에는 영양교육을 지속적으로 시행할 필요가 없다.

01 병원영양사의 영양교육은 주로 환자에 대한 영양교육과 종업원에 관한 위생교육으로 이루어진다. 환자에 대한 교육은 입원, 외래 환자뿐 아니라 퇴원 환자를 대상으로 이루어지며, 현재 가장 많은 부분을 차지하고 있는 대상은 당뇨병 환자이다. 한편 환자 가족에 대한 교육을 통해 환자의 식사요법 실천을 도울 수 있도록 하고 있다.

02 만성 신부전 환자를 위한 영양교육
- 저염, 저단백질 치료식, 검사결과에 따라 수분과 칼륨 등을 제한한다.
- 정상체중인 경우 열량은 35~40kcal/kg, 단백질은 0.6g/kg + 24시간 뇨단백량, 나트륨은 1,500~3,000mg 정도이다.
- 칼륨은 소변량이 1일 1L를 넘지 않을 경우는 고칼륨혈증이 올 수 있으므로 제한할 것을 권장한다.

03 비만치료 지침 중 식사치료 지침(대한비만학회)
- 효과적인 체중감량을 위해서는 열량 섭취를 제한하여야 하며, 열량 섭취 정도는 개인의 상태를 고려하여 개별화한다.
- 과다한 지방 섭취는 열량 섭취를 늘릴 수 있고, 포화지방 섭취증가로 인해 혈액 내 콜레스테롤 수치를 증가시킬 수 있으므로 지방은 총 열량의 25% 이내로 섭취하며, 포화지방은 총 열량의 6%, 트랜스지방 섭취는 최소화하도록 권장한다.
- 과다한 당질 섭취는 혈액 내 중성지방 수치를 증가시킬 수 있으므로 총 열량의 50~60% 정도의 당질 섭취를 권장한다.
- 열량 제한에 따른 체단백 손실을 최소화하고 단백질 부족을 방지하기 위해 체중 1kg당 1.0~1.5g의 단백질 섭취를 권장한다.
- 비타민 및 무기질 섭취가 부족하지 않도록 하며, 1일 1,200kcal 이하로 열량을 제한할 경우 비타민 및 무기질 보충을 권장한다.
- 지나친 음주는 열량 섭취를 증가시키고 대사적으로 바람직하지 않은 영향을 미치므로 음주빈도와 음주량을 제한하며, 1회 섭취량이 1~2잔을 넘지 않도록 한다.
- 성공적인 체중감량 및 유지를 위해서는 개별화된 영양교육을 지속적이고 체계적으로 시행하여야 한다.

01 ⑤　02 ①　03 ⑤

안심Touch

📝 영양관리과정

- 임상영양관리와 관련된 업무의 전 과정을 표준화하여 보다 효과적으로 수행하도록 개발된 것. 영양판정, 영양진단, 영양중재, 영양모니터링과 평가의 4단계로 이루어짐
- 영양판정 : 영양과 관련된 문제와 그 원인을 파악하기 위해 필요한 정보를 수집, 확인하고 해석
  - 영양검색(nutrition screening) : 영양결핍이나 영양상 위험이 있는 사람을 신속하게 알아내기 위하여 실시하는 것. 영양검색 후 문제가 있다고 판단되는 사람에 대하여 영양판정 실시
  - 영양판정 방법 : 식사력, 생화학 및 의학적 검사, 신체 계측, 병력과 사회력
- 영양진단 : 영양중재를 통해 해결할 수 있거나 개선할 수 있는 영양문제를 규명하여 기술(예 지방 섭취 과다, 에너지 섭취 과다)
- 영양중재 : 개인의 필요에 의해 적합한 영양처방을 계획하고 시행하며 환자의 영양문제를 해결하거나 개선하는 과정
  - 4개영역 : 식품·영양소 제공, 영양교육, 영양상담, 영양관리 연계
- 영양모니터링 & 평가 : 영양관리의 진행 정도와 목표 또는 예상되는 결과를 달성했는지를 알아보는 과정

📝 식단계획과 식품교환표

- 식사구성안
  - 개인이나 집단에 필요한 에너지 섭취량을 기준하여 바람직한 영양소 섭취수준을 제안
  - 영양섭취기준을 만족시킬 식사를 제공할 수 있도록 식품의 양과 종류를 선택
- 식품교환표
  - 식품들을 영양소 조성이 비슷한 것끼리 곡류군, 어육류군, 채소군, 지방군, 우유군, 과일군의 6군으로 구분하여 같은 군내에서 자유롭게 교환, 선택할 수 있음
  - 식품분석표를 이용하지 않고서도 필요한 에너지와 3대 영양소를 쉽고 간단하게 계산할 수 있음
  - 식품교환표를 이용한 식단작성법
    ⓐ 1일 영양소량 결정 → 식품군 교환단위 수 결정 → 끼니별 교환단위 수 배분 → 식단작성
    ⓑ 식품교환단위 수 결정 순서 : 우유, 채소, 과일군 → 곡류군 → 어육류군 → 지방군

식품군		당질(g)	단백질(g)	지방(g)	에너지(kcal)
곡류군		23	2	–	100
어육류군	저지방	–	8	2	50
	중지방	–	8	5	75
	고지방	–	8	8	100
채소군		3	2	–	20
지방군		–	–	5	45
우유군	일반우유	10	6	7	125
	저지방우유	10	6	2	80
과일군		12	–	–	50

01 환자의 영양상태를 파악하고 적절한 영양관리를 위해 식품 및 영양소 섭취자료, 신체측정 자료, 생화학적 분석자료, 임상적 증상 및 징후 등을 수집·해석하는 전반적인 활동은?

2019.12

① 영양모니터링 및 평가 ② 영양중재
③ 영양판정 ④ 영양검색
⑤ 영양진단

02 입원 환자의 영양검색에 대한 설명으로 옳지 않은 것은?

2019.12

① 영양불량 위험이 있는 환자를 선별한다.
② 특수질환 환자나 장기간 입원한 환자를 대상으로 한다.
③ 포괄적인 영양판정 실시 여부를 판단하는 과정이다.
④ 일반적이고 즉시 사용할 수 있는 영양지표들을 이용해야 한다.
⑤ 영양검색도구는 효율성, 타당성, 신뢰성이 있어야 한다.

03 영양판정 방법 중 신체계측조사에 대한 설명으로 옳지 않은 것은?

① 측정비용이 저렴하여 경제적인 장점이 있다.
② 개인의 영양소 반영에 민감성이 부족하다.
③ 가장 객관적이고 정량적인 영양판정법이다.
④ 과거의 장기간에 걸친 영양상태를 반영한다.
⑤ 영양불량의 위험이 높은 개인을 분류하는 간략한 검진방법으로 사용될 수 있다.

04 건강한 성인을 대상으로 영양상담을 하려고 한다. 하루에 섭취해야 할 적절한 식품군의 횟수를 교육하기 위해 활용할 수 있는 도구로 적절한 것은?

2019.12

① 식품영양표시 ② 식품성분표
③ 식품교환표 ④ 식사구성안
⑤ 식생활지침

---

01 영양판정
• 식이 섭취 또는 영양과 관련된 지표를 다양한 방법으로 측정하여 개인 또는 집단에서 부적절한 영양문제가 발생할 가능성과 그 정도를 파악하는 전반적인 활동을 말한다.
• 만성 질병 예방 및 발병 지연에 큰 역할을 하며 궁극적으로 질병 예방 및 건강증진을 실현하는 것을 목적으로 한다.

02 영양검색
• 전 입원 환자를 대상으로 영양상태가 불량하거나 영양불량 위험이 있는 환자를 선별한 후 포괄적인 영양판정 실시 여부를 판단하는 과정이다.
• 영양검색도구는 각 의료기관의 설정에 따라 적합한 것을 선택하되 도구의 효율성, 타당성, 신뢰성, 비용효과 등이 검증되어야 하며, 일반적이고 즉시 사용할 수 있는 영양지표들을 이용해야 한다.

03 ③ 생화학적 검사에 대한 설명이다. 생화학적 검사는 주로 혈액, 소변, 머리카락 등을 이용하며 영양소 섭취수준을 반영하는 유용한 지표가 된다. 신체계측조사는 과거의 장기간에 걸친 영양상태나 한 세대에 걸친 영양상태를 반영하는 신뢰성 있는 정보를 제공한다.

04 식사구성안
• 식사구성안은 일반인들이 식생활에서 쉽고 편리하게 식품선택이 가능하도록 고안되었다. 영양권장량과 일일 에너지 요구량을 만족할 만한 식사를 하기 위해서 어떤 식품군을 얼마나 어떻게 먹어야 하는지 기본 개념을 제공한다. 이를 제대로 이해하기 위해서는 식품구성탑, 1회 분량, 권장식사패턴을 이해할 필요가 있다.
• 기초식품군을 나누고, 각 식품군에 속하는 식품을 중심으로 한 번에 섭취하는 1인 1회 분량으로 정한 후, 각 식품군에 속한 식품을 하루에 섭취해야 할 횟수로 정해주는 것이다.

01 ③ 02 ② 03 ③ 04 ④

📝 병원식

- 환자에게 제공되는 식사로 일반식, 치료식, 검사식으로 나뉨
- 일반식 : 특정 영양소의 제약 없이 음식의 단단하고 연한 정도에 차이를 둠. 상식, 연식, 유동식

종류	내용
상식 (regular diet)	• 질병 치료상 특별한 식사조절이나 소화에 제한이 없는 일반 환자(외상 환자, 산부인과 환자, 정신질환자) 대상. 주식으로 밥, 튀김, 강한 자극성 식품, 날음식(생선회, 육회) 등은 제한 • 영양가 높고 소화하기 쉽고 위에 부담을 주지 않는 식품 선택 • 한국인 영양섭취기준을 기본으로 하고, 위생상 안전한 식품 선택
연식 (soft diet)	• 소화기계 질환자, 구강이나 식도장애로 삼키기 힘든 환자, 치과질환자, 수술 후 회복기 환자, 식욕부진자 대상. 죽식이라고도 함. 반고형식의 형태로 섬유소 및 자극이 강한 향신료, 결체조직이 많은 식품 제한 • 저작 보호식(기계적 연식, mechanical soft diet)
유동식 (liquid diet)	• 수술 후 회복기 환자, 고형식을 씹고 삼키기 어려운 환자 대상. 에너지 밀도가 낮으므로 식사횟수를 늘려 자주 공급. 장기간 공급할 때에는 영양보충식 이용 • 맑은 유동식(clear liquid diet), 일반 유동식(전유동식, full liquid diet), 농후 유동식(high density liquid diet)

- 이행식(progressive hospital diet)
  ⓐ 질병의 회복상태에 따라 이행되는 병원식
  ⓑ 맑은 유동식 → 일반 유동식 → 연식 → 상식으로 이행
- 치료식 : 환자의 질병상태를 고려해 처방된 영양요구량에 맞추어 제공되는 식사
  - 에너지, 영양소, 점도 등을 조절
  - 에너지, 단백질, 지방, 무기질 조절식 등으로 분류
  - 위장질환식, 간·담도계 질환식, 심혈관계 질환식, 신장질환식 등의 질병명으로 분류
- 검사식 : 질병의 정확한 진단을 위해 제공하는 식사
  - 당내응력 검사식 : 당뇨병
  - 5-HIAA 검사식 : 복강 내 암
  - 레닌 검사식 : 고혈압
  - 400mg 칼슘식 : 신장 결석
  - 지방변 검사식 : 지방흡수불량

📝 영양지원

- 질병이나 수술 등으로 인하여 일반 식사로는 적절한 영양소를 충분히 공급할 수 없거나 구강으로의 섭취가 불가능한 환자들을 대상으로 체단백 손실을 완화하고 체중과 체지방 감소를 줄이기 위해 에너지와 각종 영양소를 적극 공급
- 경장영양 : 소화·흡수 기능이 가능한 환자에게 위장관을 경유하여 영양소를 공급
  - 영양보충식 : 환자가 정상식사를 할 때에도 영양필요량이 부족하면 액상이나 분말형태의 영양보충식을 보충
  - 경관영양 : 위장관의 소화·흡수 능력은 있으나 구강으로 음식을 섭취할 수 없는 환자. 구강 내 수술, 위장관 수술, 연하곤란, 식욕부진, 혼수상태일 때 위장관으로 관을 삽입하여 유동식을 제공
- 정맥영양 : 구강이나 위장관으로 영양공급이 어려울 때 정맥을 통해 영양요구량을 공급하는 방법

01 일반 유동식(full liquid diet)에 대한 설명으로 옳지 않은 것은?

① 상온에서 액체 또는 반액체인 식품으로 구성된다.

② 고형식을 씹고 삼키고 소화하기 어려운 환자, 중정도의 소화기 염증, 급성 질환자들에게 준다.

③ 크림수프, 우유음료 등을 제공할 수 있다.

④ 모든 영양소가 공급되며, 특히 단백질, 철, 비타민 B 복합체가 부족하지 않도록 한다.

⑤ 미음을 주식으로 3일 이상 사용해야 할 때는 영양보충액을 이용할 필요가 없다.

02 맑은 유동식으로 제공할 수 있는 식품으로 적합한 것은?
`2019.12`

① 베이컨크림스프　　② 토마토주스

③ 두 유　　④ 보리차

⑤ 요구르트 음료

03 경관급식용 영양액에 대한 설명으로 옳지 않은 것은?

① 대사성 스트레스 환자에게는 고단백식을 준다.

② 지방은 총 에너지의 15~35% 공급한다.

③ 농축영양액은 수분제한이 요구되는 환자에게 사용한다.

④ 대부분의 영양액에는 유당이 함유되어 있다.

⑤ 변비 예방을 위해 식이섬유소를 공급할 수 있다.

04 환자의 위장관이 정상적인 기능을 하지 못하여 장기간 금식해야 하는 경우 사용하는 영양지원 방법은?
`2020.12`

① 경관급식　　② 경구영양보충식

③ 정맥영양　　④ 저잔사식

⑤ 연 식

---

01 일반 유동식
- 미음을 주식으로 3일 이상 사용해야 할 때는 영양보충액이나 혼합영양식품을 이용한다.
- 유아용 균질육이나 난황, 탈지분유, 영양제 등을 첨가하여 영양소 요구량을 충족시킨다.

02 맑은 유동식
- 맑은 유동식은 수술 후의 환자에게 주로 수분 공급을 목적으로 제공하며, 소화작용에 전혀 부담을 주지 않는 것을 공급하는 것이 보통이다.
- 끓여 식힌 물, 보리차, 맑은 사과주스, 연한 홍차, 맑은 육즙 등을 제공한다.

03 경관급식 영양액
- 경관급식의 영양액 성분은 에너지 1kcal/mL를 공급하며 농축영양액은 1.5~2kcal/mL까지 공급한다.
- 대부분의 영양액에는 유당이 함유되어 있지 않고, 식이섬유소는 0~22g/L 함유되어 있다.
- 지방은 영양액의 양이나 삼투 농도의 증가 없이도 에너지를 높일 수 있고 포만감을 주므로 총 에너지의 15~35%를 공급한다.
- 당, 지방, 오염균 등에 의해 설사가 유발되므로 주의하여야 한다.

04 정맥영양은 구강이나 위장관으로 영양공급이 어려울 때 정맥을 통해 영양요구량을 공급하는 방법이다.

---

01 ⑤　02 ④　03 ④　04 ③

안심Touch

✓ 위장관의 기능과 소화흡수

- 소화기관의 구조와 기능
  - 식도 : 약 25cm 정도의 관으로서 음식물을 구강으로부터 위로 내려 보냄
  - 위 : 분문부(식도와 연결된 부분), 유문부(십이지장과 연결된 부분), 위체부(가운데 부분)로 구성
  - 소장 : 소장의 길이는 6~8m로 십이지장, 공장, 회장으로 구성. 내벽은 주름져 있고 그 위에 융모, 미세융모가 있어서 넓은 흡수면적으로 효율적인 흡수 가능
  - 십이지장 : 약 25~30cm로 중간부에 총담관과 췌관 연결
  - 대장 : 약 1.5m로 맹장, 상행결장, 횡행결장, 하행결장, S상결장, 직장으로 구성. 직경은 소장의 2배
  - 소화기관은 운동, 소화, 흡수의 기능

운 동	소 화	흡 수
• 연동운동, 분절운동이 대표적 • 연동운동은 소화관 근육의 수축에 의한 운동 • 연동운동에 의하여 음식을 이동시키고, 위나 소장에서 음식물이 소화액에 섞이도록 함	• 섭취한 탄수화물, 단백질, 지방은 큰 분자물질이므로 이것을 흡수될 수 있는 작은 물질인 그 구성단위로 잘라주는 과정 • 소화효소와 담즙에 의하여 이루어짐	작은 구성단위로 분해된 단당류, 아미노산, 지방산 및 비타민, 무기질, 물은 주로 소장에서 흡수되어 혈액 내로 들어가서 체내 각 부위로 운반

✓ 식도질환의 영양관리

역류성 식도염	원 인	식도 점막의 염증성 질환. 화학적, 물리적 자극 및 감염에 의해 발생
	증 상	가슴 쓰라림, 흉부 후부의 연하통, 토혈
	식사요법	• 위 내용물의 역류를 방지하는 것이 치료의 기본 • 위팽창 억제를 위해 과식 금지 및 천천히 식사 • 취침 2~3시간 전에 식사를 마치고, 식사 후 바로 눕지 않음 • 고지방·자극성 음식, 산도가 높은 음식, 카페인 음식 제한 • 제한식품 : 지방, 초콜릿, 커피, 박하류, 흡연, 알코올
이완불능	원 인	위의 분문이 이완되지 않는 상태로 자율신경 장애에 의한 질환으로 추정
	증 상	내용물의 역류, 흉골 후부의 통증
	식사요법	• 만성 질환이므로 환자 스스로 분문을 통과시키기 쉬운 음식으로 섭취 • 푸딩, 죽, 미음 등을 체온 정도의 온도로 섭취 • 타액이나 음료수 없이 먹기 힘든 음식은 피함
연하곤란	원 인	노화, 외과적 수술, 후두암, 뇌종양, 뇌졸중으로 음식물을 삼키는 기능에 장애 발생
	증 상	• 음식물을 삼키지 못하고 흡인 위험 • 발작적인 기침, 기도폐색, 질식, 폐렴 발생
	식사요법	• 걸쭉한 유동식(농후유동식)을 주고, 맑은 액체음식은 흡인의 위험이 있으므로 농후제 사용 • 건조하거나 딱딱한 음식, 끈적끈적한 음식 제한

01 소화관의 구조와 기능에 대한 설명으로 옳지 않은 것은?

① 식도와 위의 경계를 분문이라고 한다.
② 식도에서 항문에 이르는 위장관의 벽은 3개의 근육층으로 구성되어 있다.
③ 소장점막에는 다수의 융모가 있으나 대장점막에는 융모가 없다.
④ 소장의 소화효소는 장액과 함께 분비되지 않는다.
⑤ 위에서는 연동운동에 의하여 음식물을 십이지장 쪽으로 이동시킨다.

02 음식물을 삼킬 때 연하 통증이 심한 식도염 환자의 식사요법으로 옳지 않은 것은? `2020.12`

① 위 내용물의 역류를 방지하는 것이 치료의 기본이다.
② 고지방 자극성 음식 및 산도가 높은 음식을 제한한다.
③ 무자극 연식을 제공한다.
④ 식사 후에 곧바로 누워 휴식을 취해도 좋다.
⑤ 오렌지주스나 토마토주스 및 커피를 제한한다.

03 연하곤란에 대한 설명으로 옳지 않은 것은?

① 가능한 한 맑은 액체로 공급한다.
② 불충분한 식사로 체중 감소, 단백질·비타민·무기질의 결핍이 나타날 수 있다.
③ 너무 뜨겁거나 찬 음식은 피하고 부드럽게 조리해야 한다.
④ 점성이 강한 음식은 피한다.
⑤ 단 음식과 감귤류는 타액분비를 증가시키므로 피해야 한다.

---

01 소화관의 구조와 기능
- 식도에서 항문에 이르는 위장관벽은 점막, 점막하층, 근육층, 장막의 4개의 층으로 구성된다.
- 소장의 소화효소는 장액과 함께 분비되는 것이 아니라 세포막에 붙어 기질이 흡수될 때 분해시킨다.

02 식도역류
- 식사 직후 바로 눕지 않아야 하며 취침 2~3시간 전에는 식사를 마치도록 한다.
- 과식이나 잠들기 전의 식사 또는 간식을 피한다.
- 하부식도괄약근을 약화시킬 수 있는 술, 초콜릿, 고지방 식품을 금한다.
- 식도점막을 자극할 수 있는 신 음식, 향신료, 커피, 탄산음료, 차거나 뜨거운 음식을 금한다.
- 되도록 저지방 단백질 식품이나 저지방 당질 식품을 위주로 섭취하도록 한다.

03 연하곤란
- 국물이 많은 음식을 주게 되면 흡인이 있을 수 있으므로 증상의 정도에 따라 조절한다. 주로 부드러운 음식을 공급한다.
- 식사 시 자세를 바르게 해야 음식이 잘 내려간다.
- 흡인의 위험이 있으므로 묽은 액체나 질기고 끈적거리고 바삭거리는 것은 제외시킨다.

01 ② 02 ④ 03 ①

안심Touch

📝 위질환의 영양관리

급성 위염	원 인	알칼리, 강한 산, 알코올이나 약물, 부패한 음식, 세균성 식중독, 과음, 과식으로 인해 갑자기 발병하는 위점막의 염증질환
	증 상	팽만감, 오심, 구토, 식욕부진, 상복부 통증, 피로감, 설사, 중증인 경우 구토물에 혈액이나 담즙이 섞임
	식사요법	• 위를 쉬게 하고 위장관의 자극을 피하기 위해 금식 • 위의 안정 및 점막보호를 위해 금식 후 맑은 유동식 → 일반 유동식 → 무자극연식으로 식사 제공, 무자극 성식, 양질의 단백질과 비타민 C 보충
만성 위염	원 인	급성 위염 지속, 장기적 약물복용, 알코올중독, 노화, 헬리코박터 파일로리균의 장기간 감염, 위산과다 및 위산감소
	증 상	급성 위염과 같은 증상 외에 설태, 구취, 변비, 권태감, 빈혈, 체중 감소
	식사요법	• 무산성위염 : 저산성, 위축성 위염으로 노인에게 흔히 발생. 저섬유소식, 식욕촉진 음식, 소화가 잘되는 단백질 음식(생선, 달걀, 두부 등) 섭취, 철 보충, 지방 제한 • 과산성위염 : 위액분비 증가로 위점막이 자극되어 통증이 있음. 식사는 자극성 식품과 고섬유소 식품 제한
소화성 궤양	원 인	유전적 소인, 폭음, 폭식, 과로, 단백질 섭취 부족, 스트레스, 헬리코박터 파일로리 감염
	증 상	상복부 통증, 토혈, 천공, 빈혈
	식사요법	• 위염의 식사요법에 준하여 무자극성 식사 제공 • 출혈성 궤양 치료를 위해 단백질, 철, 비타민 C 섭취 • 우유는 일시적으로 위산을 중화하는 효과가 있으나 우유의 단백질은 위산 분비를 촉진하므로 하루에 1컵 정도 제공
덤핑증후군	원 인	위암이나 위궤양 등으로 위 절제수술을 받거나 위장문합 수술을 받게 되면 나타나는 증상
	증 상	• 초기 : 식사를 하고 있는 동안 또는 식사 직후에 발생함. 식도, 위의 팽만감, 전신에 탈력감, 오한, 구토, 설사, 고삼투성 음식물이 위로부터 소장으로 빠르게 이동되고 이로 인해 혈장 수분이 소장으로 다량 이동하여 설사 유발, 혈액량 감소 • 후기 : 식후 2~3시간 후 탈력감, 경련, 오한, 창백, 탄수화물 흡수가 너무 빠르고 인슐린 분비 과잉으로 저혈당 발작 발생
	식사요법	• 고단백질, 중정도 지방, 저당질식, 빈혈 발생 시 철 함량 높은 음식, 엽록소 많은 채소, 닭간, 돼지간, 소간 섭취 • 농축 단순당질 식품 제한, 지방식품은 유화지방 이용, 간식은 당분이 적은 것 이용 • 단백질은 흰살생선, 부드러운 육류, 달걀, 두부, 커스터드, 푸딩, 크림치즈, 균질육, 크림수프, 그라탕 등으로 충분히 공급 • 소량씩 자주 공급

01 급성 위염의 식사요법으로 옳지 않은 것은?

① 급성기에는 1~2일 정도 금식한다.
② 금식 후 맑은 유동식부터 단계적으로 시작한다.
③ 증상이 줄어들면 지방 위주의 유동식으로 시작한다.
④ 맑은 유동식을 1~2일간 준 다음 일반 유동식, 연식, 회복식으로 이행한다.
⑤ 소화가 잘되고 자극이 적은 무자극성 음식을 소량씩 공급한다.

02 위궤양에 대한 설명으로 옳지 않은 것은?

① 위궤양 환자에게 오는 합병증으로는 알칼로시스, 철결핍성 빈혈, 체중 감소 등이 있다.
② 소화성 궤양의 원인은 스트레스와는 무관하다.
③ 골고루 규칙적으로 식사하고 과식하지 않도록 한다.
④ 흰죽, 으깬 감자, 대구찜 등을 제공할 수 있다.
⑤ 위산 분비 과다 및 위점막 방어기능 결함으로 인해 발생한다.

03 위 절제수술 후 나타나는 덤핑증후군에 대한 설명으로 옳지 않은 것은?

① 초기 증상은 상복부팽만감, 복통, 복부경련, 구토, 설사, 얼굴 충혈 등의 증상이 있다.
② 발한, 저혈압, 고혈당 등이 함께 나타난다.
③ 후기 덤핑증후군은 식후 1.5~3시간 후에 나타난다.
④ 초기 덤핑증후군으로 계속 고혈당이 유지된다.
⑤ 오한, 경련, 무력감, 불안, 허기 등도 나타난다.

04 위 절제수술을 한 환자가 식후 구토, 복통과 설사 등의 증상을 보일 때 올바른 식사요법은? `2017.12` `2019.12`

① 식사를 소량씩 자주 제공하는 것이 좋다.
② 단당류를 제공한다.
③ 지방 섭취를 제한한다.
④ 액체류 섭취를 제한한다.
⑤ 단백질 섭취를 제한한다.

---

01 증상이 줄어든 이후 탄수화물 위주의 유동식으로 시작하여 소화가 잘되고 자극이 적은 무자극성 음식을 소량씩 공급하는 것이 좋다.

02 위궤양
- 소화성 궤양의 원인 : 스트레스, 위산 분비 과다, 위점막 방어기능 결함, 자극성 음식 과다 섭취, 흡연, 헬리코박터 파일로리균의 감염, 과다한 소염제 복용 등
- 양질의 단백질과 비타민 C를 충분히 공급한다.
- 단백질은 위산 분비를 촉진시키기는 하나 상처의 회복을 도움으로 적절하게 공급한다.
- 기름에 튀긴 음식, 생채소, 강한 향신료, 산도가 높은 자극적인 음식 등은 제한한다.

03 초기 덤핑증후군에 고혈당이 오고, 이로 인해 인슐린이 과잉 분비되어 저혈당이 되고 오한, 경련, 무력감, 불안, 허기 등이 나타난다.

04 위 절제수술 후 덤핑증후군의 식사 원칙
- 열량, 단백질, 지질 및 비타민을 충분히 섭취한다.
- 단순당의 섭취를 제한하고 복합당질을 섭취한다.
- 식사 중간의 수분을 제한한다(혈중 수분의 장내 이동으로 혈액량 감소를 초래하여 기립성 저혈압이 나타날 수 있음).
- 유당함유 식품의 제한 및 조절을 한다.

01 ③　02 ②　03 ④　04 ①

안심Touch

📝 장질환의 영양관리

급성 장염	원 인	폭음, 폭식, 복부의 냉각, 식중독, 대장균, 바이러스, 약제, 알레르기
	증 상	식욕부진, 오심, 구토, 권태감, 복통, 설사
	식사요법	• 1~2일 금식 후 맑은 유동식, 일반유동식, 연식, 상식으로 이행 • 찬 음식 등의 자극성 식품과 가스형성 식품 제한
만성 장염	원 인	급성 장염에서 이행되거나 과식, 위무산증, 약물의 상용, 췌장기능 저하
	증 상	팽만감, 복통, 전신권태감, 체중 감소, 빈혈
	식사요법	• 약물요법과 병행 • 소화되기 쉽고 자극이 적은 식사 : 저잔사식, 저지방식 • 설사 시 수분 충분히 섭취
변 비	원 인	배변을 참는 습관, 식사섭취 부족(특히 섬유소), 수분섭취 부족, 운동부족, 배변 불규칙, 약물 부작용, 대사 및 내분비 이상, 신경계 질환, 임신, 암, 치핵, 하제 남용
	증 상	아랫배가 묵직하고 불쾌함. 메스꺼움과 구토, 두통, 식욕부진, 여드름, 치질의 원인
	식사요법	• 고섬유소식(25~50g/day), 충분한 수분섭취, 해조류, 향신료, 탄산음료, 설탕, 꿀차, 과즙 • 경련성 변비 : 장의 불규칙한 수축으로 신경말단이 지나치게 수축하여 발생, 저섬유소식사
설 사	원 인	정신적 스트레스, 식품 알레르기, 과식, 세균성 식중독, 장내세균의 과잉 증식, 흡수불량과 영양불량을 초래하는 위장환
	증상 및 식사요법	• 변이 무르고 물기가 많은 상태로 배설되는 상태 : 수분과 전해질 공급, 저섬유소식, 저잔사식, 무자극성식, 저지방식, 찬 음식이나 찬 과일, 생채소 제한 • 설사가 심한 경우 : 위장에 휴식을 주기 위해 1~2일간 금식하면서 맑은 유동식으로 수분 공급. 이후 일반유동식, 연식, 상식으로 이행 • 바나나, 사과소스 등은 설사를 줄여주므로 섭취 권장 • 회복되면 고에너지, 고단백식사를 소량씩 자주 공급
지방변증	원 인	• 지방 흡수불량으로 과량의 지방이 대변으로 배출 • 췌장, 간질환으로 리파아제, 담즙 분비불량 / 소장점막 염증
	증 상	지방변 설사, 체중 감소, 영양불량, 필수지방산 결핍, 뼈 손실 증가, 신장결석 위험 증가
	식사요법	지방제한식, 중쇄지방산(MCT) 섭취, 에너지와 단백질, 비타민, 무기질 보충
글루텐과민성 장질환	원 인	밀 단백질인 글리아딘의 소화흡수 장애로 장점막이 손상되어 모든 영양소의 흡수불량이 일어남
	증 상	영양소 결핍증, 설사, 지방변
	식사요법	• 글루텐 제한식. 글루텐이 포함된 밀, 호밀, 귀리, 메밀, 보리, 맥아 및 그 제품 섭취 제한 • 쌀, 감자녹말, 옥수수가루 등 대체식품 사용 • 고에너지, 고단백, 지방 제한
염증성 장질환	원 인	원인불명의 염증성 장질환에 대한 일반적 명칭
	증 상	출혈성 설사, 복통, 경련, 식욕부진, 단백질 손실이 일어남
	식사요법	• 크론병 : 소장 끝부분인 회장에 발병, 염증은 부분적으로 및 군데군데 떨어져 나타남. 회장염이라고도 함. 영양소 흡수 불량, 단백질 손실, 영양불량, 비타민 B_{12} 흡수불량, 담즙산 재흡수 불량 • 궤양성 대장염 : 대장점막(결장, 직장)에 궤양이나 염증이 연속적으로 발생함. 체중 감소, 빈혈, 탈수, 전해질 불균형 • 염증성 장질환의 식사요법 : 2~3일간 금식, 수분 공급, 유동식, 연식, 상식, 무자극성식, 저잔사식, 지방 제한(유화지방이나 중쇄지방), 고에너지, 고단백질
게실증	원 인	오랜 기간 식이섬유소 섭취량이 적을 때 결장에 게실(외형 점막주머니) 형성, 노인에게 발생률 증가
	증 상	복통, 설사, 변비, 식욕부진, 메스꺼움
	식사요법	고섬유소식-서서히 증가

01 글루텐과민성 장질환에 대한 설명으로 옳지 않은 것은?

① 탄수화물, 단백질, 지방, 철, 비타민류 등 흡수장애가 일어난다.

② 골다공증, 빈혈, 복부팽만 등을 수반한다.

③ 글루텐이 함유된 밀, 보리, 오트밀 등을 제한해야 한다.

④ 글루텐 구성 단백질인 글루테닌을 소화시키는 효소가 없거나 부족할 때 나타난다.

⑤ 식사요법으로 흰밥, 생선조림, 콩나물, 김치를 제공할 수 있다.

02 이완성 변비와 경련성 변비의 식사요법에서 가장 큰 차이점은 무엇인가?

① 기계적·화학적 자극이 있는 식품의 제공 여부

② 비타민 보충의 유무

③ 글루텐 식품 제한 여부

④ MCT 제공의 유무

⑤ 더운 음료 제공 여부

03 설사 증상이 있는 만성 장염일 때 먹어도 좋은 식품으로 조합된 것은?

가. 생과일	나. 콩 밥
다. 샐러드	라. 생선찜

① 가, 다

② 나, 라

③ 가, 나, 다

④ 라

⑤ 가, 나, 다, 라

04 만성 궤양 대장염의 식사요법으로 옳은 것은? `2017.12`

① 고단백, 저잔사식

② 고단백, 고섬유소식

③ 저단백, 저잔사식

④ 저열량, 고단백식

⑤ 고열량, 고지방식

01 글루텐과민성 장질환은 비열대성 스프루를 말하며, 글루텐 구성 단백질인 글리아딘(gliadin)을 소화시키는 효소가 없거나 부족할 때 나타나는 질환이다. 단백질, 지방, 지용성 비타민, 비타민 B_{12}, 엽산, 철분, 칼슘 등의 영양소가 제대로 흡수되지 않아 체중감소와, 빈혈, 골연화증을 일으킨다.

02 이완성 변비는 운동부족 등에 의해 장벽의 근육운동이 지체되어 대변을 빨리 배설시키지 못하므로 기계적·화학적 자극이 있는 식품을 주며, 경련성 변비는 대장이 긴장하나 흥분한 상태이므로 기계적·화학적 자극이 적은 식품을 선택해야 한다.

03 만성 장염
- 설사 증상을 동반하는 만성 장염이므로 생채, 생과일, 콩 등의 식품을 제한한다.
- 저섬유소·저잔사식을 권하며 튀김·볶음 요리보다는 찜이 좋으며 유화된 지방은 피한다.

04 궤양성 대장염 식사요법
- 영양불량을 예방하고 장점막의 회복에 중점을 둔다.
- 염증부위에 대한 자극을 최소화하기 위해 고열량, 고단백, 고비타민과 무기질, 저섬유소식, 저잔사식을 위주로 섭취한다.

01 ④ 02 ① 03 ④ 04 ①

안심Touch

📝 간질환의 영양관리

급성 간염	원 인	• A형 간염 : 오염된 음식물, 환자의 배설물, 음료수에 의해 경구적 감염 • B형, C형 간염 : 정액, 타액, 혈액이나 수혈 등으로 감염 • D형 간염 : B형 바이러스의 생존과 증식에 의존하여 B형과 동시 감염될 수 있음 • E형 간염 : 분변, 오염된 물
	증 상	피로, 권태감, 오심, 구토, 식욕부진, 황달, 가려움 → 안정을 취해야 간조직에 충분한 산소와 영양분이 공급되어 간세포가 재생됨
	식사요법	• 무자극성 식사, 고에너지식, 고당질식, 고단백식, 고비타민식 • 지방은 황달과 위장장애가 있는 급성 초기에만 제한하고, 회복됨에 따라 적당히 공급 • 복수 시 염분 제한, 알코올 금지
만성 간염	원 인	급성 간염에 의한 간기능의 장애가 장기간 계속될 때(활동성과 비활동성으로 구분됨), 바이러스, 영양불량, 약물복용, 알코올 과잉 섭취
	증 상	전신권태감, 복부불쾌감, 오심, 식욕저하
	식사요법	• 고에너지식, 고단백식, 고비타민식 • 부종과 복수 시는 저염식
간경변증	원 인	만성 알코올 중독, 영양불량, 만성 간염, 장기적인 문맥계·담도계 장애, 독성물질, 윌슨병, 울혈성 심부전, 동맥경화
	증 상	피로, 황달, 위장장애, 식욕부진, 복수, 부종, 출혈, 간혼수, 문맥 고혈압, 위식도정맥류
	식사요법	• 고에너지식, 고단백질식(간성뇌증, 간성혼수 시 단백질 제한), 고당질식 • 지질 : 총 에너지의 20% 내, MCT 사용 • 나트륨 : 복수와 부종 시 2,000mg/day 이하(식염 5g), 신선한 과일 섭취 • 위·식도정맥류 시 출혈을 방지하고 기계적인 자극을 피하기 위해 부드러운 연식 및 저섬유소식이 좋음
지방간	증 상	간의 지방대사 장애로 중성지방이 간에 지나치게 증가하여 간세포의 1/3 이상이 지방으로 포화되어 간이 비대해지는 상태
	원인 및 식사요법	• 알코올성 지방간 : 금주 • 영양불량성 지방간 : 고에너지식, 고단백식 • 비만에 의한 지방간 : 체중조절 • 탄수화물 과잉 섭취 지방간 : 탄수화물 섭취 조절, 단순당 섭취 제한 • 지질 과잉 섭취 : 과잉 섭취 피하고, 포화지방산과 콜레스테롤 섭취 제한 • 항지방간성 인자 부족 : 콜린, 메티오닌, 레시틴 보충
알코올성 간질환	원 인	• 알코올은 간세포의 미토콘드리아에서 ADH, catalase에 의해 아세트알데히드 → 아세테이트 → 아세틸 CoA로 산화됨 • 아세틸 CoA는 TCA cycle로 들어가지 못하고 H^+를 소모하는 반응으로 지방산을 생성한 후 중성지방 합성 → 지방간 형성 → 알코올성 간염, 알코올성 간경변증으로 발전
	증 상	간세포 손상, 지방간, 간염, 간경변증, 영양불량증
	식사요법	• 금주, 균형식 공급, 이상체중 유지, 비타민·무기질 공급 • 당질, 단백질, 지방, 나트륨, 수분은 간 상태에 따라 제한 • 지방간, 급성 간염 회복기의 경우와 유사한 식사관리
간성혼수 (간성뇌증)	원 인	• 혈중 암모니아 농도 상승 : 간질환 시 암모니아가 요소회로를 통해 배설되지 못하고 일반 혈액순환계로 들어가 뇌신경장애 일으킴 • 혈중 아미노산 농도 변화 : 간질환 시 혈중 분지아미노산 농도는 감소하고, 방향족 아미노산 농도는 증가하여 뇌에서 암모니아와 결합해 뇌신경 장애 물질을 형성하여 중추신경계 장애를 일으킴
	증 상	졸음, 근육경련, 구취, 숨이 가쁘고 혼수상태
	식사요법	• 혼수상태일 때에는 무단백식 • 점차 회복되면 저단백식 • 변비는 고암모니아혈증의 원인이 되므로 변비 예방을 위한 고섬유소식, 분지아미노산이 많은 식물성 단백질 이용 (식빵, 쌀밥, 고구마, 토란, 감자, 두부, 우유, 호박, 당근, 시금치, 오이, 강낭콩)

01 간·담낭·췌장의 기능에 대한 설명 중 옳지 않은 것은?

① 콜레스테롤의 분해는 주로 간에서 이루어진다.
② 소화기계 중 외분비와 내분비 기능을 동시에 가지고 있는 기관은 췌장이다.
③ 담낭은 물 90%를 제거하여 담즙을 농축한다.
④ 간에서 분비된 담즙을 농축·저장하는 곳은 담낭이다.
⑤ 지방의 유화는 담즙의 작용과 관련 없다.

02 간질환을 위한 식사요법으로 옳지 않은 것은?

① 양질의 단백질과 비타민이 풍부한 식품을 주도록 한다.
② 지방은 소화되기 쉬운 유화된 상태가 좋다.
③ 지방축적을 막기 위해 당질식품을 제한한다.
④ 간성혼수 시 단백질을 제한해야 한다.
⑤ 간염 환자의 식사에 튀긴 음식이나 쇠기름 등을 사용하지 않는다.

03 지방간에 대한 설명으로 옳지 않은 것은?

① 지방간은 알코올 과음, 단백질 섭취 부족 등이 원인이다.
② 지방간은 간에 콜레스테롤이 과도하게 축적된 것이다.
③ 정상인의 간에 저장된 지방은 3~5%이다.
④ 영양불량 환자의 지방간 식사요법은 고열량, 고단백식을 공급한다.
⑤ 당뇨병과 비만 환자의 지방간 식사요법은 저열량식이 원칙이다.

04 간성혼수가 있는 말기 간경변증 환자의 식사요법 원칙은?

`2018.12` `2019.12`

① 저당질식
② 저지방식
③ 고지방식
④ 저단백식
⑤ 고단백식

01 간·담낭·췌장
• 담즙 : 필요시 소장으로 분비되어 지질의 유화 및 흡수에 관여한다. 지질을 잘게 부수는 유화작용을 하여 지질분해효소(lipase)의 작용이 쉽게 이루어지도록 한다.
• 간에서 지속적으로 담즙을 생산하여 음식을 섭취할 때 담즙이 바로 소화관에서 배출되어 소화에 사용된다.
• 과다한 담즙은 담낭에 저장·농축함으로써 새로운 음식을 섭취할 때 배출되어 소화작용을 한다.
• 콜레스테롤의 분해는 주로 간에서 이루어진다.

02 간질환 식사요법
• 당질은 열량을 공급하므로 단백질 절약작용을 하고 간에서 글리코겐을 합성하여 혈당을 조절하므로 고당질 식사를 한다.
• 간성혼수는 암모니아를 요소로 전환시키지 못하고 고암모니아혈증이 초래될 경우 발생하므로 저단백식사를 통해 단백질을 제한한다.

03 지방간
• 원인 : 과도한 음주, 저단백식, 고지방식, 항지방간성 인자의 부족, 영양불량 등
• 증상 : 간의 지방대사 장애로 중성지방이 간에 지나치게 증가하여 간세포의 1/3 이상이 지방으로 포화되어 간이 비대해지는 상태
• 고열량, 고단백식, 콜린, 메티오닌, 레시틴 등 항지방간성 인자를 공급한다.

04 간성혼수
• 혈중 상승된 암모니아가 뇌조직으로 들어가 중추신경계에 이상을 일으켜 혼수상태가 된다.
• 저단백, 고열량이 원칙이다.

01 ⑤ 02 ③ 03 ② 04 ④

안심Touch

📝 담낭 및 췌장질환의 영양관리

담석증	원 인	세균, 담즙의 침체, 담즙의 성분변화, 과식, 폭식, 지방 섭취의 증가
	증 상	결통, 발작, 황달, 콜레스테롤 결석, 빌리루빈 결석, 혼합 결석이 있음
	식사요법	• 급성기에는 금식(정맥영양) • 무자극성식, 가스생성 식품 제한 • 저에너지식(주로 당질로 공급), 저지방식(동물성지방과 콜레스테롤 섭취 제한) • 단백질은 적정량 공급 · 지방이 적은 음식으로 공급, 비타민 · 무기질 보충
담낭염	원 인	세균 감염, 비만, 임신, 변비, 부적당한 식사, 소화기관 장애
	증 상	통증, 구토, 메스꺼움, 복부팽만, 고열, 오한, 황달
	식사요법	• 고당질, 단백질은 적정량, 저지방(필수지방산 공급), 비타민 · 무기질 충분 • 자극적 음식 및 가스형성 식품 제한 • 급성기는 금식하고 수분과 전해질 공급
급성 췌장염	원 인	총담관과 췌관이 만나는 곳에 담석이 생기면 담즙은 췌장을 따라 췌장으로 역류해 췌장세포를 손상시킴(알코올 과음, 고지방식도 췌장세포 손상 가능)
	증 상	상복부 통증, 복부팽만, 구토, 멀미, 발열
	식사요법	• 3~5일은 금식, 수분과 전해질 공급 • 당질 함유 맑은 유동식, 연식, 일반식으로 이행 공급 • 단백질은 초기에는 제한, 회복 후에는 소화가 잘되는 식품으로 충분 공급 • 지방 제한(MCT 공급), 지용성 비타민 공급 • 알코올, 커피, 향신료, 탄산음료, 자극성 음식 및 양념 등 제한
만성 췌장염	원 인	염증이 회복되지 않고 간격을 두고 재발할 때 발생, 만성 알코올 중독
	증 상	상복부 통증, 구토, 설사, 식욕부진, 체중 감소
	식사요법	급성 췌장염에 준하며 당뇨병의 합병증이 있을 때 당뇨병 식사요법 실시

📝 비만의 정의 및 분류

• 정의 : 체지방이 지나치게 축적되어 체기능이 방해받는 상태
  – 원인에 따라 : 단순성 비만(과식, 운동부족), 2차성 비만(내분비 질환)
  – 지방조직 형태에 따라 : 지방세포 증식형 비만(소아형), 지방세포 비대형 비만(성인형), 혼합형 비만(고도비만)
  – 체지방 분포에 따라 : 복부 비만(남성형, 만성 질환 위험), 둔부 비만(여성형)
  – 체지방 위치에 따라 : 내장지방형 비만(당뇨병, 심장병, 고혈압 발병률 높음), 피하지방형 비만
• 원인 : 에너지 과잉 섭취, 유전, 식습관, 시상하부 장애, 심리적 · 사회적 인자, 운동부족, 렙틴작용의 장애, 내분비 인자(갑상선, 뇌하수체, 인슐린, 부신피질)

01 담석증의 식사요법으로 옳지 않은 것은?

① 짜고 매운 음식을 제한한다.
② 콩, 무, 열무 등 가스발생식품을 제한한다.
③ 통증을 감소시키기 위해 단백질 식품을 엄격히 제한한다.
④ 식사온도에 예민하므로 음식은 체온과 유사하게 제공한다.
⑤ 저지방, 당질 위주의 식사를 해야 한다.

02 담낭염 환자에게 제한해야 할 식품은? `2019.12`

① 감자튀김
② 흰살생선
③ 백 미
④ 탈지우유
⑤ 흰 죽

03 급성 췌장염에 대한 설명으로 옳지 않은 것은?

① 과음, 고지방 식사 등으로 트립시노겐의 췌장 내 활성화로 인한 췌장세포 손상에 의한다.
② 상복부 통증, 구토, 멀미, 발열 등의 증상이 나타난다.
③ 혈중과 요중에 아밀라아제가 상승하고 백혈구가 증가한다.
④ 초기에는 췌장 자극과 외분비 항진을 막기 위해 정맥영양으로 관리를 한다.
⑤ 단백질, 지방은 제한하지 않는다.

04 주로 성인기에 발병하는 비만 유형으로 식사요법으로 조절이 가능한 형태의 비만은?

① 내분비성 비만
② 증후성 비만
③ 상반신 비만
④ 지방세포 비대형 비만
⑤ 지방세포 증식형 비만

01 담석증
• 저지방식이 기본이다(30g/day이내 – 특히 동물성 포화지방과 콜레스테롤 섭취 제한).
• 단백질은 적정량 공급·지방이 적은 음식으로 공급, 비타민·무기질 보충, 급성기에는 금식한다.

02 담낭염 및 담석증에서 권장하는 영양소에는 유화지방, 수용성 섬유소, 곡류, 저지방 어육류 등이 있다. 지방질이 많은 식사는 담낭이 자극·수축되므로 삼가고 지방질이 적은 음식을 준다.

03 급성 췌장염
• 발병 후 3~5일간 금식하고, 정맥으로 수분과 영양공급을 하며 고지방 식품, 알코올, 음료, 커피, 향신료 등은 금지한다.
• 단백질은 초기에 제한, 회복 후에는 소화가 잘되는 식품으로 충분히 공급한다.
• 당질 함유 맑은 유동식, 연식, 일반식으로 이행 공급한다.
• 지방을 제한(MCT 공급)하고, 지용성 비타민을 공급한다.

04 비만 유형

원인에 따라	• 단순성 비만 : 과식, 운동부족이 원인. 비만자 대부분(95%)이 해당 • 2차성 비만 : 원인질환(내분비질환 등)에 의해 비만
지방조직 형태에 따라	• 지방세포 증식형 비만 : 소아형 비만으로 지방세포 수 증가, 식사치료 어려움 • 지방세포 비대형 비만 : 성인형 비만으로 지방세포 크기 증대 • 혼합형 비만 : 고도비만으로 지방세포의 크기와 수가 모두 증가

01 ③　02 ①　03 ⑤　04 ④

안심Touch

- 비만 판정법
  - 체질량지수(Body Mass Index ; BMI) : 체중(kg)/신장(m)^2, 저체중(18.5 미만), 평균체중(18.5~23 미만), 과체중(23~25 미만), 경도비만(25~30 미만), 중증도비만(30~35 미만), 고도비만(35 이상)
  - Kaup지수 : 체중(g)/신장(cm)^2×10, 5세 미만의 어린이에게 적용
  - Röhrer지수 : 체중(kg)/신장(cm)^3×10^7, 학동기 체격지수로 이용
  - 비만지수 : 실제체중/표준체중×100, 정상(90~110), 체중과다(110~120), 비만(121 이상)
  - 비만도 : [(실제체중−표준체중)/표준체중]×100, 정상(±10), 체중과다(10~20), 비만(20 이상)
  - Broca법 : [신장(cm)−100]×0.9
- 기타 판정법
  - 피하지방 두께 측정법 : 캘리퍼로 상완후면(팔), 견갑골하부(등 어깨뼈 아래), 장골상부(복부), 대퇴부의 피하지방 두께 측정
  - 생체 전기저항 측정법 : 체지방량 측정기기 이용, 지방조직이 전기 저항이 큼. 체지방 비율, LBM, 체수분량 측정
  - 수중 체중 측정법 : 본래의 체중과 수중에서의 체중의 차이를 이용하여 체지방 측정. 비만일수록 수중에서의 체중은 적게 나가고 물속에 들어갔을 때 넘치는 물의 양은 더 많음
  - 허리와 엉덩이 둘레 비율(Waist-Hip Ratio ; WHR) : 남자 0.95, 여자 0.85 이상이면 비만
  - 허리둘레 : 남자 90cm, 여자 85cm 이상이면 비만

비만 식사요법

- 저에너지식(low calorie diet, LCD)
  - 표준체중당 10~20kcal 공급(하루 1,200kcal)
  - 균형잡힌 저에너지식 : 식품교환표를 이용한 식사처방으로 안전한 방법
  - 불균형 저에너지식(케톤증 유발식, ketogenic diet) : 초기에는 체중 감소가 크지만 케톤증으로 위험하고, 저당질식사는 고단백, 고지방으로 구성되어 고콜레스테롤혈증 위험이 큼
- 초저에너지식(very low calorie diet, VLCD)
  - 체중당 10kcal 이하 공급(하루 400~800kcal 공급)
  - 12주에 20kg이 감량하나 다시 체중이 증가할 수 있음
- 단 식
  - 수술을 행하기 전에 비만자를 치료하기 위해 사용
  - 에너지의 약 90%가 체지방 분해에 의해 공급되므로 1일 200~250g의 지방이 손실되어 케톤체로 전환되어 식욕감소를 돕지만, 혈중 요산 농도를 상승시키므로 통풍과 요결석의 위험이 있음
  - 수분, 염분, 칼륨, 마그네슘, 인의 손실이 있음
  - 기초대사율이 감소되어 단식 후 체중이 급속히 증가하는 요요현상이 생김

01 대한비만학회에서 제시한 성인의 과체중 체질량지수(BMI, kg/m^2)는? `2018.12` `2019.12`

① 18.5 미만
② 18.5~23 미만
③ 23~25 미만
④ 25~30 미만
⑤ 30~35 미만

02 비만의 원인에 관한 설명으로 옳지 않은 것은?

① 내분비 장애에 의한 비만은 부신피질자극호르몬의 영향을 받는다.
② 갑상선호르몬 분비 저하로 기초 대사율이 감소한다.
③ 유전적으로 기초대사율이 감소되기 때문이다.
④ 렙틴에 대한 감수성이 낮은 것도 비만과 관련된다.
⑤ 에스트로겐 증가로 인한 피하지방 합성 촉진과 관련된다.

03 비만 환자의 식사요법으로 조합된 것은?

> 가. 저열량식
> 나. 무지방 식사
> 다. 질소평형유지 식사
> 라. 단백질 제한

① 가, 다
② 나, 라
③ 가, 나, 다
④ 라
⑤ 가, 나, 다, 라

04 1일 에너지 필요량이 3,000kcal인 비만 남성이 식이요법으로 한 달간 2kg을 감량하고자 한다면, 1일 몇 kcal 정도의 에너지를 섭취하는 것이 적합한가? `2019.12`

① 1,200kcal
② 1,500kcal
③ 2,000kcal
④ 2,500kcal
⑤ 2,700kcal

---

01 체질량지수(BMI)
• 성인의 비만 판정에 유효하다.
• 18.5~23 미만 정상, 23~25 미만 과체중, 25~30 미만 경도비만, 30~35 미만 중등도비만, 35 이상이면 고도비만 지수에 해당한다.

02 비만의 원인
• 에스트로겐 감소로 인한 피하지방 합성 촉진과 관련된다.
• 내분비 장애에 의한 비만은 부신피질자극호르몬이나 부신피질호르몬 과잉분비에 의한 쿠싱증후군과 관련된다.
• 에너지 소비를 촉진시키는 렙틴에 대한 감수성이 낮은 것도 비만과 관련된다.

03 비만 환자 식사요법
• 저열량식이면서 질소평형 유지를 위해 양질의 단백질을 공급한다.
• 섭취열량이 소비열량을 초과하지 않도록 한다.
• 단백질, 식이섬유, 비타민, 무기질은 제한하지 않는다.

04 성인의 체중감량
• 무리한 다이어트보다 일주일에 약 0.5kg의 체중감량을 시도하는 식사요법이 좋다.
• 인체에 저장된 체지방 조직의 열량가는 약 7,700kcal /kg이다. 매일 약 500kcal의 열량을 줄이면 일주일에 약 3,500kcal의 열량 섭취량이 줄어들게 되고, 이는 약 0.5kg의 체지방 조직이 줄어드는 효과를 가져올 수 있다.

`01 ③  02 ⑤  03 ①  04 ④`

저체중의 영양관리

- 정상체중보다 15~20% 이상 부족한 경우
- 원 인
  - 지나친 체중조절로 식사섭취량이 감소된 경우
  - 음식물의 흡수불량 또는 체내 이용불량인 경우
  - 소모성 질환, 심리적 불안감, 변비약의 남용 등
- 식사요법
  - 1일 총 섭취에너지에 500~1,000kcal 추가
  - 단백질 : 100g/day로 충분히 섭취
  - 당질은 흡수가 빨라 갑자기 많은 양을 한꺼번에 섭취하면 혈당량이 높아져 식욕감퇴 현상이 생기므로 유의

섭식장애의 영양관리

- 신경성 식욕부진증(거식증)
  - 원 인
    ⓐ 저체중 현상이 생명을 위협하는 상태까지 이르러 사망률이 6%에 이르는 심각한 섭식행동 장애
    ⓑ 제한형 : 폭식이나 제거 행위를 하지 않음
    ⓒ 폭식형, 제거형 : 정기적으로 폭식이나 제거 행위
    ⓓ 사춘기 소녀 90% 차지, 지나친 체중감량, 스트레스
  - 증상 : 근육쇠약, 피로, 기초대사 저하, 추위를 잘 타고, 빈혈과 변비, 저혈압, 맥박수 감소
  - 치료 : 전해질 중 혈청칼륨 수준에 특히 주의, 정신과 치료와 병행, 매주 1~2.5kg의 체중 증가를 위해 고에너지식 제공
- 신경성 대식증(폭식증)
  - 원인 : 고칼로리 음식을 단기간에 지나치게 많이 먹는 행동. 우울증, 의존적이고 자신감 없는 사람의 경우 발생, 가족의 불화, 사회·문화적 요인
  - 증상 : 계속되는 구토로 식도·위 파열, 산성 구토물에 의해 입·식도·후두점막 부식, 치아의 에나멜층 부식, 탈수·신부전·테타니·급성 발작·심장부정맥 등의 합병증 초래
  - 치료 : 정신과 치료와 영양교육 병행 실시, 과식과 폭식의 자제를 위해 식사일지 기록, 매주 1kg의 체중 증가 목표로 1~2회의 간식과 3회의 규칙적 식사 제공

01 체중부족에 관한 설명으로 옳지 않은 것은?

① 정상체중보다 0~5% 적은 경우를 말한다.
② 매주 1kg의 체중 증가 목표로 1~2회의 간식과 3회의 규칙적 식사를 제공한다.
③ 적당한 운동을 하며 식사요법을 행한다.
④ 체중 증가를 위해 농축된 형태로 열량을 늘리는 것이 바람직하다.
⑤ 원인이 심리적인 것이라면 정신과 치료와 영양교육을 병행 실시한다.

02 신경성 식욕부진증에 대한 설명으로 옳지 않은 것은?

① 장기간 지속되면 무월경, 빈혈, 갑상선기능 저하 등 문제가 생긴다.
② 질병에 대한 저항력이 떨어진다.
③ 청소년의 경우 성적 성장이 느려진다.
④ 여성의 경우 골밀도 감소로 골다공증 위험률이 높다.
⑤ 맥박수가 증가한다.

03 20대 여자에게 주로 보이며, 자신의 행동이 비정상임을 인정하면서 폭식 후 장비우기(토)를 반복하는 섭식장애에 대한 설명으로 옳은 것은? 2018.12

① 정신과 치료는 꼭 하지 않아도 된다.
② 과식과 폭식 자제를 위해 간식은 필요 없다.
③ 매주 1kg의 체중 감소를 목표로 한다.
④ 하루 3회 규칙적인 식사를 제공한다.
⑤ 식사일지는 기록하지 않는다.

---

01 체중부족
- 정상체중보다 15~20% 적은 경우를 말한다.
- 체중 증가를 위해 하루 500~1,000kcal를 추가제공하며 적당한 운동으로 근육량을 증가시킨다.
- 지방을 첨가하거나 자체 열량이 높은 식품(볶음밥, 아이스크림, 바나나, 조기탕 등)을 제공한다.

02 신경성 식욕부진증
- 사춘기 소녀에게 많이 일어나는 섭식 장애로 자신의 행동이 비정상임을 인정하지 않는다.
- 빈혈, 갑상선기능 저하, 맥박수 감소 등 생리적 변화를 가져온다.
- 호르몬 분비 감소로 월경 빈도 감소, 질병에 대한 저항력이 감소한다.

03 신경성 폭식증
- 원인 : 우울증(세로토닌 등 호르몬 관련), 의존적이고 자신감 없는 사람의 경우 발생. 가족의 불화, 사회·문화적 요인 등. 거식증과 유사하게 성취 지향적이고, 날씬함에 대한 사회적 기대에 부응하고자 하는 경우 발병하기도 한다(주로 청소년기나 20대 여자에게 발생).
- 증상 : 자신의 행동이 비정상임을 인정하면서 폭식 후 장비우기를 반복한다.
- 치료 : 정신과 치료와 영양교육을 병행하며 과식과 폭식 자제를 위해 식사일지를 기록한다. 매주 1kg의 체중 증가를 목표로 1~2회의 간식과 3회의 규칙적인 식사를 제공한다. 세로토닌 시스템을 항진시키기 위해 항우울제를 사용하기도 한다.

01 ① 02 ⑤ 03 ④

📝 당뇨병의 분류

- 제1형 당뇨병
  - 인슐린의 절대적 결핍, 췌장의 β세포 파괴로 인슐린 생산 안 됨
  - 유년기 당뇨병(소아 당뇨), 전체 당뇨 환자의 10% 이하
  - 갑자기 발병하며 평생 인슐린 주사 맞아야 함
  - 다뇨·다갈·다식·케톤증·체중 감소 등 당뇨병의 전형적 증세 나타남
- 제2형 당뇨병
  - 인슐린의 작용 결함
  - 성인형 당뇨병, 전체 당뇨 환자의 90% 이상
  - 40세 이후에 서서히 발병, 경구혈당 강하제, 식사 및 운동요법
  - 고혈당, 당뇨에 의한 혈관 및 신경계 합병증 발생
  - 인슐린 수용체 수 감소
  - 친화력 감소로 인슐린 저항을 보임
- 임신성 당뇨병
  - 당뇨병이 없었는데 임신기간에 처음으로 당뇨병이 진단된 경우
  - 임신에 의해 모체의 말초조직에서 인슐린 저항성이 생겨 발병
- 기타 당뇨병 : 특별한 유전적 증후군, 수술, 약물, 영양불량, 감염 또는 다른 질환과 관련된 당뇨병

📝 당뇨병의 대사

- 당질 대사 : 당뇨병 환자의 인슐린 양 부족과 인슐린 저항성으로 포도당이 세포 내로 유입되지 못하여 에너지원으로 이용되지 못하고 glycogen 합성이 저하됨. 인슐린 길항호르몬 작용은 정상이나 고혈당과 당뇨가 옴. 혈당치가 170~180mg/dL을 넘을 때 신세뇨관에서 포도당 재흡수 불능으로 당뇨 발생
- 지질 대사
  - 인슐린의 기능
    - ⓐ 간세포, 지방세포로 포도당 유입을 촉진하여 중성지방으로의 전환을 유도
    - ⓑ LPL(지단백질 분해효소)의 활성을 높여 혈중의 지단백을 감소
    - ⓒ 지방조직의 리파아제 활성을 억제함으로써 중성지방 분해를 막아 에너지원으로의 연소 억제
  - 당뇨병의 경우 : 인슐린의 결핍과 중성지방 분해로 혈중 유리지방산이 증가하고, 간과 근육에서 포도당 대신 유리지방산을 에너지원으로 사용함 → 지방산 산화가 촉진되어 케톤체 형성 → 케톤증(당뇨병성 케토산증, 당뇨병성 혼수)
- 단백질 대사
  - 인슐린의 기능 : 아미노산이 세포막을 통과하여 운반되는 것을 도와 간, 근육에서 단백질 합성 촉진
  - 당뇨병의 경우
    - ⓐ 간, 근육의 단백질 분해가 증가하고 아미노산은 당신생에 의해 포도당으로 전환됨 → 혈당 상승(간의 alanine 분해 → 요중 질소배설량 증가)
    - ⓑ 측쇄아미노산(valine, leucine, isoleucine)의 혈중농도 증가
    - ⓒ 체단백 분해로 신체쇠약, 성장저하, 면역력 감소 등 나타남

01
제1형 당뇨병의 주요 원인으로 조합된 것은? `2019.12`

> 가. 인슐린 저항성 증가
> 나. 글루카곤 분비 부족
> 다. 탄수화물 과다 섭취
> 라. 인슐린 생성 부족

① 가, 다   ② 나, 라
③ 가, 나, 다   ④ 라
⑤ 가, 나, 다, 라

02
제2형 당뇨병의 원인으로 조합된 것은? `2018.12`

> 가. 인슐린에 대한 감수성 저하와 인슐린 저항
> 나. 유 전
> 다. 비 만
> 라. 인슐린 과다

① 가, 다   ② 나, 라
③ 가, 나, 다   ④ 라
⑤ 가, 나, 다, 라

03
당뇨병 환자의 당질 대사에 대한 설명으로 옳은 것의 조합은?

> 가. 글리코겐 분해 증가
> 나. 혈중 피루브산 및 젖산 증가
> 다. 간의 당신생계 활성
> 라. TCA 회로의 장애

① 가, 다   ② 나, 라
③ 가, 나, 다   ④ 라
⑤ 가, 나, 다, 라

---

01 제1형 당뇨병
인슐린의 절대적 결핍, 유전 등 → 발병 빈도는 전체 당뇨의 10% 이하

02 제2형 당뇨병
인슐린 수용체가 적어 인슐린에 대한 감수성 저하와 인슐린 저항성, 비만, 유전, 운동부족, 스트레스, 과식 등 → 발병 빈도는 전체 당뇨의 90~95%

03 당뇨병 – 당질 대사
- 간에서 글리코겐 합성 ↓, 분해 ↑, 혈액으로 포도당 방출 ↑
- 인슐린 부족으로 말초조직에 포도당의 이동과 이용률이 저하됨으로써 고혈당과 포도당 내성의 저하 초래
- 요중 포도당 배설 ↑
- 해당계의 효소활성이 저하됨으로써 TCA 회로가 장애를 받아 에너지 생성 저해
- 혈중 피루브산 및 젖산 ↑
- 간의 당신생 합성 활성화

01 ④   02 ③   03 ⑤

안심Touch

- 수분 및 전해질 대사
  - 혈당 상승으로 혈액 삼투압이 높아져 세포 내의 수분이 혈액으로 배설됨으로써 탈수증상
  - 체단백 분해로 칼륨 유출됨, 전해질 배설

✏️ 당뇨병의 합병증과 관리

- 급성 합병증
  - 당뇨병성 케토산증 : 제1형 환자에서 케톤증에 의해 오심, 구토, 식욕부진, 호흡에서 아세톤 냄새, 탈수, 혼수 → 인슐린 투여
  - 고삼투압성 비케토산성 혼수 : 제2형 환자에서 고혈당으로 인해 심한 탈수, 혼수, 신장기능 장애 → 수분과 전해질 공급, 적정량의 인슐린 투여
- 만성 합병증
  - 대혈관질환 : 심혈관계 질환 증가(고혈압, 동맥경화, 뇌졸중, 심장병)
  - 미세혈관질환 : 만성 신부전, 당뇨병성 망막증과 백내장
  - 신경병증 : 당뇨병성 신경장애
  - 족부궤양증 : 발 상처 시 화농 발생, 치유가 어려움

✏️ 당뇨병의 식사요법

- 에너지 : 저에너지식(인슐린 필요량 감소) → 표준체중에 활동별 에너지 곱해 산출
  - 남자 : 표준체중(kg)=신장$(m)^2 \times 22$
  - 여자 : 표준체중(kg)=신장$(m)^2 \times 21$
- 3대 영양소 균형배분
  - 제1형 당뇨병 : 탄수화물 45~60%, 단백질 15~20%, 지방 35% 미만
  - 제2형 당뇨병 : 탄수화물 55~60%, 단백질 10~20%, 지방 20~25% 미만
  - 탄수화물 : 복합당질로 섭취, 고섬유소식(pectin, gum, 채소, 콩, 과일). 당지수(GI)가 낮은 식품 이용
  - 단백질 : 하루 에너지 필요량의 10~20% 권장, 단백질 섭취량의 1/3은 동물성 식품으로 섭취, 신장 합병증이 동반된 경우에는 제한
  - 지방 : 포화지방, 트랜스지방, 콜레스테롤 제한(하루 200mg 미만)
  - 기타 : 알코올은 하루 1~2잔으로 제한, 혈압 조절을 위해 염분 제한, 비타민과 무기질 충분히 섭취

01 당뇨병성 케톤증에 대한 설명으로 옳지 않은 것은?

① 케톤체가 증가하여 호흡 시 아세톤 냄새가 난다.
② 1일 100g 이하로 당질을 제한하면 Oxaloacetate 부족으로 유발된다.
③ 고지방·저당질 식사는 산독증(acidosis)을 일으킬 수 있다.
④ 당뇨병성 혼수의 원인이 된다.
⑤ 당뇨병의 만성 합병증이다.

02 당뇨병 환자가 섭취하기에 좋은 당의 유형은?

① 과 당
② 포도당
③ 맥아당
④ 설 탕
⑤ 갈락토오스

03 당뇨병 환자의 식품선택에 관한 설명 중 옳지 않은 것은?

① 우유, 찐고구마, 사과는 당지수가 낮아 좋은 급원식품이다.
② 감미가 강한 식품이나 가공식품을 제한한다.
③ 파이, 케이크, 흰빵 등은 자주 섭취해도 좋다.
④ 쌀밥보다 현미밥을 섭취한다.
⑤ 단순당보다는 복합당이 풍부한 식품을 선택한다.

04 제2형 당뇨병의 식사요법으로 옳지 않은 것은? `2019.12`

① 탄수화물을 하루 100g 이하로 제한한다.
② 탄수화물의 하루 섭취 중 섭취량을 관리해야 한다.
③ 설탕의 과잉사용을 억제하기 위해 안전한 인공감미료의 사용이 허용된다.
④ 혈당지수가 낮은 식품을 이용한다.
⑤ 단당류보다는 다당류의 형태로 섭취한다.

---

01 ⑤ 당뇨병의 급성 합병증이다.

02 당뇨병 조절에 좋은 당
• 포도당은 혈중으로 즉시 방출되어 혈당을 빨리 상승시키므로 혈당치에 가장 많이 영향을 미친다.
• 과당과 갈락토오스는 간에서 포도당으로 전환되어 혈당을 상승시킨다.
• 포도당 영향이 100일 때, 맥아당 105, 설탕 59, 과당은 20으로 포도당이나 맥아당을 사용하는 것보다 과당을 사용하는 것이 당뇨 조절에 좋다.

03 당뇨병 - 식품선택
• 당뇨병은 다량의 당질이 함유된 식품은 피해야 하며 감미가 강한 식품, 가공식품도 제한한다.
• 혈당을 조절하는 당뇨 환자는 당지수(GI)가 낮은 식품을 위주로 선택하여 식단을 작성한다.
• 당지수 : 흰빵(100), 건포도(90), 오렌지(60), 사과(50)

04 당뇨 환자의 경우 1일 섭취량 100~150g 이하의 당질 제한은 케톤산증을 유발하며, 당질 제한을 위해 인공감미료의 적절한 사용이 허용된다.

01 ⑤ 02 ① 03 ③ 04 ①

당뇨병의 운동요법

- 말초조직의 인슐린에 대한 감수성 증가로 포도당 이용 증가
- 고지혈증 개선(HDL-콜레스테롤 증가, LDL-콜레스테롤 감소), 표준체중 유지, 정신적·육체적 스트레스 해소, 삶의 질과 만족감 향상
- 매일 일정량의 운동으로 20~60분 정도, 저혈당이 되지 않도록 주의하고 중증의 심장 및 신장 질환자, 만성 합병증이 있는 환자는 운동을 금지함

당뇨병의 약물치료

- 경구혈당 강하제
  - 제2형 당뇨병의 혈당조절에 사용(인슐린 아님)
  - 세포의 인슐린 수용체에 대한 민감도 향상. 췌장의 인슐린 분비 촉진
  - 간에서 당신생 감소, 소화관에서 당 흡수 억제, 말초조직에서 인슐린 감수성 증가 → 혈당 저하
- 인슐린 : 제1형 당뇨병 환자에게 필수. 환자의 증세에 따라 가장 적합한 인슐린의 종류 결정
  - 속효성 인슐린 : 빠른 작용시간과 짧은 지속시간. 식전에 주사하여 식후 혈당 상승 교정, 즉각적인 혈당 강하 처치에 사용
  - 중간형 인슐린 : 속효성과 지속성의 중간정도의 지속시간. 속효성 인슐린에 비해 서서히 작용하므로 오전에 맞을 경우 오후에 최고 효과
  - 혼합형 인슐린 : 중간형과 속효성 인슐린이 일정한 비율(70:30)로 섞여있음. 가장 많이 사용되고, 1회 주사로 2회의 최고 작용시간 효과
  - 초속효성 인슐린 : 효과가 빠르고 지속시간이 짧음. 하루에 3~4회 주사 또는 인슐린펌프 이용

혈 관

종 류	분 포	벽의 구조	탄력성	판 막	혈액 내용	총 단면적	혈 압	혈류 속도
동 맥	몸의 깊은 곳	• 내피층 • 근육층 • 탄력섬유층	강 함	없 음	동맥혈(예외 : 폐동맥)	가장 작음	100mmHg	약 50cm/초
정 맥	피부 가까이	• 내피층 • 근육층 • 탄력섬유층	약 함	있 음	정맥혈(예외 : 폐정맥)	동맥보다 약간 큼	5~10mmHg 또는 음압	약 25cm/초
모세혈관	모든 조직	내피층	없 음	없 음	동맥혈과 정맥혈	가장 큼	12~25mmHg	약 0.5mm/초

- 혈압 : 대동맥 > 소동맥 > 모세혈관 > 소정맥 > 대동맥
- 혈류속도 : 동맥 > 정맥 > 모세혈관
- 총 단면적 : 모세혈관 > 정맥 > 동맥

01 당뇨병 환자의 운동요법에 대한 설명으로 옳지 않은 것은?

① 저혈당에 대비해서 사탕 등의 당분이 든 식품을 준비해야 한다.

② 합병증이 심한 경우 운동을 자제해야 한다.

③ 혈당치가 300mg/dL 이상이거나 100mg/dL 이하인 경우 주의를 요한다.

④ 운동은 말초조직의 인슐린 감수성을 증가시켜 혈당 이용을 증가시킨다.

⑤ 운동은 인슐린 투여 직후에 하는 것이 효과적이다.

02 오전에 중간형 인슐린(NPH)을 사용하는 당뇨병 환자의 식단 작성 시 꼭 넣어야 하는 것은?

① 아침 간식   ② 고당질식

③ 오후 간식   ④ 고지방식

⑤ 야 식

03 심장에 출입하는 혈관에 대한 설명이 옳지 않은 것은?

① 우심방으로 대정맥이 들어간다.

② 좌심방으로 폐정맥이 들어간다.

③ 우심실은 폐로 정맥혈을 내보낸다.

④ 좌심실은 좌폐와 우폐로 가는 폐동맥이 출발한다.

⑤ 심장에 산소를 보내는 관상동맥은 상행대동맥으로부터 분지된다.

04 혈관의 특징에 대한 설명으로 옳은 것은? `2018.12`

① 모든 혈관이 내피세포층, 근육층, 탄력섬유층(결합조직층)의 3층 구조를 가진다.

② 정맥이 가장 탄력성이 있다.

③ 정맥혈의 이동에는 근육 운동은 관여하지 않는다.

④ 혈류속도가 낮은 정맥은 중력의 영향을 받지 않는다.

⑤ 모세혈관은 총 단면적이 가장 크다.

---

01 당뇨병 환자 - 운동요법

- 인슐린 투여 1시간 이후, 식사 1~2시간 후에 실시하는 것이 안전하다.
- 합병증이 심한 경우나 혈당치가 300mg/dL 이상이거나 100mg/dL 이하인 경우 주의를 요한다.
- 심한 운동 시 저혈당이 올 수 있으므로 사탕 등을 준비하는 것이 좋다.
- 고지혈증 개선(HDL-콜레스테롤 증가, LDL-콜레스테롤 감소), 표준체중 유지, 정신적 · 육체적 스트레스 해소, 삶의 질과 만족감 향상 등 효과가 있다.

02 중간형 인슐린 사용 환자

- 중간형 인슐린 사용 시 10~12시간 효과가 지속되므로 점심식사 이후 오후 4시경 저혈당이 올 수 있으므로 오후 간식을 섭취하여 저혈당을 예방하도록 한다.
- 지속성 인슐린은 효과가 24시간 지속되어 공복이 지속되는 새벽에 저혈당증이 올 수 있으므로 잠들기 전에 야식을 주도록 한다.

03 좌심실은 대동맥에서 출발하며 온몸으로 동맥혈을 내보낸다.

01 ⑤   02 ③   03 ④   04 ⑤

📝 고혈압(hypertension)

- 진단 : 수축기 혈압 140mmHg 이상 또는 이완기 혈압 90mmHg 이상
- 분 류
  - 본태성 고혈압(1차성 고혈압) : 원인이 분명치 않으며 대부분의 고혈압 환자(90% 이상)
  - 2차성 고혈압 : 대부분 신장질환에 의해 고혈압이 발생. 기타 임신 중독증 등 질환에 의해 발생
- 위험인자
  - 유전, 연령(노화), 비만, 스트레스, 내분비호르몬(에피네프린, 알도스테론) 등
  - 식습관 및 운동 : 과식, 육식, 지방음식, 짜게 먹는 습관, 운동과 활동량 적음
- 혈압 조절 기전
  - 물리적 요인
    - ⓐ 혈액의 점성, 혈류량, 심박출량에 비례
    - ⓑ 혈관 직경에 반비례
    - ⓒ 혈관 수축, 동맥경화 시 혈압 상승
  - 신경성 요인
    - ⓐ 스트레스, 화가 났을 때, 긴장이나 불안 시 교감신경을 자극
    - ⓑ 카테콜라민(에피네프린, 노르에피네프린) 분비
    - ⓒ 심박항진, 심박출량 증가, 혈관 수축 → 혈압 상승
  - 체액성 요인
  - 레닌-안지오텐신-알도스테론(renin, angiotensin, aldosterone 시스템)
  - 항이뇨호르몬 : 신장에서 수분, 나트륨 재흡수 증가 → 혈압 상승

📝 고혈압의 증상 및 식사요법

- 증상 및 합병증
  - 뇌신경 증상 : 두통, 이명, 현기증, 손발 저리고 어깨 결림. 심하면 뇌출혈, 시력저하, 중풍, 혼수
  - 심장 증상 : 부종, 심부전, 협심증, 심근경색 유발
  - 신장 증상 : 초기에는 단백뇨, 혈뇨, 진행됨에 따라 신경화, 신부전, 요독증
  - 합병증 : 혈관 손상으로 심장병, 뇌졸중(중풍)
- 식사요법 : 정상체중 유지, 나트륨 제한식(저염식)
  - 에너지 : 제한(표준체중 유지)
  - 단백질 / 지방 / 식이섬유 : 양질의 단백질 충분히 공급 / 적정량 공급(불포화지방산) / 충분히 섭취
  - 무기질 : 고칼륨, 적절한 칼슘과 마그네슘 섭취
  - 제한 : 나트륨, 알코올, 카페인
  - 캠프너식(kempner rice diet) : 저나트륨, 저지방, 저단백질. 쌀과 과일로 구성됨. 고혈압 · 신장질환자에 단기간만 적용

01 혈압에 대한 설명으로 옳지 않은 것은?

① 혈압이 가장 높을 때의 수치를 수축기 혈압이라 한다.
② 신세뇨관에서의 나트륨 재흡수는 혈압을 상승시킨다.
③ 안정 시의 정상 최대/최소혈압이 120mmHg/80mmHg 이다.
④ 안지오텐신 전환효소의 활성을 억제하면 혈압이 하강 한다.
⑤ 교감신경의 흥분과 에피네프린의 증가는 혈압을 낮추는 요인이다.

02 고혈압의 식사요법으로 옳은 것의 조합은?

> 가. 표준체중을 유지하는 정도로 열량 제한
> 나. 양질의 단백질 공급 및 불포화지방산 적정량 섭취
> 다. 동물성 지방과 콜레스테롤 섭취 제한
> 라. 부종 시 염분과 수분 제한

① 가, 다   ② 나, 라
③ 가, 나, 다   ④ 라
⑤ 가, 나, 다, 라

03 본태성 고혈압 발생의 위험요인으로 조합된 것은?

> 가. 유전적 요인
> 나. 정신적·육체적 스트레스
> 다. 과음, 과식, 식염과잉 섭취 및 비만
> 라. 신장질환

① 가, 다   ② 나, 라
③ 가, 나, 다   ④ 라
⑤ 가, 다, 다, 라

---

01 혈 압
- 혈압을 높이는 요인 : 교감신경의 흥분과 에피네프린의 증가, 혈중 나트륨 증가에 의한 혈장부피 증가, 안지오텐신 전환효소의 활성 증대
- 레닌은 안지오텐신 전환효소(안지오텐신 Ⅱ)의 활성을 높임 → 동맥 수축, 알도스테론 분비 촉진 → 신세뇨관에서 나트륨 재흡수 촉진 → 혈압 상승

02 고혈압 식사요법
- 저열량 식사로 섭취열량을 줄이고, 폭음, 폭식, 자극성 식품, 고염식, 카페인을 제한한다.
- 무기질 : 칼륨은 혈압을 낮추는 작용이 있으므로 Na/K 비율이 1 이하가 되도록 충분히 공급하고, 적절한 칼슘과 마그네슘 섭취도 혈압 강하에 도움이 된다.

03 고혈압 발생 위험 요인
- 본태성 고혈압(1차성 고혈압) : 원인이 분명치 않으며 대부분의 고혈압 환자(90% 이상)가 해당한다.
- 2차성 고혈압 : 대부분 신장질환에 의해 고혈압과 기타 임신 중독증 등 질환에 의해 발생한다.
- 위험인자
  - 유전, 연령(노화), 비만, 스트레스, 내분비호르몬(에피네프린, 알도스테론) 등
  - 식습관 및 운동 : 과식, 육식, 지방음식, 짜게 먹는 습관, 운동과 활동량 적음

📝 고지혈증의 분류와 식사요법

- 고콜레스테롤혈증
  - Ⅱa형이 해당됨
  - 유전, 고지방식이가 주요원인
  - 총 콜레스테롤 증가, LDL 증가
  - 포화지방산, 콜레스테롤, 총 지방 제한
  - 불포화지방산, 식이섬유 섭취
- 고중성지방혈증
  - Ⅰ형, Ⅳ형, Ⅴ형이 해당
  - 중성지방 증가, 킬로미크론, VLDL 증가
  - 비만, 음주, 단순당과 포화지방산 과잉 섭취, 운동부족과 당뇨병 등이 원인
  - Ⅰ형은 지방 섭취 제한
  - Ⅳ형은 당질, 에너지, 알코올 섭취 제한
  - Ⅴ형은 지방, 당질, 에너지, 알코올 섭취 제한
- 혼합형
  - 혼합형은 Ⅱb형, Ⅲ형이 해당
  - 총 콜레스테롤과 중성지방 증가, LDL, VLDL 증가
  - 포화지방산, 콜레스테롤과 지방 섭취 제한
  - 불포화지방산과 식이섬유 섭취
  - 당질, 에너지와 알코올 섭취 제한

📝 동맥경화의 촉진인자

- 가장 중요한 세 가지 위험 요인 : 고지혈증, 고혈압, 흡연
- 동물성 지방, 총지방·콜레스테롤 섭취량이 많을 때
- 연령 : 24세 이후 매 5년 증가마다 동맥경화 발생률과 사망률은 2배로 증가
- 성별 : 폐경 후 여성의 발생률은 남성보다 높아짐
- 흡연 : 혈액응고를 촉진하여 동맥경화 위험률 증가
- 비만 : 비만인은 정상인에 비해 LDL 증가, HDL 감소로 더 많은 양의 콜레스테롤 합성

01 고지혈증의 분류 중 증가하는 지단백으로 옳은 것의 조합은?

> 가. type I : chylomicron
> 나. type IIa : LDL
> 다. type IIb : LDL, VLDL
> 라. type III : VLDL

① 가, 다   ② 나, 라
③ 가, 나, 다   ④ 라
⑤ 가, 나, 다, 라

02 신장 170cm, 체중 85kg 성인 남자의 혈중 총 콜레스테롤 수치가 280mg/dL일 때 적합한 식사요법은?

`2018.12` `2019.12`

① 총 에너지 섭취 감소
② 탄수화물 섭취 증가
③ 불포화지방산 섭취 감소 및 포화지방산 섭취 증가
④ 식이섬유 섭취 감소
⑤ 단순당, 알코올 섭취 허용

03 혈관질환에 대한 설명으로 옳지 않은 것은?

① 고지혈증은 혈액 중 콜레스테롤과 중성지방이 정상인보다 많은 경우를 말한다.
② 혈중의 HDL 콜레스테롤이 정상인보다 많은 경우이다.
③ 콜레스테롤을 주로 운반하여 동맥경화 유발 가능성이 높은 것은 LDL 콜레스테롤이다.
④ 혈청 콜레스테롤의 증가 요인은 담즙이 십이지장으로 배설되는 기능에 장애가 생겼기 때문이다.
⑤ 식사에 포화지방산이 많으면 혈청 콜레스테롤은 증가한다.

---

01 고지혈증의 분류 · 식사요법

형태	상승된 지단백	식사요법
I	킬로미크론	지방, 에너지, 알코올 제한
IIa	LDL	포화지방산, 콜레스테롤, 총 지방 제한, 불포화지방산, 식이섬유 섭취
IIb	LDL, VLDL	포화지방산, 콜레스테롤, 총 지방 제한, 불포화지방산, 식이섬유 섭취, 당질, 에너지, 알코올 제한
III	IDL	지방, 당질, 에너지, 알코올 제한
IV	VLDL	당질, 에너지, 알코올 제한
V	킬로미크론, VLDL	지방, 당질, 에너지, 알코올 제한

02 고콜레스테롤혈증 식사요법
• 혈청의 중성지방 농도는 단순당, 알코올 등에 의해 증가되므로 제한하고, 혈청 콜레스테롤을 상승시키는 효과가 큰 지방산은 포화지방산이므로 제한한다.
• 식물성유는 콜레스테롤이 없고 대개 포화지방산 함유량도 적다.
• 불포화지방산이라도 지방의 섭취증가는 혈청지질 농도를 증가시키고 간에서 콜레스테롤 합성을 증가시키므로 너무 많은 양을 섭취하지 않는다.

03 혈관질환
• 혈관질환의 경우 혈액 중 콜레스테롤과 중성지방이 정상인보다 높고, HDL 콜레스테롤은 정상인보다 낮은 경우를 말한다.
• 대부분의 혈장 콜레스테롤은 LDL의 형태로 존재, 중성지방은 VLDL 형태로 존재한다.

01 ③ 02 ① 03 ②

📝 동맥경화의 식사요법

• 에너지 : 제한(표준체중 유지) 및 적당한 운동 필요
• 지 방
  – 총 에너지의 15~20% 이하 섭취
  – 동물성 지방은 포화지방산과 콜레스테롤이 많으므로 제한
  – 생선이나 닭고기 섭취
  – 다가포화지방산(PUFA) : 단일불포화지방산(MUFA) : 포화지방산(SFA) = 1 : 1 : 1
  – n-6 : n-3 = 4~10 : 1(n-6계는 콜레스테롤 저하, n-3계는 중성지방량 감소) 특히, EPA는 혈소판 응집능력을 저하시키고 (혈전용해) 혈관 확장 작용 있음
  – 대두유, 들기름, 등푸른 생선 섭취
• 단백질 : 양질의 단백질로 총 에너지의 15~20%, 지방이 적은 부위로 충분히 섭취
• 탄수화물과 식이섬유
  – 탄수화물은 총 에너지의 60~65%
  – 섬유소가 많은 덜 도정된 곡류, 두류, 감자류, 해조류 섭취, 농축당 제한
  – 수용성 식이섬유는 콜레스테롤을 낮추므로 하루 20g 정도 섭취
• 나트륨 : 3g/day 이하

📝 울혈성 심부전

• 원 인
  – 선천성 심질환이나 심근경색, 심근염, 고혈압 등으로 심근이 악화되어 심근수축력 저하
  – 온몸으로 혈액이 충분히 운반되지 못하여 발생
• 증 상
  – 심박출량의 감소로 폐, 순환계에 울혈
  – 좌심실 기능 저하(좌심부전) : 폐순환 울혈로 호흡곤란, 청색증, 천식, 폐수종
  – 우심실 기능 저하(우심부전) : 체순환 울혈로 부종, 흉수, 복수

📝 울혈성 심부전의 식사요법

• 심장부담 최소화, 심근구축력 향상, 부종 제거
• 에너지 : 정상체중을 유지하도록 1,000~2,000kcal 공급, 소량씩 자주 섭취
• 단백질 : 양질의 단백질로 충분히 공급(체중 kg당 1~1.5g)
• 지 방
  – 콜레스테롤, 포화지방산 제한
  – 불포화지방산, 식물성유, 등푸른 생선 섭취
• 식이섬유 : 장내 가스를 형성하여 심장에 부담을 주므로 제한

01 이상지질혈증 환자가 오메가-3 지방산을 섭취했을 때 나타나는 효과는? 2020.12

① 중성지방이 감소한다.
② 혈전의 생성이 증가한다.
③ LDL-콜레스테롤이 증가한다.
④ HDL-콜레스테롤이 감소한다.
⑤ 혈압이 상승한다.

01 오메가-3 지방산은 혈액 내 콜레스테롤 수치에는 긍정적인 효과가 없으나 고중성지방혈증의 경우는 1일 2~4g 섭취하는 것이 중성지방을 낮추는 데 도움이 될 수 있다.

02 동맥경화증 환자에게 제공하면 좋은 식품은? 2021.12

① 곤 약   ② 햄
③ 명란젓   ④ 버 터
⑤ 달걀노른자

02 생선의 알(연어 알, 명란젓, 조기 알), 새우, 낙지, 굴, 간, 내장, 계란 노른자위 등에는 기름기가 매우 많으므로 조금만 먹거나 먹지 않는 것이 좋다. 유지는 버터, 코코넛유, 야자유(팜유) 등 보다는 참기름, 들기름, 콩기름 등 식물성으로 제공하는 것이 좋다.

03 울혈성 심부전 환자에게 부종과 호흡곤란이 동반할 경우 권장할 수 있는 식이요법은? 2017.02 2019.12 2021.12

① 단백질 섭취 제한
② 나트륨 섭취 제한
③ 불포화지방산 섭취 제한
④ 이뇨제 사용 시 칼륨 제한
⑤ 고식이섬유 섭취

03 울혈성 심부전
• 심혈관계 질환이 발생하기 쉬우므로 혈청 콜레스테롤을 낮추기 위해 고지방식을 삼가고, 심장에 부담을 주는 고식이섬유 식품과 수분의 체내 보유를 유도하는 건어물 등의 짠 음식도 제한한다.
• 식사는 적은 양으로 자주 섭취하고, 나트륨을 제한하며 단백질은 질이 좋은 것으로 약간 증가된 60~80g 정도로 한다.

04 울혈성 심부전의 식사요법에 대한 설명으로 옳은 것은? 2018.12

① 고염식을 한다.
② 매끼의 식사량을 감소시키고 식사 횟수를 늘리도록 한다.
③ 단백질은 종류와 상관없이 적게 공급한다.
④ 지방은 제한하지 않는다.
⑤ 알코올, 탄산, 카페인 음료는 섭취해도 좋다.

04 울혈성 심부전
• 정상체중을 유지하도록 하루 1,000~2,000kcal를 공급하며, 소량씩 자주 섭취한다.
• 콜레스테롤, 포화지방산을 제한하며 불포화지방산, 식물성유, 등푸른 생선 등을 섭취한다.
• 양질의 단백질로 충분히 공급(체중 kg당 1~1.5g)하여 영양의 균형을 유지하며 나트륨, 수분을 제한한다.
• 식이섬유는 장내 가스를 형성하여 심장에 부담을 주므로 제한한다.

01 ① 02 ① 03 ② 04 ②

안심Touch

- 나트륨, 수분
  - 나트륨·수분 제한
  - 부종 제거를 위해 이뇨제 사용 시 저칼륨혈증을 유발할 수 있으므로 칼륨 보충(바나나, 오렌지주스, 감자, 토마토)
- 기타 : 무자극성식, 알코올·탄산음료·카페인 음료 제한

✎ 허혈성 심장질환

- 협심증
  - 원인 : 일, 운동과잉으로 심근의 산소수요량이 증대, 관상동맥의 협착·경화, 심근의 산소가 일과성으로 부족
  - 증상 : 흉부의 통증, 왼쪽 어깨나 상지에 조이는 느낌, 호흡곤란
  - 식사요법 : 나트륨, 에너지, 동물성 지방 섭취 제한, 동맥경화증 식사 실시(콜레스테롤, 포화지방산 제한, 불포화지방산 섭취)
- 심근경색
  - 원인 : 관상동맥경화로 관상동맥의 일부가 막혀 모세혈관에 혈액이 공급되지 않아 그 혈관의 지배하에 있는 심근의 세포가 죽어 굳어지는 상태
  - 증상 : 흉부, 흉골의 하부, 상복부의 심한 통증, 창백, 손발이 차며, 혈압 저하, 부정맥, 구토
  - 식사요법 : 심장의 휴식이 필요, 동맥경화증의 식사요법에 준함

✎ 뇌혈관질환

- 위험인자 : 고혈압, 당뇨, 심장질환, 흡연, 폭음, 고지혈증, 짜게 먹는 습관, 비만
- 증 상
  - 심한 급성 두통, 메스꺼움, 구토
  - 허혈상태가 6시간 이상 지속되면 뇌세포가 죽게 되어 언어장애와 반신마비 증세가 나타남
- 약물치료 : 항혈전제
  - 항혈소판제제(아스피린) : 위장장애 초래
  - 항응고제(와파린) : 출혈을 일으킬 수 있으므로 상처 입지 않도록 주의 필요
  - 와파린 치료 중에는 비타민 K 섭취량을 일정 수준으로 유지해야 함(녹색채소, 콩류, 동물의 간, 난황, 아보카도)
- 식사요법
  - 뇌졸중 발작 직후에는 탈수가 오기 쉬우므로 수액 보충, 연하장애·의식장애 있으면 경관급식
  - 식이섬유 섭취 및 염분 제한
  - 지방 제한 : 포화지방·콜레스테롤 제한, 식물성 기름 섭취

01 허혈성 심장질환 환자의 식사요법으로 옳지 않은 것은?

① 동맥경화 예방을 위해 식이섬유 섭취를 늘린다.
② 생선이나 저지방 육류 등으로 단백질을 보충한다.
③ 동물성 지방을 충분히 준다.
④ 심근경색증의 경우 소량씩 자주 식사한다.
⑤ 협심증의 경우 커피와 홍차의 카페인을 제한한다.

02 혈관질환의 식사요법에 대한 설명으로 옳지 않은 것은?

① 고지혈증 예방을 위해 식이섬유를 충분히 섭취한다.
② 고중성지방혈증일 때는 저당질식을 기본으로 저포화지방식, 저열량식을 준다.
③ 고콜레스테롤혈증 시 총 섭취에너지는 제한하지 않는다.
④ 저포화지방식과 식이섬유 섭취를 늘리는 것을 기본으로 한다.
⑤ 동맥경화증 환자에게 식물성 기름, 달걀흰자를 제공할 수 있다.

03 뇌졸중에 대한 설명으로 옳은 것은? 2018.12

① 뇌졸중 발생의 주요 원인은 단백질 과잉 섭취이다.
② 나트륨을 제한한다.
③ 위험인자로는 저혈압이 있다.
④ 체형이 마를수록 발생률이 높다.
⑤ 어린 연령에서 주로 발병한다.

04 연하장애를 동반하는 뇌졸중 환자에게 제공할 수 있는 음식은? 2020.12

① 신맛이 강한 음식
② 맑은 액상 음식
③ 튀긴 음식
④ 걸쭉한 음식
⑤ 뜨거운 음식

---

01 허혈성 심장질환의 식사요법
• 허혈성 심장질환인 협심증, 심근경색 모두 동물성 지방의 섭취를 제한한다.
• 협심증 식사요법 : 나트륨, 에너지, 동물성 지방 섭취를 제한한다.
• 동맥경화증 식사요법 : 콜레스테롤, 포화지방산 제한, 불포화지방산을 섭취한다.
• 심근경색증 식사요법 : 심장의 휴식이 필요, 동맥경화증의 식사요법에 준한다.

02 고콜레스테롤혈증의 식사지침으로 지방의 과잉 섭취를 피하고, 총 에너지와 콜레스테롤 섭취를 줄이며 불포화지방산과 식이섬유 섭취를 늘려야 한다.

03 뇌졸중(cerebro vascular accident, CVA)
• 뇌혈관이 막히거나(뇌경색) 파열되어(뇌출혈) 일어난다.
• 위험인자로는 고혈압, 당뇨병, 고지혈증, 비만, 흡연 등이 있다.
• 주요증상으로는 언어장애, 의식장애, 반신불수 등이 있다.
• 식사요법은 나트륨을 제한하고 동맥경화 식사요법에 따른다.
• 뇌졸중은 어느 연령층에서도 볼 수 있으나 통계적으로 보면 인구 1,000명당 55~64세 사이는 1.8명, 65~74세는 2.7명, 75~84세는 10.4명, 85세 이상은 13.9명꼴로 55세 이후는 연령 10년 증가마다 2배 이상의 증가율을 보인다.

04 뇌졸중 환자 – 연하장애
• 일반적으로 안전하고도 충분한 에너지 보충을 위해서라면 고열량 식이를 선택해서, 대개는 다소 걸쭉하게 점도를 높인 형태의 식사를 공급하는 것이 바람직하다.
• 국물이 많은 음식을 주게 되면 흡인이 있을 수 있으므로 제외하고 너무 점성이 강한 음식도 피한다. 걸쭉하게 제공하는 것이 바람직하다.

---

01 ③   02 ③   03 ②   04 ④

📝 사구체신염

• 급성 사구체신염
  - 원인 : 편도선염, 인두염, 감기, 중이염, 성홍열, 폐렴을 앓고 난 후 1~3주 잠복기(연쇄상구균, 포도상구균, 바이러스)
  - 증상 : 부종, 핍뇨, 단백뇨, 혈뇨
  - 식사요법
    ⓐ 단백질 : 제한, 초기 0~0.5g/kg
    ⓑ 에너지 : 충분히 공급
    ⓒ 나트륨 : 부종과 고혈압 시 제한(저염식, 소금 3g/day)
    ⓓ 수분 : 핍뇨 시 전날 요량에 500mL, 이뇨 시 1,000~1,500mL/day 가산함
    ⓔ 칼륨 : 무뇨, 핍뇨기에 신장의 칼륨 제거율 손상 → 초기 K 제한
• 만성 사구체신염
  - 원인 : 급성 사구체신염에서 이행, 사구체염증의 장기화로 사구체의 섬유질화
  - 증상 : 두통, 야뇨증, 단백뇨, 고혈압, 부종
  - 식사요법
    ⓐ 단백질 : 1g/kg으로 단백질은 제한하지 않고, 보통 또는 충분히 공급
    ⓑ 에너지 : 충분히 공급. 당질 300~400g, 지방은 적당히 공급
    ⓒ 나트륨과 수분 : 상태에 따라 조절. 부종 시 무염식, 수분제한. 부종이 없을 경우 나트륨의 심한 제한 없고, 수분은 전날 소변량에 500mL 더하여 공급

📝 네프로제(신증후군)

• 증 상
  - 단백뇨, 저단백혈증, 저알부민혈증, 심한 부종, 고지혈증, 고콜레스테롤혈증, 기초대사율 저하
  - 저단백혈증으로 인해 감염, 빈혈, 구루병 등
• 식사요법
  - 단백질 : 0.8~1g/kg, 단백질은 제한하지 않고, 보통 또는 충분히 공급
  - 에너지 : 35kcal/kg, 충분히 공급
  - 나트륨 : 1,200~2,000mg으로 제한, 부종 시 무염식
  - 지방 : 섭취량을 조절하고 될 수 있는 한 불포화지방산 섭취
  - 수분 : 부종 시 전날 소변량에 500mL 더하여 공급

01 신장의 구조에 대한 설명으로 옳지 않은 것은?

① 비뇨기계는 2개의 신장과 부수적 기관인 신우, 수뇨관, 방광, 요도로 구성된다.
② 신장기능의 최소 단위는 네프론−신소체(사구체+보우만 주머니)와 세뇨관을 포함한 명칭이다.
③ 신장의 단면구조상 바깥쪽은 피질, 안쪽은 수질이다.
④ 사구체는 네프론이라고도 하며 신장의 수질부분에 존재한다.
⑤ 네프론은 한 쪽 신장에 약 100만 개 정도 있다.

01 신장의 구조
• 사구체는 피질부분에 존재한다. 피질 쪽에 신소체가, 수질 쪽에는 세뇨관이 지나간다.
• 네프론(nephron) : 사구체 → 보우만 주머니 → 근위세뇨관 → Henle고리 → 원위세뇨관 → 집합관
• 신소체(말피기소체) : 사구체 + 보우만 주머니
• 사구체는 20~40개의 모세혈관이 뭉쳐있는 모양으로 신세뇨관의 시작부분이라고 할 수 있는 보우만 주머니 안으로 돌출해 있다.

02 급성 사구체신염에 대한 설명으로 옳지 않은 것은?

① 신기능장애, 고혈압, 부종 등의 증상이 있다.
② 당질과 염분을 제한한다.
③ 핍뇨기에 칼륨을 제한하고, 충분한 에너지를 공급한다.
④ 신장의 기능 저하로 질소대사물의 배설이 어렵다.
⑤ 단백뇨와 혈뇨가 흔히 나타난다.

02 급성 사구체신염
• 사구체 여과율이 저하되어 나트륨과 수분 배설이 저하되며 나트륨 축적으로 세포외액이 증가되어 부종과 혈압 상승이 나타나고, 혈뇨, 단백뇨 등이 나타난다.
• 신장기능 보호를 위해 단백질과 염분을 제한한다.
• 핍뇨기에는 신장의 칼륨 제거율 손상으로 고칼륨혈증이 나타나 심정지의 위험이 있으므로 칼륨을 제한하는 것이 원칙이다.

03 네프로제에 대한 설명으로 옳지 않은 것은?

① 사구체 모세혈관 기저막의 투과성 항진으로 나타난다.
② 알부민이 요중으로 배설되어 저단백혈증, 저알부민혈증이 나타난다.
③ 저콜레스테롤혈증이 나타나므로 콜레스테롤 섭취량을 증가시킨다.
④ 혈장 내 교질삼투압이 저하되어 부종이 나타난다.
⑤ 단백뇨가 심하므로 체중 kg당 1~1.5g 정도 양질의 단백질을 공급한다.

03 네프로제
• 원인을 알 수 없으나 고콜레스테롤혈증이 나타난다.
• 네프로제는 사구체와 세뇨관의 퇴행성 변화로 단백뇨, 저단백혈증, 저알부민혈증, 부종, 고지혈증, 고콜레스테롤혈증 등이 나타난다.
• 고지혈증이 나타나므로 포화지방산과 콜레스테롤 섭취를 조절해야 한다.

04 신증후군의 전형적인 증상은 무엇인가? `2018.12`

① 황 달
② 고지혈증
③ 고단백혈증
④ 요독증
⑤ 빈 혈

04 신증후군의 전형적인 증상은 부종, 단백뇨와 그로 인한 저단백(알부민)혈증, 고지혈증이다.

01 ④ 02 ② 03 ③ 04 ②

신부전(콩팥병)

- 급성 신부전
  - 원인 : 급성 사구체신염, 화상, 외상, 감염, 중금속 중독, 신혈류의 폐쇄, 외과수술 또는 심근경색으로 인한 쇼크
  - 증 상
    ⓐ 무뇨, 핍뇨증, 부종, 요독증 / 핍뇨기, 이뇨기, 회복기를 거쳐 회복됨
    ⓑ 고칼륨혈증으로 심장마비, 고인산혈증으로 골격칼슘 방출, 나트륨 축적과 소변감소로 부종 나타남
  - 식사요법
    ⓐ 단백질 : 투석 시 충분히 공급(1.2g/kg)하며 비투석 시 제한(0.6~0.8g/kg)
    ⓑ 에너지 : 35~50kcal/kg으로 충분히 공급함
    ⓒ 나트륨 : 하루 2,000mg으로 제한
    ⓓ 칼륨·인 : 고칼륨혈증 혹은 고인산혈증 시 제한
- 만성 신부전
  - 원 인
    ⓐ 급성 신부전 후 신기능이 정상으로 회복되지 못하거나, 네프론의 점진적 퇴화로 인하여 발생
    ⓑ 당뇨병, 고혈압, 사구체신염이 3대 원인
    ⓒ 감염, 독물질, 만성 신장염, 신장의 선천성 이상
  - 증상 : 고혈압, 부종, 산혈증, 심혈관계 장애, 빈혈, 위장관 장애(식욕감퇴, 오심, 구토), 골다공증, 요독증, 혼수
  - 식사요법
    ⓐ 요독증 예방, 충분한 에너지 공급, 부종 예방, 혈압 조절
    ⓑ 에너지 : 35kcal/kg으로 충분히 공급
    ⓒ 단백질 : 투석 전 0.6~0.8g/kg 제한, 투석 시 1.2~1.3g/kg으로 충분히 공급
    ⓓ 수분 : 소변량이 정상이면 제한하지 않음(감소 시 제한)
    ⓔ 나트륨 : 1일 2,000mg으로 제한
    ⓕ 칼륨 : 혈중 수준에 따라 개별 처방. 핍뇨기에는 칼륨이 배설되지 못해 고칼륨혈증으로 심장근육이 이완되어 심장정지, 부정맥, 심장마비가 올 수 있으므로 제한
    ⓖ 칼슘 : 보충
    ⓗ 인 : 혈중 수준에 따라 개별 처방. 핍뇨기에는 인이 배설되지 못해 혈중 인농도 증가, 칼슘 농도 저하 → 부갑상선 호르몬(PTH) 기능 항진 → 골격 칼슘 방출 촉진 → 골다공증, 골연화증(신성골이영양증)

01 만성 신부전에 대한 설명으로 옳지 않은 것은?

① 사구체 여과율의 점진적 감소와 네프론 손상으로 일어난다.
② 비타민 D의 활성화 장애로 칼슘 흡수가 저하된다.
③ 내분비 기능장애로 에리트로포이에틴(erythropoietin)의 합성 감소로 빈혈이 나타난다.
④ 신혈류량 및 사구체 여과량 감소로 혈압이 상승되나 부종은 없다.
⑤ 네프론의 감소로 황산, 인산, 유기산 등의 배설장애를 일으켜 대사성 산독증을 일으킨다.

02 투석치료를 하지 않는 신장 173cm, 체중 53kg의 만성 신부전 남자 환자에게 줄 수 있는 간식으로 가장 적합한 것은?

2018.12

① 팝 콘　　　　② 건포도
③ 초콜릿　　　　④ 땅 콩
⑤ 사 탕

03 신부전 환자의 열량 공급으로 주로 사용하는 영양소의 조합은?

| 가. 저단백질 식품 | 나. 식물성 지방 공급 |
| 다. 단순당 공급 | 라. 복합당 공급 |

① 가, 다　　　　② 나, 라
③ 가, 나, 다　　　④ 라
⑤ 가, 나, 다, 라

04 급성 신부전 환자의 핍뇨기 증상으로 옳은 것은?

2017.12

① 고칼슘혈증　　　② 고칼륨혈증
③ 저요소혈증　　　④ 사구체여과율 증가
⑤ 저인산혈증

---

01 급성 신부전 후 신기능이 정상으로 회복되지 못하거나, 네프론의 점진적 퇴화로 인하여 발생하며, 고혈압, 부종, 산혈증, 심혈관계 장애 등이 나타난다.

02 만성 신부전 열량보충 방법
• 만성 신부전 환자에게는 신기능 감소로 나타난 혈중 인(P) 농도 상승이 혈장 칼슘(Ca) 농도의 저하 및 그로 인한 부갑상선호르몬의 증가, 산독증 등으로 골격의 칼슘 이동 및 다양한 골격질환이 야기된다. 그러므로 인의 섭취량을 제한하거나 인 저해제를 사용한다.
• 인(P) 고함량 식품 : 현미, 흑미, 말린 어육류, 생선 통조림, 검은콩, 노란콩, 우유, 아이스크림, 곶감, 잣, 아몬드, 땅콩, 건포도 등 말린 과일, 초콜릿, 코코아 등
• 사탕 이외에 줄 수 있는 간식
 – 버터, 마가린, 식물성 기름을 사용한 요리법
 – 잼, 꿀, 시럽, 캐러멜, 엿
 – 우유 대신 아이스크림

03 신장기능 보존을 위해 저단백질 식사를 해야 하고, 열량 공급을 위해 단백질 함량이 적고 열량이 많은 단순당과 식물성 지방을 공급한다.

04 급성 신부전
• 사구체 여과율 감소로 핍뇨가 되며 H^+의 배설부전으로 산독증이 나타나고, K^+의 배설이 저하되어 고칼륨혈증이 나타난다.
• 혈중 요소, 크레아티닌 등의 축적으로 요독증이 나타나며 경련, 구토, 식욕부진 등이 나타나고 비타민 D 활성화 장애를 초래한다.

01 ④　02 ⑤　03 ③　04 ②

📝 콩팥 · 요로결석

- 원인 및 증상 : 가족력, 식생활, 부갑상선 기능 항진, 통풍, 비타민 D 과다 섭취, 여름철 발생 빈도 높음. 배뇨 시 통증, 신장, 허리, 방광의 통증, 혈뇨
- 식사요법
  - 수산칼슘결석
    - ⓐ 수분 : 충분히 섭취
    - ⓑ 비타민 C 보충제는 먹지 않음. 다량의 비타민 C를 장기간 복용하면 소변 중 수산 농도 증가
    - ⓒ 칼슘 : 약간 적게 제한
    - ⓓ 수산 : 제한(시금치, 아스파라거스, 무화과, 비트, 견과류, 초콜릿, 차, 딸기)
  - 인산칼슘결석
    - ⓐ 인 함량이 적은 식사 : 우유 및 유제품, 현미, 잡곡, 오트밀, 말린 과일, 간, 난황, 초콜릿, 견과류 제한
    - ⓑ 식이섬유 : 충분히 섭취
  - 요산결석
    - ⓐ 신부전, 당뇨병성 산독증, 기아상태, 혈액 질환, 약제 복용 시 소변 속 요산 배설이 지나쳐서 발생 가능
    - ⓑ 저퓨린 식사 : 동물의 내장, 육류(고깃국물), 등푸른 생선, 조개류, 콩류, 시금치, 버섯, 아스파라거스 등의 섭취 제한, 알칼리성 식사 제공

📝 암

- 암 예방을 위한 식생활 지침
  - 건강체중과 적정 체지방량을 유지함
  - 전곡류와 두류를 많이 먹음
  - 여러 가지 색깔 채소와 과일을 많이 먹음
  - 붉은색 육류를 적게 먹음
  - 짠 음식을 피하고 싱겁게 먹음
  - 저지방 우유를 하루에 한 컵 정도 마심
  - 술은 가능한 한 마시지 않음
  - 영양보충제는 특별한 경우에만 제한적으로 사용함
- 환자의 영양
  - 에너지 : 총 에너지 소비량이 증가하므로 질병의 중증도를 고려하여 결정
  - 단백질 : 암이 진행될수록 단백질 소모량 증가로 인해 음의 질소평형이 나타나므로 충분한 섭취가 필요
  - 비타민 & 무기질 : 결핍증이 올 수 있으므로 영양권장량 수준으로 제공
  - 수분 : 부족하지 않도록 공급
- 암 악액질 : 가속적인 체조직 소모, 현저한 체중 감소로 인한 쇠약감, 식욕부진, 조기 만복감, 장기기능장애 등의 증상을 나타내는 복잡한 대사증후군
  - 포도당 신생이 활발하여 근육 소모가 큼
  - 암세포에서 지방 분해 촉진 사이토카인 분비로 에너지 소모량 증가
  - 당질이 지방으로 잘 전환되지 않아 체내 저장 지방이 고갈됨
  - 기초대사량 증가로 에너지 소비가 증가되어 체중 감소

01 신결석증에 대한 설명으로 옳지 않은 것은?

① 칼슘결석 환자는 수분을 많이 섭취하여 요를 희석시키고 작은 결정들을 배설시켜야 한다.
② 수산결석 환자는 수산의 전구체인 비타민 C를 제한해야 한다.
③ 식이섬유소는 칼슘결석의 형성을 예방한다.
④ 결석증의 재발 예방은 결석 조성을 불문하고 수분을 많이 섭취해야 한다.
⑤ 요산결석은 알칼리성이므로 산성 식품의 섭취를 늘린다.

02 신결석 환자의 식사요법에 대한 설명으로 옳지 않은 것은?

① 시스틴결석 환자에게 저단백식을 제공한다.
② 수산칼슘결석 환자에게 아스파라거스, 무화과 등 수산함유식품을 제한한다.
③ 요산결석 환자에게 저퓨린 식사를 제공한다.
④ 수분섭취를 제한한다.
⑤ 요산결석 환자에게 국수, 빵, 달걀은 제공해도 좋다.

03 암 악액질의 현상으로 옳은 것은? `2018.12`

① 체중 증가
② 기초대사율 감소
③ 단백질 합성 증가
④ 혈중 유리지방산 농도 감소
⑤ 빠른 포만감

04 암 치료의 부작용으로 인해 정상적인 식사가 어렵고 영양상태가 좋지 않은 환자의 식사요법은? `2020.12`

① 정규 식사를 무조건 충실히 해야 하므로 간식은 제한한다.
② 영양밀도가 높은 음식을 제공한다.
③ 식욕이 없더라도 억지로 먹도록 한다.
④ 식욕촉진을 위해 기름진 음식을 제공한다.
⑤ 소화를 위해 맑은 유동식을 유지한다.

---

01 ⑤ 요산결석은 산성 결석이므로 알칼리성 식품을 섭취해야 한다.
　저퓨린 식사 : 동물의 내장, 육류(고깃국물), 등푸른 생선, 조개류, 콩류, 시금치, 버섯, 아스파라거스 등의 섭취 제한, 알칼리성 식사 제공

02 신결석 환자
- 신결석증의 식사요법은 다량의 수분 공급과 함께 단백질과 칼슘이 많은 식품을 제한한다.
- 결석의 배설을 돕기 위해 하루에 3L의 수분섭취를 권장한다.
- 퓨린체는 요산을 생성하므로 요산결석증 환자에게 저퓨린 식사를 제공한다.
  - 저퓨린 식품 : 국수, 빵, 우유, 달걀, 채소, 과일 등
  - 고퓨린 식품 : 동물의 내장, 고깃국물, 쇠고기, 멸치, 고등어, 연어, 청어, 효모, 조개 등

03 암 악액질(cancer cachexia)
- 가속적인 체조직 소모, 현저한 체중 감소로 인한 쇠약감, 식욕부진, 조기 만복감, 장기기능장애 등의 증상을 나타내는 복잡한 대사증후군이다.
- 암이 진전됨에 따라 단백질-에너지 영양불량이 되는 것으로 체조직 합성 감소, 피부건조, 부종, 전신쇠약 등이 나타난다. 암의 경우 기초대사율은 증가한다.

04 암 치료의 부작용 등으로 영양상태가 안 좋은 경우 체중 감소가 지속될 수 있으므로 다음과 같은 방법을 고려해야 한다.
- 영양사와 상담하여 식사의 양과 종류들을 점검한다.
- 정기적 식사에 섭취량이 적을 때는 간식을 자주 먹을 수 있도록 한다.
- 되도록 영양밀도가 높은 음식을 제공한다.
- 적절한 운동과 심리적 안정 및 의욕 고취로 식사를 잘 하도록 격려한다.

01 ⑤　**02** ④　**03** ⑤　**04** ②

안심Touch

📝 면역과 영양관리

- 면역반응 : 이물질(항원, non-self)에 대한 방어반응으로 내재면역(innate)과 적응면역(adaptive)으로 나뉨
  - 항원(antigen) : 우리 몸에서 면역반응을 유도하는 이물질이 면역원 또는 항원, 성분은 단백질
  - 내인성(암세포, 바이러스, 감염된 세포)과 외인성(박테리아, 바이러스, 독소)으로 구분
  - 면역반응 2단계 : 항원을 인지하는 단계 → 인지된 항원을 제거하는 단계
  - 면역체계의 구조 : 림프조직, 면역세포, 면역단백질
  - 면역체계의 분류 : 내재면역(자연살해세포, 식균세포, 비만세포), 적응면역(체액성 면역, 세포매개성 면역)
- 영양과 면역기능
  - 영양상태가 불량하면 면역기능이 저하되어 질병 이환율이 증가함
  - 면역기능에 영향을 미치는 영양소 : 단백질, 철, 아연, 구리, 셀레늄, 비타민 A·C·B 복합체, 항산화 영양소, 지방산 등
- 영양상태가 면역에 미치는 기전
  - 면역기관의 성숙과 퇴화
  - 면역세포의 수와 기능
  - 면역단백질 분비와 조절에 미치는 영향
- AIDS(Acquired Immune Deficiency Syndrome, 후천성 면역 결핍증)
  - 바이러스 감염에 의한 것. 점차적으로 면역력을 상실하게 되고 2차 감염과 악성종양으로 사망에 이르게 됨
  - HIV 감염이 영양상태에 미치는 영향 : 극심한 영양결핍상태가 됨
  - 식욕부진, 영양소 흡수 저하, 열이나 감염으로 인해 열량과 단백질 요구량 증가에 기인함
  - 영양지원(nutritional intervention) : 평소체중의 10% 이상이 감소된 자, 최근 6개월간 10kg 이상의 체중이 감소된 자, 열이 있거나 설사 등 장기능의 변화가 있거나 씹거나 삼키는 데 어려움이 있는 경우
  - 열량과 단백질 필요량은 HIV 감염 시의 건강상태, 병의 진전 정도, 영양소의 섭취와 이용에 영향을 줄 수 있는 합병증의 유무 등에 따라 달라짐

📝 알레르기와 영양관리

- 알레르기 : 면역반응이 지나치게 증가되거나 인체에 병적인 상태를 유발하는 반응(항원-항체 반응)
- 식품 알레르기 : 식품에 자연적으로 존재하는 물질에 대해 과민반응을 일으킴
  - 대부분 IgE가 매개하는 기전 : 항원(식품 단백질)이 IgE와 결합 → 면역관련 세포(비만 세포) 공격 → 항원-항체반응 → 화학물질(히스타민) 분비 → 피부, 호흡기, 위장관 등에 과민 반응

> **알레르기 관련 식품**
> - 알레르기 일으키기 쉬운 식품 : 달걀, 돼지고기, 복숭아, 고등어, 닭고기, 우유, 메밀, 밀가루, 토마토
> - 알레르기를 드물게 일으키는 식품 : 쌀, 보리, 호밀, 고구마, 완두콩, 강낭콩, 포도, 무, 당근

01 후천성 면역에 관여하는 것으로 조합된 것은?

| 가. 대식세포 | 나. T-림프구 |
| 다. 보체계 | 라. B-림프구 |

① 가, 다
② 나, 라
③ 가, 다, 다
④ 라
⑤ 가, 나, 다, 라

02 T-림프구에 대한 설명으로 옳지 않은 것의 조합은?

| 가. 세포성 면역에 관여 |
| 나. 골수의 줄기세포에서 분화하여 성숙된 후 흉선에서 분리 |
| 다. 세포 내에서 직접 림포카인, 사이토킨 등의 물질을 분비하여 항원을 파괴 |
| 라. 다양한 면역글로불린 항체를 형성하여 작용 |

① 가, 다
② 나, 라
③ 가, 나, 다
④ 라
⑤ 가, 나, 다, 라

03 식품 알레르기에 대한 설명으로 옳지 않은 것은?

① 동·식물에 있는 단백질에는 알레르겐이 강한 식품이 많다.
② 식품 알레르기는 다분히 유전적 소질이 있으며 영유아기에 잘 발생한다.
③ 원인이 되는 음식을 먹지 않는 것이 최선이다.
④ 식품 알레르기의 대부분은 IgA가 매개한다.
⑤ 표적기관은 순환·호흡·소화기계 등 다양하다.

04 우유 알레르기가 있는 환자에게 허용되는 식품은?

2020.12

① 탈지분유
② 치 즈
③ 요구르트
④ 두 유
⑤ 파운드케이크

---

01 면역
- 후천성 면역에 관여하는 백혈구는 림프구로 T-림프구와 B-림프구가 작용한다.
- 선천성 면역에는 콧물, 침을 비롯해 대식세포, 보체계가 작용한다.

02 • 가~다는 T-림프구에 대한 설명이고 라는 B-림프구에 대한 설명이다.
- B-림프구는 체액성 면역에 관여하며 골수의 줄기세포에서 형성된다. 항원과 접촉하면 형질세포(plasma cell)로 변하여 면역 글로불린(immuno-globulin, Ig)이라 불리는 여러 가지 항체를 생성하여 작용한다.

03 식품 알레르기
- 식품 알레르기의 대부분은 IgE가 매개하며, 혈액이나 조직에 존재하며 즉시형 식품 알레르기 반응과 관련된다.
- IgA : 눈물, 콧물, 장점막 등에서 분비되며 여기에 들어온 세균을 방어한다.
- IgG : 면역혈청에 많은 양 존재, 주로 항박테리아 및 항바이러스 작용을 한다.
- 알레르기로 인한 증상은 순환·호흡기계, 소화기계, 근육골격계, 신경정신계, 피부계로 구분한다.

04 우유 단백질의 섭취를 완전히 제한하기 위해 우유와 우유가 함유된 식품 모두 제한하며 두유로 대체할 수 있다.

01 ② 02 ④ 03 ④ 04 ④

안심Touch

- 증상 : 위장관계(복통, 구토, 설사), 피부(두드러기), 전신(아나필락시스)
  - 아나필락시스 : 기도수축 → 호흡곤란·혈관 확장 → 저혈압·쇼크, 두드러기, 복통, 경련, 구토, 설사
- 치료와 영양관리
  - 항원의 제거 : 알레르기 원인식품을 제거하고, 원인식품이 포함되어 있는 식품도 모두 제한
  - 식품의 재료는 신선한 것 이용
  - 가공식품은 가능한 한 피할 것
  - 과음, 과식하지 말고, 신선한 과일과 채소 충분히 섭취
  - 향신료와 소화·흡수가 어려운 것 피할 것
  - 가열섭취

📝 수 술

- 수술 시의 대사 변화
  - 수술과 화상은 생리적 스트레스에 해당 → 이화작용, 염증반응
  - 에너지 : 기초대사량 증가 → 에너지 필요량 증가
  - 단백질 : 이화작용 항진으로 체단백질 분해 촉진, 알부민 합성 감소, 혈중 잔여 질소 상승
  - 지질 : 지방조직 분해 촉진 → 에너지원으로 이용 → 체지방량 감소
  - 당질 : 저장 글리코겐 분해 촉진 → 에너지원으로 이용 → 체지방량 감소
  - 수분, 전해질 : 수분 배설 감소, Na 배설 감소, K 배설 증가
  - 호르몬 : 글루카곤, 코르티솔, 에피네프린, 노르에피네프린 등 스트레스 호르몬 분비 증가
- 수술 전의 영양관리
  - 영양불량 : 수술 후 감염증, 상처회복 지연, 사망률 증가, 영양상태가 좋으면 수술결과가 좋고 합병증과 사망률이 감소함 → 수술 전의 영양관리 중요(수술 전 혈청 알부민은 수술 후 사망률 예측의 좋은 지표)
  - 일반 수술인 경우 : 수술 전 6~8시간 동안 금식
  - 식사요법 : 고에너지, 고단백, 고탄수화물(단, 비만인은 체중 감소), 비타민(특히, 비타민 C, K), 무기질 공급, 전해질과 수분 공급(정맥주사)
- 수술 후의 영양관리
  - 수분 : 수술하는 동안 혈액, 수분, 전해질 손실, 발열 → 수분과 전해질 손실이 크므로 탈수와 쇼크를 방지하기 위해 정맥으로 수분과 전해질 공급
  - 에너지 : 에너지 대사가 항진되므로 환자의 정상 필요량을 10% 증가시켜 충분히 공급(체중 kg당 35~45kcal)
  - 단백질 : 상처의 빠른 회복과 출혈로 인한 적혈구 회복, 빈혈 예방, 항체와 효소 생성을 위해 충분히 공급(체중 kg당 1~1.5g), 체조직 분해로 질소평형이 음의 상태로 1주일간 지속됨. 그 후 2~5주간에 걸쳐 체조직이 합성되면서 상처가 회복됨. 단백질 부족 시 상처회복 지연, 감염에 대한 저항력 감소, 부종 나타남
  - 비타민 : 비타민 A(상피조직 구성), 비타민 B 복합체(에너지 대사), 비타민 C(콜라겐 합성, 상처치유), 비타민 K(혈액응고) 보충
  - 무기질 : 아연(상처회복, 면역기능), 칼륨, 철 보충
  - 수술 후 음식섭취 : 맑은 유동식 → 일반 유동식 → 연식 → 상식. 경관급식, 정맥영양

01 수술 전 일반적인 식사요법으로 고당질 식사를 제공하는 이유로 조합된 것은?

> 가. 간의 글리코겐 저장량 증가
> 나. 체내 단백질 절약작용
> 다. 산독증과 구토증 방지
> 라. 탈수 방지

① 가, 다   ② 나, 라
③ 가, 나, 다   ④ 라
⑤ 가, 나, 다, 라

02 수술 후 체내 대사변화로 옳은 것으로 묶인 것은? `2019.12`

> 가. 당신생 감소
> 나. 지방 합성 증가
> 다. 나트륨과 수분 배설 감소
> 라. 질소 배설 증가

① 가, 다   ② 나, 라
③ 가, 나, 라   ④ 라
⑤ 가, 나, 다, 라

03 수술 후의 식사요법으로 옳지 않은 것은?

① 편도선 수술 후에는 부드럽고 더운 음식이 좋다.
② 위 절제수술 후에는 소량씩 자주 먹는 것이 좋다.
③ 직장 수술 후에는 저잔사 식사를 제공한다.
④ 수술 후 음식물은 맑은 유동식부터 일반 유동식, 연식, 회복식, 상식 순으로 이행한다.
⑤ 위 절제수술 후 덤핑증후군을 나타내면 식사 중 수분의 양을 최대한 줄인다.

02 수술 후 대사변화
- 수술 후 회복기에는 환자의 스트레스가 줄어들면서 스트레스 관련 호르몬의 분비가 줄어든다. 따라서 인체가 질소와 칼륨을 보유하며 나트륨과 수분의 배설을 증가시킨다.
- 장 기능은 정상으로 회복되며 몸은 양의 질소 균형이 나타난다.

03 편도선 수술 후에는 차고 부드러운 음식을 제공한다. 아이스크림, 냉우유, 주스 등 차가운 식품이 수술부위의 출혈을 막고 염증을 없애는 데 도움을 준다.

01 ③   02 ④   03 ①

안심Touch

📝 화 상

- 화상 환자의 대사
  - 생리적 스트레스 : 외상, 화상, 심한 질병에 대해 대사항진과 이화반응이 나타나게 됨
  - 이화호르몬(글루카곤, 코르티솔, 에피네프린 등) 분비의 증가로 대사율이 항진되며, 포도당 신생합성, 체단백질·글리코겐 및 체지방 분해가 나타남. 즉, 체조직의 분해가 촉진되어 체내 저장 에너지와 단백질이 고갈되며 에너지 필요량이 증가하게 됨
  - 체조직의 분해가 촉진되어 체내 저장 에너지와 단백질 고갈, 에너지 필요량 증가
- 화상에 의한 체내 대사 3단계
  - 1단계 : 감퇴기, 상처 난 직후부터 1~2일. 혈액량 감소와 쇼크, 대사속도 감소
  - 2단계 : 유출기, 최소 7~12일 증상 지속. 이화(분해)작용 우세, 대사속도 증가, 질소배설량 증가
  - 3단계 : 회복기, 동화(합성)작용 우세, 정상상태로 회복되며 스트레스가 해소됨
- 식사요법 : 고에너지, 고단백식, 수분보충
  - 수분, 전해질 보충 : 화상부위로 많은 양의 수분과 전해질이 손실됨. 하루 3~5L의 충분한 수분 공급 → 정상순환 유지와 급성 신부전 예방
  - 고에너지식 : 화상으로 기초대사량이 2배 정도 증가함. 화상의 크기에 따라 조절
  - 비타민, 무기질 보충 : 비타민 A · B · C 복합체 보충, 아연 보충

📝 폐질환

- 폐결핵
  - 원인 : 결핵균의 감염으로 폐에 만성 염증이 일어나 폐가 파괴됨. 저소득층의 성장기 청소년에게 발병률이 높은 소모성 질환
  - 증상 : 발열, 피로, 체중 감소, 기침, 가래, 각혈
  - 식사요법
    ⓐ 고에너지, 고단백식(양질의 동물성 단백질), 칼슘, 철, 구리, 비타민 A · C · D 보충(우유, 달걀, 육류, 생선, 닭고기, 녹황색 채소)
    ⓑ 항생제인 아이소나이아지드(INH) 복용 시 비타민 B_6 보충, 약물치료 꾸준히 해야 함
- 만성 폐쇄성 폐질환
  - 원인 : 흡연, 노화, 대기오염, 직업병, 감염, 유전
  - 증 상
    ⓐ 만성 기관지염 : 가래를 동반한 기침이 1년에 3개월 이상 지속
    ⓑ 폐기종 : 폐포가 비정상적으로 팽창해 기벽이 파괴되어 호흡곤란 나타남
  - 식사요법
    ⓐ 호흡하는 데에 에너지가 많이 소모되나, 호흡곤란으로 음식을 씹고 삼키는 데 어려움이 있어 충분한 식사 섭취 어려움
    ⓑ 폐근력을 강화하기 위해서는 충분한 영양공급이 필요함
    ⓒ 농축에너지 식품으로 소량씩 자주 공급

01 화상 환자에 대한 식사요법으로 옳지 않은 것은?

① 화상의 크기에 따라 에너지 요구량이 증가된다.
② 체중 감소율은 화상 전 체중의 10% 이하로 한다.
③ 주요 에너지 급원으로 고당질·고단백·고비타민식을 권장한다.
④ 열량 필요량은 화상 후의 체중에 의해 결정된다.
⑤ 수분과 전해질을 충분히 보충한다.

02 폐결핵 환자의 식사요법으로 올바른 조합은? `2019.12`

가. 칼슘 섭취 제한
나. 에너지 및 수분섭취 제한
다. 지방 섭취 제한
라. 단백질 섭취 증가

① 가, 다   ② 나, 라
③ 가, 나, 다   ④ 라
⑤ 가, 나, 다, 라

03 만성 폐쇄성 폐질환의 식사요법으로 옳은 것의 조합은? `2018.12`

가. 저당질
나. 수분섭취 증가
다. 고지방
라. 고당질

① 가, 다   ② 나, 라
③ 가, 나, 다   ④ 라
⑤ 가, 나, 다, 라

---

01 화상 환자 식사요법
- 열량 필요량은 상처 범위에 따라 결정되며, 단백질 필요량은 화상을 입기 전의 체중과 화상범위에 따라 결정한다.
- 10% 이상의 체중 감소는 질병감염과 사망률을 증가시킨다.

02 폐결핵 환자의 식사요법
- 폐결핵 환자는 급성 또는 만성 세균감염에 의해 나타나며 영양관리의 목표는 체중 감소와 체조직 소모 방지, 탈수 및 합병증 방지이다.
- 식사요법으로는 고단백식이를 하되 동물성 단백질을 40~50% 정도 섭취한다.
- 폐결핵이 치유될 때 폐조직이 석회화되어 칼슘의 필요량이 증가하므로 고칼슘 식이를 한다.
- 합병증 예방과 세균에 대한 저항력 증가를 위해 고비타민 식이가 필요하다.
- 부종이 없을 땐, 식염과 수분도 충분히 공급한다.

03 만성 폐쇄성 폐질환(chronic obstructive pulmonary disease, COPD)
- 흡연, 노화, 대기오염, 직업병, 감염, 유전 등이 원인으로 만성 기관지염과 폐기종이 있고 호흡곤란 증세가 특징이다.
- 탄수화물은 체내에서 대사된 후 탄산가스가 많이 생성되므로 적게 섭취해야 하고, 지방의 섭취량을 늘리고, 단백질은 적정량 섭취해야 한다.
- 호흡 부전 시 폐에 과량의 수분이 보유되어 있는 경우가 많으므로 수분 및 소금 섭취는 제한한다.
- 지방은 좋은 에너지원으로 충분히 공급한다.

01 ④   02 ④   03 ①

📝 철결핍성 빈혈

- 특징 : 소혈구성 저색소성 빈혈(적혈구 크기가 작고 헤모글로빈 양이 감소함)
- 증상 및 위험요인
  - 피로, 허약, 식욕감퇴, 면역능력 감소, 근육기능 저하
  - 철 섭취 부족, 흡수불량(설사, 무산증, 장질환, 위 절제), 철 유용률 저하(만성 위장질환), 철 필요량 증가(성장기, 임신 수유기), 철 손실 증가(가임기 여성, 만성 궤양, 출혈성 치질, 식도정맥류, 기생충 감염)
- 식사요법 : 고에너지, 고단백(동물성), 고철분(헴철-고기, 생선, 가금류. 비헴철-난황, 말린 과일, 녹색채소. 헴철의 흡수율은 비헴철에 비해 2배 이상 높음), 고비타민(엽산, 비타민 B_{12}, 비타민 C)을 섭취하고 식사 후 커피와 차는 피할 것
- 구리 결핍 빈혈
  - 헤모글로빈이 정상적으로 형성되기 위해서 철뿐만 아니라 구리도 필요함
  - 구리 함유 단백질인 세룰로플라스민(ceruloplasmin)은 저장철을 혈장으로 이동하는 데 필요함 → 구리가 결핍되면 저장철이 혈장으로 이동되지 않아 혈청철 농도가 낮고 헤모글로빈 양이 감소함

📝 거대적아구성 빈혈

- 엽산 결핍 빈혈
  - 특징 : 엽산은 DNA 합성을 촉진하여 적혈구의 합성과 성숙에 관여하므로 결핍되면 거대적아구성 빈혈 발생
  - 위험요인 : 염증성 장질환, 일부 임신 수유부, 노인
  - 증상 : 피로, 식욕부진, 숨이 차고 입과 혀가 쓰리고, 설사, 체중부족
  - 식사요법 : 엽산(적당량을 매일 섭취, 신선한 과일과 녹황색 채소, 간, 육류, 견과류), 비타민 C, 단백질 보충
- 비타민 B_{12} 결핍 빈혈
  - 특징 : 비타민 B_{12}는 엽산대사에 필수, 따라서 결핍되면 엽산 결핍과 같은 거대적아구성 빈혈 일으킴. 또한 비타민 B_{12}는 신경세포 형성에도 관여하므로 신경장애 발생(→ 악성 빈혈)
  - 원인 : 비타민 B_{12} 결핍, 비타민 B_{12} 흡수에 필요한 위액 내의 당단백질인 내적인자 부족, 비타민 B_{12} 흡수부위인 회장에 염증 질환이 있을 때, 비타민 B_{12}는 주로 동물성 식품에 들어 있어 완전 채식주의자는 결핍될 수 있음
  - 증상 : 식욕감퇴, 체중 저하, 피로, 현기증, 사지마비, 감각이상, 지각이상, 기억력 장애
  - 식사요법 : 비타민 B_{12}, 단백질, 엽산, 비타민 C, 철 보충 – 육류, 달걀, 유제품, 녹황색채소. 흡수불량이 원인일 때에는 비타민 B_{12}를 근육이나 피하로 주사

📝 비영양성 빈혈

- 겸상적혈구 빈혈
  - 헤모글로빈 β-chain 6번째 위치의 glutamic acid 대신에 valine이 들어가 적혈구의 모양이 낫 모양으로 변함 → 아연 결핍발생, 간의 철 저장량이 증진되므로 철 섭취를 제한하고 비타민 C도 제한함
  - 에너지, 단백질, 비타민 B_{12}, 엽산, 아연 보충
- 재생불량성 빈혈
  - 골수의 조혈능력 저하로 적혈구 수 부족
  - 고단백, 비타민 B_{12}, 비타민 C, 엽산 보충

01 철결핍성 빈혈의 식사요법에 대한 설명으로 옳지 않은 것은?

① 철의 흡수를 촉진하기 위해 단백질과 비타민 C를 함께 섭취하도록 권장한다.

② 난황을 제외한 동물성 식품에 함유된 철은 헴형태의 철을 다량 함유하므로 흡수율이 좋다.

③ 식물성 식품에 함유된 철도 헴철이 풍부하다.

④ 육류, 어패류, 가금류 등의 섭취를 권장한다.

⑤ 엽산, 비타민 B_{12}, 비타민 C를 충분히 섭취한다.

02 철 결핍 마지막 단계에서 낮아지는 지표는? `2020.12`

① 헤모글로빈 농도

② 총 철 결합 능력

③ 혈청 철 함량

④ 혈청 페리틴 농도

⑤ 트랜스페린 포화도

03 빈혈에 대한 설명으로 옳지 않은 것은?

① 거대적아구성 빈혈은 비타민 B_{12}와 엽산 결핍과 관련이 없다.

② 철결핍성 빈혈은 체내의 철 부족 때문에 적아구의 헤모글로빈 합성에 장애를 받아 생긴다.

③ 용혈성 빈혈에서는 소변 중 빌리루빈의 농도가 증가된다.

④ 용혈성 빈혈에는 아연과 비타민 E를 보충해준다.

⑤ 겸상적혈구 빈혈의 경우 철과 비타민 C를 제한한다.

04 재생불량성 빈혈의 식사요법으로 옳은 것의 조합은?

가. 고단백식	나. 고비타민 B_{12}
다. 고비타민 C	라. 고비타민 D

① 가, 다

② 나, 라

③ 가, 나, 다

④ 라

⑤ 가, 나, 다, 라

---

01 철결핍성 빈혈
- 특징 : 소혈구성 저색소성 빈혈(적혈구 크기가 작고 헤모글로빈 양이 감소한다)
- 식사요법 : 고에너지, 고단백(동물성), 고철분, 고비타민식(엽산, 비타민 B_{12}, 비타민 C) 섭취, 식사 후 커피와 차는 피해야 한다.

02 철분 결핍증 지표
- 초기 단계 : 페리틴 농도 감소
- 결핍 2단계 : 트랜스페린 포화도 감소, 적혈구 프로토포르피린 증가
- 마지막 단계 : 헤모글로빈과 헤마토크리트의 농도 감소

03 빈 혈
- 거대적아구성 빈혈 : 비타민 B_{12}와 엽산이 부족하여 골수적아구의 핵산 합성의 저하로 적아구의 세포분열이 장애를 받아 발생한다. 악성 빈혈과 마찬가지로 비타민 B_{12}와 엽산을 보충한다.
- 철결핍성 빈혈 : 철, 비타민 C, 동물성 단백질을 보충한다.
- 겸상적혈구 빈혈 : 에너지, 단백질, 비타민 B_{12}, 엽산, 아연을 보충한다.

04 재생불량성 빈혈
- 적혈구뿐 아니라 백혈구 및 혈소판도 감소된 상태이다.
- 혈청철이 높으므로 오히려 철 함량이 적은 식품을 선택한다. 단백질은 체중 kg당 1.5~2g, 비타민 C는 200~250mg, 비타민 B_{12}는 40~50mg, 엽산은 400~450mg까지 공급한다.

01 ③ 02 ① 03 ① 04 ③

- 출혈성 빈혈
  - 급성 출혈 : 외상으로 인해 갑자기 혈액손실, 철, 비타민 C, 단백질 공급
  - 만성 출혈 : 위궤양, 대장염, 치질, 장기간의 아스피린 복용, 결핵, 류마티스성 관절염 → 질병치료 후 빈혈치료

신경계 질환

- 파킨슨병
  - 원인 : 뇌의 흑질의 도파민 분비 신경세포가 점차적으로 소실되는 질병으로 아직 그 정확한 원인은 밝혀지지 않고 있음
  - 증상 : 손발이 떨리는 진전증, 몸 동작이 느려지는 운동완서 증상 및 팔·다리 근육이 뻣뻣해지는 근육경직 등
  - 식사요법 : 도파민 투여와 관련된 영양문제, 환자의 섭식능력 증진, 변비 예방, 신체적 기능 유지에 목적. 비타민 B_6 보충은 엘-도파 제제의 효과를 감소시키므로 제한
- 알츠하이머병
  - 원인 : 기억과 인지증력에 중요한 뇌의 시상하부와 대뇌피질에 비정상적인 물질들이 모여 있는 노인성반과 신경세포 안에서 신경원 섬유들이 비정상적으로 꼬여 있는 신경섬유 덩어리가 생겨 신경세포가 손상
  - 식사요법 : 체중 감소 혹은 활동 수준 감소로 인한 과도한 체중 증가를 방지하며 혼자 식사할 수 있는 능력을 키워주는 것을 목적. 탈수 및 변비 방지
- 간질(뇌전증)
  - 원 인
    ⓐ 중추신경계통의 장애에 의하여 발작적으로 나타나는 의식장애와 경련
    ⓑ 유전, 출생 시 충격, 대사 장애, 외상, 감염, 뇌졸중, 뇌종양, 약물 등이 원인이나 원인 불명도 있음
  - 식사요법의 목표 : 아동기와 청소년기는 정상적인 성장발달을 위한 식사제공이 필요함
    ⓐ 항경련제 사용 시는 약의 부작용을 최소화
    ⓑ 고지방·저당질의 케톤식으로 한 산·알칼리 균형 변화를 초래하는 케톤식 실시

골다공증

- 유전과 인종, 칼슘·비타민 D 부족 등 식사요인을 들 수 있음
- 연령과 성 : 골질량은 청소년기에 증가해 30~35세에 최대, 이후 해마다 일정 비율로 감소함. 폐경기 이후 급격하게 감소. 70세 이후에는 노인성 골다공증 증가
- 신체활동 : 일상에서 뼈에 가해지는 하중이 증가하면 뼈의 밀도가 증가함. 체중이 많이 나가는 사람이 저체중인 사람보다 골다공증 발령률이 낮음. 체중을 실어주는 활기찬 운동은 골밀도 증가, 오랫동안 누워있으면 골 손실 초래
- 호르몬
  - 부갑상선호르몬 : 노령화에 따라 분비 증가 → 뼈에서 칼슘 용출이 증가함
  - 칼시토닌 : 뼈에 칼슘 침착을 촉진하는데 노령화에 따라 감소됨
  - 에스트로겐 : 골격에 대한 부갑상선호르몬의 작용을 억제하고, 칼시토닌 작용을 촉진함으로써 칼슘 평형을 개선시킴. 따라서 폐경 후 여성에게 골다공증 발생

01 소뇌와 함께 신체운동과 자세조정에 관여하는 반사활동을 통합하며, 손상 시 파킨슨병에 걸리는 곳은 뇌의 어느 부분인가?

① 중 뇌 　　　　② 시 상
③ 기저핵 　　　　④ 간 뇌
⑤ 대뇌피질

02 간질(epilepsy) 환자에게 공급해야 하는 식사는?

① 저당질 · 저단백 식사
② 저당질 · 고지방 식사
③ 고당질 · 저지방 식사
④ 고단백 · 저지방 식사
⑤ 고당질 · 고지방 식사

03 케톤식 식사요법을 해야 하는 질환으로 적합한 것은?
2017.12　2018.12　2019.12

① 동맥경화증 　　　　② 간 질
③ 당뇨병 　　　　④ 신우염
⑤ 알츠하이머

04 골다공증에 대한 설명으로 옳지 않은 것은? 2018.12

① 골아세포가 감소하고 파골세포가 활성화되어 나타난다.
② 에스트로겐은 칼슘 흡수를 증가시키고 부갑상선 작용 억제로 골용출을 줄인다.
③ 폐경 직후 모든 여성에게 골질량 감소로 인해 발생된다.
④ 뼈에 하중을 가하는 운동은 골질량을 증가시킨다.
⑤ 골다공증 환자에게 칼슘과 인의 비율을 1:1로 유지하는 것이 바람직하다.

---

01 기저핵은 추체외로의 억제기능과 관련이 있으며 신체운동 및 자세 조정에 보조적 역할을 한다.

02 간질은 체내의 알칼리성이 높아지면 이를 자동적으로 조절하기 위해 발작이 일어나므로, 케톤체 식사 및 산 형성 식사를 주어야 한다.

04 골다공증
• 저체중이면서 조기폐경한 여성의 골질량이 낮아 골다공증의 위험이 크다.
• 지방조직은 폐경 후 에스트로겐 생산의 주요 장소가 되므로 비만 여성의 경우 골다공증이 적다.
• 식사요법 : 단백질을 권장량 정도, 칼슘은 1일 1,200~1,500mg 정도 공급하고, 동물성 단백질이나 식이섬유는 칼슘 배설을 촉진하므로 적정량으로 제한한다.
• 피부를 자외선에 노출하여 비타민 D를 체내에서 합성할 수 있도록 해야 한다.

01 ③　02 ②　03 ②　04 ③

- 분 류
  - 폐경기성 골다공증(제1형) : 폐경 후 에스트로겐 분비 부족, 폐경 초기 5~10% 여성에서 발병, 에스트로겐 치료
  - 노인성 골다공증(제2형) : 70세 이후, 칼슘 보충
- 식사요법과 치료
  - 고칼슘식 : 하루 1,200~1,500mg, 우유와 유제품, 뼈째 먹는 생선
  - 비타민 D 공급 : 칼슘 흡수 장애 시
  - 단백질과 인 : 적당량 공급(고단백 식사 → 칼슘배설 촉진, 인 과잉 섭취 → 골격칼슘 방출)
  - 섬유소 제한 : 소장에서 칼슘 흡수 억제, 칼슘배설 증가
  - 고지방, 고나트륨은 칼슘 흡수 억제함
  - 카페인과 알코올 제한 : 카페인은 칼슘배설 촉진, 골절률 증가, 알코올은 골재생 억제함
  - 흡연 제한 : 에스트로겐 농도를 저하시킴

☑ 통 풍

- 퓨린체(purine)의 대사이상으로 요산(uric acid)이 체내에 축적되어 고요산혈증, 관절염 증상으로 통증이 심하게 나타나는 질병
- 원 인
  - 30세 이후의 남성, 육식, 비만, 과격한 운동
  - 갱년기 이후 여성에게 발병함
  - 요산생성은 과잉, 요산배설은 저하되어 요산이 과잉 축적됨
  - 요산생성 : 세포분해 촉진, 퓨린체 생합성. 식사 중 퓨린 섭취 증가, 퓨린 대사이상
- 증상과 치료
  - 혈중 요산이 요산칼슘염 결정을 형성하여 연부조직에 침착. 엄지발가락, 귓바퀴, 팔꿈치, 손가락 관절에 통풍결절 생성. 격심한 통증, 발열, 오한, 두통, 위장장해, 골절
  - 약물 : 요산생성 억제 및 배설 촉진, 콜히친 복용
- 식사요법
  - 퓨린 제한식 : 육류의 내장, 멸치, 등푸른 생선(고등어, 연어, 청어), 조개류 제한
  - 에너지 : 제한
  - 단백질 : 1g/kg 이하로 섭취, 우유와 달걀, 치즈는 권장
  - 지방 : 하루 50g 이하, 불포화지방산으로 섭취
  - 체중조절 및 알코올 제한

01 구루병(rickets)의 원인으로 옳은 조합은?

> 가. 비타민 D 섭취 부족
> 나. 칼슘 섭취 증가
> 다. 인의 섭취 부족
> 라. 부갑상선호르몬의 증가

① 가, 다　　　　　② 나, 라
③ 가, 나, 다　　　④ 라
⑤ 가, 나, 다, 라

02 40세 이상의 비만 남성과 폐경 이후의 여성에게 많이 나타나는 통풍과 연관성이 높은 질병은 무엇인가?

① 췌장염　　　　　② 당뇨병
③ 담낭염　　　　　④ 심부전
⑤ 간질환

03 통풍의 식사요법으로 옳지 않은 것은?

① 요산 배설을 위해 다량의 수분섭취가 필요하다.
② 소변의 요산을 중화하기 위해 알칼리성 식품인 채소와 과일을 권장한다.
③ 달걀, 우유보다는 곡류나 생선에 퓨린 함량이 적으므로 권장한다.
④ 수분의 충분한 섭취를 위해 죽, 수프, 차 등을 자주 마신다.
⑤ 퓨린은 물에 쉽게 용해되므로 콩과 두부 가운데 두부에 퓨린이 적으므로 좋다.

04 통풍 환자에게 제공해야 할 식이요법은?

2017.12　　2018.12

① 저퓨린식　　　　② 고퓨린식
③ 케톤식　　　　　④ 고지방식
⑤ 고에너지식

---

01 구루병은 가, 다 이외에 자외선 차단, 칼슘섭취 부족, 신장기능 장애, 부갑상선호르몬의 감소 등에 의해 발생한다.

02 통풍
- 당뇨병성 신증 발생 시 요산배설 감소로 통풍이 나타난다.
- 통풍은 40세 이상 비만 남성에게 잘 나타나고, 여자의 경우 폐경 이후에 많이 나타난다.
- 퓨린대사의 장애로 체내의 요산이 증가한다.

03 통풍 – 식사요법
- 달걀, 우유, 치즈 등은 단백질 식품이지만 퓨린 함량이 극히 적은 식품이므로 권장한다.
- 저퓨린 식품 : 우유, 달걀, 국수, 버터, 땅콩 등
- 고퓨린 식품 : 어란, 정어리, 멸치, 고깃국물. 청어, 고등어, 연어 등 식품 100g당 100~1,000mg의 퓨린 질소를 함유

04
- 통풍은 퓨린 대사산물인 요산의 혈중농도가 상승되어 불용성 요산염이 관절이나 관절주위 조직, 신장 등에 침착되어 염증을 일으키는 대사질환이다.
- 통풍 환자의 혈액 중에는 퓨린 대사산물인 요산이 많다. 퓨린체의 과잉 섭취는 고요산혈증을 유발하므로 퓨린체 함량이 많은 식품을 피하고, 표준체중의 유지를 위해 과다한 탄수화물, 단백질, 지방을 피한다.

01 ①　**02** ②　**03** ③　**04** ①

☑ 관절염

- 퇴행성 관절염
  - 원인 : 관절의 노화로 연골이 마모되어 움직일 때 통증이 오는 질병. 유전, 비만, 무리한 관절 사용 시 쉽게 발병
  - 증상 : 관절이 뻣뻣해지고 활동의 제약을 받으며, 통증을 느낌
  - 식사요법 : 저열량식(정상체중의 하한선 유지), 단백질, 비타민, 철, 칼슘 공급
- 류마티스 관절염
  - 원인 : 관절을 둘러싼 활막에 염증이 생기는 것으로 활막세포가 연골에 침입해 뼈와 관절을 손상시켜 부종과 압통으로 행동에 제약을 받음
  - 식사요법
    ⓐ 에너지 조절 : 관절에 무리가 되므로 정상체중을 유지해야 함
    ⓑ 양질의 단백질과 비타민 A·B 복합체, C 공급
    ⓒ 골다공증 예방을 위해 칼슘과 비타민 D 공급
    ⓓ 항염증 작용이 있는 ω-3 지방산 공급(생선류)
    ⓔ 금주, 금연, 관절보호

☑ 선천성 대사장애

- 페닐케톤뇨증
  - 원인 : 페닐알라닌 수산화효소의 결핍 또는 불활성화로 페닐알라닌이 티로신(tyrosine)으로 대사되지 못함 → 혈액과 소변에 페닐알라닌, 페닐피루브산, 페닐아세트산, 페닐아세틸글루타민 농도 증가
  - 증상 : 성장저하, 피부와 모발 탈색, 지능 저하, 정서불안, 혈압 저하
  - 식사요법
    ⓐ 영유아기에는 페닐알라닌 엄격히 제한, 학령기에는 다소 완화
    ⓑ 모든 단백질 식품에는 페닐알라닌이 함유되어 있으므로 특수조제유(조제식) 사용
    ⓒ 티로신 보충 섭취
    ⓓ 특수조제유로 단백질의 대부분을 공급하고, 일반식품에서 단백질 소량과 다른 영양소 공급
- 단풍당뇨증
  - 원인 : 분지아미노산의 탈탄산효소 결핍. 분지아미노산인 류신(leucine), 이소류신(isoleucine), 발린(valine)의 대사과정에서 아미노기가 떨어진(탈아미노 반응) 케토산(α-keto acid)의 탈탄산 반응이 일어나지 못함. 분지 아미노산과 알파-케토산이 혈액 중에 축적됨
  - 증상 : 신경·정신발달 장애, 소변에서 맥아당 단내(단풍시럽 냄새), 혼수, 사망
  - 식사요법 : 분지아미노산(측쇄아미노산)을 제한한 특수조제유 공급

01 단백질의 선천성 대사이상증과 유전적으로 부족한 효소명이 바르게 연결된 것은? `2017.12`

① 호모시스틴뇨증 – 발린의 산화적 탈탄산소화를 촉진하는 효소

② 단풍당뇨증 – 시스타티오닌 합성효소

③ 페닐케톤뇨증 – 페닐알라닌히드록실라아제

④ 호모시스틴뇨증 – 이소류신의 산화적 탈탄산소화를 촉진하는 효소

⑤ 페닐케톤뇨증 – 류신의 산화적 탈탄산효소화를 촉진하는 효소

02 페닐케톤뇨증(PKU)에 대한 설명으로 옳지 않은 것은?

① 페닐알라닌이 티로신으로 전환하는 데 필요한 효소인 phenylalanine hydroxylase가 결핍되어 나타난다.

② 모든 단백질 식품에는 페닐알라닌이 함유되어 있으므로 환자에게 특수조제유(조제식)를 사용한다.

③ 치료되지 않으면 전면적인 지능 저하가 나타난다.

④ 멜라닌 색소가 과잉 생산된다.

⑤ 증상으로 무관심, 지능 저하, 금발, 혈당과 혈압 저하, 정서불안 등이 나타난다.

03 단풍당밀뇨증(단풍당뇨증)에 대한 설명으로 옳지 않은 것은? `2018.12`

① 측쇄아미노산인 류신, 이소류신, 발린의 대사장애증이다.

② 증세는 저혈당, 케톤성 산독증 등이 있다.

③ 가장 뚜렷하게 나타나는 증상은 소변, 땀, 타액에서 단풍당밀 냄새가 나는 것이다.

④ 혼수, 사망에 이를 수 있다.

⑤ 측쇄아미노산이 많이 들어있는 식품의 보충이 필요하다.

---

01 단백질 대사의 선천성 대사이상증 & 부족 효소
- 호모시스틴뇨증 : 메티오닌으로부터 시스테인을 합성하는 과정에 있는 시스타티오닌 합성효소에 유전적으로 결함이 있어 이 효소의 기질이 호모시스틴의 혈중농도를 높이고, 따라서 호모시스틴이 소변으로 많이 배설되는 유전적 대사질환이다.
- 페닐케톤뇨증(PKU) : 페닐알라닌이 티로신으로 전환하는 데 필요한 효소인 phenylalanine hydroxylase가 결핍되어 나타난다.
- 단풍당뇨증 : 분지아미노산의 탈탄산효소(decarboxylase) 결핍. 분지아미노산인 류신(leucine), 이소류신(isoleucine), 발린(valine)의 대사과정에서 아미노기가 떨어진(탈아미노 반응) 케토산(α-keto acid)의 탈탄산 반응이 일어나지 못함. 분지 아미노산과 알파-케토산이 혈액 중에 축적된다.

02 페닐케톤뇨증
- 멜라닌 색소 저하로 백색피부, 금발이 나타난다.
- 단백질이 함유된 식품을 제한한다.

03 식사요법으로 측쇄아미노산을 제한한 특수조제유를 공급해야 한다.

01 ③ 02 ④ 03 ⑤

- 호모시스틴뇨증
  - 원인 : 메티오닌에서 시스테인 합성과정 중 시스타티오닌 합성효소의 결핍으로 소변에 메티오닌, 호모시스틴 농도 증가. 호모시스틴은 동맥경화를 유발하므로 이 질환의 어린이는 동맥경화증 발생
  - 증상 : 지능 저하, 경련, 척추기형, 발육장애, 심혈관계 장애
  - 식사요법 : 메티오닌이 축적되므로 메티오닌과 전체 단백질을 제한하고, 결핍되어 있는 시스테인 보충시킨 조제식 이용, 비타민 B_6 다량 투여, 엽산 보충
- 갈락토스혈증(갈락토세미아)
  - 원인 : 간에서 갈락토오스가 포도당으로 전환되지 못함
  - 증상 : 식욕부진, 체중 저하, 발육지연, 구토, 설사, 지능 저하
  - 식사요법 : 우유 및 유제품 제한, 대두유로 대치(Ca 보충)
- 과당불내증
  - 증상 : 구토, 심한 저혈당증, 빈혈
  - 식사요법 : 과당, 설탕, 전화당, sorbitol 제한. 비타민 C 보충

📝 호르몬 과잉분비 및 과소분비

- 성장호르몬 : 과잉-거인증, 말단 비대증 / 과소-난쟁이
- 부신피질자극호르몬(ACTH) : 호르몬이 없어지면 부신피질 자체가 위축, 피부의 색소 증대로 애디슨병
- 항이뇨호르몬 : 분비 감소 시 소변량이 증가하여 요붕증
- 갑상선(갑상샘)
  - 비대로 인한 분비 과잉 : 글리코겐이 과다 분해되어 고혈당증이 되고 몸무게 감소 및 심해지면 안구돌출, 갑상선종, 맥박수가 증가되는 그레이브스병(Graves disease)
  - 분비 저하 : 어린이는 대사율 저하, 정신적·신체적 및 성장발육 부진 증상을 갖는 크레틴병. 성인의 경우 대사율 저하, 체중 증가, 피부가 건조해지고 전신이 붓는 점액수종
- 부갑상선 : Ca^{2+}의 흡수 증가는 PTH에 의해 조절됨
- 당류코르티코이드 : 과다-쿠싱증후군 / 과소-애디슨병

01 갈락토오스혈증에 대한 설명으로 옳지 않은 것은?

① 갈락토오스가 포도당으로 전환되지 못하고 일어난다.
② 혈중에 galactose와 galactose-1-phosphate가 축적된다.
③ 갈락토오스혈증에 걸린 어린이에게 전지분유를 주어도 무방하다.
④ 카세인 가수분해물, 젖산, lactoalbumine은 젖당이 들어 있지 않기 때문에 식사가 가능하다.
⑤ 증상으로는 식욕부진, 체중 감소, 안면 창백, 발육 지연, 황달, 복수, 구토, 팽만감, 설사, 지능 저하 등이 나타난다.

02 부신피질과 수질의 호르몬에 대한 설명으로 옳지 않은 것은?

① 부신피질자극호르몬은 코르티솔의 합성과 분비를 촉진시킨다.
② 부신피질자극호르몬은 뇌하수체 전엽에서 분비된다.
③ 글루코코르티코이드의 분비조절에 관여하는 호르몬은 부신수질호르몬이다.
④ 카테콜아민은 부신수질에서 분비되는 에피네프린, 노르에피네프린 등의 도파민을 총칭한다.
⑤ 부신수질호르몬은 교감신경의 자극 시 더 분비된다.

03 호르몬의 분비기관과 호르몬 분비 이상으로 생기는 증상으로 옳은 것의 조합은?

> 가. 부신피질 – 쿠싱증후군
> 나. 뇌하수체 – 골다공증
> 다. 췌장 – 당뇨병
> 라. 성장호르몬 – 애디슨병

① 가, 다
② 나, 라
③ 가, 나, 다
④ 라
⑤ 가, 나, 다, 라

01 갈락토오스혈증
갈락토오스혈증 어린이에게는 유당이나 갈락토오스가 없는 식품을 주어야 하므로 우유나 유제품, 조제분유 등을 피하고 두유를 사용해야 한다.

02 부신피질 · 수질호르몬
글루코코르티코이드의 분비는 뇌하수체 전엽에서 분비되는 ACTH(부신피질자극호르몬)에 의해 촉진된다.

03 쿠싱증후군은 부신피질호르몬인 코르티솔의 과잉 분비 시 일어나고 코르티솔이 결핍되면 애디슨병이 발생한다.

혼자 공부하기 힘드시다면 방법이 있습니다.
SD에듀의 동영상강의를 이용하시면 됩니다.

www.sdedu.co.kr → 회원가입(로그인) → 강의 살펴보기

영양학 및
생화학
최종마무리

01 세포 내 소기관의 하나인 미토콘드리아의 주요 기능은?

① 소화작용
② 단백질 합성
③ 에너지 발전소
④ 유전정보 함유
⑤ 분비기관

해설 미토콘드리아
- 세포대사에 의해 음식물을 산화시켜 에너지를 생산하는 과정이 미토콘드리아에서 일어난다.
- 세포에 필요한 거의 모든 에너지를 공급한다.
- 산소호흡에 관계하는 에너지 생산계(TCA 회로, 전자전달계)와 지방산 산화계가 있다.

02 다음의 특성을 나타내는 물질이동의 방법은?

- 운반체를 매개로 한다.
- 에너지를 필요로 하지 않는다.
- 물질 농도가 높은 곳에서 낮은 곳으로 운반된다.
- 특히 혈당이 세포 내로 유입될 때 이용하는 물질의 운반기전이다.

① 능동수송
② 삼 투
③ 여 과
④ 촉진확산
⑤ 단순확산

해설 촉진확산
- 특정의 물질이 막에 존재하는 운반체를 매개로 해서 막을 통과하는 수동수송이다.
- 운반체에 대한 포화와 경쟁의 특성을 나타낸다.
- 특히 혈당이 세포 내로 유입될 때 이용하는 물질의 운반기전이다.

03 외부환경 변화에도 불구하고 세포의 내부환경이 일정하게 유지되는 현상이 아닌 것은?

① 혈압 조절
② 혈당조절
③ 호흡조절
④ 체온조절
⑤ 신경계의 조절

해설 항상성
생물체내를 일정하게 유지하는 현상을 뜻하는 것으로 체온, 호흡, 혈당, 혈압, 체내 pH 등이 해당한다. 자율신경계와 내분비계의 조화로 이루어진다.

04 세포에 관한 설명 중 옳은 것의 조합은?

> 가. 핵 속의 염색체는 주로 DNA이다.
> 나. 세포의 단백질을 합성하는 곳은 리보솜이다.
> 다. 골지체는 거의 모든 진핵세포에서 볼 수 있다.
> 라. 유사분열 때 제일 먼저 갈라지는 것은 염색체이다.

① 가, 나
② 다, 라
③ 가, 나, 다
④ 라
⑤ 가, 나, 다, 라

해설 핵 속의 염색체는 주로 DNA이고, 유사분열 시 중심체는 제일 먼저 둘로 갈라져 양극으로 이동하고 방추사를 형성한다.

05 물질이동 중 확산을 촉진하는 요인이 아닌 것은?

① 지용성 물질일 때
② 음이온 상태일 때
③ 농도차가 클 때
④ 확산면적이 클 때
⑤ 분자의 크기가 클 때

해설 물질이동 - 촉진확산
- 세포막의 지질층이 물질이동의 투과장벽으로 작용하므로 지용성일수록 투과성이 크다.
- 세포막은 내측이 -, 외측이 +로 하전이 되어 있으므로 음이온의 투과성이 크다.
- 농도차가 클수록, 확산면적이 클수록, 분자의 크기가 작을수록 확산이 촉진된다.

06 세포 내외의 물질운반 과정에 대한 설명으로 옳은 것은? 2018.12

> - 농도기울기에 순행하여 일어난다.
> - 특별한 운반체가 필요하지 않다.
> - 모세혈관에서의 가스 교환 기전이다.

① 음세포 작용
② 촉진확산
③ 삼 투
④ 단순확산
⑤ 능동수송

해설 물질운반
- 촉진확산 : 단순확산과 마찬가지로 농도기울기에 순행하여 일어난다. 에너지를 쓰지 않고 분자 확산의 방법으로 이루어지지만 운반체가 필요한 방법이다(예 인체 내 혈액에서 세포로 산소 이동, 포도당의 세포 내로 운반).
- 음세포 작용 : 모체에서 태아에게로 면역체 등 단백질의 거대분자의 이동에 이용되는 물질운반 기전이다.
- 능동수송 : 농도와 전기화학적 기울기에 역행하여 일어나므로 에너지가 유입되어야 일어날 수 있으며 운반체를 필요로 하지 않기 때문에 포화현상을 볼 수 있다.

07 물질이동 방법 중 에너지를 소모하고, 포화현상이 나타나며, 물질 농도가 낮은 곳에서 농도가 높은 쪽으로 운반하는 것은?

① 능동적 운반　　　　　　　　　② 삼 투
③ 여 과　　　　　　　　　　　　④ 촉진확산
⑤ 확 산

> **해설** 능동적 운반
> • 운반체를 매개로 하여 농도가 묽은 쪽에서 진한 쪽으로 운반된다.
> • 특성으로는 포화현상, 온도, 경쟁적 저해, 운반체 선택성, 효소와 에너지 필요 등이 있다.
> • 모양이 유사한 경우 운반과정에서 경쟁적 저해가 일어날 수 있다.

08 다음의 특징에 해당하는 당질은? `2021.12`

> • 세포 안으로 유입될 때 인슐린에 의존하지 않는다.
> • 아세틸 CoA로 전환되는 속도가 빨라 혈중 중성지방의 농도를 높일 수 있다.

① 갈락토오스　　　　　　　　　② 아라비노오스
③ 자일로오스　　　　　　　　　④ 올리고당
⑤ 과 당

> **해설** 과 당
> • 과당은 간에서 포도당으로 전환되며, 세포 내로 이동하는 것은 인슐린 의존성이 아니다. 그렇지만 과당도 결국 포도당으로 전환되므로 과량을 섭취할 경우 혈당을 높일 수 있다.
> • 과당은 해당과정에서 속도조절 단계를 거치지 않고 중간단계인 디히드록시아세톤 인산의 형태로 들어가므로 아세틸 COA 전환속도가 증가되어 지방산 합성속도가 증가한다.

09 다음 중 포도당의 기능으로 옳은 것은?

① 단백질이 에너지원으로 이용되는 것을 촉진한다.
② 뇌의 유일한 에너지원이다.
③ 정상인의 혈당을 약 1%로 유지해준다.
④ 자당보다 감미도가 높아 좋은 감미료로 쓰인다.
⑤ 섬유소의 흡수를 막는 단점이 있다.

> **해설** 당질은 에너지원의 급원, 단백질의 절약작용, 지질 대사의 조절, 혈당 유지, 감미료, 섬유소의 공급기능이 있다. 그중에 포도당은 뇌의 유일한 영양원이다.

10 다음 포도당에 관한 설명 중 옳지 않은 것은?

① 포도당은 인체에서 가장 기본적인 열량원이다.

② 체조직은 다양한 열량원을 사용할 수 있으나 두뇌와 적혈구는 포도당만을 이용하는데, 굶을 경우 케톤체를 이용하는 적응력이 생긴다.

③ 소장에서 흡수된 포도당은 간으로 운반된 후 혈액으로 방출되어 각 조직으로 운반된다.

④ 혈장 포도당 농도가 떨어졌을 때 지방조직으로부터 지방산의 방출이 감소된다.

⑤ 포도당 신생(gluconeogenesis)을 할 수 있는 조직은 소장과 뇌이다.

> **해설** 체내에서 주로 포도당 신생을 하는 조직은 간이고, 굶주림 상태가 계속되면 콩팥에서도 포도당을 신생하게 된다.

11 전화당(invert sugar)에 대한 설명으로 옳지 않은 것은? `2017.02`

① 포도당과 갈락토오스가 1 : 1의 비율로 존재한다.

② 비선광도가 우선성에서 좌선성으로 바뀐다.

③ 설탕에 비해 용해도가 크다.

④ 설탕에 비해 단맛이 더 강하다.

⑤ 설탕이 묽은 산, 알칼리, invertase에 의해 가수분해되어 얻어진다.

> **해설** 전화당(invert sugar)은 포도당과 과당의 동량 혼합물이다.

12 소장점막에서 포도당 흡수 시 필요한 영양소는? `2017.02` `2020.12`

① Cu　　　　　　　　　　　② Ca

③ Na　　　　　　　　　　　④ Fe

⑤ Mg

> **해설** Na
> - Na^+-K^+ 펌프에 의한 영양소의 흡수 : 탄수화물, 아미노산 등의 능동수송에 관여한다.
> - 소장상피세포의 미세융모에는 $Glc-Na^+$ 수송체가 존재해서 Na^+의 농도기울기 에너지를 이용해 포도당을 상피세포 내부로 흡수한다.

13 장기간 굶었을 때 체내에서 일어나는 과정 중 옳지 않은 것은?

① 간의 글리코겐이 분해된다.
② 근육의 글리코겐이 분해되어 에너지로 이용된다.
③ 지방과 아미노산으로부터 당신생이 일어난다.
④ 혈중 인슐린 농도가 감소한다.
⑤ 케톤체의 생성이 감소한다.

> **해설** 장기간 굶어 당이 공급되지 않을 때
> 우선 간의 글리코겐이 분해되어 혈당을 공급한다. → 근육의 글리코겐이 분해되어 에너지로 이용되며, 지방과 아미노산으로부터
> 당신생이 일어난다. → 지질의 연소가 계속되면 산소 부족으로 인한 불완전연소로 케톤체가 생성된다. → 저혈당 상태이므로
> 혈중 인슐린 농도는 감소하고, 글루카곤 농도는 증가한다.

14 식사 후 4시간 경과 시 포도당을 기질로 하여 인체에 공급되는 에너지원은? `2017.02`

① 글리세롤   ② 알라닌
③ 식이섬유   ④ 글리코겐
⑤ 피루브산

> **해설** 식사 후 4시간 경과 시 혈당이 저하된 공복상태이므로 간에 저장된 글리코겐이 포도당으로 분해되는 작용을 하여 혈당원으로
> 이용한다. 포도당 신생합성은 아미노산(주로 알라닌과 글루타민), 글리세롤, 피루브산, 젖산 등으로부터 포도당이 합성되는 과정
> 이다.

15 이틀 금식 후 간에서 글리코겐 고갈 시 사용되는 에너지원은? `2018.12`

① 지 방   ② 근육의 아미노산
③ 케톤체   ④ 단백질
⑤ 글리세롤

> **해설** 금식 후 에너지원
> 식후 4~24시간 금식 시 주된 에너지 급원은 간에 저장된 글리코겐을 이용한다. 금식한 지 하루가 넘어가면 글리코겐이 완전히
> 소모되며 당신생 과정을 통해 포도당을 제공한다. 이틀 후에는 근육을 보호하기 위하여 체내 지방이 분해되어 에너지원으로
> 이용된다. 금식 2~3주가 지나면 뇌도 본격적으로 케톤체를 에너지로 사용하기 시작한다.

16 뇌세포가 유일하게 에너지원으로 이용할 수 있는 당은?

① 자 당   ② 포도당

③ 유 당   ④ 맥아당

⑤ 갈락토오스

> **해설** 뇌세포의 에너지원
> - 포도당만을 주에너지원으로 사용한다.
> - 단식 또는 당뇨병 상태에서 포도당을 모두 소비했을 경우 케톤체를 사용한다.
> - 그 밖에 적혈구, 신경세포에서도 포도당을 에너지원으로 이용한다.

17 운동 시 ATP가 고갈되면 가장 먼저 ATP를 제공해 줄 수 있는 에너지 형태는?

① 젖 산

② 크레아틴인산

③ 근육 글리코겐

④ 간 글리코겐

⑤ 지방산

> **해설** ATP 이용
> 근육에서 에너지가 필요할 때 가장 직접적인 에너지원은 ATP이며, ATP → 크레아틴인산 → 글리코겐 → 지방산 순으로 ATP를 생성하여 이용한다.

18 세포질에서만 일어나는 반응으로 옳은 것은? `2017.12`

① 지방산 산화

② 산화적 인산화반응

③ 글리코겐 합성

④ 시트르산 회로

⑤ ATP 합성

> **해설** 지방산 산화, 산화적 인산화반응, 시트르산 회로, ATP 합성은 미토콘드리아 내막에서 일어나는 반응이다.

19 체내에서 당질의 역할로 옳은 것의 조합은?

> 가. 당질은 포도당 형태로 0.1% 함유
> 나. 미량(1%)이지만 체구성 성분으로 존재
> 다. 리보오스(ribose)는 RNA와 DNA의 구성성분
> 라. 세포막의 구성성분으로 세포막의 이중층을 이룸

① 가, 다   ② 나, 라
③ 가, 나, 다   ④ 라
⑤ 가, 나, 다, 라

해설 당질은 세포막의 구성성분으로 세포표면에 존재하며, 세포막의 이중층을 이루고 있는 것은 지방이다.

20 아세틸 CoA는 포도당으로부터 생성된 이것이 없으면 TCA 회로에 들어갈 수 없어 케톤증을 유발하게 된다. 이 물질은? 2018.12

① 아세토아세트산   ② 아세톤
③ β-히드록시부티르산   ④ 프로피온산
⑤ 옥살로아세트산

해설 케톤증
지방이 분해되어 다량 생성된 아세틸 CoA는 포도당으로부터 생성되는 옥살로아세트산이 없으면 TCA 회로에 들어갈 수 없어 간에서 아세토아세트산, β-히드록시부티르산, 아세톤 등의 케톤체를 생성해 혈액과 조직에 축적한다.

21 탄수화물 흡수에 관한 설명으로 옳은 것은? 2021.12

① 갈락토오스 : 단순확산에 의해 흡수됨
② 과당 : 능동수송에 의해 흡수됨
③ 육탄당 : 오탄당보다 느리게 흡수됨
④ 단당류 : 소장의 림프관으로 흡수됨
⑤ 포도당 : 운반체를 이용하여 흡수됨

해설 탄수화물의 흡수
• 흡수기전 중 능동수송은 소장점막에 존재하는 운반체가 영양소와 결합하여 흡수되며 에너지를 필요로 한다. 단당류인 갈락토오스와 포도당이 능동수송에 의하며 과당은 촉진확산을 한다.
• 소장 점막세포로 들어간 단당류는 모세혈관을 지나 문맥을 통해 간으로 이동한다.
• 흡수속도는 당의 종류에 따라 다르며 육탄당이 오탄당보다 빠르다.

22 가용성 식이섬유로만 묶인 것은?

가. 식물성 검(gum)	나. 해조다당류
다. 펙 틴	라. 리그닌
마. 셀룰로오스	

① 가, 나, 다
② 가, 라, 마
③ 다, 라, 마
④ 라
⑤ 가, 나, 다, 라, 마

해설 식이섬유 분류

가용성 식이섬유	불용성 식이섬유
식물성 검(gum), 해조다당류, 펙틴, CMC, 폴리덱스트로스	리그닌, 키틴, 셀룰로오스, 헤미셀룰로오스

23 다음 중 난소화성 다당류로 묶인 것은?

가. 전 분	나. 이눌린
다. 덱스트린	라. 셀룰로오스
마. 글리코겐	바. 한 천

① 가, 나, 다
② 라, 마, 바
③ 가, 다, 마
④ 나, 라, 바
⑤ 라

해설 소화성 vs 난소화성 다당류 분류
• 소화성 다당류 : 전분, 덱스트린, 글리코겐
• 난소화성 다당류 : 이눌린, 셀룰로오스, 헤미셀룰로오스, 리그닌, 키틴, 펙틴, 한천, 검, 알긴산 등

24 전분의 섭취가 많을 때 비타민 B군이 중요한 이유는?

① 세포 내에서 산화되는 과정에서 조효소로 작용
② 소화되는 과정에서 조효소로 작용
③ 흡수되는 과정에서 조효소로 작용
④ 혈당으로 운반되는 과정에서 조효소로 작용
⑤ 전분이 맥아당으로 분해되는 과정에서 조효소로 작용

해설 당질 대사과정에서 조효소로 작용하는 비타민에는 티아민, 리보플라빈, 니아신, 판토텐산, 리포산이 있다.

25 점성이 좋아 소장 내에서 당이나 콜레스테롤 흡수를 억제하고, 담즙과 결합하여 대변으로 배설되므로 혈청 콜레스테롤 수준을 낮추는 것은? 2017.02

① 식이섬유　　　　　　　　　　② 전 분
③ 글리코겐　　　　　　　　　　④ 지 질
⑤ 아미노산

해설　식이섬유
• 포도당 중합체로 β-1,4 결합을 하므로 인체 내에 소화효소가 없어서 에너지원으로 이용되지 못한다. 불용성과 가용성 식이섬유가 있다.
• 불용성 : 대변의 장 통과시간 단축, 즉 배변속도를 증가시켜 대장암 예방에 효과적이다.
• 가용성 : 위와 장 통과시간이 지연되므로 만복감을 준다. 혈청 콜레스테롤 수준을 낮춘다.

26 정장작용, 장내 유산균 생균촉진 및 혈청콜레스테롤 저하 등의 기능을 하는 탄수화물은? 2020.12

① 자 당　　　　　　　　　　　② 과 당
③ 올리고당　　　　　　　　　　④ 맥아당
⑤ 포도당

해설　올리고당
• 단당류가 2~8개 결합한 소당류로 대부분 소화·흡수가 잘 되지 않고 대장에서 유익균의 증식을 돕고, 유해균의 증식은 억제한다.
• HMG-CoA reductase 활성을 조절하여 혈청 콜레스테롤 및 중성지방 수치 감소에 도움을 준다.

27 일반 성인의 체내에 저장되는 글리코겐 중 간에 저장되는 글리코겐의 양은?

① 100g　　　　　　　　　　　② 200~300g
③ 300~400g　　　　　　　　　④ 10g
⑤ 제한 없음

해설　체내에 저장되는 글리코겐 양은 간에 100g, 근육에 200~300g 정도로 제한된다.

28 다음은 탄수화물의 어떤 생리적 기능에 관한 설명인가?

> 탄수화물 섭취가 부족하고 혈당이 저하되면 뇌, 적혈구, 신경세포 등의 주요 에너지원인 포도당을 공급하기 위해 체조직 단백질 분해로 나온 아미노산으로부터 포도당을 생성하는 포도당 신생합성이 이루어진다. 따라서 탄수화물의 적절한 섭취를 통해 혈당을 유지하여 에너지 공급이 원활하면 체단백질 분해는 억제된다.

① 케톤증 예방　　　　　　　　　② 단백질 절약작용
③ 핵산의 구성성분　　　　　　　④ 에너지 공급
⑤ 단맛 제공

해설　단백질 절약작용에 관한 설명이다.

29 해당과정 및 TCA 회로에서 ATP를 필요로 하는 반응으로 옳은 것은? `2018.12`

① 포도산 → 포도당-6-인산
② α-케토글루타르산 → 숙시닐 CoA
③ 포도당-6-인산 → 과당-6-인산
④ 글리세르알데하이드-3-인산 → 1,3-이인산글리세레이트
⑤ 3-인산글리세레이트 → 2-인산글리세레이트

해설　해당과정 및 TCA 회로

ATP 소모 반응	ATP 생성 반응
• 포도산 → 포도당-6-인산 • 과당-6-인산 → 과당-1,6-이인산	• 1,3-이인산글리세레이트 → 3-인산글리세레이트 • 포스포에놀피루브산 → 피루브산

30 피루브산 탈수소효소(pyruvate dehydrogenase)의 활성을 억제하는 물질로 옳은 것은? `2019.12`

① 아세틸 CoA　　　　　　　　　② 피루브산
③ 포스포엔올피루브산　　　　　④ AMP
⑤ NAD⁺

해설　산소가 충분히 존재할 경우 해당과정에서 생성된 피루브산은 아세틸 CoA로 산화된다. 이 반응에는 피루브산 탈수소효소 복합체(pyruvate dehydroganase complex), TPP, FAD, Mg²⁺, Lipoic acid가 관여한다. 아세틸 CoA 산화 시 피루브산 탈수소효소 복합체가 관여하므로 피루브산 탈수소효소의 활성이 억제된다.

31 **탄수화물 대사에 관한 설명으로 옳지 않은 것은?**

① 탄수화물을 적게 섭취하면 케톤체의 생성이 증가됨
② 간에 저장된 글리코겐은 공복 시 혈당상승에 기여함
③ 1분자의 포도당이 완전 연소되어 8ATP의 에너지를 생성함
④ 간 내에서 글리코겐은 포도당으로 분해되어 혈당상승에 기여함
⑤ 근육 내 글리코겐은 혈당원으로 이용되지 못하고, 근육에서 에너지로 사용됨

> 해설 탄수화물 대사
> • 1분자의 포도당으로부터 생성된 2분자의 피루브산은 TCA 회로를 거치면서 30ATP를 생성하며 해당작용과 TCA 및 전자전달계를 통해 38개의 ATP를 생성한다.
> • 간에서 글리코겐은 포도당으로 분해되어 혈당원으로서 혈당을 조절하지만, 근육에는 포도당-6-인산분해효소가 없어서 포도당을 생성하지 못하므로 혈당원이 되지 못하고 단지 근육에서만 에너지원으로 이용된다.

32 **다음 중 당신생이 일어나는 조직은?**

① 간과 신장   ② 췌장과 소장
③ 췌장과 신장   ④ 간과 소장
⑤ 신장과 소장

> 해설 포도당 신생합성은 주로 간과 신장에서 일어난다.

33 **비타민 C의 원료이기도 하며 흡습성이 있어 식품첨가물로도 이용되는 당의 유도체는?**

① inositol   ② mannitol
③ dulcitol   ④ sorbitol
⑤ ribitol

> 해설 당 유도체
> • inositol : 근육당(muscle sugar)으로도 불리며 심장근육이나 뇌에 존재한다.
> • mannitol : 식물계에 널리 분포하고 있고, 곶감, 건조다시마의 표면에 흰 가루 형태로 볼 수 있다.
> • sorbitol : 과실에 함유되어 있고, 비타민 C 합성재료이며 껌, 음료의 첨가물로 이용된다.
> • 기 타
> - dulcitol : 갈락토오스의 당알코올에 해당하며 각종 식물 중에 널리 발견된다.
> - erythritol : 감미도가 설탕의 70~80% 정도이며 청량한 감미를 가지고 있는 감미료이다. 체내에 거의 흡수되지 않고 배출되므로 저칼로리 감미료로 사용된다.

34 다음 중 전분에 대한 설명으로 틀린 것은?

① 전분의 가수분해 과정은 starch → dextrin → maltose → glucose이다.

② starch는 가열하면 α형으로 변하고 식으면 β형이 된다.

③ 위 내에서 녹말의 소화가 일어나지 않는 이유는 위 내에 녹말분해효소가 없기 때문이다.

④ 아밀로오스($\alpha-1,4$ 결합)와 아밀로펙틴($\alpha-1,4$ 결합에 $\beta-1,6$ 결합으로 가지를 침)으로 구성된다.

⑤ 수분과 가열 시 β전분이 α전분으로 되어 호화된다.

> **해설** 전분(starch)
> • 포도당의 중합체로 아밀로오스($\alpha-1,4$ 결합)와 아밀로펙틴($\alpha-1,4$ 결합에 $\beta-1,6$ 결합으로 가지를 침)으로 구성된다.
> • 위 내는 염산으로 인해 강산성이며, 녹말분해효소인 타액 아밀라아제는 위 내에 있어도 강산성에서는 작용할 수 없다.

35 다음은 모두 어느 경우에 일어나는 반응 과정들인가?

> • 코리 회로(cori cycle)
> • 케톤체 생성
> • 당신생 합성
> • 글루코오스-알라닌 회로
> • 글리코겐 분해

① 단백질 섭취가 충분할 때

② 단백질 섭취가 부족할 때

③ 탄수화물 섭취가 충분할 때

④ 탄수화물 섭취가 부족할 때

⑤ 지방 섭취가 부족할 때

> **해설** 탄수화물 섭취 부족 시
> • 저혈당이 되면 간과 근육에 저장된 글리코겐의 분해에 의해 포도당을 공급받는다.
> • 근육에는 glucose-6-phosphatase가 존재하지 않기 때문에 근육내 글리코겐은 lactic acid cycle(cori cycle)을 거쳐 혈중 포도당 급원이 될 수 있다.
> • 탄수화물 섭취가 계속적으로 부족할 때, 포도당만을 에너지원으로 사용하는 뇌, 적혈구, 망막, 부신피질 등의 기관(조직)을 위하여 글루코오스-알라닌 회로 등을 통한 당신생이 일어난다.
> • 탄수물 부족으로 정상 혈당 유지를 위해서 뇌조직은 케톤체 합성으로 생성된 케톤체를 에너지원으로 사용한다.

36 5탄당 리보오스와 NADPH를 생성하며, 적혈구, 수유부의 유선조직에서 활발하게 일어나는 탄수화물 대사는?

2019.12

① TCA 회로
② 알라닌 회로
③ 오탄당인산경로
④ 코리 회로
⑤ 해당과정

> 해설 오탄당인산경로는 주로 피하조직처럼 지방 합성이 활발히 일어나는 곳에서 중요한 역할을 하며, 그 외 간, 부신피질, 적혈구, 고환, 유선조직 등에서 활발하다. 이 경로를 통해 포도당은 지방산과 스테로이드 호르몬의 합성에 필요한 NADPH를 생성하며, 핵산 합성에 필요한 리보오스를 합성한다.

37 해당과정에서 ATP를 소모하는 반응에 관여하는 효소로 조합된 것은?

> 가. pyruvate kinase
> 나. hexokinase
> 다. fructose 1,6-bisphosphate
> 라. phosphofructokinase

① 가, 다
② 나, 라
③ 가, 나, 다
④ 라
⑤ 가, 나, 다, 라

> 해설 pyruvate kinase는 phosphoenol pyruvate를 pyruvate로 전환하면서 ATP를 생성한다.
> ATP를 소모하는 반응
> • hexokinase : hexose에 ATP의 인산기 전달을 촉매하는 효소로 해당과정에 들어가기 위한 최초단계에서 인산화에 관여한다.
> • phosphofructokinase : fructose-6-phosphate의 인산화에 관여하며 해당과정의 속도조절 단계이다.

38 해당과정에서 포도당이 포도당-6-인산으로 되는 반응을 촉매하는 효소는 hexokinase이다. 이 과정에 필수인자로 조합된 것은?

> 가. ATP
> 나. NAD
> 다. Fe
> 라. Mg

① 가, 다
② 가, 나
③ 가, 라
④ 가, 나, 다
⑤ 가, 나, 다, 라

> 해설 hexokinase는 ATP와 Mg을 필요로 한다.

39 해당과정에서 비가역적으로 일어나는 반응은 총 몇 회 있는가?

① 없 다　　　　　　　　　　　　② 1회
③ 2회　　　　　　　　　　　　　④ 3회
⑤ 4회

해설 해당과정에서 비가역적으로 일어나 당신생 시 우회해야 하는 반응은 총 3회이다.
- glucose → glucose-6-phosphate
- fructose-6-phosphate → fructose-1,6-bisphosphate
- phosphoenol pyruvate → pyruvate

40 해당과정에서 생성되는 ATP의 수와 소모되는 ATP의 수로 옳은 것은?

① 생산 : 4ATP, 소모 : 1ATP
② 생산 : 4ATP, 소모 : 2ATP
③ 생산 : 2ATP, 소모 : 4ATP
④ 생산 : 2ATP, 소모 : 1ATP
⑤ 생산 : 1ATP, 소모 : 4ATP

해설 해당과정
- 하나의 포도당 분자가 2pyruvate가 된다.
- 해당경로는 포도당이 산화되는 대사 반응을 포함하며 이 과정엔 두 가지 반응 경로가 있다.
  - 먼저 1ATP 분자가 포도당의 대사작용을 하기 위해 가수분해되며, 가수분해된 2ATP로부터 에너지가 방출된다.
  - 그리고 다른 두 가지의 반응에서 2ATP가 phosphorylation을 통해 2ATP를 생성해 총 4ATP가 생성된다.
- 결과적으로 2개의 ATP가 가수분해되고 4개의 ATP가 생성되므로 총 2개의 ATP가 생성된다.

41 간에서 포도당 1분자가 호기적 조건에서 완전 산화될 때 생성되는 ATP 수와 혐기적 조건에서 분해될 때 생성되는 ATP 수의 비율은? `2020.12`

① 2 : 1　　　　　　　　　　　　② 4 : 1
③ 8 : 1　　　　　　　　　　　　④ 12 : 1
⑤ 16 : 1

해설 1분자의 포도당은 혐기적 조건에서 해당과정을 거쳐 2개의 ATP를 생성하며, 호기적 조건에서 미토콘드리아에서 완전 산화될 때 총 30~32개의 ATP를 생성한다. 따라서 호기적 조건 : 혐기적 조건의 ATP 생성 비율은 16 : 1이다.

42 **TCA 회로에 대한 설명 중 옳은 것은?** 2017.02

① 세포 내의 세포질에서 일어난다.
② 포도당에서 피루브산 2분자를 생성하는 과정이다.
③ 격심한 근육운동 시 피루브산은 젖산으로 된다.
④ 산소가 충분할 경우 아세틸 CoA로 산화된다.
⑤ 산소를 필요로 하지 않는다.

해설 TCA 회로
- 미토콘드리아에서 일어나는 호기적 대사이며, 산소가 충분히 존재할 경우 해당과정에서 생성된 피루브산은 아세틸 CoA로 산화된다.
- 2피루브산 + $5O_2$ → $6CO_2$ + $4H_2O$ + 30ATP
- 해당과정 : 세포질에서 일어나는 혐기적 대사. 포도당 + O_2 → 2피루브산 + $2H_2O$ + 8ATP
- 1분자의 포도당으로부터 생성된 2분자의 피루브산은 TCA 회로를 거치면서 30ATP를 생성하며 해당작용과 TCA 회로 및 전자전달계를 통해 38개의 ATP를 생성한다.

43 **TCA 회로(Kreb's cycle, citric acid cycle)를 구성하는 물질이 아닌 것은?**

① succinate ② fumarate
③ malate ④ oxaloacetate
⑤ acetic acid

해설 해당과정으로 생성된 pyruvate는 acetyl-CoA로 되고, 이것과 oxaloacetate와 축합하여 citrate, cis-aconitate, isocitrate, α-ketoglutarate, succinyl-CoA, succinate, fumarate, malate로 되며, 이것은 다시 oxaloacetate로 되어 TCA 회로가 계속된다.

44 **간과 근육에서 포도당 1분자가 완전히 산화되었을 때 생성되는 ATP 분자수는 각각 얼마인가?**

① 간 : 5, 근육 : 24
② 간 : 5, 근육 : 30
③ 간 : 10, 근육 : 24
④ 간 : 12.5, 근육 : 24
⑤ 간 : 12.5, 근육 : 30

해설 포도당 완전 산화

간	근육
pyruvate 1분자가 완전 산화될 때 생성되는 물질은 NADH 4분자(2.5ATP/분자), FADH2 1분자(1.5ATP/분자), GTP 1분자(1ATP/분자)로 총 12.5ATP가 생성된다.	포도당의 해당과정에서 5mol의 ATP와 2분자의 pyruvate가 형성된다. 2분자의 pyruvate가 TCA 회로에서 완전 산화하여 25mol의 ATP가 얻어진다. 결국 근육에서 glucose의 완전 산화에는 모두 30mol의 ATP가 생성된다.

45 TCA 회로에 대한 설명으로 틀린 것은?

① TCA 회로에 들어가는 모든 연료분자는 아세틸 CoA 형태로 들어간다.

② fumarate → malate 반응은 물이 첨가되는 수화반응이다.

③ 피루브산 1분자가 아세틸 CoA를 거쳐 TCA 회로를 돌면 4개의 NADH가 생성된다.

④ 탄수화물, 지방, 아미노산 모두 이 회로를 거쳐 산화된다.

⑤ 이 회로의 최초 생성물은 옥살로아세트산이다.

> **해설** TCA 회로
> TCA 회로는 탄수화물, 지질, 단백질과 같은 연료분자를 산화시키는 공통경로로 acetyl-CoA 형태로 들어간다. 또 비타민 유도체인 NAD$^+$, FAD, TPP 등이 조효소로 작용한다. 최초 생성물은 citrate다. 피루브산이 acetyl-CoA가 될 때 NADH 1개가 생성되고 acetyl CoA가 TCA 회로를 돌면 2개의 NADH가 생성되므로 총 4개의 NADH가 생성된다.

46 TCA 회로의 중간 생성물인 oxaloacetate를 생성하는 아미노산은?

① 아스파르트산   ② 글루탐산
③ 아르기닌   ④ 리 신
⑤ 트레오닌

> **해설** oxaloacetate를 생성하는 아미노산은 아스파르트산(aspartic acid)이고, α-ketoglutarate를 생성하는 아미노산은 글루탐산(glutamic acid)이다.

47 글루코오스-알라닌 회로에 대한 설명으로 옳은 것의 조합은?

> 가. 포도당의 과잉 섭취 시 일어남
> 나. 젖산으로부터 포도당이 합성됨
> 다. 아미노질소를 간으로부터 근육으로 이동시킴
> 라. 근육에서 해당작용의 산물인 피루브산과 아미노산 대사

① 가, 다   ② 나, 라
③ 가, 나, 다   ④ 라
⑤ 가, 나, 다, 라

> **해설** 글루코오스-알라닌 회로
> • 근육에서 에너지 생성에 쓰인 피루브산은 아미노산 대사에서 나온 아미노기와 함께 알라닌 형태로 간으로 이동되어 다시 포도당 합성에 쓰이는데, 이를 글루코오스-알라닌 회로라 한다.
> • 피루브산은 글루코오스 신생합성경로를 거쳐 글루코오스가 되고, 혈류를 매개로 다시 근육으로 되돌아가 해당경로를 지나 피루브산을 생성한다.

48 포도당 신생합성에 관한 설명으로 옳지 않은 것은?

① 포유동물에서는 포도당 신생작용이 주로 간과 신장에서 일어난다.
② 피루브산과 젖산이 당신생의 주요기질이다.
③ 촉매되는 모든 효소는 해당과정과 동일하다.
④ 4ATP와 2GTP가 소모되는 과정이다.
⑤ 장시간 운동이나 기아 시 젖산, 당원성 아미노산, 글리세롤이 주요 기질이 된다.

해설　포도당 신생합성(gluconeogenesis)
• 해당과정과는 다르게 촉매되는 효소는 4개이다.

포도당 신생합성	해당과정
ⓐ phosphoenolpyruvate carboxykinase	ⓐ hexokinase
ⓑ pyruvate carboxylase	ⓑ phosphofructokinase
ⓒ fructose 1,6-bisphosphatase	ⓒ pyruvate kinase
ⓓ glucose 6-phosphatase	

• 포도당 신생합성과 해당과정 모두 관여하는 효소 : enolase, lactate dehydrogenase

49 근육에서 생성된 젖산은 간으로 운반되어 당신생 합성과정을 거친다. 한편 근육에서 에너지 생성에 쓰인 피루브산은 아미노기와 결합하여 포도당으로 전환되는 어떤 경로를 거치는가? 2018.12

① 오탄당인산회로
② 코리 회로
③ 글루코오스-알라닌 회로
④ 글루쿠론산 회로
⑤ TCA 회로

해설　글루코오스-알라닌 회로
근육에서 피루브산은 아미노산 대사에서 나온 아미노기와 결합하여 알라닌 생성 → 간으로 운반 → 아미노기를 제거하고(요소를 합성하여 소변으로 배설됨) 다시 피루브산이 됨 → 포도당신생과정을 통해 포도당으로 전환 → 필요한 조직으로 이동

50 다음 중 당신생(gluconeogenesis) 재료로 이용될 수 있는 물질은? 2017.02

① 옥살아세트산　② 시트르산
③ 숙신산　④ 푸마르산
⑤ 글리세롤

해설　아미노산(주로 알라닌과 글루타민), 글리세롤, 피루브산, 젖산 등으로부터 포도당이 합성되는 과정으로 주로 간과 신장에서 이루어진다.

48 ③　49 ③　50 ⑤ 정답

51 심한 운동 중인 근육조직에서 포도당으로부터 생성된 젖산이 간에서 당신생 반응에 의해 포도당으로 재생성되는 과정은? 2017.12 2020.12 2021.12

① 코리 회로
② 글루쿠론산 회로
③ 해당과정
④ TCA 회로
⑤ 글루코오스-알라닌 회로

해설 코리 회로(Cori cycle, lactic acid cycle)
심한 운동을 할 때 근육은 많은 양의 젖산을 생성함 → 이 폐기물인 젖산은 근육세포에서 확산되어 혈액으로 들어감 → 휴식하는 동안 과다한 젖산은 간세포에 의해 흡수되고 당신생 과정을 거쳐 글루코오스로 합성됨

52 포도당의 혐기적 산화과정의 재료로 이용되는 것은? 2017.02

① 구연산
② 젖 산
③ 푸마르산
⑤ 옥살아세트산
⑤ 숙신산

해설 포도당의 혐기적 대사
세포에 산소가 부족하면 NAD가 재활용되지 못하고, 피루브산과 NADH와 H^+는 반응하여 젖산을 형성함 → 생성된 젖산은 혈액으로 방출, 간으로 운반, 간에서 포도당으로 전환되어 조직으로 운반·이용되는데 이것을 코리(Cori) 회로라 한다.

53 당신생 과정 중 pyruvate가 oxaloacetate로의 반응에 관여하는 pyruvate carboxylase의 조효소는?

2019.12

① NAD
② TPP
③ biotin
④ FAD
⑤ lipoic acid

해설 pyruvate carboxylase의 활성을 위해서는 조효소인 biotin을 필요로 한다. 이 효소는 CO_2를 피루브산의 methyl기에 부착해 주는 탄산화반응에 촉매작용을 한다.

54 격렬한 운동을 할 때 에너지 대사는 바뀐다. 혈액을 통해 근육에서 간으로 이동해 포도당으로 전환(당신생)되는 주된 아미노산은? `2019.12`

① 세 린
② 글루탐산
③ 히스타민
④ 알라닌
⑤ 발 린

> **해설** 주로 알라닌과 글루타민의 형태로 간으로 운반되며, 탄소골격은 TCA 회로로 들어가 산화되어 에너지를 발생한다. 알라닌과 글루타민은 곁가지 아미노산(Branched chain amino acid) 즉 류신, 이소류신, 발린 등의 이화작용으로 분해 결과 생성된 아미노기이다.

55 저혈당 시 간세포에서 2차 전령(Second Messenger)인 cAMP를 합성하는 효소는? `2018.12` `2019.12`

① 포도당-6-인산 가수분해효소(glucose-6-phosphatese)
② 헥소키나아제(hexokinase)
③ cAMP 포스포디에스테라아제(cAMP phosphodiesterase)
④ 아데닐산 고리화효소(adenylate cyclase)
⑤ 글리코겐 가인산분해효소(glycogen phosphorylase)

> **해설** 혈당이 저하될 때 아데닐산 고리화효소(adenylate cyclase)가 세포 내 cAMP의 농도를 증가시킨다. 2차 전령으로 작용하는 cAMP는 카테콜라민이나 글루카곤 같은 호르몬에 의해 활성화된 아데닐산 고리화효소(adenylate cyclase)에 의해 생성된 후 간 글리코겐 분해를 촉진시켜 혈중 포도당을 증가시킨다.

56 간에서 포도당으로부터 글리코겐을 합성하는 과정의 필수물질은?

① pyruvate kinase
② galactokinase
③ cytidine triphosphate(CTP)
④ uridine triphosphate(UTP)
⑤ guanosine

> **해설** 간에서 포도당으로부터 글리코겐 합성
> glucose-6-phosphate → glucose-1-phosphate → UDP-glucose → glycogen
> UTP ↺ ppi

57 글리코겐 분해과정에서 에피네프린에 의하여 활성이 증가되어 glucose-1-phosphate를 생성하는 데 관여하는 효소는?

① glucose oxidase
② glycogen phosphorylase
③ glycogen synthase
④ phosphoglucomutase
⑤ glucose-6-phosphate

> **해설** 글리코겐은 에피네프린 혹은 아드레날린에 의해 분해가 시작되며 폭포식 반응으로 glycogen phosphorylase에 의해 글리코겐으로부터 glucose-1-phosphate를 생성한다.

58 당질 위주의 식사 후 인슐린 분비로 촉진되는 체내대사는? `2020.12` `2021.12`

① 포도당-알라닌 회로
② 글리옥실산 회로
③ 글리코겐 합성
④ 케톤체 합성
⑤ 코리 회로

> **해설** 당대사에서 인슐린의 역할
> 글리코겐 생성, 해당과정, 지방 합성 및 단백질 합성을 증가시키며, 글리코겐 분해, 지방 분해, 당신생 과정 및 케톤체 생성을 억제시킨다.

59 포도당이 소모되어 혈당이 많이 저하된 경우 분비되는 호르몬은? `2018.12`

① 인슐린   ② 세크레틴
③ 부갑상선호르몬   ④ 글루카곤
⑤ 옥시토신

> **해설** 혈당조절 호르몬
> • 인슐린 : 식후에 분비되어 혈당을 강하시킨다(혈당농도 감소).
> • 글루카곤 : 공복 시 분비되어 저혈당이 되지 않도록 한다(혈당농도 증가).
> • 혈당이 많이 저하된 경우, 글루카곤과 함께 에피네프린, 노르에피네프린, 글루코코르티코이드, 성장호르몬, 갑상선호르몬 등의 분비가 촉진되어 간의 글리코겐 분해과정과 당신생 합성과정을 증가시켜 혈당을 증가시킨다. 인슐린은 글리코겐을 합성하여 혈당을 저하시킨다.

60 근육의 포도당이 혈당이 되지 못하는 이유는? `2017.02` `2018.12`

① 글루코오스-6-인산분해효소가 없기 때문이다.
② 글루코오스-1-인산분해효소가 없기 때문이다.
③ 인산분해효소가 없기 때문이다.
④ 주로 간과 신장에서 이루어지기 때문이다.
⑤ 근육에 저장되는 글리코겐이 적기 때문이다.

> **해설** 글리코겐 대사
> • 근육에는 글루코오스-6-인산분해효소가 없어 포도당을 생성하지 못하므로 단지 근육에서만 에너지원으로 이용된다.
> • 간과 신장에서 이루어지는 것은 포도당 신생 합성이고, 간에서만 글리코겐이 혈당원으로 이용되도록 분해 작용한다.
> • 에너지를 생성하고 남은 포도당은 글리코겐 합성효소에 의해 글리코겐으로 전환되어 저장 → 간 무게의 4~6%(100g), 근육 무게의 1%(250g) 정도 저장

61 당질 대사 중 오탄당인산경로에 대한 설명으로 옳지 않은 것은?

① 당질의 섭취가 많을 때 지방조직, 간 등에서 일어나는 반응과정이다.
② 리보오스와 NADPH를 합성하는 경로이다.
③ 오탄당인산경로의 시작물질은 포도당-6-인산이다.
④ ATP를 생성하는 반응이다.
⑤ 글루콘산-6-인산 → 리불로오스-5-인산 → 리보오스-5-인산 순으로 반응이 진행된다.

> **해설** 오탄당인산경로(pentose phosphate pathway, HMP shunt)
> • 당질의 섭취가 많을 때 지방조직, 간 등에서 일어나는 반응과정으로 지방산과 스테로이드 합성에 필요한 NADPH를 생성하고, 핵산 합성에 필요한 리보오스를 합성하는 과정이다.
> • 세포질 효소에 의해 촉매되는 glucose의 또 다른 분해과정이지만 해당과정과 달리 ATP를 생성하지 않는다.
> • 주로 피하조직처럼 지방 합성이 활발히 일어나는 곳에서 중요한 역할을 하며 간, 부신피질, 적혈구, 고환, 유선조직 등에서도 활발히 일어난다.
> • 진행과정 : 글루코오스-6-인산 → 글루콘산-6-인산 → 리불로오스-5-인산 → 리보오스-5-인산

62 인지질에 대한 설명으로 옳은 것은?

① 구조적으로 극성(친수성)과 비극성(소수성)의 양면성을 나타낸다.
② 글리세롤과 인산의 에테르 결합으로 구성되어 있다.
③ 친수성기는 세포막 내부로 향하고 있다.
④ 소수성기는 일반적으로 전하를 띠고 있다.
⑤ 동물조직에서 풍부한 에너지원으로 작용한다.

> **해설** 인지질
> • 구조적으로 극성(친수성)과 비극성(소수성)의 양면성을 갖고 있으며 글리세롤과 인산의 ester 결합으로 구성된다.
> • 인지질의 친수성기는 세포막 외부로 향하고 있으며, 전하를 띠고 있다.
> • 에너지원으로 작용하는 지방은 주로 중성지방이다.

63 중성지방 소화과정에서 최종 소화산물의 대부분은 무엇인가? 2018.12

① 글리세롤 ② 콜레스테롤
③ 모노글리세롤 ④ 다이글리세롤
⑤ 지방산

해설 지방의 소화산물은 대부분 모노글리세롤이며 지방산, 글리세롤 그 외 다이글리세롤이 있다.

64 불포화지방산에 대한 설명으로 옳은 것으로 모두 조합된 것은?

> 가. 생선에 함유되어 있는 n-3계 고급 불포화지방산은 혈관 이완 및 항혈전 작용이 있다.
> 나. 수소화(hydration)에 의해 산패 억제 및 저장기간이 증가된다.
> 다. 비타민 E는 불포화지방산의 산화를 방지하기 위한 항산화제로서 자기보호 메커니즘이다.
> 라. 뇌조직 구성지방은 모두 필수 불포화지방산이다.

① 가, 다 ② 나, 라
③ 가, 나, 다 ④ 라
⑤ 가, 나, 다, 라

해설 불포화지방산
• 불포화지방산은 주로 식물성 기름에 많이 함유되어 있다.
• 생선기름에 많이 함유된 EPA나 DHA와 같은 n-3계 고급 불포화지방산은 혈관 이완 및 항혈전 작용이 있다.
• 뇌조직을 구성하는 주요 지방에는 인지질, 콜레스테롤, 당지질이 있다.
• 세포막 구성 인지질의 Sn-2 탄소에는 주로 필수지방산이 에스테르화되어 있어 필수지방산의 부족 시 세포막의 구조와 기능이 상실될 수 있다.

65 다가불포화지방산 섭취할 때 함께 섭취하면 좋은 영양소로 적합하지 않은 것은? 2017.02

① 비타민 E ② 비타민 B₁
③ 셀레늄 ④ 글루타티온
⑤ 비타민 C

해설 항산화 영양소
불포화 지방산의 산화적 손상으로부터 세포를 보호하는 영양소에는 비타민 C, 비타민 E, 글루타티온, 셀레늄 등이 있으며, 보호기전에 관여하는 효소로는 SOD, 과산화수소 분해효소, 글루타티온 과산화물 분해효소가 있다.

66 담즙산과 비타민 D₃의 전구체는? `2020.12`

① 에이코사노이드(eicosanoid)
② 스테아르산(stearic acid)
③ 콜레스테롤(cholesterol)
④ 세레브로시드(cerebroside)
⑤ 세팔린(cephalin)

해설 콜레스테롤의 기능
• 콜레스테롤은 인지질과 함께 세포막을 이루며, 담즙산, 스테로이드호르몬, 비타민 D 합성에 관여한다.
• 담즙은 지질 소화에 필수적이며 체내에서 과다하게 생성되는 콜레스테롤을 직접 또는 담즙산으로 변환시켜 담도로 배설시키는 기능을 가지고 있다.
• 비타민 D₃은 피부의 7-디하이드로콜레스테롤로부터 자외선에 의해 합성된다.

67 콜레스테롤이 전구체로 작용하는 호르몬은? `2020.12`

① 글루카곤   ② 부갑상샘호르몬
③ 에스트로겐   ④ 가스트린
⑤ 인슐린

해설 콜레스테롤 대사
• 콜레스테롤은 인지질과 함께 세포막의 구성성분이다.
• 비타민 D의 전구체(7-디하이드로콜레스테롤), 스테로이드 호르몬(부신피질호르몬-글루코코르티코이드, 알도스테론), 성호르몬 (테스토스테론, 에스트로겐, 프로게스테론 등)은 콜레스테롤로부터 합성된다.
• 지질 소화·흡수에 중요한 담즙을 생성한다.

68 체내에서 EPA, DHA와 같은 ω-3 지방산을 합성할 수 있는 지방산은? `2019.12` `2021.12`

① 리놀렌산   ② 스테아르산
③ 리놀레산   ④ 아라키돈산
⑤ 올레산

해설 ω-3 지방산에는 α-리놀렌산, EPA, DHA가 있다. ω-3 지방산의 생리기능으로는 혈청지질 감소, 혈소판 응집 감소, 면역 증가, 두뇌성장 발달 등이 있다.

69 천연에 흔히 존재하는 포화지방산 중 하나이며 체내에서 합성이 가능한 지방산은? 2017.02 2018.12

① EPA
② DHA
③ α-레놀렌산
④ 아라키돈산
⑤ 스테아르산

해설　지방산 종류
• 불포화지방산인 EPA, DHA, α-레놀렌산은 ω-3계 지방산이며, 아라키돈산은 리놀레산과 함께 ω-6계 지방산이다.
• 스테아르산은 천연에 흔히 존재하는 포화지방산이다.

70 일반적으로 자연계에서 얻어지는 지방산의 특징은? 2017.02

① 탄소수가 홀수이며 직쇄상이다.
② 탄소수가 짝수이며 직쇄상이다.
③ 탄소수가 홀수이며 환상이다.
④ 탄소수가 짝수이며 환상이다.
⑤ 포화지방산은 이중결합을 갖는다.

해설　지방산
• 지방산은 수소가 결합된 긴 탄소사슬로 연결되며 α부분인 카르복실기(-COOH)로 시작하고, ω부분인 메틸기(-CH₃)로 끝난다.
• 일부 지질에서 예외적으로 탄소수가 홀수 개인 것도 있으나 자연계에는 대부분 탄소수가 짝수 개이고, 가지가 없는 지방산이다.
• 불포화지방산은 탄소와 탄소 사이에 이중결합이 존재한다.

71 세포막 인지질의 두 번째 위치에 있는 탄소수가 20개인 지방산들이 산화되어 생긴 물질들을 총칭하여 무엇이라고 하는가? 2018.12 2019.12 2021.12

① 스핑고미엘린
② 강글리오사이드
③ 에이코사노이드
④ 콜레스테롤
⑤ 세레브로시드

해설　지질의 분류
• 인지질 : 글리세롤, 지방산, 인, 염기 등이 결합하였고 세포막의 구성 및 유화작용을 한다(레시틴, 세팔린, 스핑고미엘린).
• 당지질 : 스핑고신, 인산, 당이 결합된 것으로 뇌, 신경조직에 많다(세레브로시드, 강글리오시드).
• 유도지질 : 단순지질이나 복합지질을 가수분해 시 생성되는 지방산, 알코올, 스테롤 등이다.
• 에이코사노이드(eicosanoid)의 전구체 : 탄소수가 20개 이상인 지방산들의 총칭으로 필수지방산에서 합성되며 세포막의 인지질에 있고 호르몬과 같은 기능을 한다(프로스타글란딘, 트롬복산, 프로스타사이클린, 류코트리엔 등).

72 담즙에 대한 설명으로 옳지 않은 것은? `2019.12`

① 콜레스테롤의 배설과는 관련이 없다.
② 장으로 분비되면 재사용된다.
③ 중성지방의 소화효소로 작용하지 않는다.
④ 간에서 생성되어 십이지장으로 분비되고 주로 담낭에 저장된다.
⑤ 콜레시스토키닌에 의해 분비된다.

> **해설** 담즙은 지질을 잘게 부수는 유화작용을 하여 지질분해효소(lipase)의 작용이 쉽게 이루어지도록 한다. 필요시 소장으로 분비되어 지질의 유화 및 흡수에 관여한다. 콜레스테롤 대사와 관련해서는 사용되고 남은 콜레스테롤은 HDL을 통해 간으로 돌아가 담즙을 형성하여 배설하는 작용을 한다.

73 다음은 케톤체에 대한 설명이다. 옳은 것으로 모두 조합된 것은?

> 가. 주로 간에서 생성된다.
> 나. 골격근육이나 심장세포의 에너지 급원으로 사용된다.
> 다. 장기간 굶었을 때 뇌에 에너지를 공급하는 데 필요하다.
> 라. 아세토아세트산은 케톤뇨증과 관계있다.

① 가, 다
② 나, 라
③ 가, 나, 다
④ 라
⑤ 가, 나, 다, 라

> **해설** 아세토아세트산과 같은 케톤체의 생성속도가 비정상적으로 빨라지면 혈액 중 케톤체 농도가 정상 대사 능력 범위를 벗어나게 되어 케톤뇨증이 발생한다.

74 탄소수가 20개인 지방산으로부터 생성되는 물질인 프로스타글란딘의 전구체인 것은?

① 올레산
② 팔미트산
③ 부티르산
④ EPA
⑤ DHA

> **해설** 프로스타글란딘 전구체
> • 탄소수가 20개인 지방산으로부터 생성되는 물질로 직접적인 전구체는 아라키돈산, EPA이다.
> • 리놀렌산으로부터 아라키돈산이, 리놀렌산으로부터 EPA가 생성될 수 있다.
> • DHA는 EPA로부터 불포화반응과 사슬연장으로 이루어진다.

75 세포막의 인지질에 있고 호르몬과 같은 기능을 하는 에이코사노이드의 전구체가 되는 지방산은? 2020.12

① 아라키돈산　　　　　　　　　　② 팔미트산
③ 부티르산　　　　　　　　　　　④ 스테아르산
⑤ 올레산

> 해설　에이코사노이드(eicosanoid)
> 다가불포화지방산의 산화물이다. 탄소수 20개의 아라키돈산(Aachidonic acid)을 전구물질로 사이클로옥시게나제(Cyclooxygenase)
> 또는 리폭시게나제(Lipoxygenase)의 산화작용에 의해 프로스타글란딘(Prostaglandin)과 류코트리엔(Leukotrien) 등의 에이코사노
> 이드류를 생합성하게 된다.

76 지방의 소화과정 중 문맥으로 바로 흡수되는 지방산은? 2018.12

① 올레산　　　　　　　　　　　　② 팔미트산
③ 아라키돈산　　　　　　　　　　④ 스테아르산
⑤ 부티르산

> 해설　지방의 소화와 흡수
> • 단쇄지방산은 바로 문맥으로 들어간다.
> • 중쇄지방산은 흡수세포 안에서 중성지방으로 전환되거나, 문맥으로 들어간다.
> • 장쇄지방산은 중성지방으로 전환되어 킬로미크론(chylomicron)의 일부가 된다.
> • 가수분해된 지방분해산물은 혼합미셀의 형태로 소장점막에서 흡수된다.

단쇄지방산(C_2-C_4)	중쇄지방산(C_6-C_{10})	장쇄지방산(C_{12} 이상)
아세트산, 프로피온산, 부티르산	카프로산, 카프릴산, 카프르산	팔미트산, 스테아르산, 아라키돈산, 올레산, 레놀레산 등

77 동물의 지방이나 간유에 함유되어 있으며 항피부병 인자로서 효능을 갖는 지방산은? 2017.02

① 리놀레산　　　　　　　　　　　② 리놀렌산
③ 아라키돈산　　　　　　　　　　④ 올레산
⑤ 프로피온산

> 해설　지방산
> • 아라키돈산 : 항피부병 인자로서 피부 건강에 필수적. 달걀, 간 등에 풍부하다.
> • 리놀레산 : 동물의 성장과 피부건강에 필수적이며 일반 식물성유(옥수수 기름, 콩기름, 황화기름, 참기름 등)에 함유되어 있다.
> • 리놀렌산 : ω-3 지방산으로 혈전 등을 예방하는 EPA와 뇌의 구성성분인 DHA의 전구체이다. 동물의 성장에 필수적이며 들기름, 콩기름, 아마씨유 등에 많이 함유되어 있다.

78 식사 직후의 지질 대사에 대한 설명으로 옳은 것의 조합은?

> 가. 지방조직에서 중성지방을 분해하는 지질 분해효소들의 활성이 감소한다.
> 나. 여분의 포도당을 지질로 저장하는 경로가 촉진된다.
> 다. 오탄당인산경로에 관여하는 효소들의 활성이 증가한다.
> 라. 세포 밖의 지질을 분해시키는 지단백질 분해효소들의 활성이 감소한다.

① 가, 다

② 나, 라

③ 가, 나, 다

④ 라

⑤ 가, 나, 다, 라

해설 식사 직후의 지질 대사
- 지질 합성이 증가하는 쪽으로 진행된다.
- NADPH를 공급하는 오탄당인산경로 효소의 활성도가 증가한다.
- 지방조직의 중성지방을 분해하는 호르몬민감성 지질 분해효소의 활성은 감소하고, 세포 밖의 지질을 분해시키는 지단백 분해효소의 활성이 촉진된다.
- 식사로 공급받거나 간에서 합성된 중성지방을 분해해 조직으로 흡수한 후에 사용하기 위해 중성지방으로 저장하거나 에너지로 사용한다.

79 지질운반 지단백질에 대한 설명으로 옳지 않은 것은?

① 주로 중성지방을 운반하는 지단백질은 킬로미크론, VLDL이다.

② LDL은 간의 콜레스테롤을 조직으로 운반한다.

③ 중성지방을 운반하는 IDL은 VLDL에서 유도된다.

④ HDL은 체내 합성한 중성지방을 간에서 조직으로 운반한다.

⑤ 킬로미크론은 중성지방을 소장에서 간으로 이동한다.

해설 지질운반 지단백질
- HDL은 간에서 합성되며, 조직의 콜레스테롤을 간으로 운반하는 역할을 하며, 항동맥경화성 지단백이라고도 한다.
- 킬로미크론은 식사를 통해 흡수한 중성지방을, VLDL은 체내에서 합성된 중성지방을 주로 운반한다.

80 주로 식이로 섭취한 중성지방, 콜레스테롤 및 지용성 비타민을 운반하는 역할을 하며, 밀도가 가장 낮은 지단백질로 적합한 것은? 2019.12

① 고밀도지단백질(HDL)

② 저밀도지단백질(LDL)

③ 중간밀도지단백질(IDL)

④ 초저밀도지단백질(VLDL)

⑤ 킬로미크론(chylomicron)

해설 킬로미크론은 식이지방을, VLDL은 간에서 합성된 중성지방을 운송한다. 식이지방은 95%가 중성지방이다.

81 지단백질 중 콜레스테롤이 가장 높은 것은? 2021.12

① 고밀도지단백질(HDL)

② 초저밀도지단백질(VLDL)

③ 중간밀도지단백질(IDL)

④ 저밀도지단백질(LDL)

⑤ 킬로미크론(chylomicron)

> **해설** 지단백질
> • 킬로미크론(chylomicron) : 중성지방 85%로 가장 높고, 그 외 단백질, 인지질, 콜레스테롤이 소량 함유되어 있다.
> • 초저밀도지단백질(VLDL) : 중성지방 50%, 콜레스테롤 20%, 나머지는 인지질과 단백질이다.
> • 저밀도지단백질(LDL) : 콜레스테롤 45%, 중성지방 11%, 나머지는 인지질과 단백질이다.
> • 고밀도지단백질(HDL) : 단백질 50%, 인지질 22%, 콜레스테롤 17%, 중성지방 8%이다.

82 항동맥경화성 지단백이라고도 하며 간 이외 조직에 있는 콜레스테롤을 간으로 운반하는 지단백질은? 2020.12

① 킬로미크론(chylomicron)

② 초저밀도지단백질(VLDL)

③ 중간밀도지단백질(IDL)

④ 저밀도지단백질(LDL)

⑤ 고밀도지단백질(HDL)

> **해설** 고밀도지단백질(HDL)은 간에서 합성되며, 조직의 콜레스테롤을 간으로 운반하는 역할을 한다.

83 위에서 지방의 소화가 다른 곳에 비해 활발하지 못한 이유는?

① 지방을 가수분해 시키는 효소가 없기 때문이다.

② 지방이 단단하여 소화가 일어나기 어려운 형태이기 때문이다.

③ 효소가 작용하기에 적절하지 않은 환경 때문이다.

④ 지방이 흡수되기 위한 준비과정이 일어나기 때문이다.

⑤ 지방의 분자량이 너무 크기 때문이다.

> **해설** 위 내에서는 위장 리파아제(gastric lipase)에 의해 소화되고, 짧은사슬지방산을 가수분해하여 위에서도 지방산의 흡수를 가능하도록 도움을 준다. 식이 내 지방은 대부분이 중성지방의 형태로서 소화효소의 작용을 위해서는 먼저 유화되어야 하며, 이 과정에서 담즙이 필요하다. 따라서 위에서의 리파아제 작용은 췌장 리파아제에 비해 매우 적으며, 주로 짧은사슬지방산과 중간사슬지방산에 작용한다.

84 항피부병인자로서 피부건강과 동물의 성장에 필수적이며 식물성유에 함유되어 있는 n-6계 지방산은? 2018.12

① 리놀레산　　　　　　　　　　② 올레산
③ 레놀렌산　　　　　　　　　　④ DHA
⑤ EPA

> 해설 **n-6계 지방산**
> 리놀레산은 아라키돈산과 함께 항피부병인자로서 n-6계 지방산이다. 아라키돈산은 계란, 간 등에 풍부한 반면 리놀레산은 옥수수기름, 콩기름 등 일반 식물성유에 함유되어 있다.

85 다가불포화지방산을 과량 섭취할 때 체내 요구량이 증가하는 영양소는? 2020.12

① 칼슘　　　　　　　　　　　② 엽산
③ 철　　　　　　　　　　　　④ 비타민 B_1
⑤ 비타민 E

> 해설 **다가불포화지방산과 비타민의 양의 상관관계**
> 비타민 E의 요구량은 세포 내의 불포화지방산의 양과 관련이 있다. 비타민 E는 LDL 콜레스테롤의 막에 있는 다가불포화지방산의 산화적인 손상을 방지하는 것은 물론 산화된 다가불포화지방산에 의한 연쇄적인 산화 반응으로 apo B 단백질이 산화되어 변성되는 속도를 지연시킨다.

86 탄소수가 홀수인 지방산의 최종산화물은 프로피오닐 CoA이다. 이것이 TCA 회로에서 대사되기 위해서는 어떤 물질로 전환되는가?

① 아실 CoA
② 아세틸 CoA
③ 아세토아세틸 CoA
④ 숙시닐 CoA
⑤ 프로피오닐 CoA

> 해설 프로피온산은 홀수 지방산 산화의 최종 생성물로 프로피오닐 CoA로 활성화 → D-메틸말로닐 CoA → L-메틸말로닐 CoA → 숙시닐 CoA로 전환하여 대사된다.

87 지방산의 β-산화에 관한 설명이다. 옳은 것은? `2019.12`

① trans형 불포화지방산은 cis형으로 전환된 후 일어난다.
② 지방산은 탄소수가 1개 적은 아실 COA로 전환된다.
③ 세포질에서 주로 일어난다.
④ 아세틸 CoA를 생성한다.
⑤ 지방산의 메틸기 말단에서부터 분해된다.

> **해설** 지방산의 β-산화
> • 미토콘드리아의 기질에서 일어나는 네 가지의 연속적인 반응에 의해 지방산의 아실 사슬의 탄소가 2개씩 짧아지면서 반응이 진행되고, $FADH_2$, $NADH_2$, 아세틸 CoA를 생성하는 과정이다.
> • 불포화지방산은 시스형이 트랜스형으로 바뀌고 난 후 산화한다.
> • 세포질의 지방산을 아실 CoA로 만들고 카르니틴에 의해 미토콘드리아로 운반되어 진행된다. 아세틸 CoA와 탄소수가 2개 적은 아실 CoA가 되는 과정이다.

88 다음은 탄소수 16개의 팔미트산 생합성 과정이다. 괄호에 들어갈 단어를 순서대로 고르시오.

> 지방산 생합성 시 (　　) 분자 하나는 시동물질(Starter) 단위로 작용하고 (　　) 7분자가 연속적으로 집합되어 팔미트산이 된다.

가. 말로닐 CoA	나. 숙시닐 CoA
다. 아세틸 CoA	라. 프로피오닐 CoA

① 다, 가　　　　　　　　　　　② 나, 다
③ 다, 라　　　　　　　　　　　④ 가, 나
⑤ 가, 라

> **해설** 팔미트산 생합성
> 아세틸 CoA + 7말로닐CoA + 14NADPH + $14H^+$ → 팔미트산 + $7CO_2$ + $6H_2O$ + 8CoA-SH + $14NADP^+$

89 당질 섭취가 부족하거나 이용 부족, 또는 오랜 공복 시(기아나 단식) 이용되는 주요 에너지원 형태는?

`2017.02` `2018.12` `2020.12`

① 케톤체　　　　　　　　　　　② 피루브산
③ 글리세롤　　　　　　　　　　④ 젖 산
⑤ 알라닌

> **해설** 케톤체
> 오랜 공복 시 세포는 주로 체지방을 에너지원으로 이용 → 지방산의 β-산화에서 다량 생성된 아세틸 CoA는 축합하여 케톤체(아세톤, 아세토아세트산, β-히드록시부티르산)를 다량 생성한다.

90 당질 섭취가 부족할 때 지방산의 과잉 산화로 생성이 증가하여 에너지원으로 이용되는 물질은? `2020.12`

① 옥살산　　　　　　　　　　② 아세토아세트산
③ 구연산　　　　　　　　　　④ 젖 산
⑤ 피루브산

> **해설**　케톤체
> • 케톤체는 체내에서 과량의 지방산이 불완전연소로 생성되는 지방산의 유도체이다.
> • 특히 당질의 섭취 부족, 당뇨병, 기아, 단식 상태일 때 지질의 합성과 분해 간의 균형이 깨지면서 과량의 유리지방산이 간에서 케톤체를 생성한다.
> • 근육, 심장, 신장 등에서 에너지원으로 이용된다.
> • 종류 : 아세토아세트산(acetoacetate), β-히드록시부티르산(β-hydroxybutyrate), 아세톤(acetone)
> • 산성이 강하기 때문에 혈중농도가 높아지고, 체내에 축적되면 산독증(acidosis)을 일으킨다.

91 다음은 콜레스테롤 생합성 경로이다. 괄호 안에 들어갈 생합성 중간체는?

> 아세틸 CoA → 아세토아세틸-CoA → HMG CoA(3-hydroxy-3-methylglutaryl CoA) → L-메발론산 → 스쿠알렌 →
> (　　) → 콜레스테롤

① 마이코스테롤(mycosterol)
② β-시토스테롤(β-sitosterol)
③ 코르티솔(cortisol)
④ 콜산(cholic acid)
⑤ 라노스테롤(lanosterol)

> **해설**　콜레스테롤 생합성
> • 콜레스테롤(C_{27})은 사슬구조의 스쿠알렌(C_{30}) 다음 고리구조의 라노스테롤(C_{27})로 전환된다.
> • 1분자의 콜레스테롤을 생합성할 때 아세틸 CoA 16분자가 필요하다.

92 콜레스테롤 생합성 경로에서 아세토아세틸-CoA 다음에 오는 생성물은? `2017.02`

① 아세틸 CoA　　　　　　　　② HMG CoA
③ L-메발론산　　　　　　　　④ 스쿠알렌
⑤ 라노스테롤

> **해설**　콜레스테롤 생합성
> • 1분자의 콜레스테롤 합성 시 아세틸 CoA 16분자가 필요하다.
> • 아세틸 CoA → 아세토아세틸-CoA → HMG CoA → L-메발론산 → 스쿠알렌 → 라노스테롤 → 콜레스테롤

93 스테아르산(18 : 0)이 모두 아세틸 CoA로 분해되려면 β-산화를 몇 번 반복해야 하는가?

① 7회
② 8회
③ 9회
④ 16회
⑤ 20회

해설 β-산화 횟수는 (탄소수 ÷ 2) - 1 값으로 계산한다. 따라서 8번 반복하면 모두 아세틸 CoA로 분해된다.

94 콜레스테롤 생합성을 조절하는 효소인 HMG CoA-reductase를 촉진하는 물질로 모두 조합된 것은?

가. 인슐린	나. 글루카곤
다. 갑상선호르몬	라. 메발론산 키나아제

① 가, 다
② 나, 라
③ 가, 나, 다
④ 라
⑤ 가, 나, 다, 라

해설 콜레스테롤 생합성을 조절하는 효소 HMG CoA-reductase
- 촉진인자 : 인슐린, 갑상선호르몬 등
- 억제인자 : 메발론산, 콜레스테롤, 글루카곤

95 다음은 지방산의 β-산화에 관여하는 효소들이다. 이 중 가장 마지막에 작용하는 효소는?

가. 티올라아제(thiolase)
나. 아실-CoA 탈수소효소(acyl-CoA dehydrogenase)
다. 에노일-CoA 수화효소(enoyl-CoA hydratase)
라. β-히드록시아실-CoA 탈수소효소(β-hydroxyacyl-CoA dehydrogenase)

① 가
② 나
③ 다
④ 라
⑤ 가, 나

해설 지방산 β-산화 관여 효소
- 아실 CoA → 불포화 아실 CoA → β-히드록시아실 CoA → β-케토아실 CoA → 아세틸 CoA
  　　　　　　⌣나　　　　　　⌣다　　　　　　　⌣라　　　　　　⌣가
- 마지막 과정에서 티올라아제(thiolase)에 의해 아세틸 CoA와 탄소수 2개가 적은 아실 CoA가 된다.
- 아실 CoA의 탄소가 2개씩 짧아지면서 $FADH_2$, NADH, 아세틸 CoA를 생성하는 과정이다.

96 지방산의 β-산화에 대한 설명으로 옳은 것은? 2021.12

① NADPH를 생성한다.
② malonyl-CoA가 촉진인자이다.
③ 미토콘드리아에서 일어난다.
④ 탈수반응이 관여한다.
⑤ 아세토아세트산이 최종 생성물이다.

해설 지방산의 β-산화는 미토콘드리아에서 일어나며 FAD에 의한 탈수소화(산화), 수화, NAD에 의한 산화, thiol 분해의 연속된 반응이다.

97 지질 생합성에 관한 설명 중 틀린 것은?

① 지방산의 생합성에는 NADPH, 비오틴이 필요하다.
② 케톤체의 합성은 아세틸 CoA로부터 시작한다.
③ 콜레스테롤 생합성의 기본 물질은 말로닐 CoA로부터 시작한다.
④ 지방산의 생합성은 간과 지방조직의 세포질에서 일어난다.
⑤ 지방산의 생합성은 말로닐 CoA가 첨가되면서 탄소가 2개씩 증가한다.

해설 지질 생합성
• 케톤체, 콜레스테롤 생합성의 기본 물질은 아세틸 CoA로부터 시작한다.
• 아세틸 CoA의 카르복실화 반응으로 말로닐 CoA가 생성 → 지방산은 2탄소 단위씩 지방산 사슬이 증가하여 18~20개의 사슬길이가 된다.
• 환원반응의 보조효소로 NADPH를 사용한다.

98 지방산 생합성에서 아세틸 CoA에 CO_2를 부가하여 말로닐 CoA를 생성하는 효소인 아세틸 CoA 카르복실화효소의 활성을 촉진하는 것은?

① ATP
② 인슐린
③ 아세틸 CoA
④ 시트르산
⑤ 팔미토일 CoA

해설 아세틸 CoA 카르복실화효소는 팔미토일 CoA와 같은 긴사슬지방산 아실 CoA에 의해 억제되고, 시트르산(citrate)에 의해 촉진된다.

99 지방산 아실 CoA를 분해하여 아세틸 CoA를 생성하는 과정에서 일어나는 네 가지 반응의 순서는?

① 탈수소 → 수화 → 탈수소 → 분해
② 탈수소 → 수화 → 산화 → 분해
③ 산화 → 탈수소 → 산화 → 분해
④ 환원 → 탈수소 → 산화 → 분해
⑤ 환원 → 탈수소 → 탈수소 → 분해

해설 β-산화 순서
아실-CoA 탈수소효소(acyl-CoA dehydrogenase), 탈수소 → 에노일-CoA 수화효소(enoyl-CoA hydratase), 수화 → β-히드록시아실-CoA 탈수소효소(β-hydroxyacyl-CoA dehydrogenase), 탈수소 → 티올라아제(thiolase), 분해

100 리놀렌산($C_{18:3}$)의 β-산화과정에서 아실 CoA 탈수소효소의 작용은 총 몇 회 이루어지는가?

① 5회　　　　　　　　　　　② 6회
③ 7회　　　　　　　　　　　④ 8회
⑤ 9회

해설 탄소가 18개로 포화지방산이라면 8회 작용하지만 불포화지방산은 이중결합이 있는 곳에서 1번씩 줄어들기 때문에 8-3 = 5 즉, 5회의 작용을 한다(이중결합이 3개이므로).

101 지방산의 β-산화 시 세포질의 지방산을 미토콘드리아로 운반하는 물질은? 2018.12

① 글루타티온
② 글리세롤
③ 크레아닌
④ 카르니틴
⑤ 3-히드록시부티르산

해설 카르니틴
지방산의 분해를 위해 활성화된 지방산은 카르니틴과 결합하여 세포질에서 미토콘드리아 내로 이동되어 카르니틴을 떼어내고, 다시 지방산 아실-CoA로 전환된 후 β-산화가 이루어진다.

102 인체 내에서 스테아르산(stearic acid)이 산화되어 에너지를 생성할 때 일어나는 과정으로 옳은 것의 조합은?

> 가. 스테아르산이 미토콘드리아 막을 통과해야 한다.
> 나. 활성화된 스테아릴-CoA는 lipoprotein에 의해 미토콘드리아 내막을 통과한다.
> 다. β-산화를 하기 위해서 아실-CoA 탈수소효소와 에노일-CoA 수화효소에 의해 2번 산화된다.
> 라. β-산화에 필요한 비타민은 비오틴이다.

① 가, 다　　　　　　　　　　　　　　② 나, 라
③ 가, 나, 다　　　　　　　　　　　　④ 라
⑤ 가, 나, 다, 라

> 해설　지방산은 CoA와 결합해 acetyl-CoA로 된 뒤 미토콘드리아 내로 운반되어 산화·분해된다. acetyl-CoA는 미토콘드리아 내막을 통과할 수 없는데 카르니틴(carnitine)이 당체가 되어 아세틸 카르니틴 형이 되면 미토콘드리아 내로 진입할 수 있다. 한편 지방산의 β-산화에는 조효소인 FAD, NAD, CoA 등이 관여한다.

103 지방산 생합성 과정에 필요한 물질은?

① NADH
② FAD
③ acyl carnitine
④ acyl carrier protein
⑤ glycerol phosphate acyltransferase

> 해설　acyl carrier protein은 pantothenic acid를 포함하는 단백질로 fatty acid synthase 복합체의 한 성분을 이루어 지방산의 사슬 연장에 중요한 역할을 한다.

104 인지질의 생합성에 관여하는 것은?

> 가. glutamine　　　　　　　　　　나. ganglioside
> 다. ceramide　　　　　　　　　　　라. diacylglycerol

① 가, 다　　　　　　　　　　　　　　② 나, 라
③ 가, 나, 다　　　　　　　　　　　　④ 라
⑤ 가, 나, 다, 라

> 해설　인지질은 인산을 함유하는 지질을 말하며, 생합성에는 diacylglycerol 등이 관여한다. 세라미드는 당지질의 구성성분이며 강글리오시드는 세라미드에 6탄당이 2~7개 결합된 것을 말한다.

105 지방산에 관한 설명 중 옳지 않은 것은?

① 생체막의 기본을 이루는 지질은 인지질이다.
② 생체 내에서 합성되지 않는 지방산은 메발론산이다.
③ 지방산의 산화에 의해 생성된 acetoacetate, β-hydroxybutyric acid, acetone을 총칭해서 케톤체라고 한다.
④ 왁스는 중성지방과 달리 고급알코올(긴사슬 알코올)과 고급지방산이 에스테르와 결합된 것으로 밀납이나 경납 등의 성분이다.
⑤ 지방산의 β-산화가 일어나는 곳은 미토콘드리아이다.

> 해설 필수지방산
> 체내에서 합성되지 않는 지방산(필수지방산)은 Linoleic Acid, Linolenic Acid, Arachidonic Acid 등이 있다.

106 지방산 합성과정에서 citrate의 역할이 바르게 설명된 것은?

① 미토콘드리아에서 세포질로 H^+(reducing equivalent)를 옮겨준다.
② 지방산 생합성 효소를 억제한다.
③ malonyl-CoA를 합성할 CO_2를 공급한다.
④ 콜레스테롤 합성을 억제한다.
⑤ 미토콘드리아에서 세포질로 acetyl group을 옮겨준다.

> 해설 미토콘드리아 내에서 생성된 acetyl-CoA를 지방산 합성의 재료로 사용하기 위해서 미토콘드리아 내에서 actyl-CoA와 oxaloacetate를 결합하여 citrate를 형성한 후, 미토콘드리아 막을 통과하여 세포질로 나온다. 그 다음 citrate는 citratelyase에 의해 분해되어 acetyl-CoA를 지방산 합성의 재료로 사용하며, 같이 생성된 oxaloacetate는 malate로 환원되어 미토콘드리아로 돌아간다.

107 간에서 케톤체를 에너지원으로 이용할 수 없는 이유는 어떤 효소가 없기 때문인가?

① 티올라아제
② HMG CoA 환원효소
③ 아세토아세트산 탈탄산효소
④ β-히드록시부티르산 탈수소효소
⑤ β-케토아실 CoA 전이효소

> 해설 간에는 아세토아세트산을 아세토아세틸 CoA로 전환시켜주는 β-케토아실 CoA 전이효소(transferase)가 없기 때문에 아세토아세트산과 β-히드록시부티르산으로부터 아세틸 CoA를 만들 수 없다.

108 지방산 생합성 과정과 β-산화의 진행순서이다. 괄호 안에 들어갈 말을 순서대로 고르시오.

> • 지방산 생합성 : 축합 → 환원 → 탈수 → (   )
> • β-산화 : (   ) → 수화 → 산화 → 분해

① 환원, 산화 ② 산화, 환원
③ 산화, 산화 ② 환원, 환원
⑤ 분해, 축합

109 포화지방산의 β-산화에서는 일어나지 않고 불포화지방산의 β-산화에서만 일어나는 반응은?

① cis → trans 이성화반응(isomerization)
② 아미노기 전이반응(transamination)
③ 탈수소반응(dehydrogenation)
④ 수화반응(hydration)
⑤ 황분해반응(thiolysis)

해설 불포화지방산의 이중결합은 시스형이며 β-산화경로로 들어가기 위하여 트랜스형으로 전환해주는 이성질화효소가 필요하다.

110 지방산의 β-산화를 위해 아실-CoA로 활성화된 지방산이 세포질에서 미토콘드리아 내부로 이동하는 데 도움을 주는 물질은? 2017.02

① 카르니틴
② 글리세롤
③ 글루타티온
④ 아세트산
⑤ β-히드록시부티르산

해설 카르니틴(carnitine) - 지방산 β-산화
• 지방산 분해를 위해 활성화된 지방산은 카르니틴과 결합하여 세포질에서 미토콘드리아 내로 이동 → 카르니틴을 떼어내고, 다시 지방산 아실-CoA로 전환된 후 β-산화가 이루어진다.
• 2탄소 단위씩 지방산 사슬이 연속적으로 짧아지며 ATP를 생성한다.

111 지방산 합성에 필요한 NADPH를 생성하는 당대사 경로는? `2018.12`

① 해당과정
② TCA 회로
③ 포도당 신생
④ 코리 회로
⑤ 오탄당인산경로

> **해설** 오탄당인산경로(HMP)
> glucose-6-phosphate가 산화적 탈탄산되어 pentose-phosphate와 NADPH를 생성하는 과정과 인산 에스테르가 상호 전환하는 과정으로 NADPH는 지방산과 스테로이드 합성에 필요하다.

112 담즙산과 결합하는 아미노산은?

① 글리신
② 글루탐산
③ 메티오닌
④ 트레오닌
⑤ 알라닌

> **해설** 담즙산(bile acid)과 결합하는 아미노산은 글리신, 타우린이 있으며 담즙산과 결합하여 각각 글리코콜산(glycocholic acid), 타우로콜린산(taurocholic acid)으로 전환된다.

113 단백질에 대한 설명으로 옳지 않은 것은?

① 아미노산이 수십~수만 개가 결합된 고분자 화합물이다.
② 신체를 구성하고 있는 아미노산은 약 20여 종이다.
③ 필수아미노산은 신체에서 합성되지 않아 반드시 음식으로 먹어야 한다.
④ 단백질은 분자 내에 평균 6.25%의 질소를 함유한다.
⑤ 아미노산은 아미노기를 제거한 뒤 에너지원이나 포도당으로 이용되고 남으면 체내에 지방으로 축적된다.

> **해설** 단백질은 분자 내 질소를 평균 16% 함유한다.

114 신체의 피부, 뼈, 관절, 치아, 연골 등에서 발견되는 알부미노이드(albuminoid) 계열 단백질은? `2017.02`

① 콜라겐
② 엘라스틴
③ 케라틴
④ 글로빈
⑤ 히스톤

> **해설** 단순 단백질(simple protein)
> • 엘라스틴, 케라틴은 알부미노이드 계열이지만 엘라스틴은 주로 결합조직(특히 힘줄), 케라틴은 머리털, 손톱, 뿔을 구성한다.
> • 글로빈은 적혈구를 구성하는 히스톤 단백질이다.

115 다음은 금속단백질의 종류와 그 기능이다. 틀린 것을 고르시오.

① hemoglobin – CO_2 수송
② myoglobin – O_2 저장
③ ferritin – Fe 저장
④ transferrin – Fe 운반
⑤ Ceruloplasmin – Cu 운반

해설 금속단백질
- 헤모글로빈은 혈색소로 산소를 운반하고, 미오글로빈은 근육색소로 근육에 산소를 저장한다.
- 페리틴은 Fe의 저장형태이고, 트랜스페린은 혈액 내에서 Fe을 운반한다.
- 세룰로플라스민은 혈액 내에서 구리를 운반한다.

116 다음 중 단백질 형태가 섬유단백질인 것은?

① 콜라겐
② 혈청 알부민
③ 미오겐
④ 락트알부민
⑤ 젤라틴

해설 단백질 형태에 의한 분류
- 섬유상 단백질 : 콜라겐(연골), 미오신(근육), 케라틴(머리카락), 피브로인(명주실)
- 구상 단백질 : 혈청 알부민, 미오겐(근육), 락트알부민(유즙)
- 젤라틴은 콜라겐을 뜨거운 물로 처리하면 얻어지는 유도 단백질의 일종이다.

117 필수아미노산이 공통적으로 가지고 있는 기능기는? 2020.12

① 인돌기, 카르복실기
② 페놀기, 인돌기
③ 메틸기, 페놀기
④ 카르복실기, 아미노기
⑤ 아미노기, 메틸기

해설 아미노산(Amino acid)은 생물의 몸을 구성하는 단백질의 기본 구성단위이다. 아미노산은 분자 내에 산성인 카르복실기(–COOH)와 염기성인 아미노기(–NH$_2$)를 모두 가지고 있는 화합물이다.

118 케톤체로만 이용되는 아미노산은? 2018.12

① 티로신　　　　　　　　② 트립토판
③ 이소류신　　　　　　　④ 페닐알라닌
⑤ 류 신

> **해설** 케톤 생성 · 포도당 생성
> • 케톤 생성 아미노산 : 리신, 류신
> • 케톤 생성 및 포도당 생성 아미노산 : 티로신, 트립토판, 이소류신, 페닐알라닌
> • 포도당 생성 아미노산 : 나머지 아미노산

119 절식이나 기아상태에서 조직단백질의 감소가 가장 먼저 발생하는 신체조직은?

① 간　　　　　　　　　　② 뇌
③ 근 육　　　　　　　　　④ 심 장
⑤ 피 부

> **해설** 탄수화물 섭취 부족 시 아미노산을 전구체로 하여 간이나 신장에서 당신생 과정을 통해 포도당을 합성한다. 따라서 열량의 충분한 섭취는 단백질이 에너지로 소모되는 것을 막아준다.

120 영유아의 필수아미노산은? 2021.12

① 글리신
② 시스테인
③ 프롤린
④ 알라닌
⑤ 히스티딘

> **해설** 필수아미노산은 류신, 페닐알라닌, 리신, 발린, 트립토판, 이소류신, 메티오닌, 트레오닌이며 영유아는 히스티딘, 아르기닌이 더해진다.

121 다음은 옥수수가루의 아미노산 함량을 나타낸 표이다. 이 표에서 확인할 수 있는 옥수수가루의 제1 제한아미노산은? 2020.12

(단위 : 단백질 질소 1g당 아미노산 mg)

	이소류신	류 신	리 신	페닐알라닌	메티오닌	트레오닌	트립토판	발 린
아미노산 표준구성	270	306	270	180	144	180	90	270
옥수수 가루	294	828	180	285	118	250	39	328

① 페닐알라닌
② 트립토판
③ 트레오닌
④ 류 신
⑤ 발 린

해설 제한아미노산
- 식품의 단백질에 함유된 아미노산 중 표준 구성 아미노산에 비해 낮은 아미노산을 말한다.
- 옥수수가루의 제한아미노산은 리신, 메티오닌, 트립토판이다.

122 아미노산과 그 대사의 생리활성물질의 연결로 옳은 것은? 2020.12

① 아르기닌 – 류코트리엔
② 히스티딘 – 히스타민
③ 글루탐산 – 프로스타글란딘
④ 트립토판 – 멜라닌
⑤ 시스테인 – 세로토닌

해설 아미노산–생리활성물질
트립토판–세로토닌, 시스테인–타우린, 글루탐산–글루타티온

123 65세 이상 74세 이하 남성의 하루 단백질 평균필요량과 권장섭취량은 각각 얼마인가?

① 30g/일, 35g/일
② 40g/일, 50g/일
③ 50g/일, 60g/일
④ 55g/일, 65g/일
⑤ 60g/일, 70g/일

해설 ① 6~8세 남자, ② 9~11세 남자, ④ 15~18세 남자의 하루 단백질 평균필요량, 권장섭취량에 해당한다. 65세 이상 남자와 12~14세 남자의 하루 단백질 평균필요량과 권장섭취량은 각각 50g, 60g으로 동일하다.

124 단백질 섭취 부족으로 성장지연, 지방간, 부종, 피부염, 머리털의 변색 등이 나타나는 결핍증은 무엇인가?

2017.02   2017.12

① 콰시오커
② 단풍당뇨증
③ 페닐케톤뇨증
④ 마라스무스
⑤ 당뇨병

해설 콰시오커
• 단백질, 에너지 모두 부족하나 특히 단백질 부족이 심하다.
• 체지방은 정상이나 근육 소모가 심하다.
• 소화흡수에 장애를 보여 정맥을 통해 아미노산을 공급해야 하며 점차 구강을 통해 양질의 단백질을 충분히 공급해야 한다. 단백질 결핍증세의 다른 하나인 마라스무스는 단백질, 에너지가 모두 부족하나 특히 에너지 부족이 심하다.

125 장기간 단백질의 섭취 부족 시 체내에 나타나는 증상은? 2019.12

① 조직의 간질액 증가
② 간에서 알부민 합성 증가
③ 혈액의 교질 삼투압 증가
④ 혈액의 pH 증가
⑤ 요 칼슘 배설 증가

해설 • 부종은 간질액의 증가로 발생하며, 단백질 결핍증세로 부종이 나타나는 원인은 혈장 알부민이 감소했기 때문이다.
• 혈장 단백질인 알부민과 글로불린 등은 체내 수분평형 유지를 돕는다. 단백질이 결핍되면 혈액 중 단백질 양이 감소되어 조직(특히 손과 발)에 부종이 나타난다.

126 운동 부족인 사람이 장기간 동물성 단백질(특히 붉은 육류나 가금류)을 과량 섭취할 때 발생 가능성이 높은 질병은? 2020.12

① 악성 빈혈
② 펠라그라
③ 골다공증
④ 야맹증
⑤ 각기병

해설 동물성 단백질의 고단백 식이를 장기간 섭취하게 되면 혈액이 산성화되고 이를 중화시키기 위해 뼈에서 칼슘이 빠져나오게 된다. 따라서 칼슘 섭취 부족, 운동 부족, 과도한 술, 담배 등과 관련되어 골다공증이 나타날 위험이 높다.

127 단백질 과잉 섭취 시 나타나는 증상은?

① 소변으로 칼슘의 배설이 증가한다.
② 케톤체의 합성이 증가한다.
③ 당질의 연소율이 증가한다.
④ 체지방의 분해가 일어난다.
⑤ 단백질 합성으로 요소 생성이 감소한다.

> **해설** 고단백 식사를 하면 동물성 단백질에 많이 들어 있는 산성의 황아미노산 대사물질이 중화되는 과정에서 소변을 통해 배출된다. 단백질에 함유된 인(P), 황(S)은 음이온을 형성하여 양이온 칼슘(Ca)과 결합하여 배설한다. 또한 신장의 부담이 많아지므로 특히 신장질환자는 단백질 섭취에 주의해야 한다.

128 팔과 다리에 부종이 있고, 머리카락이 변색된 유아에게 보충하면 좋은 식품은? `2019.12`

① 감 자   ② 옥수수
③ 사 과   ④ 달 걀
⑤ 버 섯

> **해설** 콰시오커(kwashiorkor)
> • 심한 단백질 결핍증세로 부종, 지방간, 머리카락의 탈색, 성장저해, 피부염, 신경계 이상 등이 나타난다.
> • 완전단백질인 달걀에는 오브알부민이 함유되어 있다.

129 나프탈렌 제조 작업자의 페놀 및 크레졸 중독을 예방하는 데 도움이 되는 아미노산은? `2020.12`

① 트립토판, 글루탐산
② 메티오닌, 시스테인
③ 프롤린, 트레오닌
④ 리신, 아르기닌
⑤ 세린, 글리신

> **해설** 황의 체내 작용
> 황은 함황아미노산의 구성성분이 되며, 페놀류나 크레졸류와 같이 독성이 있는 물질과 결합하여 무해한 물질을 만들어 소변으로 배설시키는 해독 작용을 한다.

130 단백질의 특성에 따른 분류가 잘못된 것은?

① 운반단백질 – 페리틴, 헤모글로빈
② 수축성단백질 – 액틴, 미오신
③ 불완전단백질 – 젤라틴, 제인
④ 방어단백질 – 감마-글로불린
⑤ 1차 유도단백질 – 프로테오스, 펩톤, 펩티드

> 해설 프로테오스, 펩톤, 펩티드는 2차 유도단백질(분해단백질)이고, 1차 유도단백질은 단백질이 임의의 조건하에서 변화된 것으로 변성단
> 백질을 말한다.

131 시스타티오닌 합성효소(cystathionine synthase)에 유전적인 결함이 있는 환자에게 제한해야 하는 아미노산은?

① 리 신   ② 메티오닌
③ 트립토판   ④ 티로신
⑤ 아르기닌

> 해설 시스타티오닌 합성효소 결함은 이 효소의 기질인 호모시스틴의 혈중농도를 높여 호모시스틴이 요 중으로 다량 배설되는 호모시스틴
> 뇨증을 유발한다. 적절한 영양요법에는 메티오닌 함유 단백질 섭취를 줄이고, 시스타티오닌 합성효소의 활성을 증가시키는 비타민
> B$_6$와 호모시스틴의 혈중농도를 저하시키는 엽산 섭취를 증가시킨다.

132 완전단백질에 속하는 가장 질 좋은 단백질로 옳은 것은?

① 밀의 글리아딘
② 옥수수의 제인
③ 달걀의 오브알부민
④ 보리의 호르데인
⑤ 젤라틴

> 해설 완전단백질 vs 단백질
> • 완전단백질 : 우유의 카세인, 락트알부민, 달걀의 오브알부민, 대두의 글리시닌, 밀의 글루테닌 등
> • 불완전단백질 : 젤라틴, 옥수수의 제인
> • 부분적 불완전단백질 : 밀의 글리아딘, 보리의 호르데인 등

133　동일한 양과 조성의 단백질을 섭취할 때 이용률이 가장 높은 경우는?

① 에너지 권장량을 섭취하면서 탄수화물 섭취가 높을 때
② 에너지 권장량을 섭취하면서 섬유질을 극도로 제한할 때
③ 에너지 권장량을 섭취하면서 탄수화물 섭취를 제한할 때
④ 저열량 식사이면서 지방의 섭취량이 높을 때
⑤ 저열량 식사이면서 섬유질의 섭취를 제한할 때

> **해설**　단백질의 이용효율을 높이려면 에너지 공급이 부족하지 않아야 하며 탄수화물은 단백질의 절약작용을 하므로 적절히 섭취해야
> 한다.

134　단백질의 기능을 설명한 것으로 옳지 않은 것은?

① 손톱, 머리카락, 근육, 뼈의 구성성분이다.
② 체내에서 정상적인 삼투압 유지에 관여한다.
③ 효소, 호르몬, 글루타티온 등을 합성한다.
④ 혈액의 pH를 산성으로 일정하게 유지하는 데 중요한 역할을 한다.
⑤ 1g당 4kcal의 열량을 발생하여 열량원으로 쓰인다.

> **해설**　단백질은 양이온, 음이온이 공존하는 양쪽성 이온을 형성할 수 있으므로, 체액의 중성 유지에 관여한다.

135　위에서 분비되며 카세인을 응고시키는 효소는 무엇인가?　2017.02

① 펩 신　　　　　　　　　② 트립신
③ 레 닌　　　　　　　　　④ 스테압신
⑤ 에렙신

> **해설**　카세인 응고 – 레닌
> 레닌은 유아의 위액 중에 들어있으며, 유즙이 펩신의 작용을 받지 않고 그대로 위를 통과하는 것을 막는다. 즉, 우유가 위 속에서
> 소화효소의 작용을 충분히 받을 수 있도록 장시간 머물 수 있게 한다.

136 다음 중 양의 질소 평형에 해당하는 것은? `2017.02`

① 성장호르몬 증가 　　　　　　　　　② 외 상
③ 수 술 　　　　　　　　　　　　　　④ 화 상
⑤ 암

> **해설** 질소 평형(nitrogen balance)
> • 양의 질소 평형(positive nitrogen balance) : 질소의 섭취량이 배설량보다 많은 상태로서 성장, 임신, 질병회복, 신체훈련의 경우에 해당(체내 단백질 함량이 증가함을 의미)
> • 음의 질소 평형(negative nitrogen balance) : 질소의 배설량이 섭취량보다 많은 상태로서 단백질 영양불량, 질병, 화상, 발열, 감염, 수술 등의 경우에 해당(단백질 함량이 감소됨을 의미)

137 요소회로에 대한 설명으로 옳지 않은 것은?

① 요소 1분자를 합성하기 위해 4ATP가 소모된다.
② 회로의 1차적 조절은 CMP(carbamoyl phosphate)의 합성단계에서 일어난다.
③ ornithine과 citrulline은 미토콘드리아에서 생성된다.
④ 요소는 미토콘드리아에서 생성된다.
⑤ argininosuccinate와 arginine은 세포질에서 생성된다.

> **해설** 요소회로
> • 요소는 세포질에서 생성된다.
> • 요소회로는 척추동물의 간에서 아미노산 분해로 생긴 암모니아를 ATP를 사용하여 요소로 배설하는 일련의 과정이다.
> • 요소회로는 미토콘드리아와 세포질에서 일어나며, 미토콘드리아에서 일어나는 반응은 $NH_4 + CO_2 + 2ATP →$ carbamoyl phosphate + ornithine → citrulline이다.
> • 1mol의 요소를 합성하기 위해서 4ATP가 소모되는데, carbamoyl phosphate와 argininosuccinate 생성에 각각 2ATP씩 사용된다.

138 단백질 섭취 증가 시 요소를 합성하는 회로의 작용으로 옳은 것은? `2017.02`

① 요소는 신장에서 합성된다.
② 요소회로의 대부분은 미토콘드리아에서 수행된다.
③ 합성된 요소는 혈액에 남아있다.
④ 요소합성이 증가하면 질소배설이 증가한다.
⑤ 요소합성이 증가하면 질소배설이 감소된다.

> **해설** 요소회로
> • 간에서 합성된 요소는 혈액으로 수송되고 신장을 통해 배설된다.
> • 회로 초기의 두 과정은 미토콘드리아에서 수행되고, 나머지 대부분은 세포질에서 수행된다.

139 크레아틴(creatine)의 생합성에 참여하는 아미노산을 모두 조합한 것은?

가. arginine
나. glycine
다. methionine
라. cystine

① 가, 나   ② 다, 라
③ 가, 나, 다   ④ 라
⑤ 가, 나, 다, 라

해설   크레아틴
- 크레아틴은 근육 내 에너지 저장 단백질로 arginine, glycine, methionine에 의해 생성된다.
- arginine은 glycine과 결합하여 guanidinoacetate가 되고 이어 methionine과 결합하여 creatine이 된다.

140 세포질에서 요소 생성에 관여하여 아미노기를 제공하는 아미노산은?   2020.12

① 히스티딘   ② 아스파르트산
③ 트레오닌   ④ 리 신
⑤ 프롤린

해설   요소 합성 시 아스파르트산(Aspartic acid)은 세포질에서 아미노기를 제공한다.

141 glutamate와 oxaloacetate가 아미노기 전이반응을 진행하여 생성하는 물질은?

① α-ketoglutarate, alanine
② α-ketoglutarate, pyruvate
③ α-ketoglutarate, aspartate
④ glutamine, alanine
⑤ glutamine, pyruvate

해설   glutamate는 oxaloacetate에 아미노기를 전달한 후 α-ketoglutarate와 aspartate를 생성하는 아미노기 전이반응을 진행한다.

142 아미노산이 탈아미노화(deamination)되고 남은 α-케토산(α-keto acid)의 이용에 관한 것 중 옳지 않은 것은?

① urea로 전환되어 체외로 배설된다.

② transamination, amination에 의해 아미노산을 재합성한다.

③ TCA cycle이나 당신생에 쓰여 열량을 발생한다.

④ glucose를 거쳐 지방산으로 합성되거나 직접 지방산으로 합성된다.

⑤ 산화되어 열량을 발생한다.

해설 탈아미노반응으로 생긴 α-케토산은 당질, 지방질로 전환되거나 아미노산으로 재합성하고, 산화되어 열량을 발생한다.

143 산화적 탈아미노 반응에서 α-아미노기를 전이시키는 역할을 하는 조효소는?

① biotin

② lipoic acid

③ pyridoxal phosphate

④ thiamine

⑤ niacin

해설 산화적 탈아미노 반응에서 아미노산의 α-아미노기를 비타민 B₆가 전구체인 조효소 pyridoxal phosphate(PLP)가 전이시킨다.

144 아미노산의 탄소골격이 지질 대사에 합류하는 아미노산의 조합은?

> 가. leucine
> 나. lysine
> 다. phenylalanine
> 라. valine

① 가, 다   ② 나, 라
③ 가, 나, 다   ④ 라
⑤ 가, 나, 다, 라

해설 지질 대사 합류 아미노산
아미노산 탄소골격이 acetyl-CoA, acetoacetyl-CoA 등으로 분해되어 지질 대사경로로 합류하는 아미노산에는 leucine, lysine, isoleucine, phenylalanine, tyrosine, tryptophan(ketogenic & glycogenic)이 있다.

145 아미노산이 탈아미노(deamination)되고 남은 α-케토산과의 연결로 옳은 것의 조합은?

> 가. alanine → pyruvate
> 나. aspartate → oxaloacetate
> 다. glutamate → α-ketoglutarate
> 라. glutamate → oxaloacetate

① 가, 다   ② 나, 라
③ 가, 나, 다   ④ 라
⑤ 가, 나, 다, 라

146 DNA는 D-2-디옥시리보오스와 염기, 인산의 결합으로 구성된다. 다음 중 DNA 염기의 종류가 아닌 것은?

2017.02

① 아데닌   ② 구아닌
③ 시토신   ④ 티 민
⑤ 우라실

> 해설   우라실은 RNA의 염기 종류에 해당하며, RNA는 D-리보오스 + 염기(아데닌, 구아닌, 시토신, 우라실) + 인산으로 구성된다.

147 단백질 합성에서 mRNA의 기능은? 2021.12

① 아미노산을 운반한다.
② DNA 복제에 관여한다.
③ DNA 분해에 관여한다.
④ 리보솜의 구성성분이다.
⑤ 유전정보를 전달한다.

> 해설   mRNA는 세포핵 속에서 DNA의 유전정보를 세포핵 밖의 기관(리보솜)으로 전달하는 역할을 한다.

148 전령 RNA로 단백질 합성 시 주형 역할을 하여 폴리펩티드(polypeptide) 내의 아미노산 배열순서(sequence)를 결정하는 것은? 2020.12

① snRNA의 염기서열
② rRNA의 염기서열
③ tRNA의 염기서열
④ mRNA의 염기서열
⑤ 이중가닥 RNA

해설 • mRNA는 전령 RNA로 단백질 합성 시 주형 역할을 하며 아미노산의 배열 순서를 결정한다.
• mRNA는 세포핵 속에서 DNA의 유전정보를 세포핵 밖의 기관(리보솜)으로 전달하는 역할을 한다.

149 핵단백질의 가수분해 과정을 바르게 나열한 것은?

① 핵단백질 – 핵산 – nucleotide – 핵산염기 – nucleoside
② 핵단백질 – 핵산 – nucleotide – nucleoside – 핵산염기
③ 핵단백질 – 핵산 – nucleoside – nucleotide – 핵산염기
④ 핵산 – 핵단백질 – nucleotide – nucleoside – 핵산염기
⑤ 핵산 – 핵단백질 – nucleoside – nucleotide – 핵산염기

해설 핵단백질의 가수분해
• 핵단백질은 protease에 의해 단백질과 핵산으로 분해되고 단백질은 아미노산으로 되어 흡수된다.
• 핵산의 부분은 먼저 nuclease에 의해 mono nucleotide가 생기고, nucleotidase에 의해 인산과 nucleside로 분해된다.
• nucleside는 nuclesidase에 의해 염기와 pentose로 분해된다.

150 퓨린 분해대사의 최종 생성물은? 2018.12

① 잔틴(xanthine)
② 구아노신(guanosine)
③ β-알라닌(β-acid)
④ 요소(urea)
⑤ 요산(uric acid)

해설 퓨린(purine) 분해대사의 최종단계
• xanthine oxidase에 의해 xanthine의 산화에 의한 uric acid가 생성된다.
• 과다한 uric acid 생성은 통풍(gout)의 원인이 된다.
• β-alanine은 피리미딘 뉴클레오티드(시티딘, 우리딘)의 최종분산산물이다.
• 통풍은 혈중 요산 농도가 올라가 관절 등에 sodium urate 결정이 침착되는 질환이다.

151 퓨린체 대사이상으로 인해 체내에 축적되는 물질은? 2017.02

① 아데노신　　　　　　　　　② 구아노신
③ 잔 틴　　　　　　　　　　④ 하이포잔틴
⑤ 요 산

해설　①·② 퓨린체, ③·④ 중간 생성물, ⑤ 최종 생성물이다.
　　　통풍(Gout)은 퓨린체(purine)의 대사이상으로 요산이 체내에 축적되어 고요산 혈증, 관절염 증상으로 통증이 심하게 나타나는 질병이다.

152 단백질 생합성에 관한 것으로 옳지 않은 것은?

① 3개의 염기로 구성된 코돈이 특정 아미노산을 암호화한다.
② 아미노산의 활성화-폴리펩티드 사슬의 합성 개시-연장-종결-접힘의 처리과정 순이다.
③ 단백질 합성은 리소좀에서 이루어진다.
④ mRNA는 전령 RNA로 단백질 합성 시 주형 역할을 한다.
⑤ tRNA는 아미노산을 운반하는 역할을 한다.

해설　단백질 생합성
　　　• 리보솜에서 단백질 합성이 이루어진다.
　　　• 사슬합성 개시·연장·종결단계에서 GTP가 각각 필요하다.
　　　• 3개의 염기그룹을 코돈이라 하며 특정 아미노산으로 읽힌다.

153 단백질 합성과정 중 다음 괄호에 해당하는 것을 순서대로 고르시오.

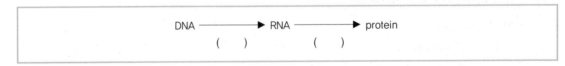

DNA ──────→ RNA ──────→ protein
　　　　　(　)　　　　(　)

① 전사, 복제　　　　　　　　② 복제, 번역
③ 전사, 번역　　　　　　　　④ 복제, 전사
⑤ 번역, 전사

해설　전사 & 번역
　　　• DNA는 단백질 합성의 직접적인 주형이 아니며, 오히려 단백질 합성에 대한 주형들은 RNA(리보핵산) 단백질이다.
　　　• RNA는 단백질 합성에 있어 정보를 운반하는 중간물질이다.
　　　• 전사(transcription) 다음에 번역(translation)이 일어난다.

154 대사의 최종산물이 그보다 전단계의 효소작용을 저해하는 것을 무엇이라 하는가?

① 되먹임 저해(feedback inhibition)
② 다른 자리 입체적 효소(allosteric enzyme)
③ 동위효소(isoenzyme)
④ 완전효소(holoenzyme)
⑤ 아포효소(apoenzyme)

 해설
- 되먹임 저해(feedback inhibition) : 대사에서 최종 생성물이 최초 효소반응을 저해하는 현상
- 다른 자리 입체적 효소(allosteric enzyme) : 조절효소(regulatory enzyme), 화성자리 이외에 조절자리를 가진 조절효소, 대사의 첫 번째 비가역적 반응촉매, 촉매인자와 억제인자에 영향, sigmoid 곡선(S자형)

155 효소분류의 계통명이 아닌 것은?

① oxidoreductase
② transferase
③ hydrolase
④ lyase
⑤ mutase

해설 효소 분류

산화환원효소(oxidoreductase)	산화환원반응 촉매(EC:1.○.○.○) ~oxidase, ~peroxidase, ~oxygenase, ~reductase, ~dehydrogenase
전이효소(transferase)	전이반응 촉매(EC:2.○.○.○) ~transferase, ~kinase, ~mutase, ~synthase
가수분해효소(hydrolase)	가수분해반응 촉매(EC:3.○.○.○)
탈이요소(lyase)	탈이(이탈 또는 제거)반응 촉매(EC:4.○.○.○) ~lyase, ~de~ase, ~hydratase
이성화효소(isomerase)	이성화반응 촉매(EC:5.○.○.○) ~isomerase, ~racemase, ~epimerase
합성효소(ligase)	합성 반응 촉매(EC:6.○.○.○) 반드시 ATP 필요

156 K_m에 관한 설명 중 옳지 않은 것은?

① K_m은 Michaelis-Menten 상수이며 효소・기질 복합체(ES complex)의 해리상수로도 표시된다.
② $1/2\ V_{max}$을 이루기 위하여 필요한 기질의 농도이다.
③ 경쟁적 저해에서 K_m은 증가하고, 비경쟁적 저해에서 K_m은 불변한다.
④ K_m 값이 작으면 효소와 기질의 친화성이 낮다.
⑤ K_m 값이 작으면 친화성이 높아 반응이 효율적으로 일어난다.

해설 K_m은 Michaelis-Menten 상수로 최대속도(V_{max})의 절반이 될 때의 기질 농도를 말한다. 또한 효소・기질 복합체의 해리상수로 K_m 값이 크면 효소와 기질의 친화성이 낮고, K_m 값이 작으면 친화성이 높아 반응이 효율적으로 일어난다.

157 Succinate dehydrogenase의 경쟁적 저해제는?

① 말산(malic acid)
② 말론산(malonic acid)
③ 숙신산(succinic acid)
④ 아스파르트산(aspartic acid)
⑤ 글루탐산(glutamic acid)

해설　경쟁적 저해
• 기질과 저해제의 화학구조가 비슷하여 효소의 활성부위에 저해제가 기질과 경쟁적으로 비공유 결합하여 효소작용을 저해한다.
• succinate dehydrogenase는 기질 succinic acid와 구조가 비슷한 malonic acid에 의해 저해된다.

158 아미노산의 질소부분이 대사되는 방법의 조합은?

> 가. 케토산에 전달되어 새로운 아미노산을 합성함
> 나. 포도당을 합성하는 데 쓰임
> 다. 암모니아 형태로 떨어져 요소로 된 후 소변으로 배설됨
> 라. 연소되어 에너지를 발생함

① 가, 다
② 나, 라
③ 가, 나, 다
④ 라
⑤ 가, 나, 다, 라

해설　아미노산 대사
대부분 간에서 대사되며, 질소 부분은 암모니아로 떨어진 후 요소로 전환되어 소변으로 배설되거나, 케토산에 전달되어 새로운 아미노산을 합성하는 데 사용된다.

159 아미노산의 탄소골격이 대사되는 방법의 조합은?

> 가. 피루브산을 거쳐 포도당을 합성
> 나. 피루브산을 거쳐 구연산 회로로 대사
> 다. 아세틸 CoA를 거쳐 구연산 회로로 대사
> 라. 아세틸 CoA를 거쳐 케톤체, 지방산을 합성

① 가, 다
② 나, 라
③ 가, 나, 다
④ 라
⑤ 가, 나, 다, 라

해설　아미노산 탄소골격
• 당 생성(glucogenic) 아미노산은 피루브산을 거쳐 구연산 회로로 대사되거나 포도당을 합성한다.
• 케톤 생성(ketogenic) 아미노산은 아세틸 CoA를 거쳐 구연산 회로로 대사되거나 케톤체, 지방산을 합성한다.

157 ② 158 ① 159 ⑤ 　정답

160 암모니아 대사과정 중 뇌 조직에서 간으로 운반하는 형태는? _{2021.12}

① 아스파르트산   ② 페닐알라닌
③ 아르기닌   ④ 글리신
⑤ 글루타민

> **해설**   뇌조직에서 해로운 암모니아를 간으로 운반하는 아미노산은 세포막을 통과할 수 있는 중성 아미노산인 글루타민이다.

161 티로신의 탈탄산 반응으로 생성되는 호르몬은? _{2020.12}

① 테스토스테론   ② 에피네프린
③ 알도스테론   ④ 프로게스테론
⑤ 안드로겐

> **해설**   신경전달물질 합성
> - 티로신은 도파민, 노르에피네프린, 에피네프린의 전구체이다. 티로신은 티로신수산화효소에 의해 수산화되어 도파(3,4 dihydroxyphenylalanine, DOPA)를 합성한다. 도파는 도파탈탄산효소에 의해 도파민(Dopamine)을 만들고, 도파민 베타수산화효소에 의해 노르에피네프린(Norepinephrine)을 생성하게 된다. 이 노르에프네프린은 페닐에탄올아민 N 메틸전이효소에 의해 N 메틸화 과정을 거치면서 에피네프린(Epinephrine)이 생성된다.
> - 티로신(Tyrosine) → 도파민(Dopamine) → 노르에피네프린(Norepinephrine) → 에피네프린(Epinephrine)

162 폭발열량계(bomb calorimeter)에 의한 당질 1g의 열량은 4.15kcal이다. 당질의 생리적 열량가가 4kcal로 감소하는 이유는 무엇인가?

① 탄수화물의 소화·흡수율이 98%이기 때문이다.
② 지방이 체내에서 불완전연소되기 때문이다.
③ 지방이 포도당 신생과정에 쓰이기 때문이다.
④ 체내에서 산화된 수치이다.
⑤ 구성 원소들의 불완전연소 때문이다.

> **해설**   폭발열량계
> - 폭발열량계(bomb calorimeter)는 식품이 연소될 때 방출되는 열량을 직접 측정할 수 있는 기계이다.
> - 당질, 지질, 단백질이 완전연소될 때 4.15kcal, 9.45kcal, 5.65kcal의 열량을 내며, 알코올은 7.1kcal을 낸다. 소화·흡수율을 고려하면 4kcal, 9kcal, 4kcal, 7kcal가 되며 이를 생리적 열량가라 한다.
> - 소화·흡수율은 탄수화물 98%, 지방 95%, 단백질 92%이다.

163 기초대사량의 변화에 대한 설명으로 옳지 않은 것은?

① 오랫동안 기아상태로 체중을 감소시키면 기초대사가 10% 이상 감소한다.
② 개인의 근육량에 영향을 받는다.
③ 나이가 증가할수록 증가한다.
④ 체온이 상승함에 따라 증가된다.
⑤ 수면 시 기초대사량이 10% 감소한다.

> **해설** 기초대사량 변화
> • 일생을 통해 기초대사량이 가장 높아지는 시기는 생후 1~2년이다. 생후 2년 후 점차적으로 감소되다가 남녀 모두 사춘기에
> 이르러 다시 상승하며 노년에 이르기까지 계속 저하된다.
> • 남자와 여자는 체조성 성분의 차이가 있어 기초대사량이 다르며, 단위체표면적당 기초대사량이 가장 높은 사람은 남자 아동이다.
> • 수면 시 근육이 이완되고, 자율신경의 활동이 감소하기 때문에 기초대사량이 감소한다.

164 휴식대사량에 대한 설명으로 옳지 않은 것은?

① 식후 2~3시간 후에 아무런 근육활동 없이 편안한 자세에서 측정한다.
② 1일 에너지 소모량의 60~75%를 차지한다.
③ 개인의 근육량에 영향을 받는다.
④ 식이성 발열효과의 영향을 어느 정도 받는다.
⑤ 나이가 증가할수록 증가한다.

> **해설** 휴식대사량
> • 나이가 증가할수록 감소한다.
> • 휴식을 취하고 있는 상태에서의 에너지 소비량으로 개인의 제지방량(lean body mass)에 의해 차이가 난다.
> • 식이성 발열효과(thermic effect of food, TEF)와 이전에 수행한 신체활동의 영향으로 기초대사량보다 높게 나타난다.

165 「2020 한국인 영양소 섭취기준」 중 상한섭취량이 설정되어 있는 것은? `2021.12`

① 단백질   ② 에너지
③ 알파–리놀렌산   ④ 칼 륨
⑤ 비타민 B$_6$

> **해설** 2020 한국인 영양소 섭취기준
> • 2020 한국인 영양소 섭취기준은 에너지 및 다량영양소 12종, 비타민 13종, 무기질 15종의 총 40종 영양소에 대해 설정되었다.
> • 2020 한국인 영양소 섭취기준 제·개정에서는 탄수화물에 대한 평균필요량과 지방산(리놀레산, 알파–리놀렌산, DHA+EPA)에
> 대한 충분섭취량이 새롭게 제정되었으며, 단백질에 대한 평균필요량과 권장섭취량이 개정되었다.
> • 상한섭취량이 설정된 영양소
> – 지용성 비타민 : 비타민 A, 비타민 D, 비타민 E
> – 수용성 비타민 : 비타민 C, 니아신, 비타민 B$_6$, 엽산
> – 무기질 : 칼슘, 인, 마그네슘, 철, 아연, 구리, 불소, 망간, 요오드, 셀레늄, 몰리브덴

166 「2020 한국인 영양소 섭취기준」 중 인구집단의 97~98%에 해당하는 사람들의 영양소 필요량을 섭취량으로 나타낸 것으로 평균필요량에 표준편차 또는 변이계수의 2배를 더하여 산출한 값은? _{2020.12}

① 충분섭취량
② 목표섭취량
③ 권장섭취량
④ 상한섭취량
⑤ 필요추정량

> **해설** 2020 한국인 영양소 섭취기준
> 안전하고 충분한 영양을 확보하는 기준치(평균필요량, 권장섭취량, 충분섭취량, 상한섭취량)와 식사와 관련된 만성 질환 위험감소를 고려한 기준치(에너지적정비율, 만성질환위험감소섭취량)를 제시한다.

167 현재 우리나라의 에너지 섭취기준은?

① 필요추정량
② 권장섭취량
③ 상한섭취량
④ 충분섭취량
⑤ 평균필요량

> **해설** 2020 한국인 에너지 섭취기준
> • 국민의 건강증진 및 질병예방을 목적으로 에너지 및 각 영양소의 적정섭취량을 나타낸 것이다.
> • 에너지는 평균필요량이라는 용어 대신 필요추정량(Estimated Energy Requirements ; EER)이라는 용어를 사용하며, 에너지 소비량을 통해 추정한다.
> • 에너지 섭취 부족과 과잉에 의한 피해가 최소가 되는 에너지 필요추정량만 설정하였고, 평균필요량이나 권장섭취량, 상한섭취량은 설정하지 않았다.

168 영양소 필요량에 대한 정확한 자료가 부족하거나 필요량의 중앙값 또는 표준편차를 구하기 어려워 권장섭취량을 정할 수 없는 경우에 제시하는 것은? _{2017.02}

① 충분섭취량
② 상한섭취량
③ 평균필요량
④ 권장섭취량
⑤ 필요추정량

> **해설** 2020 한국인 영양소 섭취기준
> • 안전하고 충분한 영양을 확보하는 기준치(평균필요량, 권장섭취량, 충분섭취량, 상한섭취량)와 식사와 관련된 만성 질환 위험감소를 고려한 기준치(에너지적정비율, 만성질환위험감소섭취량)를 제시한다.
> • 과학적인 근거가 있을 경우에는 평균필요량, 권장섭취량을 제정하고, 근거가 충분하지 않는 경우에는 충분섭취량을 제정하며, 과잉 섭취로 인한 유해영향에 대한 연구가 있는 경우에는 상한섭취량을 제정한다.

169 1~5일 정도의 급성 기아상태에서 신체 내 에너지 생성의 주급원은 무엇인가?

① 글리코겐   ② 포도당
③ 글리세롤   ④ 중성지방
⑤ 근육의 아미노산

> 해설 금식 · 기아상태
> • 1~5일 정도의 급성 기아상태에서는 당신생 과정을 통해 포도당을 이용한다.
> • 기아상태가 장기간 계속되면 근육을 보호하기 위하여 케톤체를 에너지원으로 이용한다.
> • 식후 4~24시간 금식 시 주된 에너지 급원은 저장에너지인 글리코겐을 이용한다.

170 백색지방세포와 갈색지방세포에 관한 설명으로 옳지 않은 것은?

① 갈색지방세포는 등, 견갑골, 겨드랑이 밑에 주로 분포하며 추위에 노출되면 열을 발생시켜 체온을 상승시킨다.
② 백색지방세포는 피하, 고환, 장기주변에 분포하며 필요할 때 ATP를 제공한다.
③ 과식을 할 때 백색지방세포가 에너지를 더 많이 소모하도록 한다.
④ 갈색지방세포에는 미토콘드리아가 많이 있으며 혈액의 공급이 풍부해 색을 띤다.
⑤ 갈색지방세포는 신생아나 어린아이에게 많이 분포되어 있다.

> 해설 지방세포
> • 사람이 과식을 하거나 추운 환경에 노출되었을 때 갈색지방세포의 미토콘드리아를 활성화해 열 발생을 촉진시키는데 이러한 열 발산이 적응대사와 관련이 있을 것으로 추정된다.
> • 갈색지방세포는 열발산을 증가시켜 기초대사량을 높인다.

171 알코올에 대한 설명으로 옳지 않은 것은?

① 알코올은 위에서 20%, 소장에서 80% 흡수되어 간에서 대사된다.
② 열량 이외에는 다른 영양소를 제공하지 않는 빈열량식품(empty calorie food)이다.
③ 장기간의 음주는 지방간을 초래하며, 방치 시 간염, 간경화로 진행된다.
④ 아세트알데히드는 독성을 나타낸다.
⑤ 1g당 폭발열량계에 의한 열량은 4kcal이다.

> 해설 알코올
> • 알코올 1g당 폭발열량계에 의한 열량은 7.1kcal이다.
> • 만성 알코올 중독자는 마그네슘 부족으로 인한 손떨림 현상이 나타난다.
> • 알코올은 알코올탈수소효소에 의해 아세트알데히드를 생산하는데, 이 물질이 독성을 나타내어 두통, 세포 손상 등을 일으킨다.

172 알코올 다량 섭취로 발생하는 문제점은? `2018.12`

① 고혈당
② HDL 콜레스테롤 증가
③ 엽산 과잉
④ 비타민 A 과잉
⑤ 중성지방의 간 축적

해설 **알코올과 영양**
- 다량의 알코올 섭취 시 지방간, 간염, 간경화 등이 발생한다.
- 알코올은 지방 분해를 저해시켜 지방이 완전 산화되지 못해 간조직 내에 축적되어 지방간이 발생한다.
- 소량의 알코올 섭취는 HDL 콜레스테롤을 상승시키지만 다량의 알코올 섭취는 고지혈증 등 심혈관계 질환을 발생시킨다.
- 굶은 상태에서 알코올을 섭취하면 포도당 신생에 필요한 옥살로아세트산, 피루브산, 포스포에놀 피루브산의 합성이 억제되어 포도당 신생이 저해되고, 저혈당 상태가 일어날 수 있다.
- 알코올성 간질환 시 간의 비타민 A의 저장량이 감소, 비타민 B_1 결핍, 엽산 결핍, Mg 결핍, 비타민 B_6 대사장애 등이 나타난다.

173 알코올을 장기간 과량 섭취한 사람에게 나타나는 대사상 변화는? `2020.12`

① 간에서 알부민 합성이 증가한다.
② 간에서 중성지방 합성이 증가한다.
③ 근육에서 젖산 생성이 감소한다.
④ 소장에서 티아민 흡수가 증가한다.
⑤ 혈중 콜레스테롤 농도가 감소한다.

해설 알코올 대사과정에서 nicotinamide adenine dinucleotide(NAD)가 NADH(환원형 NAD)로 환원되는데 NADH/NAD 비율이 증가되면서 탄수화물과 지방 대사에 불균형이 나타나면서 당신생(gluconeogenesis)은 감소되고 지방산 합성은 증가된다.

174 에너지필요추정량이 2,000kcal인 사람에게 권장할 수 있는 탄수화물 섭취량으로 옳은 것은? `2019.12`

① 200~250g
② 275~325g
③ 350~400g
④ 425~475g
⑤ 보기에 없음

해설 **2020 한국인 영양소 섭취기준**
- 에너지 적정 비율 : 탄수화물 55~65%, 단백질 7~20%, 지방 15~30%
- 2,000kcal의 55~65%이므로 1,100~1,300kcal, 탄수화물은 1g당 4kcal의 에너지를 내므로 275~325g이다.

175 요요현상에 대한 신체 변화로 가장 옳은 것은? 2018.12

① 갈색지방세포 증가　　　　　　　② 체근육량 증가

③ 백색지방세포 감소　　　　　　　④ 체지방량 감소

⑤ 기초대사량 감소

해설 요요현상

- 심한 열량 제한 시 이의 적응을 위한 기초대사량의 감소로 발생되는 증상이다.
- 증상이 반복될수록 체내 지방함량의 증가로 체중감량에 소요되는 시간이 점점 길어진다.
- 체중감량 시 근육 소모를 막기 위해서는 단백질을 충분히 섭취하고 유산소 운동을 해야 한다.
- 갈색지방세포는 등, 견갑골, 겨드랑이 밑에 주로 분포하며, 열발산을 증가시켜 기초대사량을 높인다.

176 다음의 증상들이 나타나는 알코올 중독자에게 결핍된 영양소는? 2021.12

- 정신적 혼란과 기억력 장애
- 운동실조(베르니케-코르사코프 증후군)

① 리보플라빈　　　　　　　　　　② 비타민 C

③ 티아민　　　　　　　　　　　　④ 니아신

⑤ 엽 산

해설 베르니케-코르사코프 증후군

알코올 섭취에 따른 티아민(비타민 B_1)의 섭취 부족으로 치매, 안구운동 이상, 보행장애를 일으키는 희귀한 뇌 질환으로, 급격한 진행 속도를 보이는 것이 특징이다. 과다한 알코올의 섭취는 티아민의 체내 분해를 촉진하고, 티아민 섭취가 이루어지더라도 알코올로 인해 체내로 새로운 티아민이 잘 흡수되지 않는다.

177 영양소의 생리적 열량가 계산 시 단백질 1g당 질소의 불완전연소로 인해 손실되는 열량은?

① 0.1kcal　　　　　　　　　　　② 0.25kcal

③ 0.5kcal　　　　　　　　　　　④ 1.0kcal

⑤ 1.25kcal

해설 단백질의 불완전연소로 인해 단백질 1g당 1.25kcal의 에너지가 소변으로 배설된다. 각 영양소의 생리적 열량가는 식품의 열량가에 소화흡수율 및 단백질의 불완전연소와 알코올의 호흡으로 배설되는 양을 고려하여 계산한다.

178 측정조건이 까다로운 기초대사량 대신에 사용할 수 있는 것은?

① 활동대사량   ② 휴식대사량
③ 적응대사량   ④ 수면대사량
⑤ 식품이용을 위한 에너지 소모량

> **해설**   휴식대사량
> 식후 몇 시간이 지난 휴식 상태에서 에너지 소모량을 측정하므로 기초대사량보다 측정하기 편리하고, 기초대사량과 에너지 소모량 차이가 3% 이내이다.

179 기초대사량을 측정하기 위해 갖추어야 할 조건으로 옳은 것은?   `2019.12`

① 운동 후 2시간이 지난 상태   ② 심리적으로 흥분된 상태
③ 식후 12~14시간이 지난 상태   ④ 깊은 수면상태
⑤ 편안하게 앉은 상태

> **해설**   기초대사량은 생명을 유지하기 위해 필요한 최소 에너지로, 식후 12~14시간 경과 후 잠에서 깬 상태에서 일어나기 전에 측정한다.

180 기초대사량을 증가시키는 요인으로 옳은 것은?   `2017.02`   `2018.12`

① 갑상선 기능 항진   ② 기온상승
③ 수 면   ④ 영양불량
⑤ 체온저하

> **해설**   기초대사량
> • 증가 요인 : 근육량 많을수록, 체표면적 넓을수록, 갑상선 기능 항진, 성장(영유아, 임신), 기온하강, 발열, 화상, 스트레스 등이며 소아가 성인보다 체표면적당 기초대사량이 높음
> • 감소 요인 : 수면, 영양불량, 기온상승, 갑상선 기능저하 등

181 스트레스, 불안 등 심리적 요인과 환경변화에 의해 열이 발생하여 소비되는 에너지는?   `2017.02`

① 기초대사량   ② 휴식대사량
③ 적응대사량   ④ 활동대사량
⑤ 식품이용을 위한 에너지 소모량

> **해설**   적응대사량(adaptive thermogenesis, AT)
> 환경변화(추위, 온도변화), 영양상태, 심리적 요인 등에 의해 열이 발생하여 소비되는 에너지로서 인체의 갈색지방조직에 의한 열발생과 관련이 있다.

182 식사성 발열효과에 대한 설명이다. 다음 중 옳은 것은? `2019.12`

① 쌀밥의 식사성 발열효과는 섭취에너지의 40% 정도에 해당한다.
② 혼합식의 식사성 발열효과 값은 총 에너지 소비량의 25% 정도에 해당한다.
③ 식품 섭취에 따른 영양소의 소화, 흡수, 대사에 필요한 에너지 소비량이다.
④ 탄수화물과 단백질의 식사성 발열효과 값은 동일하다.
⑤ 식사 후 휴식 상태에서 필요한 에너지 소비량이다.

> **해설** **식품이용을 위한 에너지 소모량(TEF)**
> • 탄수화물, 단백질, 지방이 혼합된 균형식사를 할 때에는 섭취 열량의 10% 정도이다.
> • 탄수화물을 섭취한 후에는 10~15%, 지방 섭취 후에는 3~4%의 대사율 상승을 보인다.

183 기초대사량이 1,300kcal, 활동대사량이 600kcal인 여학생의 식품이용을 위한 에너지 소비량 계산식으로 적합한 것은? `2020.12`

① (1,300 + 600) × 0.9
② (1,300 + 600) × 0.7
③ (1,300 + 600) × 0.5
④ (1,300 + 600) × 0.3
⑤ (1,300 + 600) × 0.1

> **해설** **식품이용을 위한 에너지**
> 식품 섭취 후 식품을 소화·흡수·대사·이동 및 저장하는 데 필요한 에너지로, 보통 총 에너지 소비량(기초대사량 + 활동대사량)의 10%이다.

184 뼈의 발달과 유지에 필수이며 자외선 차단제 사용 시 합성이 저해되고 부갑상샘호르몬에 의해 활성화되는 비타민은? `2021.12`

① 비타민 C   ② 비타민 A
③ 비타민 E   ④ 비타민 K
⑤ 비타민 D

> **해설** **비타민 D**
> • 골격의 석회화 및 칼슘의 항상성 유지 역할을 하며 햇빛에 노출될 경우 합성된다.
> • 표고버섯 등에는 전구체 형태로 들어있으며 간, 난황, 간유, 강화우유 등에 들어있다.

185 비타민 A의 흡수와 대사에 관한 설명으로 옳지 않은 것은?

① 흡수된 레티놀은 킬로미크론의 형태로 간으로 운반된다.
② 비타민 A는 간에서 레티닐에스테르 형태로 저장된다.
③ β-카로틴은 카로티노이드 중 활성이 가장 큰 형태이다.
④ 혈액 내 비타민 A는 레티날 형태로 존재한다.
⑤ β-카로틴은 소장과 간에서 레티놀로 전환된다.

> **해설** 비타민 A의 소화·흡수
> • 레티놀은 혈액에서 retinol binding protein(레티놀 결합단백질)과 결합하여 존재하고 세포로 운반된다.
> • 카로티노이드 중 활성이 가장 큰 형태는 β-카로틴이다.

186 시각세포의 구성성분으로 시각회로의 유지 기능을 하는 비타민은? `2017.02`

① 비타민 A
② 비타민 D
③ 비타민 E
④ 비타민 K
⑤ 비타민 B_1

> **해설** 비타민 A - 생리적 기능
> • 11-cis 레티놀은 눈 망막의 간상(rod)에 있는 단백질인 옵신(opsin)에 결합해 로돕신(rhodopsin)을 형성하여 어두운 곳에서 볼 수 있도록 한다.
> • 간상세포 : 로돕신(rhodopsin) 색소를 함유하고 명암과 형태 감지 기능, 어두운 빛에 민감하다.

187 당근주스나 늙은 호박을 섭취할 경우 피부가 노란색으로 변하는 이유는 무엇인가?

① 비오틴의 독성 때문이다.
② 비타민 D의 과잉증상 때문이다.
③ 베타카로틴의 축적 때문이다.
④ 레티놀의 독성 때문이다.
⑤ 레티놀 결합단백질의 결핍 때문이다.

> **해설** 베타카로틴 축적
> • 당근이나 호박은 카로티노이드 함량이 높은데, 이를 다량 섭취할 경우 카로틴이 피부 및 지방세포에 축적되어 피부가 노랗게 변한다.
> • 섭취를 중지하면 회복되며 건강상의 위해가 없다.

188 비타민 D의 흡수 및 대사과정에 대한 설명으로 옳지 않은 것은?

① 흡수된 비타민 D는 간문맥을 거쳐 간으로 간다.
② 비타민 D는 간에서 25(OH)-비타민 D로 된 후 신장에서 $1,25(OH)_2$-비타민 D로 활성화되어 작용한다.
③ 비타민 D가 흡수되기 위해서는 담즙산이 필요하며, 대부분 공장과 회장에서 흡수된다.
④ 비타민 D는 담즙의 형태로 배설되고, 약 3%만이 소변을 통해 배설된다.
⑤ 혈청의 25(OH)-비타민 D의 농도로 비타민 D 상태를 평가한다.

> **해설** 흡수 시 다른 지용성 비타민과 같이 지방과 담즙을 필요로 하며, 킬로미크론의 형태로 림프계를 거쳐 운반된다.

189 인체의 피부에 존재하는 비타민 D 전구체로 햇빛에 노출 시 비타민 D로 전환될 수 있는 것은? `2018.12`

① 칼시트리올
② 콜레칼시페롤
③ 에르고칼시페롤
④ 7-데히드로콜레스테롤
⑤ 칼시토닌

> **해설** 비타민 D 전구체는 콜레스테롤의 유도체인 7-데히드로콜레스테롤 형태로 피부에 존재하며, 자외선에 의해 고리구조가 열려 비타민 D_3로의 전환이 가능해진다.

190 비타민 D에 대한 설명으로 옳지 않은 것은?

① 비타민 D는 식품에 널리 분포되어 있다.
② 칼슘결합단백질 합성을 자극하는 비타민 D의 형태는 $1,25(OH)_2D_3$이다.
③ 소장에서 칼슘 이온의 흡수를 촉진하는 비타민 D의 형태는 1,25-디하이드록시콜레칼시페롤이다.
④ 부갑상선호르몬(PTH)과 함께 혈장의 칼슘 농도를 증가시킨다.
⑤ 파골세포에서 뼈의 칼슘이 혈액으로 용해되어 나오는 것을 촉진한다.

> **해설** 비타민 D
> • 식품에 널리 분포되어 있지 않다. 효모나 버섯 등에는 전구체인 에르고스테롤의 형태로 들어있으며, 자외선 조사에 의해 비타민 D_2를 합성하고, 비타민 D_3는 생선 간유에 많다.
> • 7-데히드로콜레스테롤(provitamin D_3)은 UV에 의해 콜레칼시페롤(비타민 D_3)로 전환되며, 이것의 활성화 형태는 1,25-디하이드록시콜레칼시페롤이다.

191 혈액 내 비타민 D 양을 측정하기 가장 좋은 지표인 25-히드록시 비타민 D₃(25-hydroxy vitamin D₃)로 전환되는 기관은? `2020.12`

① 콩 팥
② 위
③ 췌 장
④ 간
⑤ 부 신

> 해설 비타민 D_3은 간에서 25-히드록시 비타민 D_3(25-hydroxy vitamin D_3)으로 전환되며 이러한 형태가 혈액 내 비타민 D 양을 측정하는 가장 좋은 지표이다.

192 토코페롤 당량이란?

① 비타민 E 역할을 하는 1mg의 α-토코페롤의 양
② 비타민 E 역할을 하는 1mg의 β-토코페롤의 양
③ 비타민 E 역할을 하는 1mg의 γ-토코페롤의 양
④ 비타민 E 역할을 하는 1mg의 δ-토코페롤의 양
⑤ 비타민 E 역할을 하는 1mg의 α-토코트리에놀의 양

> 해설 토코페롤
> • 우리가 섭취하는 식물성 식품에 함유된 비타민 E는 서로 다른 생물학적 특성을 갖는 4개의 토코페롤(α, β, γ, δ)과 4개의 토코트리에놀(α, β, γ, δ)을 포함한 8개의 천연화합물로 구성되어 있다.
> • 이 중 α-토코페롤이 천연에 가장 풍부하고 생리적 활성도 가장 크다.
> • 1일 충분섭취량은 15세 이상 남녀 모두 12mg α-TE로 지정되어 있다.

193 극심한 저지방식이를 먹고 있거나 흡연자, 낭포성 섬유증, 만성 췌장염 등으로 지방흡수가 잘되지 않을 때 나타나기 쉬운 비타민 결핍은?

① 비타민 A
② 비타민 D
③ 비타민 E
④ 비타민 K
⑤ 비타민 C

> 해설 비타민 E 결핍
> • 흡연으로 폐의 비타민 E가 쉽게 파괴된다.
> • 비타민 E는 지용성 비타민으로 지방과 함께 흡수되는데 만약 극심한 저지방식이를 먹고 있거나 낭포성 섬유증, 만성 췌장염 등으로 지방흡수가 잘되지 않을 때, 유전적으로 지단백질 합성에 이상이 있을 때 결핍이 일어나기 쉽다.

194 비타민 K의 흡수를 돕는 물질은?

① 산   ② 알칼리
③ 효소   ④ 핵산
⑤ 담즙

> **해설**   지용성 비타민의 흡수에는 지방의 흡수와 마찬가지로 담즙이 필요하다.

195 비타민 K 결핍 시 나타나는 증상은? `2021.12`

① 철 흡수능이 억제된다.
② 적혈구의 생성이 억제된다.
③ 혈액응고가 지연된다.
④ 면역기능이 저하된다.
⑤ 말초신경 장애가 발생한다.

> **해설**   비타민 K의 중요한 기능은 혈액응고 인자인 프로트롬빈(prothrombin)을 카르복실화(carboxylation)시켜 일련의 혈액응고 반응이 일어날 수 있도록 하는 것이다.

196 식품 속에 주로 함유되어 있는 비타민 A의 주된 저장형태는?

① β-carotene   ② 레티닐에스테르
③ 로돕신   ④ 11-cis 레티날
⑤ all-trans 레티날

197 상피세포의 각질화 예방에 도움이 되는 식품으로 옳은 것은? `2019.12`

① 대구간유   ② 보리
③ 닭가슴살   ④ 사과
⑤ 버섯

> **해설**   비타민 A
> 비타민 A는 시각유지, 상피세포 분화, 성장유지 등의 작용을 하며, 카로틴은 항산화제로 작용한다. 상피세포를 지키는 비타민 A는 생선간유에 많이 함유되어 있다.

198 오스테오칼신(osteocalcin)의 카르복실화 반응에 관여하는 영양소로 옳은 것은? 2019.12

① 비타민 D
② 비오틴
③ 비타민 K
④ 엽산
⑤ 마그네슘

해설 오스테오칼신(osteocalcin)과 비타민 K
• 오스테오칼신은 우리의 뼈 안에서 찾을 수 있는 주요한 비콜라겐 단백질이다. 이것이 뼛속으로 흡수되기 위해선 비타민 K에 의해 카르복실화되어야 한다.
• 비타민 K의 중요한 기능은 혈액응고 인자인 프로트롬빈(prothrombin)을 카르복실화 (carboxylation)시켜 일련의 혈액응고 반응이 일어날 수 있도록 하는 것이다. 또한 비타민 K는 혈장, 뼈, 신장에서 발견되는 특정한 단백질의 생합성에 필요하며 뼈의 단백질 성분인 오스테오칼신의 합성을 맡고 있다.

199 지용성 비타민에 관한 설명으로 옳은 것은? 2021.12

① 혈액 내에서 운반체 없이 이동한다.
② 결핍 시 증세가 급격하게 나타난다.
③ 과잉 섭취 시 소변으로 쉽게 배설된다.
④ 독성이 없다.
⑤ 소화과정에 담즙이 필요하다.

해설 ⑤ 지용성 비타민은 담즙의 도움으로 유화되고, 소화·흡수된 후 킬로미크론에 합류한다.
① 혈액 내에서 운반체와 함께 이동한다.
② 결핍증세가 급격히 나타나지 않는다.
③·④ 과잉 섭취 시 소변으로 쉽게 배설되지 않고 체내에 축적되므로 독성의 위험이 있다.

200 비타민 K의 대사길항물질로 작용하는 것은?

① 디쿠마롤
② 토코페롤
③ 메나퀴논
④ 메나디온
⑤ 필로퀴논

해설 비타민 K
• 항응고제인 디쿠마롤은 대사길항물질로 작용하여 비타민 K의 작용을 억제한다.
• 비타민 K로 중요하게 알려진 것으로는 식물에서 추출한 필로퀴논과 생선기름과 육류에 존재하는 메나퀴논이다. 그 외 수용성을 띤 여러 가지의 메나디온 화합물로도 합성된다.
• 메나퀴논은 사람의 장에서 박테리아에 의해 합성되기도 한다.

201 탄수화물 대사에서 피루브산이 아세틸 CoA로 될 때 티아민(thiamin)이 조효소로 작용하는 반응으로 옳은 것은?

① 탈탄산 반응(decarboxylation)
② 탈아미노 반응(deamination)
③ 탈수소 반응(dehydrogenation)
④ 카르복실 반응(carboxylation)
⑤ 아세틸기전이 반응(transacetylation)

> **해설** 비타민 B₁
> • 탄수화물 대사에서 피루브산이 아세틸 CoA로 되는 산화적 탈탄산 반응에 비타민 B₁의 조효소인 TPP(thiamin pyrophosphate)가 관여한다.
> • TCA 회로의 중간과정인 α-케토글루타르산의 숙시닐 CoA로의 전환에 필요하다.
> • 그 밖에 TPP는 신경자극 전달물질인 아세틸콜린(acetylcholine) 합성과정의 조효소로 작용한다.

202 단일탄소(메틸기)의 운반체로서, 호모시스테인으로부터 메티오닌을 합성하는 반응에 필요한 조효소는? `2019.12`

① NAD
② 5-methyl-THF
③ FMN
④ PLP
⑤ TPP

> **해설** 엽산은 활성형인 THF로 환원된 뒤 N^5-methyl, N^5,N^{10}-methylene 등과 결합하여 체내 대사과정에서 단일탄소기를 전달하는 역할을 한다.

203 돼지고기, 두류, 효모 등에 많이 함유되어 있으며 부족 시 각기병이 나타나는 수용성 비타민은? `2018.12` `2020.12`

① 비타민 B₁
② 비타민 B₂
③ 비타민 B₆
④ 비타민 B₁₂
⑤ 니아신

> **해설** 비타민 B₁(thiamin)
> • 돼지고기, 두류, 효모 등에 많이 함유되어 있으며 체내 요구량은 에너지 섭취량과 밀접한 관계가 있다.
> • 과잉 섭취 시 요를 통해 배설되고, 결핍되면 각기병이 나타난다.
> • 티아민은 TCA 회로, HMP 경로와 같은 탄수화물 대사에 작용하는 조효소로 백미, 빵 등 탄수화물 음식을 많이 먹는 사람에게 필요하다.

204 비타민 B₂에 대한 설명으로 옳지 않은 것은?

① 우유, 치즈가 급원식품이다.
② 결핍 시 구순구각염, 설염 등이 생긴다.
③ FMN과 FAD는 수소전달효소의 조효소로 작용한다.
④ 산화·환원반응의 조효소로 작용한다.
⑤ 니코틴아마이드와 디뉴클레오티드로 구성된다.

> **해설** ⑤ 니아신의 조효소에 관한 설명이다.
> 니아신(niacin)의 조효소
> • NAD는 디뉴클레오티드이고 뉴클레오티드는 인산, 오탄당(리보오스) 및 염기(아데닌 등)로 구성된다.
> • NAD는 두 염기 자리 중에서 하나에는 아데닌을, 다른 하나에는 니아신의 다른 형태인 니코틴아마이드를 가지는 디뉴클레오티드로 구성된다.
> • 니아신 조효소는 산화환원 반응에 관여하여 탈수소효소로 작용한다.

205 트립토판 60mg이 니아신 1mg으로 전환되는 데 필요한 비타민은?

① 판토텐산   ② 비타민 B₆
③ 엽 산   ④ 비타민 C
⑤ 비타민 A

> **해설** 평균적으로 니아신 1mg은 트립토판 60mg 섭취로 합성될 수 있다. 이때 비타민 B₂(리보플라빈)와 비타민 B₆가 필요하다. 단백질을 충분히 섭취한다면 니아신을 먹지 않아도 니아신 결핍을 막을 수 있다.

206 비타민 B₆의 인산유도체가 조효소로 작용하지 않는 반응은?

① 아미노기전이 반응 – 비필수아미노산 합성
② 탈탄산 반응 – 세로토닌, 노르에피네프린 등의 신경전달물질 합성
③ 탈아미노 반응 – 포도당신생
④ 유황전이 반응
⑤ 탈수소 반응

> **해설** 비타민 B₆
> • 비타민 B₆의 기능을 갖는 물질로는 피리독신, 피리독살, 피리독사민의 세 가지가 있다.
> • 흡수된 비타민 B₆는 간에서 조효소 형태인 PLP(pyridoxal 5-phosphate)로 전환된다.
> • 아미노산의 대사과정에 다양하게 작용하며 유황전이 반응, 탈아미노 반응, 아미노기전이 반응, 탈탄산 반응에 관여한다.

207 아미노기 전이효소(transaminase)의 조효소로 작용하여 새로운 아미노산을 합성하는 데 관여하는 것은?

2017.02

① CoA   ② NAD
③ PLP   ④ THF
⑤ FMN

해설 비타민의 생리적 기능
- CoA : 아실기 운반 단백질(acyl carrier protein, ACP)의 구성성분으로 지방산, 콜레스테롤 합성에 관여
- NAD : 에너지 대사과정에서 수소를 받거나 내놓는 수소 운반체로서, 산화환원 반응에 관여하는 탈수소효소의 조효소로 작용
- THF : 단일탄소(메틸기)의 운반체(메틸-TFT)로서, 비타민 B_{12}와 함께 단일 탄소들이 새로운 물질의 합성에 사용(예 호모시스테인에 메틸기를 제공하여 메티오닌으로 전환)
- FMN : FAD와 함께 에너지 대사과정에서 수소 운반체로서, 산화환원 반응에 관여하는 탈수소효소, 산화효소, 환원효소의 조효소로 작용

208 리보플라빈, 니아신, 판토텐산, 티아민 및 리포산이 공통적으로 관여하는 대사과정은? 2019.12

① 콜레스테롤 합성   ② 에너지 생성
③ 핵산 분해   ④ 단백질 합성
⑤ 지방 분해

해설 에너지 대사과정에서 조효소로 작용하는 비타민에는 티아민, 리보플라빈, 니아신, 그리고 판토텐산, 리포산 등이 있다.

209 식품 중에 CoA의 성분으로 존재하며, 아실기 운반 단백질(acyl carrier protein, ACP)의 구성성분으로 지방과 콜레스테롤 합성에 관여하는 것은? 2017.02 2018.12

① 니아신
② 판토텐산
③ 엽 산
④ 티아민
⑤ 리보플라빈

해설 판토텐산의 생리적 기능
- 코엔자임 A(coenzyme A, CoA)의 성분이다.
- CoA의 형태로 아실기를 운반하는 운반체로서 신경전달물질인 아세틸콜린 합성에 관여한다.
- 당질, 지방, 단백질은 분해되어 아세틸 CoA의 형태로 TCA 회로와 전자전달계를 거쳐 에너지를 생성한다.

210 세포질의 해당과정에서 조효소(coenzyme)로 작용하는 비타민은? `2020.12`

① 리보플라빈　　　　　　　　　② 니아신
③ 비타민 C　　　　　　　　　　④ 비오틴
⑤ 판토텐산

> **해설** 해당과정의 조효소
> • 1분자의 포도당이 2분자의 피루브산으로 분해되는 과정에서 니아신이 조효소로 작용한다.
> • 니아신의 조효소 형태인 NAD이다.
> • 포도당 + 2ADP + 2P$_i$ + 2NAD$^+$ → 2피루브산 + 2ATP + 2NADH + 2H$^+$ + 2H$_2$O

211 다음은 홀수지방산의 β-산화 시 일어나는 반응이다. 이 반응의 조효소는?

> L-메틸말로닐-CoA(L-methylmalonyl-CoA) → 숙시닐-CoA(succinyl-CoA)

① 티아민　　　　　　　　　　　② 리보플라빈
③ 비오틴　　　　　　　　　　　④ 코발아민
⑤ 아스코르브산

> **해설** 이 반응에는 methylmalonyl CoA, mutase 조효소, 비타민 B$_{12}$(cobalamine)가 필요하다.

212 비타민 B$_{12}$에 대한 설명으로 옳지 않은 것은?

① 주로 동물성 식품에 포함되어 있어 채식주의자에게 결핍되기 쉽다.
② 수용성 비타민 중에서 체내 저장성이 매우 낮다.
③ 흡수과정에는 위에서 분비되는 내적인자(intrinsic factor), R-단백질이 반드시 필요하다.
④ 된장, 청국장 같은 미생물 발효식품이나 젓갈이 함유된 김치, 해조류인 김도 급원이 된다.
⑤ 흡수된 비타민 B$_{12}$는 단백질인 트랜스코발아민Ⅱ와 결합하여 간과 골수 등의 조직으로 운반된다.

> **해설** 비타민 B$_{12}$
> • 저장성이 매우 좋으며(주로 간), 담즙과 함께 분비된 것의 대부분이 회장에서 능동수송에 의해 재흡수되므로(간장순환) 소량만이 손실된다.
> • 비타민 B$_{12}$ 흡수불량 시 결핍증은 상당히 느리게 진행되지만 악성 빈혈이 발생할 수 있다.
> • 내적인자는 당단백질로 위산과 함께 벽세포에서 분비된다. 따라서 위산 분비가 감소되는 노년기에는 흡수율이 떨어진다.
> • R-단백질은 침샘에서 분비되는 단백질로 소장 내 박테리아가 비타민 B$_{12}$를 흡수하여 이용하지 못하도록 한다.

213 비오틴의 흡수를 방해하는 물질은?

① 알코올   ② 알라닌
③ 아비딘   ④ 아드레날린
⑤ 비타민 C

> **해설** 아비딘(avidin)
> • 아비딘은 생난백에 함유하고 있으며, 비오틴과 결합하여 비오틴의 흡수를 방해한다.
> • 열에 약하여 가열하면 활성을 잃게 되므로 달걀을 익혀 먹으면 방해효과를 막을 수 있다.

214 장에서 제2철을 제1철로 환원시켜 철분의 흡수를 도와주는 비타민은?

① 비타민 C   ② 비타민 A
③ 비타민 B_6 ④ 비타민 B_{12}
⑤ 엽 산

> **해설** 철분이 흡수되는 형태는 제1철(Fe^{2+})의 형태로 비타민 C는 식품 중의 철분 제2철(Fe^{3+})을 제1철(Fe^{2+})로 환원시켜 Fe의 흡수를 촉진시킨다.

215 아미노기 전이반응의 조효소로 작용하는 비타민으로 옳은 것은? `2019.12`

① 비타민 D   ② 비타민 K
③ 비타민 C   ④ 비타민 B_6
⑤ 비타민 B_{12}

> **해설** 비타민 B_6의 조효소 형태인 PLP는 아미노기 전이효소의 조효소로 작용하여 새로운 아미노산을 합성하는 데 관여한다.

216 리보플라빈의 체내 주요 기능은? `2020.12`

① 지방산 합성과정에서 카르복실기를 첨가한다.
② 아미노산 분해과정에서 아미노기를 제거한다.
③ 오탄당 인산경로에서 케톨기를 이동시킨다.
④ 피루브산에서 이산화탄소를 제거한다.
⑤ 에너지 대사과정에서 수소를 운반한다.

> **해설** 리보플라빈
> 체내에서 각종 산화·환원 반응에 보조효소로서 수소 전달기능 작용을 한다. 따라서 열량 영양소가 대사되어 에너지와 물로 분해되는 산화과정에서도 비타민 B_2는 필수적이다.

217 비타민 C에 대한 설명 중 옳지 않은 것은?

① 콜라겐 합성과정에서 proline, lysine의 수산화 반응에 관여한다.
② 카르니틴 합성에 필요하다.
③ 세로토닌, 에피네프린, 노르에피네프린 등 신경전달물질 합성에 관여한다.
④ 콜레스테롤 합성과정에 관여한다.
⑤ 면역기능의 유지에 관여하며 부족 시 괴혈증세가 나타난다.

해설 비타민 C
• 비타민 C는 대부분의 동물의 체내에서는 합성이 가능하다.
• 사람, 기니피그, 원숭이, 조류, 박쥐, 어류 등은 굴로노락톤 산화효소가 없어 비타민 C를 합성하지 못하여 식품으로 공급해야 한다.
• 비타민 C는 면역반응에 관여하고, 신경전달물질·콜라겐·카르니틴 합성에 관여한다.

218 비타민 E 결핍 시 증상과 급원식품으로 옳은 것은?

① 용혈성 빈혈 – 식물성 기름
② 위장질환 – 연어
③ 악성 빈혈 – 육류
④ 만성 피로 – 푸른잎 채소
⑤ 구순구각염 – 우유

해설 비타민 E
• 비타민 E 결핍 시 허혈성 빈혈, 신경과 근육계의 기능 저하, 망막증, 근무력증, 시력과 언어구사력 손상이 온다.
• 비타민 E는 식물성 기름, 마가린, 전곡, 견과류, 꿀 등에 많이 함유되어 있다.

219 척추동물 결합조직 내의 콜라겐(collagen)을 구성하고 있는 프롤린(proline)을 히드록시프롤린(hydroxyproline)으로 전환하는 과정에 보조인자로 작용하는 비타민과 무기질은?

① 비타민 A, Fe
② 비타민 D, Cu
③ 비타민 E, Fe
④ 비타민 K, Fe
⑤ 비타민 C, Cu

해설 콜라겐의 구성아미노산인 hydroxyproline 생성반응의 보조인자는 비타민 C와 Cu이다.

220 비타민 중 상한섭취량이 설정되어 있지 않은 것은?

① 비타민 A
② 비타민 D
③ 비타민 E
④ 비타민 K
⑤ 비타민 C

> **해설** 비타민 - 상한섭취량
> • 비타민 K, 티아민, 리보플라빈, 비타민 B_{12}는 상한섭취량이 설정되어 있지 않다.
> • 지용성 비타민 중 비타민 A・D・E와 수용성 비타민 중 니아신, 엽산, 비타민 B_6, 비타민 C는 상한섭취량이 설정되어 있어 섭취에 주의를 요한다.
> • 지용성 비타민 중 비타민 D・E・K와 수용성 비타민 중 판토텐산, 비오틴은 충분섭취량이 설정되어 있다.

221 피루브산이 아세틸 CoA로 전환되는 과정에서 조효소로 작용하는 비타민은? `2021.12`

① 비타민 B_6
② 비타민 B_{12}
③ 엽 산
④ 비오틴
⑤ 리보플라빈

> **해설** 에너지 대사과정에서 조효소로 작용하는 비타민에는 티아민, 리보플라빈, 니아신, 판토텐산, 리포산 등이 있다.

222 탄수화물, 지질 대사에서 TCA 회로를 거쳐 ATP를 생성하는 데 필요한 비타민이 아닌 것은?

① 티아민(TPP)
② 리보플라빈(FAD)
③ 니아신(NAD)
④ 판토텐산(CoA)
⑤ 비타민 B_6(PLP)

> **해설** • 티아민(TPP), 리보플라빈(FAD), 니아신(NAD), 판토텐산(CoA) 외에 lipoic acid는 탄수화물・지질 대사에서 에너지를 생성하는 데 필수적이다. 비타민 B_6는 문맥을 통해 간으로 운반된 후, PLP로 전환되며, 주로 근육에서 글리코겐 분해 대사에 관여하는 효소에 결합한다.
> • 비타민 B_6는 포도당 신생과정에 관여하기도 한다.

223 콜린에 관한 설명으로 옳은 것은? 2021.12

① 체내에서 합성되지 않는다.
② 과잉 섭취 시 지방간이 발생할 수 있다.
③ 레시틴의 구성물질이다.
④ 노르에피네프린 합성 시 필수물질이다.
⑤ 충분섭취량이 설정되어 있다.

해설 콜린(choline)
• 콜린은 신경전달물질인 아세틸콜린과 지단백, 세포막, 담즙의 구성성분인 레시틴(포스파티딜콜린)의 구성성분이다.
• 간에서 엽산과 비타민 B_{12}의 도움을 받아 메티오닌으로부터 합성된다.
• 동물실험을 통해 콜린 결핍은 지방간을 발생시키는 것으로 확인되었고, 정상인에게도 무콜린 식이를 주었을 때 간기능 장애가 나타난다.

224 자외선에 의해 파괴되기 쉬워 급원식품을 불투명한 재질로 포장해야 하는 비타민은?

① 티아민
② 리보플라빈
③ 니아신
④ 판토텐산
⑤ 비타민 K

해설 리보플라빈은 자외선에 의해 잘 파괴되어 주 급원식품인 우유 및 유제품 등은 불투명한 재질로 포장해야 한다.

225 니아신의 조효소형 분자를 구성하는 요소가 아닌 것은?

① 인 산
② 아데닌
③ 리보오스
④ 니코틴아미드
⑤ 황 산

해설 니아신 조효소
• NAD는 디뉴클레오티드이고 뉴클레오티드는 인산, 오탄당(리보오스), 염기(아데닌 등)로 구성된다.
• NAD는 두 염기 자리 중에서 하나에는 아데닌을, 다른 하나에는 니아신의 다른 형태인 니코틴아미드를 가진다.

226 결핍 시 초기에 피로, 허약, 식욕부진 등이 오고 수개월 후에 피부염, 우울증, 치매 등이 진행될 수 있는 비타민은?

2017.02   2021.12

① 비오틴   ② 니아신
③ 티아민   ④ 리보플라빈
⑤ 엽 산

해설 비타민 결핍증
• 니아신 : 결핍 시 수개월 후에 펠라그라(pellagra)가 나타남. 4D's 병으로 피부염(dermatitis), 설사(diarrhea), 치매(dementia), 죽음(death) 순으로 진행
• 비오틴 : 흔하진 않으나 붉은 피부발진이나 습진, 탈모, 식욕상실, 우울증, 설염 등
• 티아민 : 각기병으로 심혈관계, 근육계, 신경계, 위장관 기능에 모두 영향
• 리보플라빈 : 조직손상, 성장지연 및 과민증, 구순구각염, 설염, 두통 등
• 엽산 : 거대적아구성 빈혈

227 트립토판(tryptophan)이 니아신(niacin)으로 전환될 때 필요한 조효소는? 2020.12

① TPP   ② CoA
③ THF   ④ PLP
⑤ NADH

해설 트립토판이 니아신으로 전환되는 과정에서 여러 영양소가 필요하다. 비타민 B_6(피리독신)의 조효소인 PLP, 비타민 B_2(리보플라빈)의 조효소인 FAD 및 철(Fe)은 트립토판이 니아신으로 전환되는 반응에 관여한다.

228 고단백질 식사를 하는 경우 요구량이 더욱 커지는 비타민은? 2017.12

① 비타민 A   ② 비타민 C
③ 피리독신   ④ 토코페롤
⑤ 니아신

해설 비타민 B_6
• 비타민 B_6의 기능을 갖는 물질에는 피리독신, 피리독살, 피리독사민의 세 가지가 있다.
• 흡수된 비타민 B_6은 간에서 조효소 형태인 PLP로 전환되어, 비필수아미노산 합성 등 아미노산의 대사과정에 다양하게 작용한다. 따라서 고단백 식사 시 섭취량을 증가시켜야 한다.

229 동물성 식품에만 들어 있어 채식주의자들에게 결핍되기 쉬운 비타민은? `2017.12`

① 비타민 B₆ ② 비타민 B₁₂
③ 비타민 A ④ 비타민 C
⑤ 비타민 D

해설 　비타민 B₁₂
• 비타민 B₁₂는 동물성 식품에만 함유되어 있어 식물성 식품만 섭취하는 채식주의자는 결핍되기 쉽다.
• 소와 양 같은 반추동물은 위의 박테리아에 의해 합성된 비타민 B₁₂를 이용하거나 풀을 뜯을 때 토양으로부터 비타민 B₁₂를
　얻을 수 있으나 사람에게서는 곤란하다.

230 혈중 칼슘 농도의 항상성을 유지하기 위한 기전에 대한 설명으로 옳은 것은? `2019.12` `2020.12`

① 혈액 내 칼슘 농도가 낮아지면 신장에서 칼슘의 재흡수가 감소한다.
② 비타민 D가 활성화되면 소변으로 배설되는 칼슘양이 증가한다.
③ 혈액 내 칼슘 농도가 낮아지면 칼시토닌이 분비된다.
④ 부갑상선호르몬이 분비되면 혈액 내 칼슘 농도가 증가한다.
⑤ 혈액 내 칼슘 농도는 30mg/dL 정도의 수준을 유지한다.

해설 　혈중 칼슘 농도 조절
혈중 칼슘 농도는 칼시토닌, 부갑상선 호르몬, 1,25(OH)₂-D₃에 의해 조절되며, 혈액 내 10mg/dL의 농도 수준을 유지한다.

231 혈중 칼슘 농도가 증가하면 분비되는 호르몬은? `2018.12`

① 칼시토닌
② 테스토스테론
③ 부갑상선호르몬
④ 에피네프린
⑤ 티록신

해설 　칼시토닌 vs 부갑상선호르몬
• 혈중 칼슘 농도의 항상성을 유지하기 위해 칼시토닌과 부갑상선호르몬이 작용한다.
• 칼시토닌 : 혈액 중 칼슘 농도가 증가하면 갑상선에서 분비되어 혈중 칼슘 농도를 낮춘다.
• 부갑상선호르몬 : 혈액의 칼슘 농도가 저하될 때 분비되며 25-hydroxy-비타민 D가 1,25-dihydroxy-비타민 D로 전환하는
　과정을 촉진하여 소장에서의 칼슘 흡수를 촉진시킨다.

232 장 내 비율이 과다해지면 칼슘과 염을 형성하여 칼슘의 흡수를 저해시키는 무기질은?

① 인   ② 칼 륨

③ 마그네슘   ④ 요오드

⑤ 나트륨

> **해설**   장 내 인의 비율이 과다해지면 많은 양의 인산칼슘염을 형성하여 칼슘이 잘 흡수되지 않고 대변으로 배설되므로 칼슘과 인의 비율은 1~2 : 1을 초과하지 않는 것이 좋다. 인스턴트 식품 및 콜라와 사이다와 같은 청량음료에는 인이 다량 함유되어 있다.

233 혈액은 혈소판이 트롬보플라스틴을 방출하여 프로트롬빈을 활성형인 트롬빈으로 전환시키고, 트롬빈에 의해 피브리노겐을 피브린으로 전환시켜 혈액응고가 되게 한다. 이 모든 과정에 관여하는 물질은?   `2017.02`

① 티록신

② 칼빈딘

③ 트롬빈

④ 프로트롬빈

⑤ 칼모듈린

> **해설**   혈액응고
> 칼시트리올은 장세포의 칼슘 결합단백질인 칼빈딘(calbindin)의 형성을 촉진시켜 칼슘의 흡수를 증가시킨다. 이렇게 증가된 혈청 칼슘은 혈액응고의 모든 과정에 관여한다.

234 다음 중 인(P)에 대한 설명으로 옳지 않은 것은?

① 세포 내에서 핵산의 구성성분이다.

② 티아민, 니아신 등의 비타민을 활성화하여 조효소로서 당질, 단백질, 지질 등의 대사에 관여한다.

③ ATP 등의 고에너지 인산화합물을 형성하여 에너지의 저장과 이용에 관여한다.

④ 완충제로서 체액의 산, 염기의 평형을 조절한다.

⑤ 인의 흡수율은 낮아서 보통 약 30% 전후이다.

> **해설**   인(P)
> • 인의 흡수율은 높아 대개 60~70% 정도이며, 성인의 경우 칼슘과 인의 비율이 1 : 1일 때 가장 흡수율이 좋다.
> • 주로 소변을 통한 배설로 체내 항상성을 유지하고 있으며, 신장의 기능이 정상일 때 섭취량의 2/3 정도가 소변을 통해 배설된다.

235 무기질 중 ATP의 구성성분이며, 과잉 섭취 시 칼슘의 흡수를 저해하는 것은? `2021.12`

① 요오드(I)
② 셀레늄(Se)
③ 나트륨(Na)
④ 칼륨(K)
⑤ 인(P)

> **해설** 인(P)
> • 인은 유전과 단백질에 필수적인 핵산(DNA, RNA)의 구성성분이며 당질, 지질, 단백질이 산화되어 열량을 방출하는 데 필수물질인 고에너지 화합물(ATP)을 구성한다.
> • 혈청 칼슘과 인의 균형을 정상으로 유지하기 유해서 식사 내 칼슘과 인의 섭취비율은 1 : 1을 권장한다.

236 알코올 중독자에게 결핍되기 쉬운 영양소로 심한 결핍 시 신경성 근육경련인 테타니를 일으키는 것은? `2019.12`

① 마그네슘 ② 철
③ 리보플라빈 ④ 엽산
⑤ 티아민

> **해설** 마그네슘 결핍 - 테타니
> 장기간 음주로 티아민 결핍, 엽산 부족, 지용성 비타민의 간 저장량 감소, 니아신 부족, 마그네슘 결핍 등이 나타날 수 있다. 마그네슘 결핍 시 근육, 신경이 떨리게 되는 테타니 증상이 생긴다.

237 나트륨 과다 섭취 시 체내에서의 최종적인 신체작용은? `2018.12`

① 레닌 분비
② 안지오텐신 I 활성화
③ 알도스테론 분비
④ 혈액량 증가
⑤ 나트륨 재흡수

> **해설** 나트륨의 체액량 조절 기전
> • 신장에서 레닌 분비 → 간에서 생성된 안지오텐시노겐(angiotensinogen)을 안지오텐신(angiotensin) I 으로 활성화 → 폐에서 안지오텐신 I 은 안지오텐신 II로 전환 → 알도스테론(aldosterone) 분비 촉진 → 신장에서 나트륨 재흡수 촉진 → 혈액량 증가

238 나트륨에 대한 설명으로 옳지 않은 것은?

① 신경자극 전달, 산과 염기의 균형, 수분평형 조절에 관여한다.
② 섭취한 나트륨은 위에서 98% 정도 흡수된다.
③ 혈액 중의 나트륨 농도는 레닌과 알도스테론에 의해 조절된다.
④ 나트륨의 1일 평균 요 배설량은 섭취량의 85~95%이다.
⑤ 영양소의 흡수에 관여한다.

> **해설** 나트륨(Na)
> • 섭취한 나트륨은 소량이 위에서 흡수되고, 98% 정도는 소장에서 흡수된다.
> • 포도당과 아미노산 등과 함께 세포막 운반체에 결합한 후, 이들 영양소를 세포 안으로 이동하는 능동수송(Na^+-K^+ 펌프에 의함)에 관여한다.
> • 나트륨과 체액이 거의 평형상태이고 땀 배설량이 거의 없는 사람의 경우 소변으로의 나트륨 배설량은 거의 나트륨 섭취량과 일치한다.

239 근육단백질과 세포단백질 내의 질소 저장을 위해 필요한 무기질은?

① 인
② 철
③ 황
④ 칼륨
⑤ 칼슘

> **해설** 칼륨(K)
> 칼륨은 글리코겐과 단백질 합성에 관련이 있다. 조직이 파괴될 때 칼륨은 질소와 함께 상실된다. 따라서 근육노동이 심할 때 요 중에 배설량이 증가한다.

240 글루타티온의 구성성분으로 산화환원 반응과 간에서 약물 해독과정에 관여하는 무기질은?　2019.12

① 황
② 인
③ 마그네슘
④ 칼륨
⑤ 염소

> **해설** 황(S)
> • 황은 함황아미노산인 메티오닌, 시스테인, 시스틴과 췌장호르몬인 인슐린 및 보조효소로 작용하는 티아민, 비오틴, CoA 등의 구성성분으로 작용한다. 또한 글루타티온의 구성성분으로 산화환원 반응에 관여하며, 세포외액에 존재하며 산염기 평형에 관여한다.
> • 간을 해독하는 데 필요한 성분은 황이다.

241 알칼리성 식품에 많이 함유된 것은?

① 칼슘, 인
② 황, 염소
③ 나트륨, 칼륨
④ 황, 마그네슘
⑤ 칼슘, 마그네슘

> **해설** 알칼리성 식품 vs 산성 식품
> • 과일과 채소는 Mg, Ca 등의 양이온이 많아서 알칼리도가 높다.
> • 동물성 육류 및 어류는 P, S, Cl과 같은 음이온이 많아서 산성도가 높다.

242 골다공증의 치료와 예방을 위해 섭취해야 할 영양소의 조합은?

| 가. P | 나. Ca |
| 다. 비타민 D | 라. 비타민 K |

① 가, 나
② 가, 다
③ 나, 다
④ 나, 라
⑤ 라, 가

> **해설** 골다공증
> • 골다공증은 칼슘 부족으로 인해 폐경기 이후의 여성들에게 많이 발생한다.
> • 칼슘 흡수율을 촉진시키는 영양소에는 비타민 D와 lactose가 있다.

243 항산화 작용, 산소의 운반과 저장, 전자전달계에서 산화환원반응 등의 기능을 하는 무기질은? `2021.12`

① 크롬(Cr)
② 아연(Zn)
③ 불소(F)
④ 철(Fe)
⑤ 망간(Mn)

> **해설** 철(Fe)
> 체내에 존재하는 철의 약 70%는 헤모글로빈을 형성하며, 5%는 근육의 미오글로빈 성분으로 존재한다. 헤모글로빈은 산소와 이산화탄소를 운반하는 역할을 하며, 미오글로빈은 근육조직 내에서 산소를 일시적으로 저장하는 역할을 한다.

244 다음 중 세포외액의 Na와 K의 비율로 가장 옳은 것은?

① Na : K = 1 : 28
② Na : K = 10 : 1
③ Na : K = 28 : 1
④ Na : K = 1 : 10
⑤ Na : K = 28 : 10

> **해설** 세포 내외의 삼투압 유지(체수분 조절)는 주로 Na^+과 K^+에 의해 조절된다. 세포외액이 Na : K = 28 : 1, 세포내액이 Na : K = 1 : 10으로 유지될 때 체액의 삼투압은 300mOsm/L를 나타낸다.

245 다음은 각 무기질이 많이 함유된 식품과 짝을 이룬 것으로 그 연결이 옳지 않은 것은?

① Ca – 우유, 치즈
② K – 바나나, 감자
③ I – 해조류
④ P – 난황, 어육류
⑤ S – 견과류, 코코아

> **해설** 황(S)은 육류, 가금류, 밀가루, 통밀, 보리, 콩 등에 다량 함유되어 있고, 견과류, 코코아, 대두, 푸른 잎채소, 전곡 등은 마그네슘의 급원식품이다.

246 알코올 중독자에게 결핍되기 쉬운 무기질과 결핍증상은? `2020.12`

① Mg – 마그네슘 테타니가 나타나 신경성 근육경련이 온다.
② K – 심장이상을 초래한다.
③ P – 신경, 근육, 신장기능 이상이 온다.
④ Ca – 골다공증이 나타난다.
⑤ Fe – 빈혈이 나타난다.

> **해설** 마그네슘
> • 알코올 중독자는 Mg 배설이 많다.
> • Mg 부족 시 신경자극전달과 근육수축 및 이완의 조절장애로 신경이나 근육에 심한 경련증세(마그네슘 테타니), 그 외 불규칙한 심장박동, 근육 약화, 발작, 정신착란 등이 발생한다.

247 무기질에 관한 설명 중 옳지 않은 것은?

① 무기질의 일반적 기능은 체액의 완충작용, 근육 수축의 조절작용, 효소작용의 촉진, 몸의 경조직 성분 등이 있다.
② 무기질의 재흡수에 직접 관여하는 호르몬은 Thyroxine이다.
③ Hemoglobin 형성에 보조인자(Co-Factor)로 작용하는 무기질은 Cu이다.
④ 나트륨, 칼륨, 염소는 90% 이상 흡수되는 무기질이다.
⑤ 근육의 수축 이완작용에 관계하는 무기질은 Na, Ca, K, Mg 등이 있다.

> **해설** 세포외액의 Na 농도가 저하되거나 K 농도가 증가되면, 알도스테론이 부신피질에서 분비되어 신세뇨관에서의 Na 재흡수를 증가시키고, K 재흡수를 억제함으로써 체액의 무기이온 농도와 삼투압을 일정하게 유지시킨다.

248 신장기능이 저하된 환자에서 혈액 중에 농도가 증가하는 경우 심장마비를 초래할 수 있는 무기질은? `2021.12`

① 나트륨 　　　　　　　　　　② 마그네슘
③ 인 　　　　　　　　　　　　④ 황
⑤ 칼 륨

> **해설** 칼륨(K)
> • 칼륨은 골격근과 심근의 활동에 중요한 역할을 한다.
> • 신장기능이 약한 경우 혈중 칼륨 농도가 상승해 고칼륨혈증을 형성하면 심장박동을 느리게 하므로 빨리 치료하지 않으면 심장마비를 초래할 수 있다.

249 인의 급원식품으로 이용률이 낮은 것은?

① 생 선 　　　　　　　　　　② 쌀
③ 육 류 　　　　　　　　　　④ 달 걀
⑤ 우 유

> **해설** 인의 급원식품
> • 동물성 식품에 함유된 인은 흡수가 잘된다.
> • 피탄산의 형태로 존재하는 두류, 곡류 중의 인은 불용성 화합물을 형성하여 이용률이 낮다.

250 임신 횟수가 많고 칼슘이 부족한 식사를 하는 중년 여성에게 발생 빈도가 높은 증상으로 가장 옳은 것은?

① 골연화증   ② 골다공증
③ 관절통   ④ 구루병
⑤ 근육강직

> 해설
> - 골연화증 : 성인 구루병으로 임신·수유 및 장기간의 칼슘섭취 부족이나, 일광노출 부족으로 인해 나타난다.
> - 구루병 : 성장기 아동에 있어 칼슘과 비타민 D의 결핍으로 골격의 석회화가 지장을 받아 발생한다.
> - 골다공증 : 노인 및 폐경기 여성에서 골격대사이상으로 인해 전체적으로 골질량이 감소한다.

251 다음은 철 대사에 대한 설명이다. 옳은 것은? `2019.12`

① 식이섬유는 철 흡수에 영향을 주지 않는다.
② 비헴철의 흡수율이 헴철보다 높다.
③ 제1철은 제2철보다 흡수가 잘 된다.
④ 흡수된 철은 신장에서 헤모글로빈 생성에 이용된다.
⑤ 체내에서 사용된 철은 다시 사용되지 않는다.

> 해설
> 철의 대사
> 구리는 세룰로플라스민의 형태로서 철을 산화시켜 소장세포막 통과 및 프렌스페린과의 결합을 돕는다. 이러한 기능의 세룰로플라스민을 ferroxidase I 이라고도 한다. 즉 구리는 철의 흡수와 이동을 도움으로써 헤모글로빈 합성을 돕는다.

252 Fe^{2+}을 Fe^{3+}로 산화시켜 트랜스페린과의 결합을 촉진하여 철의 이동을 도와 철분의 흡수를 돕는 물질은?
`2020.12`

① 페리틴(ferritin)
② 알부민(albumin)
③ 트랜스코발라민(transcobalamin)
④ 세룰로플라스민(ceruloplasmin)
⑤ 메탈로티오네인(metallothionein)

> 해설
> 구리는 세룰로플라스민이라는 단백질 형태로 2가 철이온(Fe^{2+})을 3가 철이온(Fe^{3+})으로 산화시켜 철분의 흡수를 돕는다.

253 슈퍼옥사이드 디스뮤타아제(SOD), 세룰로플라스민 및 시토크롬 c 산화효소의 공통적인 구성성분은?

2017.12   2019.12

① 구 리   ② 칼 륨
③ 크 롬   ④ 마그네슘
⑤ 망 간

> **해설** 구리(Cu)
> 구리는 세룰로플라스민이라는 단백질 형태로 2가 철이온(Fe^{2+})을 3가 철이온(Fe^{3+})으로 산화시켜 철분의 흡수를 도우며, 다양한 금속의 구성성분인데 특히 시토크롬 c 산화효소의 일부분이다.

254 철 결핍 시에 가장 먼저 감소하는 지표는? 2019.12

① 헤마토크리트
② 헤모글로빈
③ 혈청 페리틴
④ 트랜스페린 포화도
⑤ 혈청 철

> **해설** 철분 결핍증 지표
> • 초기 단계 : 페리틴 농도 감소
> • 결핍 2단계 : 트랜스페린 포화도 감소, 적혈구 프로토포르피린 증가
> • 마지막 단계 : 헤모글로빈과 헤마토크리트의 농도 감소

255 철분 결핍성 빈혈에 대한 설명으로 옳지 않은 것은?

① 헤모글로빈의 양과 적혈구 자체의 크기가 감소한다.
② 철의 결핍의 마지막 단계에서 혈청 페리틴 농도가 감소한다.
③ 성장기 아동에서는 신체성장 및 학습능력의 저하가 나타난다.
④ 가장 좋은 철 급원식품은 헴철을 함유하는 육류, 어패류, 가금류 등이다.
⑤ 감귤류의 시트르산은 철의 흡수를 촉진하므로 좋은 급원식품이다.

> **해설** 철분 결핍의 초기 단계에서 혈청 페리틴 농도가 감소하며, 마지막 단계에서 헤모글로빈과 헤마토크리트 수치가 감소한다.

256 아연(Zn)에 대한 설명 중 옳지 않은 것은?

① 인슐린의 저장과 방출에 관여한다.
② 인지질과 복합체를 이루고 있어 당질 대사에 관련된다.
③ 결핍 시 성장이나 근육발달의 지연, 생식기 발달이 저하된다.
④ 결합조직의 합성에 관여한다.
⑤ 부족 시 면역기능의 저하, 상처회복 지연, 식욕부진 및 미각·후각의 감퇴가 나타난다.

해설   아연(Zn)
• 핵산과 단백질 대사에 관여하며 상처회복, 면역반응, 인슐린의 저장과 방출 등에 관여한다.
• 결합조직의 합성에 관여하는 무기질(구리)은 결합조직을 구성하는 콜라겐과 엘라스틴이 교차결합하는 데 필요한 효소를 활성화시킨다.
• 구리와 아연은 경쟁적으로 흡수된다.

257 다음 설명하는 영양소와 급원식품 연결로 옳은 것은?   2017.02

> • 금속효소(metalloenzyme)의 구성성분
> • 생체막의 구조와 기능 유지에 관여
> • 상처의 회복과 성장을 도움
> • 결핍 시 성장이나 근육발달의 지연, 상처회복 지연, 면역기능 저하

① 아연 – 굴   ② 철 – 굴
③ 구리 – 내장   ④ 크롬 – 간
⑤ 망간 – 현미

해설   • 아연은 장점막 내로 흡수될 때 장세포 내에서 메탈로티오네인(metallothionein, 세포질 내에 존재하는 금속 단백질)과 결합하여 세포 안이나 혈액으로 이동한다.
• 구리도 메틸로티오네인과 결합하여 소장에서 흡수되지만, 나머지 생리적 기능은 아연에 대한 설명이다.
• 망간 역시 금속효소의 구성요소 – 트랜스망가닌(transmanganin)이고 그 외 효소의 활성화 기능(가수분해효소, 인산화효소, 탈카르복실화효소 등)에 관여한다.

258 소장점막세포 내에 존재하는 황함유 단백질로, 구리 또는 아연과 결합하여 이들의 흡수를 조절하는 물질은?

① 알부민   ② 콜라겐
③ 트랜스페린   ④ 메탈로티오네인
⑤ 세룰로플라스민

해설   메탈로티오네인(metallothionein)
• 과량의 아연 섭취 시 메탈로티오네인에 구리와 아연이 경쟁적으로 결합함에 따라 구리의 흡수율이 감소된다.
• 세룰로플라스민은 혈액 중에서 구리와 결합하여 필요한 조직으로 운반하는 물질이다.

259 요오드(I)에 대한 설명으로 옳지 않은 것은?

① 70~80%는 갑상선에 존재하고, 나머지는 근육, 피부, 골격, 다른 내분비 조직에 존재한다.
② 결핍 시 단순 갑상선종, 크레틴병이 나타날 수 있다.
③ 해산물, 다시마에 풍부하다.
④ 식품 중 요오드 이온의 형태로 소장에서 흡수된다.
⑤ 성호르몬의 구성성분이다.

> **해설** 요오드(I)
> • 갑상선호르몬의 구성성분 : 티로신에서 합성되고 요오드에 의해 활성된다. 트리요오드티로닌(triiodothyronine, T3), 테트라요오드티로닌(tetraiodothyronine, 티록신, T4)이 있다.
> • 갑상선호르몬의 작용 : 산소나 포도당을 이용하는 효소계의 반응속도를 높이고, 세포 내 산화촉진, 기초대사율 조절, 체온 조절 등 체내 대사에 간접적으로 지대한 영향을 준다.

260 과잉 섭취로 인해 갑상선 기능이 항진되었다면 어떤 영양소로 인한 것인가? `2021.12`

① 요오드 ② 철
③ 구 리 ④ 아 연
⑤ 셀레늄

> **해설** 요오드가 과다하게 섭취되는 경우는 거의 없으며 장기적으로 요오드 결핍을 치료하기 위한 요오드 보충제 복용에서 발생한다. 이는 갑상선 기능에 영향을 미칠 수 있다.

261 내당인자로서 인슐린과 세포막 사이에 교량역할을 하여 포도당이 체내에서 효과적으로 이용되도록 하는 물질은?

① 철 ② 아 연
③ 망 간 ④ 크 롬
⑤ 셀레늄

> **해설** 크롬(Cr)은 인슐린이 세포막에 결합되는 것을 돕는 역할을 하는 내당인자이다.

262 내당능 인자로 당질 대사에 관여하는 무기질은? `2017.02` `2017.12`

① Co ② Se
③ Mn ④ Cr
⑤ Mo

> **해설** 내당능 인자 – 크롬(Cr)
> 크롬(Cr)은 당내성 인자(glucose tolerance factor, GTF)의 복합체 성분으로 작용하여 인슐린의 작용을 강화하며, 세포 내로 포도당이 유입되는 과정을 돕는다.

263 셀레늄(Se)에 대한 설명으로 옳지 않은 것은? `2020.12`

① 근육긴장 및 신경흥분과 관련이 있다.
② 글루타티온 과산화효소의 필수성분이다.
③ 적혈구의 세포막을 과산화물로부터 보호하는 작용을 한다.
④ 비타민 E의 항산화 작용을 돕는다.
⑤ 결핍 시 근육 손실, 성장저하, 심근장애 등이 발생한다.

> **해설** ① 마그네슘에 관한 설명이다.
> 셀레늄 결핍 시 근육 손실, 성장저하, 심근장애 등이 발생하고, 특히 울혈성 심부전을 동반한 케샨병이 발생할 수 있다.

264 「2020 한국인 영양소 섭취기준」 중 만성질환위험감소섭취량이 설정된 무기질은? `2021.12`

① 나트륨
② 구 리
③ 염 소
④ 칼 슘
⑤ 칼 륨

> **해설** 만성질환위험감소섭취량
> 「2020 한국인 영양소 섭취기준」에서는 체계적 문헌고찰 결과와 미국의 만성 질환 위험감소를 위한 나트륨 섭취기준, 최근 우리나라의 현황을 근거로 하여 한국인의 만성 질환 위험감소를 위한 나트륨 섭취기준을 성인 기준 일일 2,300mg으로 설정하고자 한다.

265 항산화 작용을 통해 비타민 E를 절약하며, 과산화물질의 생성을 억제하는 효과가 있는 무기질은? `2018.12`

① 구 리
② 망 간
③ 셀레늄
④ 코발트
⑤ 크 롬

> **해설** 셀레늄은 글루타티온 과산화효소의 구성성분으로 과산화물질의 생성을 억제하는 항산화제로 작용하여 비타민 E를 절약한다.

266 무기질 급원식품에 대한 설명으로 옳지 않은 것은?

① 과일과 채소에는 아연이 많다.
② 동물성 식품에는 철분이 풍부하다.
③ 우유 및 유제품에는 칼슘이 풍부하다.
④ 요오드 섭취를 위해 해조류와 어패류를 권장한다.
⑤ 육류의 내장, 난류, 해산물 등에는 셀레늄이 많이 함유되어 있다.

해설 아연은 주로 붉은 살코기, 해산물, 전곡류, 콩류, 견과류에 풍부하다. 쇠고기 등의 육류, 굴, 게, 새우, 간 등이 좋은 급원이 된다.

267 다음 영양소들 중 조혈인자를 모두 조합한 것은?

가. 철	나. 구 리
다. 엽 산	라. 비타민 B$_{12}$

① 가, 다   ② 나, 라
③ 가, 나, 다   ④ 라
⑤ 가, 나, 다, 라

268 크롬(Cr)에 대한 설명 중 옳지 않은 것은?

① 세포 내 미토콘드리아에 많이 함유되어 있다.
② 당내성 인자라는 유기복합체의 필수성분으로 세포 내로 포도당이 유입되도록 한다.
③ 인슐린의 작용을 약화한다.
④ 자연계에 널리 분포되어 있어 결핍증은 잘 발생하지 않는다.
⑤ 급원식품은 간, 달걀, 도정하지 않은 곡류 등이다.

해설 크롬(Cr)
• 인슐린의 작용을 강화하며, 세포 내로 포도당이 유입되도록 하여 당질, 단백질, 지질의 대사에 관여한다.
• 특히 지질 대사의 경우 혈청 콜레스테롤이 감소하고 HDL이 증가하여 혈중 지질수준을 개선하는 데 관여한다.

269 해당과정에서 대사의 촉매역할을 하며 ATP 의존성 인산화 반응에서 ATP와 복합체를 형성하는 무기질은?

① 마그네슘　　　　　　　　　　② 칼 슘
③ 칼 륨　　　　　　　　　　　　④ 나트륨
⑤ 구 리

> **해설**　마그네슘(Mg)
> • 핵산과 단백질 합성과정, 탄수화물과 단백질을 만드는 데 관여하는 많은 효소들의 활성화, 항산화제인 글루타티온 합성에도 관여한다.
> • 당질과 단백질 대사의 활성제와 보조인자로 작용한다.
> • Glucose가 Glucose-6-Phosphate로 되는 과정에 hexokinase를 촉매역할을 한다.
> • 마그네슘(Mg) : ATP = 1 : 1의 비로 2가의 안정된 ATP-Mg 복합체를 형성한다.

270 신체 생리작용의 활성물질과 그 구성성분의 연결이 옳지 않은 것은?

① 헤모글로빈 – 철
② 당내성 인자 – 크롬
③ 글루타티온 – 셀레늄
④ 리포산 – 인
⑤ 메탈로티오네인 – 아연 및 구리

> **해설**　NAD는 인을, 리포산은 황을 함유하고 있다.

271 비타민과 무기질이 소장에서 흡수되는 과정으로 옳지 않은 것은?

① Ca과 Fe은 능동적 과정으로 흡수된다.
② 피틴이나 수산은 Ca과 Fe와 같은 무기질 흡수를 방해한다.
③ 지용성 비타민은 담즙의 도움으로 유화되고, 소화·흡수된 후 킬로미크론에 합류한다.
④ 식사 내의 비타민이나 무기질의 함량이 증가하면 흡수율도 증가한다.
⑤ Fe의 흡수율은 소장점막의 페리틴에 영향을 받는다.

> **해설**　비타민·무기질 흡수
> • 체내 요구도가 높을 때 흡수율이 증가한다.
> • 소장세포로 흡수된 철은 트랜스페린의 포화도에 따라 결합한다.
> • 철의 영양상태가 양호하다면 트랜스페린이 이미 포화되어 있어 결합하지 못하고, 페리틴으로 소장점막 세포 내에 저장되었다가 그대로 배설한다.

272 포도당의 해당과정과 TCA 회로 및 지방산과 콜레스테롤 합성에 관여하는 무기질은?

① 아 연　　　　　　　　　　　　　② 나트륨
③ 마그네슘　　　　　　　　　　　④ 칼 륨
⑤ 망 간

> **해설**　망간(Mn)
> • 지단백 분해효소(lipoprotein lipase) 활성화 및 지방산과 콜레스테롤의 합성에 필요한 보조인자로 작용한다.
> • 피루브산 카르복실화효소(pyruvate carboxylase)의 구성성분이다.

273 다음에 관련이 있는 무기질은?

> 아황산염 산화효소(sulfate oxidase), 잔틴 산화효소(xanthine oxidase), 알데히드 산화효소(alehyde oxidase) 등 산화와 환원에 관여하는 조효소이다.

① 아 연　　　　　　　　　　　　　② 망 간
③ 코발트　　　　　　　　　　　　④ 몰리브덴
⑤ 셀레늄

> **해설**　몰리브덴(Mo)
> 체내의 산화·환원 반응에 관여하는 아황산염 산화효소(sulfate oxidase), 잔틴 산화효소(xanthine oxidase), 알데히드 산화효소(aldehyde oxidase) 등은 몰리브덴을 필요로 한다.

274 무기질과 그 함유식품의 연결이 옳은 것의 조합은?

> 가. 칼슘 - 우유 및 유제품　　　　　　　나. 칼륨 - 시금치, 우유
> 다. 인 - 달걀, 우유　　　　　　　　　　라. 구리 - 간, 콩류

① 가, 다　　　　　　　　　　　　② 나, 라
③ 가, 나, 다　　　　　　　　　　④ 라
⑤ 가, 나, 다, 라

> **해설**　무기질과 급원식품
> • 칼슘 : 우유 및 유제품, 뼈째 먹는 생선, 해조류 등
> • 칼륨 : 시금치, 감자, 콩류, 우유 등
> • 인 : 어육류, 달걀, 우유 등
> • 구리 : 간, 콩류, 해산물 등

275 미량무기질의 생리적 기능으로 옳지 않은 것은?

① 철 - 페리틴의 구성성분
② 셀레늄 - 글루타티온 과산화효소의 구성성분
③ 크롬 - 당내성 인자
④ 코발트 - 비타민 B_{12}의 구성성분
⑤ 몰리브덴 - 인슐린의 구성성분

해설 미량무기질
• 페리틴은 철을 함유하고 있는 단백질이다.
• 몰리브덴은 잔틴 산화효소(xanthine oxidase)의 구성성분이며, 망간은 에너지 대사에서 마그네슘을 대체할 수 있고, 뼈, 연골조직의 형성에 관여한다.
• 아연은 인슐린의 구성성분이다.

276 셀레늄의 작용 중 옳지 않은 것은?

① 글루타티온 과산화효소의 성분으로 항산화 작용을 한다.
② 유리라디칼의 작용을 억제시킴으로써 비타민 E 절약작용을 한다.
③ 결핍되면 근육 손실, 성장저하, 심근장애 등이 생긴다.
④ 세포막의 손상을 방지한다.
⑤ 비타민 B_{12}의 구성성분이다.

해설 비타민 B_{12}의 구성성분은 코발트이다.

277 크롬의 체내 이동이나 보유에서 서로 경쟁하는 무기질은?

① 구 리   ② 망 간
③ 철 분   ④ 칼 슘
⑤ 아 연

해설 철분이 트랜스페린에 포화되어 있으면 크롬의 이동이나 체내 보유가 줄어든다.

278 장기간 아연의 영양상태를 반영하는 체조직 지표는?

① 손 톱　　　　　　　　　　　② 머리카락
③ 소 변　　　　　　　　　　　④ 대 변
⑤ 혈 액

> **해설**　아연 영양상태 판정 지표
> • 보통 혈장이나 혈청의 아연 농도를 활용하지만 장기간의 아연 상태를 판정하기 위해서는 머리카락을 사용한다.
> • 소변으로 배설되는 양은 아연 결핍 시 증가 또는 감소하여 적합하지 않다.

279 수분섭취에 대한 설명으로 옳지 않은 것은?

① 보통 성인의 1일 수분필요량은 1mL/kcal이다.
② 체중에 비례하는 수분필요량은 연령에 따라 큰 차이가 있다.
③ 어릴수록 단위체중당 수분의 필요량이 높다.
④ 수분소요량에 영향을 주는 요인에는 연령, 활동정도, 기후 및 온도 등이 있다.
⑤ 수분섭취가 배설보다 많아야 건강하다.

> **해설**　수분섭취 · 균형
> • 신체 수분의 균형은 수분섭취와 배설에 의해 이루어진다.
> • 한국인 영양소 섭취기준에서 성인의 1일 수분의 충분섭취량은 약 1mL/kcal이다.
> • 음료(1,000mL)와 음식(700mL), 대사성 수분(300mL)에 의해 공급된다.
> • 수분의 배설은 소변(1,100mL), 피부 발산(600mL), 폐호흡(200mL)을 통해 이루어진다.

280 체내에서 수분의 기능은?　2018.12

① 근육의 수축과 이완
② 체온유지
③ 체액의 변형
④ 노폐물 저장
⑤ 영양분 배출

> **해설**　수분의 기능
> 열의 발생과 방출을 통해 체온을 조절한다. 또한 신진대사에서 생성된 노폐물을 운반하며, 폐, 피부 및 신장을 통해 배설하며, 혈액 및 림프액 등과 같은 체액조직을 통해 여러 영양소를 각 조직으로 운반한다. 그 밖에 체액의 구성 및 유지, 전해질 균형 유지, 소화액의 성분으로 소화작용을 돕는 역할 등이 있다.

281 능동수송에 의해 체액의 전해질 함량 및 삼투압을 조절하는 세포외액과 세포내액의 주요 양이온은? 2018.12

① Ca^{2+}, Mg^{2+}
② Mg^{2+}, Ca^{2+}
③ K^+, Na^+
④ Na^+, K^+
⑤ K^+, Ca^{2+}

해설 Na^+–K^+ 펌프
• Na^+는 세포외액의, K^+는 세포내액의 주요 양이온이며, 이러한 세포내외의 농도차이로 인해 K^+는 세포 외로, Na^+는 세포 내로 수동적으로 확산이동을 한다.
• Na^+–K^+ 펌프의 체내 기능
  – 세포의 용적을 유지시키는 데 관여
  – 신경과 근육세포에서 자극 전달
  – 체액의 전해질 함량 및 삼투압 조절
  – 포도당과 아미노산의 흡수에 관여

282 세포내외의 수분이동 원리는?

① 여 과
② 단순확산
③ 촉진확산
④ 능동적 운반
⑤ 삼 투

283 세포외액에서 산·염기 평형을 위해 완충제 역할을 하는 물질이 아닌 것은?

① 중탄산염
② 단백질
③ 헤모글로빈
④ 인산염
⑤ 일산화탄소

해설 산·염기 평형
• 혈액 내에서 중탄산염, 단백질, 헤모글로빈, 인산염 등이 완충제 역할을 한다.
• 세포 내에서 생긴 대사물질들은 탄산, 젖산, 케토산 등의 산성물질이며, 이들 물질이 지속적으로 세포외액으로 방출되어도 세포의 pH는 별 변화가 없다. 이는 중탄산염의 작용이 가장 크며, 단백질, 헤모글로빈, 인산염 등이 완충제 역할을 하기 때문이다.
• 폐의 호흡작용, 신장의 배설과 재흡수에 의해 pH가 조절된다.

284 세포외액의 주요이온으로 포도당과 아미노산의 흡수에 관여하는 다량 무기질은? 2019.12

① 나트륨   ② 황
③ 칼 슘   ④ 염 소
⑤ 인

> **해설** 나트륨은 삼투압을 조절하고 체내에서 염기로서 작용하여 산·염기 평형을 유지하며, 근육의 자극반응을 조절하는 역할을 한다. 또한 당질과 아미노산이 흡수되는 과정에는 Na^+ 펌프를 이용한다.

285 인체의 수분소요량을 증가시키는 요인들로 조합된 것은?

가. 기온상승	나. 더운 기후
다. 신체활동량 증가	라. 신장기능 상승

① 가, 다   ② 나, 라
③ 가, 나, 다   ④ 라
⑤ 가, 나, 다, 라

> **해설** 수분소요량에 영향을 주는 요인
> 연령, 활동정도, 식사의 종류, 기후 및 기온, 염분의 섭취량 등

286 호흡성 알칼리증이 발생할 수 있는 상황의 조합은?

가. 고지대에 올라갔을 때	나. 저산소증
다. 체온증가	라. 만성 폐질환

① 가, 다   ② 나, 라
③ 가, 나, 다   ④ 라
⑤ 가, 나, 다, 라

> **해설** 호흡성 산성증 vs 호흡성 알칼리증
> • 산성증 : 만성 폐질환이나 신경계 질환으로 폐를 통한 이산화탄소의 배출이 잘 안 될 경우 발생한다.
> • 알칼리증 : 고지대에 올라갔을 때, 저산소증, 체온증가와 같이 호흡중추가 자극되어 폐를 통한 이산화탄소의 배출이 증가된 경우 발생한다.

287 체내 함유 수분이 어느 정도 손실되면 생명이 위험해지는가?

① 2%
② 5%
③ 10%
④ 20%
⑤ 50%

> **해설** 체내 수분이 2% 손실되면 갈증을 느끼고, 4% 손실되면 근육피로가 나타나며, 10% 손실 시 탈수 증세, 20% 이상 손실 시 생명이 위험해진다.

288 산·염기 평형이상과 원인과의 관계로 옳은 것의 조합은?

가. 대사성 산성증 – 당뇨 혹은 기아
나. 대사성 알칼리증 – 제산제 과다 복용
다. 호흡성 산성증 – 신경계 장애
라. 호흡성 알칼리증 – 체온증가

① 가, 다
② 나, 라
③ 가, 나, 다
④ 라
⑤ 가, 나, 다, 라

> **해설** 산·염기 평형이상과 질환
> - 대사성 산성증 : 산의 과다 섭취, 설사로 인한 중탄산이온의 손실 증가 및 당뇨와 기아 시의 케톤체 형성 등으로 발생한다.
> - 대사성 알칼리증 : 구토로 인한 위산 손실, 제산제의 과다 복용, 결장에서의 중탄산이온의 재흡수 증가 등으로 발생한다.
> - 호흡성 산성증 : 만성 폐질환이나 신경계 장애로 폐에서 이산화탄소 배출이 잘 안 될 경우 이산화탄소 분압이 높아져 발생한다.
> - 호흡성 알칼리증 : 고산지대, 저산소증, 체온증가 등에서 호흡과다로 인해 이산화탄소 배출이 증가하여 발생한다.

289 산·염기 평형이상과 원인에 대한 연결로 옳지 않은 것은?

① 대사성 산성증 – 염기 부족
② 대사성 알칼리증 – 염기 과다
③ 호흡성 산성증 – CO_2 축적
④ 호흡성 알칼리증 – CO_2 감소
⑤ 호흡성 알칼리증 – 장액 손실

> **해설** 산·염기 평형이상 원인
> - 대사성 산성증 : HCO_3^-가 다량 함유된 췌장액이나 장액이 다량 손실된 경우
> - 대사성 알칼리증 : 구토로 위산 다량 손실, 염기 과다 섭취
> - 호흡성 산성증 : CO_2 배출이 잘 안 될 때
> - 호흡성 알칼리증 : CO_2 배출이 급격히 증가할 때

290 알칼리성 식품에 해당하는 것으로 옳은 것은?

① 양배추, 우유   ② 돼지고기, 감자

③ 달걀, 고구마   ④ 고등어, 찹쌀

⑤ 가자미, 대두

> **해설** 알칼리성 식품에는 사과, 시금치, 양배추, 우유 등이 있다.

291 산성 식품에 해당하는 것으로 옳은 것은?

① 사과, 오이   ② 쌀, 생선

③ 우유, 시금치   ④ 달걀, 고구마

⑤ 김, 미역

> **해설** 산성 식품에는 달걀, 고기, 생선, 곡류 등이 해당한다.

292 섭취된 후 체내에서 대사되어 알칼리를 형성하는 물질이 아닌 것은?

① 나트륨   ② 칼 륨

③ 마그네슘   ④ 칼 슘

⑤ 염 소

> **해설** 체내에서 음이온을 형성하는 무기질은 염소, 황, 인 등으로 산성을 띤다.

293 인체의 수분필요량을 증가시키는 요인으로 옳은 것은?

가. 저연령	나. 심한 운동
다. 고단백 식사	라. 고지방 식사

① 가, 다   ② 나, 라

③ 가, 나, 다   ④ 라

⑤ 가, 나, 다, 라

> **해설** 수분필요량
> - 증가 요인 : 저연령, 고단백 및 고염분 식사, 심한 운동 및 더운 기후, 발열, 구토, 설사 등
> - 감소 요인 : 고지방 식사

294 불감증설수에 대한 설명으로 옳은 것은?

① 피부와 폐를 통해 배설될 때
② 소변을 통해 배설될 때
③ 신체 모든 조직을 통해 배설될 때
④ 대소변을 통해 배설될 때
⑤ 열량소의 산화과정에서 생성되는 수분

해설   불감증설수는 피부와 폐를 통해 부지불식간에 배설되는 수분으로 건강한 성인의 경우, 1일 약 900mL 정도이다.

295 태아의 신경관 결손을 예방을 위하여 임신 전과 임신 초기에 섭취하면 좋은 식품은? 2019.12

① 사과, 돼지고기, 우유
② 시금치, 소간, 오렌지
③ 밤, 요구르트, 멸치
④ 쇠고기, 고구마, 미역
⑤ 감자, 토마토, 고등어

해설   엽산
• 엽산은 핵산과 단백질 합성에 관여하므로 임신기간 동안 증가된 조혈작용과 태아의 성장 및 태반조직의 발달에 필수적인 영양소이다. 임신 중 엽산의 부족은 유산, 임신중독증, 저체중아, 선천성 기형아, 특히 신경장애아(Neural Tube Defect)의 출생 빈도를 높이는 것으로 보고되고 있다.
• 엽산은 주로 잎이 많은 채소와 두류, 견과류, 간에 많이 함유되어 있다. 저장과 조리 시에 약 80% 정도가 손실된다.

296 수정란의 착상을 돕고, 자궁평활근을 이완시켜 임신을 유지시켜주는 호르몬은? 2017.12 2018.12

① 황체형성호르몬
② 태반락토겐
③ 옥시토신
④ 에스트로겐
⑤ 프로게스테론

해설   프로게스테론은 수정란의 착상을 돕고, 자궁근육을 이완시켜 임신의 유지에 관여하며, 위장근육도 이완시켜 변비 등을 유발한다. 그 외 체지방 합성 촉진, 신장으로의 나트륨 배설 증가, 엽산의 흡수 방해 등의 작용이 있다.

297 임신 중 프로게스테론(progesterone)의 역할이 아닌 것은?

① 자궁평활근을 이완시켜 임신유지를 돕는다.
② 위장운동을 촉진한다.
③ 자궁내막에 수정란이 착상하기 좋게 한다.
④ 요를 통한 나트륨 배설을 증가시킨다.
⑤ 지방 합성 및 유방발달을 촉진한다.

해설   임신 중 프로게스테론은 위장관 이완으로 장운동을 감소시키며 변비 등을 유발한다.

294 ① 295 ② 296 ⑤ 297 ② 정답

298 임신 후 태반에서 많이 분비되는 여성호르몬으로 조합된 것은?

가. 에스트로겐	나. 융모성성선자극호르몬
다. 프로게스테론	라. 옥시토신

① 가, 다
② 나, 라
③ 가, 나, 다
④ 라
⑤ 가, 나, 다, 라

해설　임신기 여성호르몬
• 에스트로겐, 프로게스테론 : 임신 전이나 임신 초기에 난소의 황체에서 분비되며 임신 후 태반이 완성되면 태반에서 분비된다.
• 융모성성선자극호르몬 : 황체를 자극함으로써 초기 임신을 유지한다.

299 임신 기간 동안에 모유분비를 억제시키는 호르몬의 조합은?

가. 에스트로겐	나. 티록신
다. 프로게스테론	라. 프로락틴

① 가, 다
② 나, 라
③ 가, 나, 다
④ 라
⑤ 가, 나, 다, 라

해설　모유분비 억제 호르몬
• 임신 중에는 태반에서 에스트로겐과 프로게스테론이 다량 분비되어 유선조직이 급속히 발달한다.
• 이 호르몬들은 유즙생성을 촉진하는 프로락틴 분비를 억제시켜 임신 중에는 모유가 분비되지 않도록 한다.

300 뇌하수체후엽에서 분비되며 유즙분비를 촉진시키는 호르몬은?　2017.02　2018.12　2020.12　2021.12

① 옥시토신(oxytocin)
② 프로게스테론(progesteron)
③ 에스트로겐(estrogen)
④ 갑상선자극호르몬(thyroid stimulating hormone)
⑤ 태반락토겐(human placental lactogen ; HPL)

해설　임신기 호르몬
옥시토신은 유즙분비를 촉진시키며, 프로락틴은 임신 중과 분만 후에 분비량이 증가하여 유즙 합성을 돕고 자궁 수축을 억제하여
조기 출산을 방지한다.

301 임신 기간 중 유선의 성장 · 발달에 관련이 있는 호르몬의 조합은?

가. 태반락토겐	나. 에스트로겐
다. 프로락틴	라. 프로게스테론

① 가, 다   ② 나, 라
③ 가, 나, 다   ④ 라
⑤ 가, 나, 다, 라

해설 유선의 성장 · 발달에 관여하는 호르몬은 태반에서 분비되는 태반락토겐, 에스트로겐, 프로게스테론과 뇌하수체 전엽에서 분비되는 프로락틴이 있다.

302 임신 중 뇌하수체 전엽에서 생성 · 분비되는 호르몬은?

① 프로락틴   ② 태반락토겐
③ 융모성성선자극호르몬   ④ 프로게스테론
⑤ 옥시토신

해설 임신 중 호르몬 생성 · 분비
• 태반 : 에스트로겐, 프로게스테론, 태반락토겐, 융모성성선자극호르몬(임신 유지)
• 뇌하수체 전엽 : 프로락틴(유즙 생성 촉진)
• 뇌하수체 후엽 : 옥시토신

303 월경주기의 난포기에 분비가 증가되어 자궁내막의 선상피조직을 증식시키는 호르몬은? `2019.12`

① 에스트로겐   ② 프로게스테론
③ 황체형성호르몬   ④ 프로락틴
⑤ 태반락토겐

해설 임신기 호르몬
• 에스트로겐은 자궁내막의 선상피조직 증가, 자궁평활근 발육 촉진, 뼈의 칼슘방출 저해, 자궁수축, 결합조직의 친수성 증가로 인한 부종 초래 등의 역할을 한다.
• 프로게스테론은 수정란의 착상을 돕고 자궁근육을 이완시켜 임신의 유지에 관여하며, 위장근육도 이완시켜 변비 등을 유발한다.
• 태반락토겐은 인슐린 저항성을 증가시키는 가장 효과적인 인슐린 길항체이다.

304 임신 중 기초대사량이 증가하는 이유로 옳지 않은 것은?

① 심장, 간, 신장 등의 기능과 여러 가지 대사들이 항진하기 때문이다.
② 태아의 급속한 성장과 관련이 있다.
③ 모체의 임신에 따른 다른 조직의 발육과는 관련이 없다.
④ 교감신경 항진 등의 신경인자의 항진 때문이다.
⑤ 갑상선 기능의 항진 때문이다.

> **해설** 임신 중 기초대사가 증가하는 이유 중 하나는 태아의 성장, 모체의 임신에 따른 자궁, 유방, 그 외 다른 조직의 발육과 관련이 있다.

305 임신 시 빈혈이 나타나는 이유로 옳은 것의 조합은?

가. 헤모글로빈 수치 감소	나. 총 혈장량 증가
다. 헤마토크리트 감소	라. 모체의 순환혈액량 감소

① 가, 다
② 나, 라
③ 가, 나, 다
④ 라
⑤ 가, 나, 다, 라

> **해설** 임신 시 빈혈
> 임신 시 혈액량은 20~30% 증가하는데, 적혈구 증가율(18%)이 혈장 증가율(45%)에 미치지 못해 혈액희석 현상이 나타난다. 헤모글로빈 수치와 헤마토크리트는 감소, 총 철결합 능력은 증가한다.

306 임신 시 자궁의 비대로 오는 직접적인 이상증세의 조합은?

가. 변 비	나. 속쓰림
다. 빈 뇨	라. 부 종

① 가, 다
② 나, 라
③ 가, 나, 다
④ 라
⑤ 가, 나, 다, 라

> **해설** 자궁 비대
> 임신 후기 자궁의 비대에 의해 위가 위로 올라가고 장관도 압박을 받기 때문에 흉식호흡, 팽만감, 속쓰림, 변비가 나타나고, 방광이 압박을 받기 때문에 빈뇨 현상이 나타난다.

307 임신 시 영양소 결핍으로 일어날 수 있는 증세로 옳지 않은 것은?

① 비타민 E 결핍 – 구순구각염
② 비타민 A 결핍 – 미숙아 출생
③ 비타민 D 결핍 – 모체의 골연화증
④ 비타민 K 결핍 – 출혈
⑤ 요오드 결핍 – 갑상선기능저하증

해설 리보플라빈 결핍 시 구순구각염을 일으킨다. 특히 임신 중 결핍 시 태아의 발육장애가 나타나며, 유산, 조산의 원인이 되기도 한다.

308 임신 중 거대적아구성 빈혈 예방을 위한 영양소를 모두 조합한 것은?

가. 엽 산	나. 비타민 B$_{12}$
다. Co	라. 리보플라빈

① 가, 다   ② 나, 라
③ 가, 나, 다   ④ 라
⑤ 가, 나, 다, 라

해설 임신 중 빈혈
• 엽산은 조혈작용을 위해 필수적인 영양소이고, 잎이 많은 채소·과일류, 두류, 견과류에 많이 함유되어 있다.
• 거대적아구성 빈혈에 관여하는 영양소는 비타민 B$_{12}$, 엽산, Co이다.
• 임신성 빈혈 예방을 위해 고단백·고철분식을 섭취한다.

309 임신부의 영양관련 문제에 대한 설명 중 옳지 않은 것은?

① 임신 중 리보플라빈 결핍 시 태아의 발육장애가 나타난다.
② 티아민은 임신 중 에너지 대사 항진에 따라 필요량이 증가된다.
③ 임신부의 혈색소량이 12mg/dL 이하이면 빈혈로 진단한다.
④ 임신 중 엽산 부족 시 핵산대사에 장애를 가져온다.
⑤ 임신 중 요오드 부족 시 갑상선종에 걸릴 수 있다.

해설 임신부 영양관련 문제
• 리보플라빈은 체내 대사에서 산화·환원작용을 촉진하고 체내 에너지 합성에 중요하다. 부족 시 유산·조산의 원인이 되며 태아의 발육장애가 나타난다.
• 임신하지 않은 여성의 헤모글로빈 수치 12mg/dL 이하, 임신부는 11mg/dL 이하면 빈혈로 판정한다.
• 임신 중 요오드 부족 시 갑상선종에 많이 걸리며 그러한 어머니에게서 태어난 아이들은 크레틴병이 발생하기 쉽다.

310 임신 중 구토에 대한 내용 중 옳지 않은 것은?

① 비타민 B$_6$ 결핍 시 아미노산 대사의 작용을 받아 임신중독증과 구토발생에 영향을 미친다.
② 임신 중 티아민 부족 시 신경피로, 근육경련, 구토증이 심하게 된다.
③ 악성 구토증의 원인은 당질 대사의 혼란, 태반단백의 중독 등이 있다.
④ 구토증이 심하지 않을 때는 꿀물과 같은 당분을 섭취하면 도움이 된다.
⑤ 비타민 C 부족 시 신경전달물질의 생성에 이상이 생겨 구토가 발생한다.

> **해설** 임신 중 구토
> • 비타민 B$_6$ 부족 시 신경전달물질의 생성에 이상이 생겨 구토가 발생하며, 아미노산 대사의 작용을 받아 임신중독증과 구토발생에 영향을 미친다.
> • 임신 중 악성 구토증의 원인은 신경기능의 장애, 태반단백의 중독, 당질 대사의 혼란, 부적절한 식사 때문인 것으로 알려져 있다.

311 임신의 영양지도로 적합하지 않은 것은?

① 부종, 고혈압 예방을 위해 짠 음식을 피한다.
② 임신 후반기 변비 등 위장장애 해소를 위해 식이섬유가 풍부한 식품을 섭취한다.
③ 자궁 증대로 위를 압박하므로 소화가 용이한 음식을 소량씩 여러 번 나누어 섭취한다.
④ 입덧 시에는 기호를 존중하지 않고, 따뜻하고 기름진 음식을 권장한다.
⑤ 분만 수 주일 전 출혈방지작용을 위해 비타민 K를 공급한다.

> **해설** 임신의 영양지도
> • 입덧 시에는 담백하고 시원한 음식이 메스꺼움을 완화시키고, 변비는 입덧에 좋지 않으므로 변비 예방을 위해 채소와 과일 섭취를 권장한다. 또한 개인의 기호를 존중해야 한다.
> • 임신 말기 특히 분만 전에 Ca과 함께 비타민 K(혈액응고 관여)를 증가시켜야 한다.

312 임신부의 기형아 출산과 관련되는 요인의 조합은?

가. 과 음	나. 칼슘의 과잉 섭취
다. 임신성 당뇨	라. 티아민의 과잉 섭취

① 가, 다   ② 나, 라
③ 가, 나, 다   ④ 라
⑤ 가, 나, 다, 라

> **해설** 기형아 출산
> • 임신 중 지나친 음주와 임신성 당뇨는 선천성 기형아 분만율을 높인다.
> • 신경안정제, 항생제, 마약, 중추신경계의 진정제, 수면제, 항경련제, 호르몬제 등에 해당하는 종류의 약물들은 태아에게 신체적 기형을 일으킬 수 있다.

313 분만 후 모유생성과 사출에 관계되는 호르몬으로 조합된 것은?

가. 에스트로겐	나. 프로락틴
다. 글루카곤	라. 옥시토신

① 가, 다   ② 나, 라
③ 가, 나, 다   ④ 라
⑤ 가, 나, 다, 라

해설 모유생성 및 사출
- 아기가 유두를 빨면 뇌하수체 전엽에서 프로락틴이 생성되어 모유생성이 촉진된다.
- 젖을 빠는 자극은 뇌하수체 후엽에 전달되어 옥시토신 분비를 촉진하고, 호르몬은 유포와 유관 주위에 있는 근육을 수축시켜 모유가 유관 아래쪽으로 흘러 나와 아기가 빨고 있는 유두로 나오게 한다.
- 태반에서 분비되는 에스트로겐과 프로게스테론은 유즙분비 억제기능을 가지고 있다.

314 모유 성분 중 수유부의 식사 섭취량에 따라 유즙 내 함유량이 달라지는 영양소는 무엇인가? `2012.12` `2018.12`

① 에너지   ② 탄수화물
③ 단백질   ④ 지방산
⑤ 무기질

해설 모유 중의 에너지, 탄수화물, 단백질, 무기질, 엽산 등의 함량은 모체의 식사섭취량에 의해 영향을 받지 않고 일정한 농도가 유지된다.

315 태아 에너지 요구량의 80%는 무엇으로 공급되는가?

① 아미노산   ② 포도당
③ 지 방   ④ 비타민
⑤ 물

해설 태아에게 필요한 영양소는 모체로부터 태반을 통해 운반되며, 태아 에너지 요구량의 80%는 포도당으로 공급하고 나머지는 아미노산의 이화작용으로 공급된다.

316 수유부의 모유 700mL에 함유된 에너지 함량은?

① 185kcal ② 250kcal

③ 285kcal ④ 300kcal

⑤ 320kcal

> **해설** 모유의 에너지 함량
> • 모유 100mL에 65kcal 에너지가 함유되어 있다.
> • 계산식 = 모유분비량에 따른 에너지 함량 − 임신기간 모체에 저장된 잉여 체지방에서 동원될 수 있는 에너지(170kcal)
> • (0.65kcal × 700mL/day) − 170kcal/day = 285kcal

317 수유기 모체의 대사변화로 옳지 않은 것은?

① 섭취된 에너지와 영양소는 유선조직에서 우선 사용된다.
② 지방조직의 지질 대사는 항진된다.
③ 유선조직의 단백질 대사는 항진된다.
④ 골격근에서 단백질 대사는 저하된다.
⑤ 칼슘 등 무기질의 흡수율이 증가한다.

> **해설** 수유기에는 유선조직의 지질 대사는 항진되고, 지방조직의 지질 대사는 저하된다. 수유부의 기초대사량은 비수유부보다 낮다.

318 모유수유가 수유부에게 미치는 영향으로 잘못된 것은?

① 배란을 촉진하여 자연피임 작용을 한다.
② 자궁수축을 촉진하여 산후 회복이 빠르다.
③ 체내 저장된 체지방이 유즙생성에 이용되므로 체내 지방량 감소로 산후 비만이 적다.
④ 모자 간의 접촉으로 정서적 안정감을 준다.
⑤ 폐경 전 유방암과 자궁암에 걸릴 확률이 낮다.

> **해설** 모유수유는 배란을 억제하여 자연피임 작용을 한다.

319 「2020 한국인 영양소 섭취기준」에서 수유부에게 추가 섭취를 권장하는 영양소로 적합한 것은? `2019.12`

① 비타민 A   ② 비타민 D
③ 마그네슘   ④ 인
⑤ 칼 슘

> **해설** 비타민 A 섭취기준
> • 권장섭취량(μg RAE/일) : 임신부 +70/수유부 +490
> • 상한섭취량(μg RAE/일) : 임신부, 수유부 3,000
> • 비타민 A는 지용성이므로 체내 저장이 가능하며 수동적 확산방식으로 태반을 통과하여 태아에게로 쉽게 운반되므로 과다 섭취 시 사산, 기형, 영구적 학습장애 등의 과잉증이 나타날 수 있다.
> • 임신·수유부의 경우에는 태아 기형 발생을 독성종말점으로 간주하였고, 최대무해허용량과 불확실계수를 고려하여 상한섭취량을 3,000μg RAE/일로 설정하였다.
> • 전반적으로 수유기의 영양섭취기준이 임신기의 영양섭취기준보다 높다. 그러나 엽산, 철은 그 기능상 임신기의 권장섭취량이 더 높게 책정되어 있다.
> • 비타민 D는 성인의 충분섭취량이 상한 조정됨에 따라 임신·수유부에게 부가량을 제시하지 않았다.

320 임신 중 단백질 결핍으로 나타나는 증세로 조합된 것은?

가. 빈 혈	나. 영양성 부종
다. 임신중독증	라. 태아의 성장장애

① 가, 다   ② 나, 라
③ 가, 나, 다   ④ 라
⑤ 가, 나, 다, 라

> **해설** 단백질 결핍 시 빈혈, 영양성 부종, 태아의 성장장애가 나타난다. 또한 쉽게 피로하여 능률저하와 병에 대한 저항력도 감소, 그리고 임신중독증의 위험도 있다.

321 임신 초기와 말기의 에너지원 이용에 관한 설명으로 옳지 않은 것은? `2020.12`

① 임신 초기에는 지방 합성이 촉진된다.
② 임신 초기에는 글리코겐 합성이 촉진된다.
③ 임신 말기 모체 내 포도당은 태아가 우선 이용한다.
④ 임신 말기 모체 내 인슐린 민감성이 증가한다.
⑤ 임신 말기 모체는 지방산이나 케톤체를 열량원으로 이용한다.

> **해설** 임신 초기에는 에너지원 확보를 위해 모체조직의 인슐린 민감성이 증가하여 글리코겐과 지방 합성이 촉진된다.

322 임신기간 동안 체중이 정상수준 이상으로 증가된 비만 임신부에게 나타나는 증상으로 옳지 않은 것은?

① 당뇨병
② 임신중독증
③ 거대아 출산
④ 이완출혈
⑤ 저체중아 출산

해설   비만 임신부
• 임신기간 동안 체중 증가가 13kg 이상이면 비만 임신부로 간주한다.
• 임신중독증, 당뇨병, 과거임신, 거대아 출산, 지연 분만, 이완출혈, 조기파수 등으로 인한 각종 합병증과 산과적 이상을 초래할 수 있다.
• 임신 중 바람직한 체중 증가는 임신기 영양관리의 중요한 지표이며, 적당한 신생아 체중과 관계가 있다.

323 임신 후기 임신부의 영양상태와 증상에 대한 설명으로 틀린 것은?

① 임신부의 체온은 비임신기의 체온보다 낮다.
② 변비 예방을 위해 채소, 과일, 해조류 등을 충분히 공급한다.
③ 열량은 450kcal/일, 필수지방산은 10~30% 추가 섭취해야 한다.
④ 임신부의 맥박과 혈액 박출량, 혈압이 상승한다.
⑤ 생쌀, 벽토, 담뱃재 등을 먹고 싶어 하는 이식증이 나타나기도 한다.

해설   이식증은 입덧의 증세로 임신 5주~4개월경에 나타나는 증상이다.

324 임신기 모체의 에너지원에 대한 설명으로 옳지 않은 것은?

① 임신 전반기에 여분의 지방산은 중성지방으로 합성 · 저장된다.
② 임신 전반기에 여분의 식사 탄수화물은 모체 글리코겐이나 지방조직으로 저장된다.
③ 임신 전반기에 지방산이나 케톤체를 에너지원으로 이용한다.
④ 임신 후반기에 식사 탄수화물은 태아의 포도당으로 공급된다.
⑤ 임신 후반기에 모체의 저장지방이 에너지원으로 사용된다.

해설   임신기 모체의 에너지원
• 임신기간 동안 태아는 동화적 상태이다.
• 모체는 임신 전반기에는 동화적 상태이나 임신 후반기에는 이화적 상태로 변한다.

325 임신 시 칼슘대사에 대한 설명으로 옳지 않은 것은?

① 모체는 수유에 대비하여 여분의 칼슘을 골격에 저장한다.

② 임신 말기에는 대부분의 칼슘이 태아에 축적된다.

③ 임신 중 칼슘 섭취가 낮아도 모체에는 영향이 없다.

④ 태아 체조직의 발육과 모체기관의 증대로 칼슘 필요량이 증가한다.

⑤ 잦은 임신 또는 임신수유기 동안 칼슘을 적게 섭취하는 경우 골다공증이 나타나기 쉽다.

> **해설** 임신 중 칼슘대사
> 칼슘 섭취가 낮으면 태아의 요구량을 충족시키기 위해 모체에 축적된 칼슘이 고갈된다.

326 임신부의 다량 섭취로 인해 사산, 기형, 영구적 학습장애 등을 초래할 수 있는 비타민은?

① 비타민 A   ② 비타민 C

③ 비타민 E   ④ 비타민 B_1

⑤ 비타민 B_{12}

> **해설** 임신부 지용성 비타민 섭취 관련
> • 비타민 A는 지용성이므로 체내 저장이 가능하며 또한 수동적 확산 방식으로 태반을 통과하여 태아에게로 쉽게 운반되므로 과다 섭취 시 문제가 된다.
> • 비타민 D도 과잉 섭취에 주의해야 한다.

327 다음은 임신 전에는 정상체중이었던 28주 단태아 임신부에게서 나타난 증상이다. 의심해 볼 수 있는 상태는?

2020.12

• 단백뇨를 보인다.

• 임신 전보다 체중이 20kg 증가하였다.

• 혈압은 150/100mmHg이다.

---

① 임신성 당뇨   ② 임신성 빈혈

③ 자간전증   ④ 임신성 고혈압

⑤ 갑상샘기능항진증

> **해설** 자간전증(임신중독증)
> 임산부에게 영향을 미치는 가장 심각한 질환 중 하나로 임산부가 고혈압(Hypertension), 단백뇨(Proteinuria) 및 임신 기간 중 손, 발 및 얼굴의 부종이 있을 때 진단될 수 있다. 심한 경우에는 신장이나 간의 손상, 흉수의 축적이나 중추 신경계의 장애가 동반될 수도 있다.

328 모유의 생성과 분비의 조절과정에 대한 설명으로 옳은 것은?

① 에스트로겐과 프로게스테론은 임신기간 중 모유의 분비를 억제한다.
② 영아의 흡유 자극이 모체의 뇌하수체 후엽에 전달되어 프로락틴이 분비된다.
③ 영아의 흡유 자극이 모체의 뇌하수체 전엽에 전달되어 옥시토신이 분비된다.
④ 프로락틴은 유포의 포상세포에 작용하여 모유생성을 억제한다.
⑤ 옥시토신은 유포 주위에 있는 근육을 수축시켜 모유분비를 억제시킨다.

> **해설** 모유의 생성과 분비 관련
> • 임신기간 동안 분비되는 에스트로겐과 프로게스테론은 유관이나 유포 등 유선조직의 발달에 관여하며, 모유분비를 억제한다.
> • 영아의 흡유 자극이 모체의 뇌하수체 전엽에 전달되어 프로락틴의 분비가 증가하고 모유분비가 시작된다.
> • 영아의 흡유 자극이 모체의 뇌하수체 후엽에 전달되어 옥시토신이 분비되고, 모유분비를 촉진시킨다.

329 수유기 모체의 대사변화에 대한 설명으로 옳지 않은 것은?

① 식사를 통해 섭취된 에너지와 영양소는 유선조직에서 우선 사용된다.
② 유선조직의 지방대사는 항진되는 반면 지방조직에서는 저하된다.
③ 수유부의 기초대사량은 비수유부보다 높다.
④ 비수유 여성에 비해 단백질 전변율이 낮다.
⑤ 식사를 통해 섭취된 무기질의 흡수율을 증가시킨다.

> **해설** 수유기 모체의 대사
> 모유생산에 필요한 에너지를 확보하기 위해 에너지 소비를 절약하는 적응현상을 보인다. 따라서 수유부의 기초대사량은 비수유부보다 낮다.

330 성인보다 영아에게 더 많이 분비되는 효소로 옳은 것은? `2018.12`

② 카르복시펩티다아제 　　　　　② 췌장 트립신
③ 췌장 리파아제 　　　　　　　　④ 키모트립신
⑤ 소장 락타아제

> **해설** 영아기 소화의 특징
> • 영아의 위에는 레닌이라는 응유효소가 있으며 액체인 유즙 단백질을 응고시켜 펩신의 작용을 받도록 한다.
> • 단백질 : 신생아의 췌장에서 분비되는 트립신은 어른과 비슷하나 키모트립신, 카르복시펩티다아제 농도는 어른의 10~60%에 불과하다. 따라서 영아는 일정량의 단백질만을 소화할 수 있다.
> • 당질 : 락타아제 활성은 출생 시 성인보다 높으며, 말타아제, 수크라아제의 활성은 어른과 비슷하다.
> • 지방 : 췌장 리파아제의 활성은 미약하고, 담즙 분비량도 어른의 50%에 불과하며, 지질의 완전소화가 어렵고 주로 구강과 위내에 존재하는 리파아제에 의해 분해된다.

331 영아가 성인보다 단위체중당 열량, 수분 및 여러 영양소 필요량이 높은 이유는? `2019.12`

① 체표면적이 넓으므로
② 배변 횟수가 많으므로
③ 소화 흡수율이 낮으므로
④ 활동 시간이 짧으므로
⑤ 열손실이 적으므로

> 해설 영아가 단위체중당 열량, 수분 및 여러 영양소의 필요량이 높은 이유는 체격에 비해 체표면적이 넓어서 열손실이 크기 때문이다. 따라서 성장을 위해 소비되는 에너지와 활동에 필요한 에너지가 높다.

332 생후 6~12개월 된 영아가 신생아에 비해 체내 수분 비율이 감소하는 주된 이유는? `2020.12`

① 세포외액의 감소
② 골격량의 증가
③ 체지방량의 감소
④ 근육량의 증가
⑤ 체표면적의 증가

> 해설 체내 총 수분함량은 생후 1년 동안 감소된다. 세포내액과 세포외액의 비율은 연령에 따라 달라지는데, 신생아는 체액의 약 40%, 영아는 약 30~35%, 유아는 약 30%가 세포외액으로 구성되어 있다. 세포외액은 수분, 산소, 영양소, 전해질 등을 세포로 전달한다.

333 영아는 수분섭취량이 적거나 구토, 설사, 고온 등의 상황에서 쉽게 수분불균형을 초래한다. 이에 대한 신장기능과 관련된 설명으로 옳은 것은? `2019.12`

① 요 농축력이 성인보다 낮다.
② 전해질 균형 유지 능력이 성인과 동일하다.
③ 크레아티닌 제거율이 성인보다 높다.
④ 배뇨 조절 능력이 성인보다 높다.
⑤ 우유는 모유에 비해 신장 용질 부하량이 낮다.

> 해설 영아는 단위체중당 체표면적이 크므로 피부와 폐를 통한 불감성 수분손실량이 많고, 체내 수분함량이 더 많고 교체가 빠르며, 소변을 농축할 능력이 제한되기 때문이다.

334 영유아기 중 철이 고갈되어 철분 섭취를 충분히 해줘야 하는 시기는? <u>2017.02</u>

① 1개월
② 2~3개월
③ 4~6개월
④ 1~2세
⑤ 3~5세

해설 건강한 영아는 철을 충분히 확보하고 태어나지만 4~6개월 지나면 철이 고갈되어 충분히 섭취해야 한다. 0~5개월 충분섭취량은 하루 0.3mg, 6~11개월 권장섭취량은 하루 6mg이다.

335 초유에 대한 설명으로 옳지 않은 것은?

① 초유는 분만 후 처음 5일 이내에 분비된다.
② 성숙유에 비해 면역글로불린 A와 백혈구의 함량이 높다.
③ 락토페린이 많아 세균의 성장을 억제한다.
④ 분비량이 많고, 점성이 없다.
⑤ 단백질은 3배 많고, 무기질의 함량이 높다.

해설 초 유
• 초유는 분비량이 적고, 점성이 있다.
• 당질(유당)과 지방은 적게 함유되어 있어 성숙유보다 에너지 함량이 낮다.
• 단백질, 무기질, 면역체가 많다.

336 성숙유로 이행되면서 증가되는 영양성분의 조합은?

| 가. 유 당 | 나. 지 방 |
| 다. 수용성 비타민 | 라. 지용성 비타민 |

① 가, 다
② 나, 라
③ 가, 나, 다
④ 라
⑤ 가, 나, 다, 라

해설 초유에서 성숙유로 변화되는 과정에서 나오는 모유를 이행유라 하고, 유당, 지방 및 수용성 비타민의 농도가 높다.

337 모유 중 Ca과 P의 비율로 옳은 것은?

① 1 : 1   ② 1.2 : 1
③ 1 : 2   ④ 1.5 :1
⑤ 2 : 1

> **해설** 모유의 Ca과 P의 비율은 2 : 1, 우유의 Ca과 P의 비율은 1.2 : 10]지만, 칼슘의 흡수율은 모유가 더 우수하다.

338 모유에 함유된 면역물질 중 병원성 미생물의 세포벽을 분해하는 것은? `2019.12`

① 인터페론   ② 락토페린
③ 비피더스 인자   ④ 라이소자임
⑤ 항포도알균 인자

> **해설** 모유 함유 면역물질의 기능
> • 라이소자임 : 세포벽의 파괴를 통해 박테리아를 용해한다.
> • 락토페린 : 철분과 결합하여 세균의 증식을 막는다.
> • 면역글로불린 : 점막과 내장의 세균 침입을 막는다.
> • 대식세포 : 락토페린, 라이소자임 등을 합성하고 식균작용을 수행한다.

339 모유와 우유의 차이점에 대한 설명 중 옳지 않은 것은?

① 모유보다 우유에 더 많은 영양소는 유당이다.
② 모유보다 우유에 더 많이 함유된 단백질 성분은 카세인이다.
③ 우유보다 모유에 페닐알라닌, 티로신 함량이 적다.
④ 우유보다 모유에 타우린 함량이 높다.
⑤ 모유보다 우유에 단백질, 무기질이 높아 아기의 신장에 무리를 줄 수 있다.

> **해설** 모유 vs 우유
> • 모유는 영아의 건강과 성장발달에 적합한 가장 이상적인 영양소의 배합으로 된 영양급원이다.
> • 모유는 우유보다 유당, 시스틴, 필수지방산과 특히 리놀레산, 비타민 A, C, E 등의 함량이 높다.
> • 모유의 단백질과 무기질 함량은 대개 우유의 1/3 수준이지만 흡수율이 높아서 효과적으로 이용된다.
> • 모유에는 중추신경계에 해로울 수 있는 페닐알라닌과 티로신의 함량이 적고, 중추신경계와 망막의 신경전달물질로 작용하며,
>   백혈구의 항산화 작용을 돕는 타우린 함량이 높다.

340 우유보다 모유에 더 많이 함유된 영양소는? 2020.12 2021.12

① 칼 슘
② 인
③ 페닐알라닌
④ 리놀레산
⑤ 카세인

해설 모유는 우유보다 유당, 시스틴, 필수지방산과 특히 리놀레산, 비타민 A, C, E 등의 함량이 높다.

341 다음은 생후 5~6개월 된 영아의 이유식에 대한 설명이다. 옳은 것은? 2019.12

① 단맛을 내기 위해 꿀을 섞는다.
② 다양한 식재료를 혼합하여 제공한다.
③ 하루에 3~4회 제공한다.
④ 정제염과 향신료를 조미하는 것이 좋다.
⑤ 철분 보충을 위한 식품을 제공한다.

해설 태아는 임신 후반기에 출생 후 3~4개월 동안에 필요한 충분한 철분을 간과 혈액에 저장한 후 출생하나 4~5개월 이후부터는 철분을 섭취해야 한다.

342 생후 3개월의 영아가 이유식을 시작할 경우 발생할 수 있는 문제점은? 2018.12

① 빈 혈
② 성장 지연
③ 편 식
④ 지적·정서적 발달 지연
⑤ 알레르기

해설 이유 시기
• 아기의 체중이 출생 시 체중의 2배가 되는 시기 또는 약 6kg이 되었을 때가 적당하며, 주로 생후 4~6개월에 시작할 것을 권장한다.
• 이유 시작시기가 너무 늦으면 영아 빈혈이나 성장지연, 지적·정서적 발달지연이 나타날 수 있다.
• 이유 시작시기가 너무 빠른 경우에는 비만이나 알레르기가 초래될 수 있다. 이유 완료시기는 생후 만 1년이다.
• 우유, 달걀흰자, 복숭아, 토마토, 고등어, 꽁치, 새우, 돼지고기, 땅콩, 밀 등은 알레르기 반응을 일으킬 수 있는 식품으로 생후 8~9개월부터 섭취하도록 권하고 있다.
• 이유 준비기에는 과즙, 야채즙 등이 적당하다.

343 이유식에 대한 설명으로 옳지 않은 것은?

① 유치가 나는 시기에 토스트를 구워주면 도움이 된다.
② 이유 초기에 잇몸으로 잘라먹을 수 있는 형태로 제공한다.
③ 이유 초기에 점착성이 있는 풀의 형태가 좋다.
④ 이유식을 만들 때 위생과 소화성을 고려한다.
⑤ 달걀흰자는 알레르기를 유발할 수 있으므로 영아 중기에 주는 것이 좋다.

> **해설** 이유식
> • 이유 초기에는 점착성이 있는 풀의 형태로 시작하며 이가 나기 시작하면 앞니로 끊을 수 있으므로 넘기기 쉽다.
> • 이가 나기 시작할 때 잇몸이 간지럽기 때문에 아무 것이나 입에 넣어 씹으려고 하는데 이때 토스트를 구워주거나 비스킷을 주면 좋다.
> • 영아 초기는 아직 소화기가 완전히 발달되지 못한 상태이므로 영양소가 완전히 소화되지 못한 상태에서 흡수될 수 있다.
>   → 알레르기 유발(달걀흰자, 우유, 복숭아 등)

344 유아의 간식에 대한 설명으로 적절하지 않은 것은?

① 간식의 적당량은 1일 에너지의 10~15%이다.
② 아이가 원하는 것만 준다.
③ 가능하면 자연식품으로 이용하도록 한다.
④ 수분, 무기질 및 비타민을 공급할 수 있는 식품이어야 한다.
⑤ 간식은 정규 식사 사이에 보식과 기분전환의 의미로 제공한다.

> **해설** 유아의 간식
> • 가공식품에는 염분, 식품첨가물 등이 많이 들어있으므로 가능하면 자연식품을 이용한다.
> • 식습관이 형성되는 시기이므로 원하는 것을 주기보다 성장 및 영양에 도움이 되는 식품을 제공한다.

345 유아의 식욕부진에 대한 설명으로 옳지 않은 것은?

① 유아의 식욕부진은 성장률이 감소되면서 체중당 영양소 요구량의 감소가 가장 큰 이유이다.
② 식욕부진이 일어나기 쉬운 시기는 4세 전후이다.
③ 아이가 원하는 것을 어느 정도 반영하여 식사를 제공한다.
④ 강요하지 말고 함께 맛있게 먹을 수 있는 분위기를 제공한다.
⑤ 유아의 식욕부진은 성장속도에 비해 소화능력의 발달이 미약하기 때문이다.

> **해설** 유아 식욕발달
> • 소화·효소계는 3~4세경에는 성인과 같은 수준으로 발달한다.
> • 펩신, 트립신 등의 단백질 분해효소와 아밀라아제의 분비 기능은 2세에 완성된다.
> • 리파아제의 기능은 3~4세에 완성된다.
> • 대장의 기능은 유아 후기에 발달되어 정상적인 배변활동이 시작된다.

346 유아기 젖병증후군(유치우식증)의 발생원인 중 옳은 것은?

가. 태아기 때 칼슘섭취 부족	나. 사탕, 캐러멜 등을 좋아하는 습관
다. 수유 후에 치아관리를 하지 않음	라. 젖병을 계속 물고자는 습관

① 가, 다
② 나, 라
③ 가, 나, 다
④ 라
⑤ 가, 나, 다, 라

> **해설** 영아가 젖병을 계속 물고자거나 계속해서 젖병을 사용하는 것은 충치의 원인이 된다. 이유기의 떠먹는 이유습관과 치아관리가 평생 치아건강에 중요하다.

347 유아의 편식을 예방하기 위한 사항으로 옳지 않은 것은?

① 가족이 모두 편식하지 않도록 한다.
② 유아가 싫어하는 음식을 강제로 먹이지 않는다.
③ 이유기에 당분이 많은 음식을 과량 주지 않는다.
④ 과잉보호하지 않는다.
⑤ 이유 시 좋아하는 음식위주로 공급한다.

> **해설** 유아 편식
> • 이유 시 다양한 식품을 접하지 못하면 편식을 일으킬 수 있다.
> • 유아의 식습관은 부모의 식습관, 이유식 식품의 다양성, 이유식의 공급방법, 가정경제, 사회적 여건, 부모의 식사 시 태도 등에 영향을 받는다.
> • 부모의 지나친 강요, 야단 등은 그 식품이나 식사에 대한 거부감과 편식을 유도할 수 있다. 특히 부모의 역할이 올바른 식습관 형성에 중요하며, 가족 모두가 편식하지 않도록 해야 한다.
> • 이유기에 당분이 많은 음식을 과량 주었을 때 다른 맛을 배울 기회가 없어진다.

348 충치유발 지수가 높아서 충치유발 가능성이 높은 식품으로 조합된 것은?

가. 건포도	나. 우 유
다. 과일통조림	라. 치 즈

① 가, 다
② 나, 라
③ 가, 나, 다
④ 라
⑤ 가, 나, 다, 라

> **해설** 충치유발 식품
> • 충치유발 지수가 낮은 식품 : 단백질 식품에 속하는 육류, 난류, 어패류와 우유 및 치즈
> • 충치유발 지수가 높은 식품 : 과일통조림, 건포도, 곶감 등 가공된 과일류

349 충치발생을 억제하는 영양소로 조합된 것은?

가. 당 질	나. 불 소
다. 비타민 C	라. 칼 슘

① 가, 다   ② 나, 라
③ 가, 나, 다   ④ 라
⑤ 가, 나, 다, 라

해설 충치발생 영양소
• 당질은 충치발생에 가장 현저한 영향을 미친다.
• 단백질, 지방, 칼슘, 불소, 비타민 D 등은 충치발생을 억제하며, 비타민 C는 충치와 직접 관련은 없으나 결핍되면 구강 내 연조직에 영향을 미친다.

350 이유식을 시작할 때 적절한 방법이 아닌 것은? 2020.12

① 하루에 3번 시간에 관계없이 이유식을 제공해도 좋다.
② 이유식을 먼저 주고 모유나 조제유를 준다.
③ 한 번에 다양한 식품을 혼합하여 제공하지 않는다.
④ 이유식의 간은 싱겁게 한다.
⑤ 유동식은 아기에게 익숙한 젖병이 아닌 숟가락으로 먹인다.

해설 매일 일정한 시간에 이유식을 제공하도록 하며, 새로운 식품은 한 번에 한 가지씩 증가시키면서 알레르기를 관찰한다.

351 유아의 성장발육에 관한 설명으로 옳은 것은?

① 체중은 생후 1년에 출생 시의 3배, 신장은 생후 4년에 출생 시의 2배
② 체중은 생후 1년에 출생 시의 3배, 신장은 생후 3년에 출생 시의 2배
③ 체중은 생후 1년에 출생 시의 4배, 신장은 생후 3년에 출생 시의 2배
④ 체중은 생후 1년에 출생 시의 4배, 신장은 생후 4년에 출생 시의 2배
⑤ 체중은 생후 1년에 출생 시의 2배, 신장은 생후 2년에 출생 시의 2배

해설 생후 4~5개월에 체중은 출생 시의 2배, 2년이면 출생 시의 4배 정도가 되나, 신장은 생후 4년이 되어야 비로소 출생 시의 2배가 된다.

352 유아기 비만에 대한 설명으로 옳지 않은 것은?

① 유아비만은 성인비만으로 이행될 확률이 높다.

② 지방세포의 수가 증가하는 시기이다.

③ 열량 제한으로만 회복할 수 없고, 식습관, 생활습관 등을 수정하도록 한다.

④ 적절한 열량섭취를 지도하며 신체활동을 권유해야 한다.

⑤ 가족들의 협조는 필요치 않다.

해설 유아기 비만에 영향을 끼치는 식습관은 가족 구성원의 영향이 크므로 가족의 협조가 필요하다.

353 단위체중당 단백질의 필요량이 가장 높은 생애주기는? `2021.12`

① 노인기

② 영아기

③ 학령기

④ 유아기

⑤ 성인기

해설 영아기 – 단위체중당 단백질 필요량
영아기 동안 새로운 체조직의 합성, 체단백질 축적 및 효소, 호르몬 그 외 생리적 주요 물질의 합성 등에 이용되므로 단위체중당 단백질 필요량이 일생 중에서 가장 높다.

354 설사로 인해 탈수 증상을 보이는 영아에게 제공해 줄 수 있는 음식은? `2021.12`

① 액상 요구르트

② 과일주스

③ 우 유

④ 보리차

⑤ 탄산음료

해설 설사가 심하면 수유를 중단하고 탈수 방지를 위해 엷은 포도당액, 보리차, 끓인 물을 계속해서 조금씩 공급한다.

355 미숙아에게 모유가 좋은 이유가 아닌 것은?

① 미숙아를 출산한 모체에서 분비되는 모유 단백질의 농도가 높기 때문이다.
② 착유한 모유를 가온하거나 냉동하면 성분이 파괴되어 소화가 용이해지기 때문이다.
③ 감염증, 패혈증, 화농성 수막염 등을 예방해준다.
④ 모유의 단백질, 칼슘, 나트륨의 농도가 자궁 내에서의 발육과 동등하게 발육시킬 수 있기 때문이다.
⑤ 신생아에게 필요한 임파구, 글로불린 등이 함유되어 있기 때문이다.

356 영아의 신체 구성성분의 변화에 대한 설명으로 옳지 않은 것은?

① 체내 총 수분함량은 생후 1년 동안 감소한다.
② 무기질량이 급격히 증가한다.
③ 주로 세포외액이 감소하고, 세포내액과 혈장량은 오히려 증가한다.
④ 지방량이 증가한다.
⑤ 단백질이 증가한다.

> **해설** 영아의 신체 구성성분
> • 체내 단백질이 증가되면서 근육조직이 증대되며, 이때 남아가 여아보다 축적량이 많다.
> • 지질은 단백질보다 훨씬 많은 양이 축적되며 여아가 남아보다 더 많이 축적된다.
> • 무기질의 변화는 생후 1년 동안 비교적 적게 일어난다.

357 수유부의 섭취량이 유즙 함유량에 중요한 영향을 미치는 영양소는 무엇인가?

① 단백질   ② 당 질
③ 무기질   ④ 비타민 K
⑤ 비타민 B_1

> **해설** 모유 중의 수용성 비타민 함량은 수유부의 섭취량에 영향을 받는다.

358 초유가 성숙유보다 더 많이 함유하고 있는 영양소는? 2019.12

① 단백질   ② 에너지
③ 지 질   ④ 엽 산
⑤ 유 당

> **해설** 초 유
> • 초유는 출산 1~5일에 나오는 모유로서 분량이 적고 황색의 점성을 띠며, 독특한 향미를 가진다. 성숙유에 비해 단백질이 많고 유당이 적으며 효소·면역체의 함량이 많다. 면역체는 영아의 장 내 감염을 막는 중요한 역할을 한다.
> • 당질(유당)과 지방은 적게 함유되어 있어 성숙유보다 에너지 함량이 낮다.

359 단백질 알레르기가 있는 영아가 섭취할 수 있는 조제분유는?

① 선천성 대사 이상아용 조제분유
② 미숙아용 조제분유
③ 무가당 연유
④ 카세인을 가수분해하여 만든 조제분유
⑤ 두유로 만든 조제분유

> **해설** 카세인을 가수분해하여 얻은 조제분유
> 카세인은 아미노산과 작은 펩티드의 혼합물로 분해되어 있으며 천연 그대로의 단백질을 쉽게 소화시키지 못하거나 단백질에 알레르기가 있는 영아를 위해 개발되었다.

360 미숙아의 영양관리 방법으로 옳지 않은 것은?

① 단백질 공급량을 과량으로 증가시킨다.
② 흡수 시 담즙산이 필요 없는 중쇄지방산(MCT)을 첨가한다.
③ 비타민 C를 증가시킨다.
④ 철분을 특별히 보충해 줄 필요는 없다.
⑤ 비타민 E를 증가시킨다.

> **해설** 미숙아 영양관리
> • 미숙아는 지방의 흡수 능력이 낮으므로 중쇄지방산을 첨가하면 리파아제의 작용 없이도 흡수가 잘된다.
> • 미숙아의 단백질 공급은 매우 중요하며 단위체중당 필요량이 상당히 높다. 그러나 미숙아에게 과량의 단백질을 투여하면 신장에서 용질부하의 부담을 견디지 못해 오히려 해로울 수 있다.
> • 미숙아는 정상아에 비해 비타민 C, E의 필요량이 높다.
> • 출생 시 미숙아의 철분 농도는 낮으나 이때는 철분을 투여해도 큰 효과가 없으며, 오히려 과량의 철분 투여는 비타민 E의 대사를 방해한다.

361 유아의 에너지 필요량을 결정하는 요인으로 옳은 것의 조합은?

가. 신체크기	나. 연 령
다. 발육상태	라. 성 별

① 가, 다
② 나, 라
③ 가, 나, 다
④ 라
⑤ 가, 나, 다, 라

> **해설** 신체크기와 활동량의 차이로 인해 유아의 에너지 필요량을 일률적으로 정하기 어렵다. 따라서 이 시기에는 연령이나 성별보다는 신체크기와 발육상태에 따라 필요량을 결정하도록 한다.

362 유아기 식욕부진이 발생하는 가장 큰 이유는?

① 활동량이 감소되면서 체중당 영양소 요구량이 감소하기 때문이다.
② 성장률이 감소되면서 체중당 영양소 요구량이 감소하기 때문이다.
③ 자아가 발달하면서 식품에 대한 기호가 뚜렷해지기 때문이다.
④ 유아식으로부터 성인식으로 발전해가는 과정이기 때문이다.
⑤ 성장속도에 비해 소화·흡수 능력의 발달이 미약하기 때문이다.

> **해설** 유아기 식욕부진
> 성장률이 둔화되어 체중당 영양소의 요구량이 감소하면서 식욕의 감소가 뚜렷이 나타나 영아기에 비해 배고픔을 덜 느끼게 된다.

363 유아의 식사관리 방법으로 옳지 않은 것은?

① 음식은 소량씩 여러 번에 나누어주되 1회 분량은 식욕에 따라 조절하도록 한다.
② 처음 주는 음식은 1티스푼부터 시작하여 점차 양을 늘려간다.
③ 식사량이 늘게 되므로 칼슘 섭취를 위하여 우유를 꼭 마시도록 권할 필요가 없다.
④ 자극성이 강한 향신료를 많이 넣은 음식, 맵거나 짠 음식은 삼간다.
⑤ 씹을 수 있는 음식들을 식단에 포함시켜 부드러운 음식만 먹으려는 식습관을 가지지 않게 한다.

> **해설** 유아기에는 성장속도가 둔화되지만 지속적인 골격성장을 위하여 5살까지 최소한 매일 2컵의 우유를 마셔야 한다.

364 유아식의 영양적인 식사를 위한 고려사항으로 옳지 않은 것은?

① 식욕감소에 따라 식사량이 저하되기 쉬우므로 영양밀도가 높은 식품을 공급한다.
② 지방의 섭취는 심혈관질환 등의 원인이 되므로 지방함유 식품의 섭취를 제한한다.
③ 소화기능과 유치기능의 발달 정도에 따라 올바른 섭식기술의 지도가 필요하다.
④ 활동이나 식욕을 고려한 식사계획으로 영양필요량을 충족시키도록 한다.
⑤ 다양한 식품을 통해 소식, 식욕부진, 편식문제가 야기되지 않도록 한다.

> **해설** 유아식 고려사항
> 유아기의 지방 섭취 제한은 열량 및 필수지방산 섭취의 부족과 지용성 비타민의 흡수장애를 가져와 제대로 성장이 이루어지지 않는 결과를 초래할 수 있다.

365 다음은 3세 유아의 건강검진 결과이다. 이 유아에게 적합한 식품은? 2019.12

> • 헤모글로빈 : 10.0g/dL
> • 혈중 알부민 : 3.5g/dL

① 바나나, 우유
② 땅콩, 딸기주스
③ 쇠고기, 오렌지주스
④ 고구마, 사과
⑤ 국수, 두유

해설 유아기의 철결핍성 빈혈은 가장 흔한 영양결핍의 형태이다. 따라서 헤모글로빈, 미오글로빈 및 헴(heme) 함유 효소의 합성을 위해 다량의 철을 필요로 한다. 철 강화 시리얼, 달걀, 살코기 등이 좋고, 우유 및 유제품은 철을 거의 함유하지 않는다.

366 자신의 행동이 비정상임을 부정하며, 실제 모습이 말랐음에도 불구하고 살이 쪘다고 느끼는 식이장애는?

2021.12

① 마구먹기 장애
② 신경성 폭식증
③ 신경성 식욕부진증
④ 야식증후군
⑤ 대사증후군

해설 신경성 식욕부진증에서 나타나는 특징이며, 그 외에도 피하지방이 줄고 체표면에 솜털이 증가한다.

367 12~14세 여자가 남자보다 철분결핍이 높은 이유로 가장 적절한 것은? 2018.12

① 근육량의 급격한 증가
② 골격의 발달
③ 호르몬 분비 활발
④ 빈 혈
⑤ 월 경

해설 청소년기 철분 권장섭취량
• 철분의 경우 남녀 모두 이 시기에 요구량이 가장 많다.
• 남자는 근육량의 축적에 따른 혈액량 증가로, 여자는 월경에 따른 혈액손실로 인해 철분의 요구량이 많아진다.
• 철분 1일 권장량 : 남자(12~18세)-14mg, 여자(12~14세)-16mg, 여자(15~18세)-14mg

368 청소년기의 신경성 식욕부진증에 대한 설명으로 옳은 것은? `2017.02`

① 식욕은 저하되나 체중은 많이 감소하지 않는다.
② 탐식증의 증상과는 별도로 나타난다.
③ 심리적 치료만으로 회복이 가능하다.
④ 영양결핍, 무월경, 무기력증 등이 나타난다.
⑤ 폭식 후 구토나 하제 복용을 한다.

> **해설** 신경성 식욕부진증
> • 청소년기 주로 발생하며 '마른체형'에 대한 지나친 집착과 선망에서 비롯되는 섭식장애이다.
> • 뚜렷한 체중 감소와 무월경이 나타나며 피로감, 부정맥, 무기력증 등이 나타나며 개인적 심리치료, 가족과의 상담, 영양치료 등을 해야 한다.
> • 신경성 식욕부진 환자의 40~50%가 탐식증 증상을 보인다.

369 청소년기의 신체성장과 성숙에 작용하는 호르몬으로 옳은 것의 조합은?

가. 인슐린	나. 글루카곤
다. 갑상선호르몬	라. 안드로겐

① 가, 다
② 나, 라
③ 가, 나, 다
④ 라
⑤ 가, 나, 다, 라

> **해설** 청소년기의 신체성장과 성숙
> • 청소년기의 성장과 성적 성숙에 관여하는 호르몬은 안드로겐, 에스트로겐, 테스토스테론 및 프로게스테론이 있다.
> • 부신에서 분비되는 안드로겐은 단백질 합성을 촉진하고, 질소, 칼륨, 인, 칼슘 등의 체내 보유를 증가시켜 신체성장에 관여한다.
> • 안드로겐은 고환에서 분비되는 테스토스테론과 결합하여 남성 생식기 발육을 촉진하고, 남성의 제2차 성장을 발현시켜 성숙에도 관여한다.

370 청소년기에 철분 필요량이 증가하는 이유로 옳지 않은 것은?

① 근육 성장
② 혈액량 증가
③ 골격 성장
④ 여학생의 경우 월경 시작
⑤ 미오글로빈 증가

> **해설** 청소년기 철분 필요량 증가
> • 청소년기에 혈액량이 급격히 증가하는데, 이는 새 적혈구의 생성이 많아지는 것을 뜻한다. 이로 인해 철분 필요량이 증가하는 것을 의미한다.
> • 성장하는 근육에 미오글로빈이 증가하므로 많은 양의 철분이 필요하게 된다.

371 골다공증 환자가 섭취를 제한해야 하는 것은? `2021.12`

① 비타민 K ② 비타민 D
③ 카페인 ④ 칼 슘
⑤ 유 당

해설 골다공증과 영양소
- 과도한 음주, 흡연, 카페인음료, 탄산음료, 고염분 식품의 섭취를 제한한다.
- 커피, 녹차 등에 함유된 카페인은 체내 칼슘 흡수를 방해하고 뼈 손실을 유발할 수 있다.
- 비타민 K는 뼈에 존재하는 비콜라겐 단백질인 오스테오칼신이라는 물질을 통해 중요한 역할을 한다. 오스테오칼신은 뼈의 아교 역할을 하는 물질로 비타민 K에 의해 뼈의 무기질과 결합할 수 있다.

372 골다공증에 대한 설명으로 옳지 않은 것은?

① 폐경기 이후 여성에게 잘 발생한다.
② 칼슘의 섭취와 밀접한 관련이 있다.
③ 뼈의 칼슘 손실을 막아주는 프로게스테론의 감소 때문이다.
④ 난소 절제수술을 한 여성은 골다공증 위험군에 속한다.
⑤ 중년여성은 칼슘 · 이소플라본 섭취를 증가시켜야 한다.

해설 골다공증
- 폐경으로 에스트로겐의 분비가 감소되면 골다공증 위험이 급격히 증가한다.
- 에스트로겐 보충 시 골용출을 감소시킬 수 있으며, 칼슘 및 이소플라본 섭취를 증가시키고 알코올, 카페인 및 탄산음료의 섭취를 감소시켜야 한다.

373 중년 여성의 영양관리로 옳지 않은 것은? `2017.02`

① 항산화 영양소를 충분히 섭취한다.
② 지질과 탄수화물 섭취를 줄인다.
③ 과식하지 않고 소량씩 자주 먹는다.
④ 골다공증 예방을 위해 유제품 등의 고칼슘 식품을 섭취한다.
⑤ 대두 등 단백질의 섭취를 줄인다.

해설 중년 여성 영양관리로 이소플라본이 함유된 콩, 두부 등과 생선과 같은 양질의 단백질을 자주 섭취하도록 한다.

374 만성 질환을 예방하기 위한 중년의 영양관리지침으로 옳지 않은 것은? 2020.12

① 고혈압 – 철 섭취량을 줄인다.
② 과체중 – 활동량이 감소하게 되므로 전체 섭취열량을 줄인다.
③ 대장암 – 적색육 대신 단백질 급원으로 두부, 생선, 닭고기 등을 섭취한다.
④ 골다공증 – 칼슘 섭취량을 늘린다.
⑤ 대사증후군 – 포화지방산 섭취량을 줄인다.

해설 ① 고혈압 예방을 위해 염분 섭취를 줄이고, 신선한 채소, 과일, 잡곡 등 섬유소 섭취를 증가시키며 규칙적인 운동으로 정상체중을 유지한다.

375 성인기에 발생할 수 있는 뇌·심혈관계 질환의 위험을 낮추기 위해 식사에서 섭취를 줄여야 하는 영양소로 조합된 것은?

가. 나트륨	나. 칼 륨
다. 지 질	라. 식이섬유

① 가, 다　　　　　　　　　　　② 나, 라
③ 가, 나, 다　　　　　　　　　 ④ 라
⑤ 가, 나, 다, 라

해설 고지혈증, 동맥경화증, 뇌졸중 등 뇌·심혈관계 질병을 예방하기 위해서는 나트륨과 콜레스테롤을 비롯한 지질의 섭취를 줄이고, 식이섬유의 섭취를 증가시킨다.

376 폐경 후 여성은 총 콜레스테롤과 LDL-콜레스테롤의 농도가 높아진다. 이의 원인이 되는 호르몬은?

① 안드로겐
② 에스트로겐
③ 프로락틴
④ 옥시토신
⑤ 프로게스테론

해설 에스트로겐은 난소에서 LDL-콜레스테롤을 이용하여 생성된다.

377 갱년기에 섭취하는 식품에 함유되면 특히 좋은 영양소는? 2017.02

① 비타민 D　　　　　　　　　② 철 분
③ 엽 산　　　　　　　　　　　④ 구 리
⑤ 포화지방

> **해설** 칼슘 흡수를 도와 골다공증 예방에 좋으므로 갱년기에 비타민 D가 많은 음식을 선택하도록 하는 것이 영양관리에 중요하다.

378 대사증후군으로 진단할 수 있는 항목과 수치로 옳은 것은? 2018.12

① 공복혈당 - 100mg/dL 미만
② 중성지방 - 150mg/dL 이상
③ HDL-콜레스테롤 - 60mg/dL 이하
④ 허리둘레 - 70cm 이상
⑤ 혈압 - 130/85mmHg 미만

> **해설** 대사증후군
> 대사증후군은 다음 5개 기준 중 3개 이상일 때 대사증후군으로 진단한다.
> • 공복혈당 : 100mg/dL 이상
> • 혈압 : 130/85mmHg 이상
> • 중성지방 : 150mg/dL 이상
> • HDL-콜레스테롤 : 남 40mg/dL 미만, 여 50mg/dL 미만
> • 허리둘레 : 남 90cm, 여 85cm 이상

379 다음은 40세 남성의 건강검진 결과표 중 일부이다. 결과표를 통해 판단할 수 있는 질환은? 2019.12

구 분	검사치
공복혈당	100mg/dL
HDL-콜레스테롤	50mg/dL
수축기혈압/이완기혈압	140mmHg/90mmHg
중성지방	200mg/dL
허리둘레	100cm

① 동맥경화증　　　　　　　　② 골다공증
③ 당뇨병　　　　　　　　　　④ 고콜레스테롤혈증
⑤ 대사증후군

> **해설** 대사증후군
> • 판정기준 : 공복혈당 100mg/dL 이상, 수축기/이완기혈압 130mmHg/85mmHg 이상, 혈청 중성지질 150mg/dL 이상, 혈청 HDL-콜레스테롤 40mg/dL(남)·50mg/dL(여) 미만, 허리둘레 90cm(남)·85cm(여) 이상
> • 위의 판정기준에 근거해서 3개 이상에 해당되는 경우 대사증후군으로 판정한다.

380 성인기 대사증후군의 발생 위험을 높이는 체내 특성은? 2019.12

① 기초대사율 감소
② 호흡기능 감소
③ 뇌기능 저하
④ 심박출량 감소
⑤ 소화력 감소

> **해설** 대사증후군
> 최근 급속한 경제발전, 식생활의 서구화, 정신적 스트레스 등이 증가됨에 따라 심혈관계 질환의 강력한 유험요인으로 주목받는 대사증후군이 급격하게 증가하고 있다. 기초대사율이 감소되면 체내 지방 저장량이 늘어나므로 대사증후군 발생의 위험요인이 될 수 있다.

381 흡연을 할 경우 권장량보다 더 섭취하도록 하는 영양소는?

가. 비타민 A	나. 비타민 K
다. 비타민 C	라. 칼 슘

① 가, 다   ② 나, 라
③ 가, 나, 다   ④ 라
⑤ 가, 나, 다, 라

> **해설** 비타민 A와 비타민 C는 저항력을 증가시키는 데 효력이 있다.

382 성인기 알코올 섭취가 건강에 미치는 영향에 대한 설명으로 옳지 않은 것은? 2018.12

① 에너지 균형에는 영향을 주지 않는다.
② 하루 한두 잔의 음주는 혈중 HDL을 상승시키므로 심혈관 질환을 예방할 수 있다.
③ 짧은 시간에 많은 양의 음주를 하는 것은 뇌기능을 저하시킨다.
④ 과도한 음주는 간질환을 야기한다.
⑤ 장기간 섭취 시 비만, 동맥경화증, 당뇨, 지방간 등을 유발시킨다.

> **해설** 알코올 섭취가 건강에 미치는 영향
> • 에너지 불균형 초래, 간질환, 심혈관 질환, 암 등을 유발한다.
> • 하루 한두 잔 정도의 음주는 혈중 HDL을 상승시키므로 심혈관계 질환을 예방한다.

383 체구성 성분 중 50세 이후 성인기에 증가하는 것은? 2021.12

① 골질량
② 체수분량
③ 제지방량
④ 근육량
⑤ 체지방량

해설 기초대사율은 점차 감소되고 체내 지방 저장량이 늘어난다.

384 노년기 영양관리에 대한 설명으로 옳지 않은 것은?

① 불포화지방산이 다량 함유된 식물성유를 공급한다.
② 에너지 소비를 증가시키면서 적절한 양의 에너지를 섭취한다.
③ 칼슘이 풍부한 우유와 유제품을 공급한다.
④ 성인기에 비해 증가해야 할 영양소는 비타민 D이다.
⑤ 기초대사량 및 활동량의 감소로 열량필요량은 증가된다.

해설 노년기 영양관리
• 노년기 열량필요량은 기초대사량 및 활동량의 감소로 성인기에 비해 감소된다.
• 심각한 에너지 제한은 무력감을 가져오고 신체활동을 더욱 제한시키므로 바람직하지 않고 에너지 소비를 증가시키면서 적절한 양의 에너지를 섭취하는 일이 가장 효과적이다.
• 동맥경화를 예방하고 혈청 콜레스테롤의 농도를 낮추기 위해서는 불포화도가 높은 식물성 기름을 섭취한다.
• 비타민 D 충분섭취량은 성인기에 10μg/일이나 65세 이후부터는 15μg/일이다.

385 노인에게 나타나는 생리적 변화에 관한 설명으로 옳지 않은 것은? 2020.12

① 체내 수분 비율 증가
② 기초대사량 감소
③ 수축기 혈압 상승
④ 단백질 이용률 감소
⑤ 체지방률 증가

해설 노인의 생리적 변화
• 근육량의 감소로 인한 에너지 필요량 감소 및 신체구성 요소 변화로 체내 지방의 증가를 보인다.
• 노인의 고혈압은 대부분이 수축기 단독 고혈압이다. 이는 이완기 혈압이 90mmHg 이하이면서 수축기 혈압이 140mmHg이거나 또는 이보다 높을 때를 말한다.

386 노년기의 면역기능과 특히 관련이 있는 영양소는?

① 칼 슘   ② 지 질
③ 식이섬유   ④ 아 연
⑤ 불 소

> 해설   아 연
> - 아연은 생체 내 금속효소의 구성성분이며 생체막의 구조와 기능에 관여한다.
> - 상처의 회복을 돕고 성장이나 면역기능을 원활히 하는 데도 필요하다.

386 노년기에 어 · 육류, 가금류, 우유 등을 충분히 섭취하도록 권장하는 이유로 조합된 것은?

> 가. 내인성 인자 분비 감소로 인한 비타민 B$_{12}$ 흡수 감소
> 나. 외인성 인자 분비 감소로 인한 비타민 B$_{12}$ 흡수 감소
> 다. 위산 분비 감소로 인한 철 흡수율 감소
> 라. 엽채류 섭취의 감소

① 가, 다   ② 나, 라
③ 가, 나, 다   ④ 라
⑤ 가, 나, 다, 라

> 해설   노년기 비타민 B$_{12}$ 결핍증
> - 노인들은 위점막 위축으로 인해 내인성 인자 분비가 감소되어 비타민 B$_{12}$의 흡수에 문제가 생긴다. 또한 위산의 분비 감소로 철 흡수율이 감소한다.
> - 비타민 B$_{12}$를 다량 함유하고 있는 육류, 어류, 가금류, 우유 등을 충분히 섭취하도록 한다.

388 노인기 뇌와 신경 조절기능 변화에 대한 설명으로 옳은 것의 조합은?

> 가. 뉴런의 감소   나. 신경전달물질 합성 감소
> 다. 시력 및 청력 약화   라. 짠맛에 대한 역치 감소

① 가, 다   ② 나, 라
③ 가, 나, 다   ④ 라
⑤ 가, 나, 다, 라

> 해설   노인기 뇌와 신경 조절기능
> - 노화에 의해 뉴런(neuron)이 20~40% 정도 감소한다.
> - 뇌의 혈류량이 감소하고 도파민, 세로토닌, 아세틸콜린 등의 뇌신경전달물질의 합성이 감소한다.
> - 여러 감각기관의 기능이 저하되어 시력, 청력이 약해지고, 맛에 대한 역치가 증가하며 특히 짠맛에 대한 감각이 3~4배 무디어진다.
> - 고통 및 갈증에 대한 감각도 매우 약화된다.

389 노인의 소화기능을 저하시키는 요인의 조합은?

> 가. 타액선의 위축
> 나. 치근의 위축
> 다. 위액 분비량 감소
> 라. 장점막의 위축

① 가, 다   ② 나, 라
③ 가, 나, 다   ④ 라
⑤ 가, 나, 다, 라

해설　노인의 소화기능 저하
연령이 증가함에 따라 타액선의 위축으로 타액의 분비가 감소되고, 치근이 위축되어 치아가 빠지기 쉬우며 미각이 감퇴된다. 또한 위액 분비량이 감소하고 장점막이 위축되어 소화·흡수능력도 저하된다.

390 노인의 식욕을 저하시키는 요인은? 　2020.12

① 미뢰 수가 감소한다.
② 타액 분비가 증가한다.
③ 위산 분비가 증가한다.
④ 미각의 역치가 감소한다.
⑤ 위장관 운동성이 증가한다.

해설　노인의 소화기능 저하
나이가 들면 혀의 미뢰 수 감소와 위축에 따라 미각의 감수성이 감퇴한다. 후각기능의 저하 역시 입맛이 떨어지는 이유다. 이처럼 노년의 미각과 후각 장애는 실제 소화와 관련된 침샘 분비, 위나 췌장 등의 소화액 분비 등 기능을 감소시켜 식욕부진을 일으킨다.

391 에너지 소비량이 증가하는 운동을 하였을 때 요구량이 증가되는 비타민의 조합은?

> 가. 티아민   나. 리보플라빈
> 다. 니아신   라. 비타민 K

① 가, 다   ② 나, 라
③ 가, 나, 다   ④ 라
⑤ 가, 나, 다, 라

392 경기 전 운동선수의 영양관리로 옳은 것은?

① 고당질식으로 위와 장의 운동을 최소화하는 식품을 제공한다.
② 많은 양의 지방을 섭취한다.
③ 식이섬유가 많은 음식을 공급한다.
④ 식사 후에 커피, 홍차 등의 음용을 한다.
⑤ 고비타민·무기질식을 한다.

> 해설 운동 중 당질은 에너지 생산을 위한 가장 좋은 영양소이다.

393 1시간 정도 빠르게 걷기를 했을 때 근육의 주된 에너지원 변화 순서는? `2020.12` `2021.12`

① 포도당 → 지방산 → 크레아틴인산
② 포도당 → 크레아틴인산 → 지방산
③ 크레아틴인산 → 지방산 → 포도당
④ 크레아틴인산 → 포도당 → 지방산
⑤ 지방산 → 포도당 → 크레아틴인산

> 해설 운동 시 열량원의 사용 순서
> ATP → 크레아틴인산 → 글리코겐과 포도당 → 지방산

394 호흡계수 산출방법은? `2021.12`

① 소모된 O_2 / 생산된 H_2O
② 소모된 O_2 / 생산된 CO_2
③ 생산된 H_2O / 소모된 O_2
④ 생산된 CO_2 / 소모된 O_2
⑤ 생산된 O_2 / 소모된 CO_2

> 해설 호흡계수(RQ)
> 일정한 시간에 생산된 이산화탄소량을 그 기간 동안 소모된 산소량으로 나눈 값이다.
> 즉, RQ = 생산된 CO_2 양 / 소모된 O_2 양

395 장시간 운동을 하였을 때 일어나는 생리적 변화의 조합은?

> 가. 혈당 저하
> 나. 호흡계수(RQ) 저하
> 다. 소변 중 칼륨, 인, 티아민 배설량 증가
> 라. 적혈구 수, 헤모글로빈 양 감소

① 가, 다
② 나, 라
③ 가, 나, 다
④ 라
⑤ 가, 나, 다, 라

해설 장시간 운동 시·심한 근육노동 시
위의 생리적 변화 외에 혈액의 비중 감소, 혈중 노르에피네프린, 에피네프린 증가 등이 있다.

396 사춘기 여자 운동선수에게 결핍의 위험이 가장 큰 영양소는?

① 아 연
② 엽 산
③ 비타민 A
④ 비타민 C
⑤ 철 분

해설 운동선수 중에서도 월경을 하는 여자 운동선수, 급성장기의 청소년 운동선수는 철 결핍의 위험이 더 크다.

397 운동 시 에너지 대사에 대한 설명으로 옳지 않은 것은?

① 강도가 높은 운동의 경우 젖산 축적으로 인한 근육피로가 온다.
② 비타민 B군이 부족하면 지구력을 감퇴시켜 피로를 빠르게 한다.
③ 장시간 운동에 좋은 에너지원은 지방이다.
④ 단백질은 운동 시 가장 좋은 에너지원이다.
⑤ 8초 미만의 운동에는 ATP와 CP를 에너지원으로 이용한다.

해설 운동 시 에너지 대사
• 운동량이 증가함에 따라 비타민 B군의 필요량이 증가한다.
• 운동 중 에너지 생산을 위한 가장 좋은 에너지원은 당질이다.

398 운동 시 나타나는 생리적 효과에 대한 설명으로 옳지 않은 것은?

① 적혈구 생성량, 전체 혈액량, 근육의 모세혈관수가 증가한다.
② 심장근육이 강화되어 심박출량이 증가한다.
③ 근육세포 내 미토콘드리아가 증가하여 체지방으로부터 에너지 생성효율이 좋아진다.
④ 글리코겐 저장량이 증가한다.
⑤ 최대산소소비량이 감소한다.

> **해설** 운동 시 생리적 효과
> 최대산소소비량은 단위시간당 소비할 수 있는 최대산소량으로 대부분의 사람은 훈련을 통해 15~20% 정도 증가한다.

399 장시간 운동 후 섭취해야 하는 영양소는?

① 단백질   ② 지 방
③ 당 질   ④ 비타민
⑤ 무기질

> **해설** 운동 후 식사지침
> • 근육의 글리코겐이 고갈되면 경기 직후 글리코겐의 합성효소의 활성이 증가되므로 장기간 운동 후는 2시간(가능하면 20분)이내에 당질을 섭취하는 것이 좋다.
> • 이때는 글리코겐 합성속도가 운동 2~4시간 후보다 50% 정도 높다.

400 운동 시 전해질과 수분의 보충에 대한 설명으로 가장 옳은 설명은?

① 땀을 통한 칼륨의 손실은 매우 적으므로 칼륨을 보충해줄 필요는 없다.
② 땀을 흘린 뒤 소금을 보충해야 한다.
③ 극단적인 지구력을 요하는 운동 시 전해질 용액의 보충이 필요 없다.
④ 매우 오랜 시간 운동 후 물만 보충해줘도 된다.
⑤ 경기의 성과를 높이기 위해 일정량의 수분을 계속적으로 공급할 필요는 없다.

> **해설** 운동 시 전해질과 수분
> • 운동으로 인해 손실된 염분을 보충하기에 충분할 정도의 소금이 평소의 식사에 포함되어 있기 때문에 운동 시 많은 양의 땀을 흘렸다고 해서 특별히 소금을 보충할 필요가 없다.
> • 매우 오랜 시간의 운동 후 물만 마시게 되면 저나트륨혈증의 위험이 있으므로 극단적인 지구력을 요하는 운동 시 전해질 용액의 보충이 필요하다.
> • 땀을 통한 칼륨의 손실은 매우 적으므로 운동선수에게 있어 포타슘(칼륨)의 고갈이 주된 관심사는 아니다.

401 순발력을 요하는 운동선수의 경기 전날 필요한 식사요법은? 2017.02

① 고지방식
② 저지방식
③ 고탄수화물식
④ 저탄수화물식
⑤ 수분 제한

> 해설 경기 전날은 당질 섭취를 증가, 당일은 소식, 지방과 가스발생 식품의 섭취를 제한한다.

402 지속적인 저강도 운동 즉, 지구력을 요하는 장시간의 운동에 좋은 에너지원은? 2018.12

① ATP
② 글리코겐
③ 크레아틴인산
④ 포도당
⑤ 지방산

> 해설 운동 영양
> 운동의 시간 및 강도에 따라 에너지원이 달라진다. 8초 미만의 강한 운동에는 근육세포의 ATP-CP(creatine phosphate)와 젖산계 (혐기적 해당과정의 젖산), 2~4분 정도 강한 운동 시는 젖산계와 호기적 경로의 포도당과 글리코겐을, 4분 이상의 운동에는 호기적 경로의 글리코겐과 지방산을 에너지원으로 이용한다.

403 운동 중에 나타나는 체내 변화로 옳은 것은? 2019.12

① 혈당이 증가한다.
② 혈중 젖산 농도가 감소한다.
③ 근육 혈류량이 감소한다.
④ 근육 글리코겐이 감소한다.
⑤ 인슐린 분비가 증가한다.

> 해설 운동 중 체내 대사
> • 운동 중에는 교감신경이 췌장의 베타세포를 억제하기 때문에 인슐린 분비가 감소한다. 이는 근섬유 이외에 다른 세포에서 포도당을 쓰지 못하게 하는 포도당 절약작용으로 보며, 근육은 인슐린 수준이 낮아도 아무런 영향을 받지 않는다.
> • 운동량이 늘어나면 근육과 피부의 혈류량은 늘어난다. 반면 다른 장기의 혈류량은 감소하나 뇌의 혈류량은 거의 변화가 없다.
> • 운동이 지속되면 아미노산의 당신생으로 혈중 알라닌 농도가 증가하고, 근육 내 젖산 농도가 증가하며 간과 근육의 글리코겐 양이 저하되고, 혈중 유리지방산 농도가 증가된다.

영양사 1교시

영양교육,
식사요법 및
생리학
최종마무리

01 영양교육의 목적에 속하지 않는 것은?

① 국민건강을 위한 의료비용 절감
② 대상자의 영양개선
③ 식습관의 변화
④ 직업에의 의욕 촉진과 쾌적한 생활 유지
⑤ 국민의 체력향상과 함께 국가경제의 안정 도모

> 해설 영양교육의 목적
> 영양교육의 목적은 포괄적이고 광범위하며, 식습관의 변화는 세부적이고 구체적인 하위단계의 목표수준이다.

02 영양교육 지도 시 수업목표를 달성하기 위한 방안으로 가장 적절한 것은? 2018.12

① 대상자들의 태도나 행동을 변화시키는 데 있어서 중간목표 단계는 거칠 필요가 없다.
② 하나의 목표에 여러 개 효과를 나타내야 한다.
③ 목표 설정 시 문제의 크기, 심각성 등은 고려할 필요가 없다.
④ 대상자가 교육에 흥미를 갖도록 하고 이를 식생활에 실천하도록 한다.
⑤ 동기부여보다 환경개선을 통한 정책지원에 중점을 둔다.

> 해설 영양교육의 목표는 식생활과 관련된 지식, 태도와 행동의 개선을 의미하며, 특히 스스로 실천하는 행동의 변화가 가장 중심이다.
> 따라서 대상자의 영양적 요구와 흥미, 식품기호, 교육정도 등을 고려하여 설정한다.

03 현대사회에서 영양교육의 필요성이 강조되는 배경으로 관련성이 적은 것은?

① 도시화, 핵가족화, 1인 가구의 증가 및 식생활의 개인화 등 인구·사회적인 변화
② 식품이나 영양과 관련된 질병의 증가 등 현대인의 질병구조의 변화
③ 가공식품, 편의식품, 건강보조식품 등 식품산업의 발달
④ 식생활에 대한 가치관의 변화로 인한 영양결핍의 증가
⑤ 식품의 생산과 수입, 음식물쓰레기 감소 등의 국가 정책적인 측면

> 해설 영양교육의 필요성 배경
> 현대사회의 인구·사회적 변화, 질병구조의 변화, 현대인의 인성변화, 식품산업의 발달, 국가 정책적 차원 등이 영양교육이 필요한 배경이 된다.

04 우리나라 영양정책의 문제점 중 옳은 것이 모두 조합된 것은?

> 가. 국민의 영양상태 파악을 위한 기초통계가 부족하다.
> 나. 영양관계법령이 미비하여 영양사업의 실시가 어렵다.
> 다. 영양정책을 수립할 전문연구기관이 없다.
> 라. 식품정책과 영양정책이 연계되어 있지 않다.

① 가, 다 　　　　　　　　　　　② 나, 라
③ 가, 나, 라 　　　　　　　　　　④ 라
⑤ 가, 나, 다, 라

> **해설** 우리나라 영양정책의 문제점
> • 소득수준의 차이, 계층별 및 지역 간의 차이로 영양불균형과 부족현상을 보이고 있다.
> • 영양에 대한 행정체계의 각종 기초자료가 미비하다.
> • 국민영양사업을 향상시키기 위한 법적 · 제도적 장치가 미비하다.
> • 정부와 일반국민의 영양에 대한 인식이 부족하다.
> • 국민자질 향상을 위한 조기 영양관리지도 기능이 미약하다.
> • 식품정책과 영양정책이 연계되어 있지 않다.

05 영양섭취기준에 대한 설명으로 잘못된 것은?

① 한국인 영양소 섭취기준은 국민의 건강을 유지 · 증진하고 식사와 만성 질환의 위험을 감소시키며 궁극적으로 국민의 건강수명을 증진하기 위한 목적으로 설정되었다.
② 환자의 영양결핍 판정 기준으로 이용된다.
③ 권장섭취량은 평균필요량에 표준편차 또는 변이계수의 2배를 더하여 산출하였다.
④ 평균필요량은 건강한 사람들의 일일 영양소 필요량의 중앙값으로부터 산출하였다.
⑤ 충분섭취량은 영양소의 필요량을 추정하기 위한 과학적 근거가 부족할 경우, 대상 인구집단의 건강을 유지하는 데 충분한 양을 설정하였다.

> **해설** 영양섭취기준은 대다수의 건강한 사람들의 필요량을 충족시키는 단일 값으로 제시된다.

06 영양섭취기준(DRIs ; Dietary Reference Intakes)에 관한 설명 중 옳지 않은 것은?

① 필수영양소 결핍 예방을 목표로 제정되었다.
② 설정목표는 인간의 건강을 최적상태로 유지하는 것이다.
③ 대상은 건강한 사람을 기준으로 제정된 것이다.
④ 섭취기준을 평균필요량, 권장섭취량, 충분섭취량, 상한섭취량으로 제시하고 있다.
⑤ 영양소 과잉 섭취에 대한 기준을 제시했다.

> **해설** ① 이전 영양권장량이 필수영양소 결핍 예방을 목표로 제정되었다.

07 영양교육의 의의로 가장 옳은 것은?

① 영양과 건강에 대한 지식을 증가시켰다.
② 식생활에 대한 관심을 유도한다.
③ 식품조리 기술을 터득시킨다.
④ 식생활을 개선하고자 하는 태도를 변화시켜 스스로 실천하게 한다.
⑤ 건강상태를 파악하기 위한 기술을 습득시킨다.

> **해설** 영양교육의 의의
> 개인이나 집단이 적절한 식생활을 실천하는 데 필요한 모든 영양지식을 바르게 이해시켜, 학습한 지식과 기술을 식생활에서 실천하려는 태도로 변화시켜 스스로 행동에 옮기도록 하는 데 있다.

08 영양교육의 최종목표는?

① 영양섭취
② 신체발육
③ 건강증진
④ 식생활 개선
⑤ 경제적인 식생활

> **해설** 영양교육 최종목표는 질병예방과 체력향상, 즉 건강증진에 최종목표를 두고 있다.

09 영양행정의 중심기관으로 「국민영양관리법」을 소관하고 「한국인 영양소 섭취기준」을 설정하는 정부기관은?
`2020.12` `2021.12`

① 식품의약품안전처
② 보건복지부
③ 질병관리청
④ 교육부
⑤ 농림축산식품부

> **해설** 국민영양관리법은 국민의 식생활에 대한 과학적인 조사·연구를 바탕으로 체계적인 국가영양정책을 수립·시행함으로써 국민의 영양 및 건강 증진을 도모하고 삶의 질 향상에 이바지하는 것을 목적으로 하며, 보건복지부가 소관한다. 국민영양관리법에 따르면 보건복지부장관이 한국인 영양소 섭취기준을 매 5년 주기로 제·개정하여 발표 및 보급하도록 규정하고 있다.

10 우리나라 영양표시제에 대한 설명으로 옳은 것은? `2019.12`

① 영양성분은 1교환 단위에 들어있는 함량으로 표시한다.
② 1일 영양성분 기준치는 성인 남자의 1일 섭취량이다.
③ 영양성분표시와 건강정보표시가 있다.
④ 트랜스지방, 나트륨, 콜레스테롤, 식이섬유는 의무표시대상에 속한다.
⑤ 건강기능식품, 특수용도식품은 영양표시를 해야 한다.

해설 영양표시제도
- 가공식품의 영양적 특성을 일정한 기준과 방법에 따라 표현하여 제품이 가진 영양적 특성을 소비자에게 전하여 자신의 건강에 나은 제품을 선택할 수 있게 돕는 제도이다.
- 일정한 양식에 영양성분의 함량을 표시하는 '영양성분 정보'와 특정 용어를 이용하여 제품의 영양적 특성을 강조 표시하는 '영양강조표시'가 있다(영양성분표, 영양강조표시).
- 표시대상 식품은 특수영양식품 또는 건강보조식품과 영양강조표시 식품이다.
- 영양표시에 반드시 포함되어야 하는 영양소는 열량, 탄수화물, 당류, 단백질, 지방, 포화지방, 트랜스지방, 콜레스테롤, 나트륨의 총 9가지이고, 그 밖에 영양표시나 영양강조표시를 하고자하는 영양성분이 해당된다.
- '무지방', '칼슘 강화', '철 풍부'와 같은 영양강조표시를 한 식품은 반드시 영양소 함량을 함께 표시해야 한다. 그 외 식품의 영양표시는 의무사항은 아니지만 표시하는 경우에는 표시기준을 따라야 한다.

11 ○○구 보건소에 새로 부임한 영양사가 지역사회 주민들의 영양문제를 파악한 결과 1일 나트륨 섭취량이 타지역의 평균치보다 높았다. 이를 개선하기 위한 사업 계획 시 가장 먼저 착수해야 하는 것은? `2020.12`

① 나트륨 저감화를 위한 조리법 동영상을 제작 및 배포한다.
② 사업수행 후 비용에 따른 효과를 분석한다.
③ 나트륨 과다 섭취와 관련된 만성 질환에 관한 심포지엄을 개최한다.
④ 나트륨 과다 섭취 대상자를 위한 영양교육을 실시한다.
⑤ 주민대표 대상 소집단 좌담회를 통해 프로그램의 요구도를 조사한다.

해설 지역사회 영양관리체계 구축을 위한 사업
- 지역주민 영양진단 및 영양사업 요구도 조사 → 기초자료 데이터베이스 구축 및 영양감시 및 관리체계 구축 → 지역사회 조직자원망 구축 → 영양문제집단 및 지역주민 영양프로그램 개발 → 대상별 프로그램 운영 및 평가
- 영양프로그램에 대한 주민 요구도 조사 결과와 영양문제의 우선순위를 반영한 영양관리 프로그램을 개발하여 이를 시범 적용하고 프로그램 효과를 판정한다.

12 A 씨는 건강검진 결과 고도비만으로 진단을 받은 후 보건소를 방문하여 1주일 후에 시작되는 비만 관리프로그램에 등록하였다. 여러 방법을 알아본 후 A 씨가 실행한 행동은 변화단계모델 중 어디에 속하는가? `2019.12`

① 유지 단계   ② 실행 단계
③ 준비 단계   ④ 고려 단계
⑤ 고려 전 단계

해설 행동변화단계 모형
- 고려 전 단계 : 문제에 대한 인식이 부족하고 변화에 대한 의지가 없는 단계
- 고려 단계 : 자신의 행동에 문제가 있다고 인식하고 있으나 행동수정에 대한 의지가 확고하지 않은 상태로, 행동 변화에 대한 정보를 찾는 단계
- 준비 단계 : 가까운 장래에 변화하기로 결정하고 변화를 계획하는 단계
- 실행 단계 : 바람직한 행동변화를 시도했으나 아직 6개월이 되지 않은 단계
- 유지 단계 : 행동변화를 6개월 이상 지속하고 바람직한 행동을 지속적으로 강화하는 방법을 찾는 단계

13 다음 내용에서 영양사가 적용한 행동변화단계모델의 전략은? `2020.12`

> 비만 판정 후 3개월간 체중을 감량하던 최 씨는 영양사와 상담 후 간식으로 마시던 콜라 대신 저지방 우유를 마시게 되었다.

① 환경재평가   ② 자신방면
③ 대체조절   ④ 사회적 방면
⑤ 극적인 안심

해설 ③ 문제행동인 콜라 마시기를 대안적인 행동인 저지방 우유 마시기로 바꾼 대체조절에 해당한다.

행동변화의 과정
행동변화를 촉진하는 인지적 변화과정과 행위적 변화과정으로 구성된다.
- 인지적 과정 : 의식향상, 걱정해소, 자가재진단, 환경재평가, 사회규범변화
- 행위적 과정 : 자기결심, 조력관계, 강화관리, 자극조절, 대응(대체)조절
- 자아효능감(self efficacy)은 어려운 상황에 대응할 수 있는 자신감으로 다음 단계로 진보하는 변화에 특히 민감하게 반영된다.

14 어느 지역 내 영양사가 저나트륨 식단을 제공하였는데, 건강상의 효과를 확인한 다른 구성원이 이를 따라서 행동했다면 어떤 이론이 적용된 것인가? `2018.12`

① 건강신념 모델   ② 합리적 행동이론
③ 개혁확산 모델   ④ 사회학습이론
⑤ 사회인지론

해설 개혁확산 모델
- 지역사회 내에서 개혁적인 성향이 있는 구성원이 먼저 새로운 개념의 건강행위를 수용함으로써 다른 구성원이 그 효과를 확인하고 따라서 행동하도록 유도하는 모델이다.
- 새로운 아이디어나 행동이 한 사회에 빠르게 확산되기 위해서는 기술적으로 쉽고, 결과를 쉽게 관찰할 수 있고, 채택했을 때 이익이 크고, 현재의 가치관과 일치해야 한다.

15 건강과 관련된 행동은 행동을 하고자 하는 의도에 의해 결정되며, 인간은 자신이 이용할 수 있는 정보를 합리적으로 사용하는 가정에 토대를 둔다고 보고 있는 행동이론은?

① 건강신념 모델   ② 합리적 행동이론
③ 사회학습이론   ④ 개혁확산 모델
⑤ 사회적 지지이론

해설   합리적 행동이론
체중조절, 금연, 모유수유, 패스트푸드 이용 등에서의 행동을 예측하고 다양한 행동을 설명하는 데 적용되고 있다.

16 다음 사례에 적용된 계획적 행동이론의 구성 요소는?   2021.12

> 아침을 결식하는 대학생에게 아침식사를 할 수 있는 손쉬운 방법에 관한 영양교육을 실시한 결과, 학생들은 '매일 아침식사를 할 수 있는 자신감'을 가지게 되었다.

① 주관적 규범   ② 행동의도
③ 태 도   ④ 순응동기
⑤ 인지된 행동통제력

해설   계획적 행동이론
합리적 행동이론에서 발전한 좀 더 보완된 좀 더 보완된 이론으로서 행동수행에 대한 의향, 인지된 행동통제력에 따라 행동이 결정된다고 설명하는 이론이다.

17 사회인지론에서 개인의 행동변화에 보이는 반응에 따라 행동변화 실천 지속가능성이 달라지게 하는 구성 요소는 무엇인가?

① 관찰학습   ② 자아효능감
③ 강 화   ④ 관찰학습
⑤ 결과기대

해설   사회인지이론의 요소
• 사회인지론의 상호결정을 이루는 요소

환경적 요인	개인적(인지적) 요인	행동적 요인
환경, 정황, 관찰학습, 강화	인식, 자아효능감	행동 수정력, 자기조절

• 강화의 종류
– 긍정적 강화 : 행동변화를 유도하는 강화(격려나 칭찬, 포상 등)
– 부정적 강화 : 행동변화를 그치거나 과거로 돌아가게 하는 강화(야단이나 차별과는 다름)

안심Touch

18 영양사가 사회인지이론을 이용하여 독거노인을 대상으로 돼지고기 조리교육을 실시한 후 "집에서 돼지고기를 조리할 자신이 얼마나 있습니까?"라고 효과 평과와 관련한 질문을 하였다. 측정하고자 한 구성요소(개념)는?

2020.12

① 자아효능감   ② 목적의도
③ 강 화   ④ 촉 진
⑤ 환 경

> **해설** 자아효능감
> 어떤 행동을 수행할 때 개인이나 집단이 수행능력에 대해 어느 정도 자신감을 느끼고 있는지를 의미한다. 영양사가 교육 후 질문을 함으로써 개인적 요인인 자아효능감을 측정하고자 하였다.

19 영양문제를 해결하기 위해 대상 집단의 영양문제 원인 중 '식행동' 요인에 속하는 것으로 조합된 것은?

가. 식품선택 및 구매	나. 가족구성원
다. 식품소비형태	라. 운동습관

① 가, 다   ② 나, 라
③ 가, 나, 다   ④ 라
⑤ 가, 나, 다, 라

> **해설** 대상 집단의 영양문제 원인분석 요인
> • 지역사회 특성 : 사회·경제·정책·문화적인 요인, 연령, 직업, 가족구성원 등 인구사회학적 양상
> • 식행동 : 식품선택, 식품구매, 식품소비형태, 식품저장 등
> • 식품환경 : 안정성, 식품의 영양소의 질적인 측면
> • 식품 이외의 요인 : 운동습관, 질병의 유전적 소인, 국민영양조사자료, 인구동태 통계자료, 보건통계자료 등

20 지역사회의 영양사업에서 영양교육을 실시한 후 이루어지는 평가는? 2019.12   2021.12

① 자원평가   ② 내용평가
③ 방법평가   ④ 효과평가
⑤ 과정평가

> **해설** 효과평가
> • 영양교육의 평가에는 세 가지가 있는데, 영양교육에 투입된 자원에 대한 평가와 실시과정에 대한 평가, 효과에 대한 평가가 있다.
> • 과정평가는 영양교육이 실행되는 과정에 대한 평가이다. 즉 교육내용이 목적, 목표에 적합한지, 교육매체나 벙법이 대상자의 수준에 적절한지 등을 알아본다.
> • 효과평가는 계획과정에서 설정된 목표달성 여부에 대한 평가로 대상자의 영양지식, 식태도, 식행동의 변화 등을 알아본다. 영양교육 실시 전과 후, 교육 후 일정한 기간이 지난 다음에 이루어진다.

21 국민건강 · 영양조사 중 식품섭취조사의 내용으로 조합된 것은?

가. 식생활 조사	나. 식품섭취빈도 조사
다. 식품섭취량 조사	라. 식사력 조사

① 가, 다　　　　　　　　　　② 나, 라
③ 가, 나, 다　　　　　　　　④ 라
⑤ 가, 나, 다, 라

해설 국민건강 · 영양조사
• 목적 : 영양개선의 기초자료로서 국민의 건강상태, 체위향상 및 식량정책을 세우는 자료를 얻기 위해 조사한다.
• 보건복지부 총괄로 수행하여 2007년부터 매년 건강면접, 보건의식형태, 검진 및 신체계측, 식품섭취에 대해 조사하고 있다.
• 식품섭취상태를 조사하는 기간은 1일이며, 조사방법은 24시간 회상법을 사용한다.

22 국민건강 · 영양조사에서 식품 및 영양섭취 상태를 조사하는 데 해당되는 내용으로 옳은 것은?

가. 계절별 영양소 및 식품섭취량
나. 식품군별 영양소섭취량
다. 끼니별 영양소 및 식품섭취량
라. 식품군별 에너지 섭취비율

① 가, 다　　　　　　　　　　② 나, 라
③ 가, 나, 다　　　　　　　　④ 라
⑤ 가, 나, 다, 라

해설 우리나라 국민건강영양조사의 영양섭취상태 결과는 식품군별 영양소섭취량, 식품군별 에너지 섭취비율, 영양권장량에 대한 영양소 섭취비율, 영양권장량의 75% 미만, 125% 섭취하는 비율 등이 있다.

23 국민영양조사에서 측정하는 신체계측 항목으로 바르게 묶인 것은? `2019.12`

가. 가슴둘레	나. 상완위둘레
다. 엉덩이둘레	라. 허리둘레

① 가, 다　　　　　　　　　　② 나, 라
③ 가, 나, 다　　　　　　　　④ 라
⑤ 가, 나, 다, 라

해설 국민건강영양조사 제8기 1차년도(2019) 신체계측 항목
신장, 체중, 허리둘레

24 질병관리청이 국민의 건강한 삶을 위하여 담당하는 업무는? 2021.12

① 건강기능식품이력추적관리
② 어린이 기호식품의 영양성분 표시제도
③ 고열량·저영양 식품의 광고 제한
④ 국민건강영양조사
⑤ 식생활 안전지수 조사

> **해설** 국민건강영양조사
> • 국민건강영양조사는 국민의 건강 및 영양상태를 정확히 파악하여 국가건강정책을 수립하기 위해 질병관리청에서 수행하는 법정조사(국민건강증진법 제16조)이다.
> • 건강영양조사분석과 : 조사 기획 및 통계공표, 자료활용
> • 권역질병대응센터 만성질환조사과 : 조사수행 및 현장조사 질관리(2020년 9월 조사수행 업무 이관)

25 국민건강·영양조사 항목 중 성인의 보건의식 행태조사 항목으로 옳은 것은?

가. 흡연 및 음주	나. 건강검진 및 암검진
다. 비만 및 체중조절	라. 구강보건

① 가, 다
② 가, 라
③ 가, 나, 다
④ 라
⑤ 가, 나, 다, 라

> **해설** 보건의식 행태조사 항목
> 흡연, 음주, 비만 및 체중조절, 운동, 스트레스, 구강보건, 건강검진 등

26 식품의약품안전처에서 매 3년마다 주관하는 업무는? 2020.12

① 어린이 식생활 안전관리종합계획 수립
② 식생활교육 기본계획 수립
③ 국민건강증진종합계획 수립
④ 국민영양관리기본계획 수립
⑤ 국민건강영양조사 실시

> **해설** 어린이 식생활안전관리 특별법(제26조)
> • 식품의약품안전처장은 3년마다 어린이 기호식품과 단체급식 등의 안전 및 영양관리 등에 관한 어린이 식생활 안전관리종합계획을 위원회의 심의를 거쳐 수립하여야 한다.
> • 지방자치단체의 장은 종합계획을 기초로 하여 매년 어린이 식생활 안전관리시행계획을 수립·시행하여야 한다.

24 ④ 25 ⑤ 26 ① 정답

27 식품제조업체와 유통기업 및 개인으로부터 여유식품 등을 기부받아 식품과 생활용품의 부족으로 어려움을 겪고 있는 결식아동, 독거노인, 재가장애인 등 저소득계층에게 식품을 지원해 주는 민간단체 중심의 사회복지 분야 물적 자원전달체계는?

① 먹거리사랑 시민연합
② 푸드뱅크
③ 노동건강연대
④ 농촌생활연구소
⑤ 응용영양사업

> **해설** 푸드뱅크
> 결식해소를 위한 '민간사회안전망' 역할 수행과 식·생활필수품 나눔문화 확산을 통해 상시 지원 가능 전달체계 구축을 목표로 2015년 12월을 기준으로 전국적으로 437개 소의 푸드뱅크가 설치·운영 중에 있다.

28 개인 또는 지역사회의 건강상태에 영향을 받는 건강증진요소로 옳은 것의 조합은?

가. 생물학적 배경	나. 건강관리체계
다. 생활습관	라. 식품소비패턴

① 가, 다   ② 나, 라
③ 가, 나, 다   ④ 라
⑤ 가, 나, 다, 라

> **해설** 가~다 이외에 환경까지 네 가지 요소이다. 최근에는 질병발생에 생활습관을 바람직한 방향으로 이끌어가는 1차 예방을 추진하고 있다.

29 '원격 건강모니터링 시스템 구축사업'을 통해 의료취약계층과 만성질환자 등을 대상으로 원격진료와 방문간호, 재택 건강관리 등의 보건의료 서비스는 무엇인가?

① 보강영양사업   ② 영양강화사업
③ U-health   ④ 더블영양사업
⑤ 영양플러스사업

> **해설** U-health(Ubiquitous healthcare)
> 의료 서비스의 접근성 및 편리성을 향상하기 위해 생체정보측정센서, 동작감지센서, 무선통신기술 등 최근 기술을 활용하여 의료취약계층 해소, 의료서비스 수준 향상, 사회적 안전망 확충 등 사용자 중심의 공공의료 서비스를 중점적으로 추진·확대하고 있다.

30 영양교육 대상자의 진단과정에 포함되어야 하는 내용으로 조합된 것은?

> 가. 실태파악
> 나. 영양문제 발견
> 다. 영양문제의 원인과 관련요인들 분석
> 라. 영양교육 평가보고서 예시

① 가, 다   ② 나, 라

③ 가, 나, 다   ④ 라

⑤ 가, 나, 다, 라

해설 영양교육 실시과정 – 진단
- 대상의 진단 → 계획 → 실행 → 평가 순으로 진행하며, 평가의 결과를 피드백하여 보다 좋은 계획을 수립하여 효과적인 영양교육이 되게 한다.
- 진단과정 중 영양문제를 알아보기 위한 실태파악 방법 : 식품섭취실태조사, 신체계측, 생화학적 조사, 임상진단

31 지역사회영양프로그램으로 우선 선정해야 할 영양문제로 가장 적합한 것은? 2019.12

① 경제적 손실이 큰 문제
② 개선 가능성이 적은 문제
③ 심각성이 적은 문제
④ 희귀한 문제
⑤ 주변의 관심도가 낮은 문제

해설 영양문제의 선정
- 영양문제들의 우선순위를 정하여 가장 시급한 문제를 선정한다.
- 우선순위를 선정하는 방법
  - 영양문제의 크기 : 공통적 흔한 정도, 발생빈도, 이환율
  - 영양문제의 심각성 : 긴급성, 심각성, 경제적인 손실 등을 고려하며 영향이 가장 큰 문제 우선
  - 영양교육의 효과성 : 예방, 개선의 가능성이 많은 문제, 효과가 가장 큰 문제
  - 정책적인 지원 : 정부 공공기관의 지원, 법규, 타당성, 수용성, 자원 이용도 고려

32 지역사회의 보건사업으로 다음의 목표를 실행하고자 할 때, 다음의 영양프로그램 목표의 종류는? 2020.12

> 2022년까지 지역 내 생후 6~59개월 영유아의 빈혈 유병률을 현재보다 13% 낮추기

① 활용 목표   ② 결과 목표
③ 과정 목표   ④ 구조 목표
⑤ 변화 목표

해설   결과 목표(Outcome objective)
영양 프로그램으로 도달하고자 하는 최종 목표로 구체적이고 타당하게 설정되어야 한다.

33 영양교육 내용이 목적·목표에 적합한지, 교육 매체나 방법이 대상자의 수준에 적절한지 등을 알아보는 단계는? 2018.12

① 대상의 진단   ② 과정평가
③ 실 행   ④ 계 획
⑤ 효과평가

해설   과정평가
• 영양교육의 과정평가는 영양교육이 실행되는 과정에 대한 평가로 교육내용이 목적, 목표에 적합한지, 교육매체나 방법이 대상자의 수준에 적절하지 등을 알아보는 것이다.
• 교육내용이 너무 전문적이어서 대상자가 이해하는 데 어려움이 있는지 파악한다.
• 영양교육이 계획대로 진행되고 있는지 자료를 수집하여 평가한다.

34 프로그램의 평가지표 중 측정하고자 하는 것을 일관성 있게 정확하게 측정했는가의 정도를 나타내는 개념은? 2018.12

① 타당도   ② 적용가능성
③ 신뢰도   ④ 수용가능성
⑤ 실용성

해설   프로그램의 평가지표 중 같은 대상자에게 동일한 절차를 통한 평가를 반복적으로 적용했을 때 매번 같은 결과를 가져오는 정도를 나타낸다. 따라서 평가지표의 신뢰도는 일관성·반복성·일치성으로 나타나며, 얼마나 정확하게 오차 없이 측정하고 평가하느냐를 나타낸다.

35 영양교육을 실시한 후, 그 효과를 측정할 때 비교적 장시간에 걸쳐 측정할 수 있는 방법의 조합은?

가. 신체 발육상의 변화
나. 식품 섭취상의 변화
다. 건강상태의 변화
라. 영양교육의 참가횟수 변화

---

① 가, 다   ② 나, 라
③ 가, 나, 다   ④ 라
⑤ 가, 나, 다, 라

> **해설** 영양교육 효과판정
> • 영양교육의 효과는 장기간에 걸쳐 나타나며 1차적 효과판정과 2차적 효과판정으로 나뉘어 실시한다.
> • 1차적(직접적) 효과판정 : 면접, 질문지 등에 의한 의견이나 태도조사에 의한 판정으로는 식품섭취 시의 변화, 영양교육의 참가횟수 변화 등이 있으며, 수량적 성과 판정이 어렵다.
> • 2차적 효과판정 : 1차적 효과판정 후 장기간에 걸쳐 식생활의 실천이 이루어졌는가 하는 판정으로 신체발육, 건강상태 변화와 같이 판정 결과를 어느 정도 수량화할 수 있다.

36 영양교육 실시의 일반원칙을 순서대로 나열한 것은?

① 실태파악 → 문제의 발견·진단 → 구체적인 교육실행과 평가 계획 → 실행 → 효과평가
② 실태파악 → 문제의 발견·진단 → 구체적인 교육실행과 평가 계획 → 효과평가 → 실행
③ 실태파악 → 문제의 발견·진단 → 실행 → 구제적인 교육실행과 평가 계획 → 효과평가
④ 문제의 발견·진단 → 실태파악 → 구체적인 교육실행과 평가 계획 → 실행 → 효과평가
⑤ 문제의 발견·진단 → 실태파악 → 실행 → 구제적인 교육실행과 평가 계획 → 효과평가

> **해설** 영양교육 실시과정
> 교육대상자의 실태파악(대상자의 현재 영양상태를 명확하게 진단) → 문제의 발견·진단(식품섭취실태조사, 영양진단 및 신체계측, 생화학적인 조사, 임상조사 등) → 구체적인 교육실행과 평가 계획(교육의 목표와 수단, 매체 검토, 구체적인 교육실행과 평가를 계획) → 실행(융통성과 관리능력 요구) → 효과평가(효율성, 효과성, 매력성, 경제성 등 평가)

37 영양교육 효과평가에 대한 설명으로 옳은 것은? 2018.12

① 교육매체나 방법이 대상자의 수준에 적절한지를 평가한다.
② 영양교육이 실행되는 과정에 대한 평가이다.
③ 교육이 계획대로 진행되고 있는지 여러 자료를 수집하여 평가하는 방법이다.
④ 교육내용이 목적과 목표에 적합한지를 평가한다.
⑤ 교육 후 대상자의 영양지식, 식태도, 식행동의 변화를 알아본다.

해설 영양교육의 효과평가
• 영양교육의 효과평가는 목표 및 목적의 달성 여부를 확인하는 것이다.
• 영양교육 실시 전과 후, 그리고 교육 후 일정한 기간이 지난 다음에 영양교육에 투입된 자원에 대한 평가와 실시과정에 대한 평가가 이루어진다.
• 평가결과를 교육 대상자에게 알려주면 대상자는 자신의 변화 정도를 평가하고 교육의 효과를 깨닫게 되고, 교육에 적극적으로 협력하게 된다.
• 평가의 실시 교육실시 전에 대상자의 지식, 태도, 행동 및 건강상태 수준을 파악한 다음, 교육실시 후에 다시 수준을 조사하여 비교해 봄으로써 시행된다.

38 영양교육매체의 체계적인 개발과 효율적인 활용을 위한 절차를 위해 고안된 것은 ASSURE 모형이다. 이 모형의 6단계를 순서대로 나타낸 것은?

① 교육대상자의 특성 분석 – 교육목표의 설정 – 매체 선정 및 제작 – 매체의 활용 – 대상자의 반응 확인 – 평가
② 교육대상자의 특성 분석 – 대상자의 반응 확인 – 교육목표의 설정 – 매체 선정 및 제작 – 매체의 활용 – 평가
③ 대상자의 반응 확인 – 교육목표의 설정 – 교육대상자의 특성 분석 – 매체 선정 및 제작 – 매체의 활용 – 평가
④ 교육목표의 설정 – 교육대상자의 특성 분석 – 매체 선정 및 제작 – 매체의 활용 - 평가 – 대상자의 반응 확인
⑤ 교육목표의 설정 – 교육대상자의 특성 분석 – 매체 선정 및 제작 – 매체의 활용 – 대상자의 반응 확인 – 평가

해설 ASSURE 모형
• 교육대상자의 특성 분석 – 교육목표의 설정 – 매체 선정 및 제작 – 매체의 활용 – 대상자의 반응 확인 – 평가
• 각 단계 상호연관 속에 교육효과를 최대화하는 방향으로 실행되어야 한다.

39 영양교육방법의 유형에 대한 설명으로 옳지 않은 것은?

① 개인형 교육방법은 교육자와 대상자가 긴밀히 상호작용을 하면서 정보를 교환하는 형태이다.

② 강의형 교육방법은 교육자가 다수의 대상자들에게 동시에 정보를 전달하므로 능률적이며 개인형 교육방법에 비해 효과가 다소 떨어진다.

③ 토의형 교육방법은 교육대상자들 간의 상호작용을 통하여 정보와 의견을 교환하고 결론을 이끌어내는 형태이다.

④ 실험형 교육방법은 교육대상자가 주어진 교육 자료를 토대로 하여 스스로 배우는 형태이다.

⑤ 독립형 교육방법은 교육자의 지시나 전문가에 의해 개발된 교육자료 없이 대상자가 혼자서 정보를 얻는 방법이다.

> **해설** 영양교육방법의 유형
> 독립형 교육방법은 교육대상자가 교육자의 직접적인 도움을 받지 않고 정보를 얻게 되는 형태로서 이때 대상자는 전문가에 의해 상호작용이 가능하도록 개발된 컴퓨터 프로그램 등의 교육 자료를 활용하게 된다.

40 영양교육자가 갖춰야 할 자질로 옳은 것을 모두 고른 것은?

> 가. 성실한 태도로 안정감과 신뢰감을 주어야 한다.
> 나. 객관성과 인내력을 갖고 감정을 수용해야 한다.
> 다. 영양문제를 해결할 때에는 교육대상자의 입장보다는 교육자의 뚜렷한 주관을 가지고 추진하는 것이 좋다.
> 라. 영양개선 활동에 대한 흥미와 열의가 있어야 하며 인내력을 갖고 일을 추진해야 한다.

① 가, 나　　　　　　　　　② 가, 나, 다
③ 가, 나, 라　　　　　　　④ 라
⑤ 가, 나, 다, 라

> **해설** 영양교육을 실시할 때에는 교육자의 뚜렷한 주관보다는 대상자의 입장을 중심으로 이해하며 공감해야 한다. 또한 대상자의 표정, 태도 등을 파악하여 충고나 지시는 삼가는 것이 좋다.

41 가정방문 지도에 대한 설명으로 옳지 않은 것은?

① 영양문제가 있는 본인을 교육해야 한다.

② 영양교육자가 교육대상의 가정을 방문해 개별적인 영양상담을 한다.

③ 교육대상자의 생활환경을 직접 보고 파악할 수 있어서 개인의 특성에 따른 상담이 이루어진다.

④ 교육자의 시간, 경비, 노력이 많이 요구되므로 지역사회의 모든 가정을 방문할 수는 없다.

⑤ 특별한 영양문제를 가지고 있는 가정을 대상으로 지도하는 호별지도이다.

> **해설** 노인이나 환자인 경우는 주부 또는 식생활 관리자에게 교육하도록 해야 한다.

39 ⑤　40 ③　41 ①　정답

42 10~20명 정도의 같은 수준의 동격자들이 참가하여 1회에 2~3시간 정도의 토의시간을 가지고 토의주제와 관련된 각자의 체험이나 의견을 발표한 후 좌장이 전체의견을 종합하는 영양교육 방법은?

① 강의식 토의법
② 원탁식 토의법(좌담회)
③ 배석식 토의법
④ 강단식 토의법
⑤ 분단식 토의법

> **해설** 원탁식 토의법(좌담회)
> 좌담회라고도 하는데, 토의의 기본형식으로 교육이나 지식수준 또는 토의 주제나 내용에 대한 관심도가 비슷한 동격자들이 10~20명 정도 참가하는 방식이다. 참가자 전원이 발언하며 공동의 문제를 해결하는 것이 특징이다. 진행자의 진행이 중요하므로 중간에 적당히 끊어서 결론을 내리면서 진행한다.

43 좌담회에서 좌장이 회의를 진행할 때 유념할 사항이 아닌 것은?

① 처음부터 결론적인 해설을 하지 않는다.
② 참가자 전원에게 골고루 발언할 수 있는 기회를 제공한다.
③ 즐거운 분위기가 되도록 한다.
④ 사전에 토의 논제에 대해 충분히 숙지한다.
⑤ 발언하는 순서는 앉은 순서대로 한다.

> **해설** 한 사람이 말을 독점하지 않도록 하고 참가자 전원이 고루 발언할 수 있도록 하며, 발언은 지그재그나 별표 모양으로 순서를 지명해야 한다.

44 집단지도의 토의방법 중 참가자가 많을 때 제한된 시간 내에 전체의 의견을 수렴하는 방법의 토의는?

① 두뇌충격법
② 공론식 토의법
③ 강연식 토의법
④ 6 · 6 토의법
⑤ 분단식 토의법

> **해설** 6 · 6 토의법
> 6 · 6 토의법은 6명이 한 그룹이 되어 1명이 1분씩 6분간 토의하여 종합하는 방식이다. 주로 2가지 의견에 대해 찬 · 반에 대한 의견을 물을 때 많이 사용한다.

45 식품영양 분야의 수준 높은 전문가들이 소규모로 모여 현장의 영양교육에 대한 서로의 경험과 연구 내용을 발표하고 토의하는 집단지도 교육 방식은? `2017.02` `2019.12`

① 연구집회
② 강의식 토의
③ 6·6식 토의
④ 시범교수법
⑤ 브레인스토밍

> **해설** 연구집회
> 수준이 높은 전문가들이 모여서 특정주제에 관한 연구나 경험이 많은 2~3명 연사로부터 연구결과나 사례발표를 들은 후 서로 토의하여 문제를 해결하는 것이다.

46 임신부들에게 빈혈개선 식단을 작성하는 방법을 단계적으로 교육시키고, 실제로 조리를 해 보이면서 설명을 하는 영양교육 방식은?

① 방법시범 교수법
② 결과시범 교수법
③ 심포지엄
④ 역할연기법
⑤ 강연식 토의법

> **해설** 방법시범 교수법(시연)
> 참가자들의 이해 여부를 확인하면서 정확하게 단계적으로 교육을 실시하는 방법이다.

47 지역사회 주민들이 식생활 개선을 통하여 영양문제를 해결해 나가는 과정이나 경험을 하나의 사례로 제시하면서 설명함으로써 참가자들의 행동방향을 유도하는 영양교육 방법은?

① 방법시범 교수법
② 결과시범 교수법
③ 연구집회
④ 시뮬레이션
⑤ 역할연기법

> **해설** 결과시범 교수법
> 교육지도자나 지역사회 주민 등의 실제 활동, 경험담 등을 보여주고 설명하면서 토의하는 방법이다. 일종의 사례 연구로서 성공한 활동에 대해서는 참가자들의 문제와 비교해가면서 그 과정이나 방법 등을 배우고, 실패한 결과에 대해서는 그 원인을 파악하여 단점을 보완한다.

48 채소를 편식하는 어린이들에게 실행할 수 있는 효과적인 영양교육은? `2018.12` `2021.12`

① 각종 채소의 영양성분을 자료로 보여준다.
② 채소에 대한 책을 보여준다.
③ 채소와 친근해지도록 텃밭 가꾸기 등 직접 체험할 수 있도록 한다.
④ 햄에 함유된 식품첨가물을 알아본다.
⑤ 과일 및 채소가 나오는 만화영화를 보여준다.

> **해설** 채소 편식 어린이 – 영양교육
> 텃밭 가꾸기 등 체험식 영양교육을 통해 채소 편식을 바로잡고 건강한 식습관을 기르도록 한다(예 직접 채소 심어보기, 채소의 모양·색·감촉 등 알아보고 공부하기, 자신이 심은 채소 수확 및 먹어보기).

49 유아교육기관이나 초등학교 저학년 어린이들을 대상으로 20~25명 정도 중간 규모의 집단에 대해 사용할 수 있는 가장 적합한 영양교육방법은?

① 견 학
② 시뮬레이션
③ 동물사육실험
④ 인형극
⑤ 역할연기법

> **해설** 유아교육기관이나 초등학교 저학년 어린이들을 대상으로 20~25명 정도 집단에 대해 사용하는 영양교육방법은 인형극, 즉 직접 시청하게 함으로써 흥미를 끌 수 있어야 한다.

50 청중 중에서 4~8명의 강사를 등단시켜 전문가들이 특정안에 대해 토의한 후 청중들과 다시 질의 응답하는 토의방법은?

① 강단식 토의법
② 강연식 토의법
③ 원탁식 토의법
④ 공론식 토의법
⑤ 배석식 토의법

> **해설** 배석식 토의법
> 전문가들 간의 좌담식 토의를 내용으로 하여 사회자, 전문가, 참가자가 실시하는 대중토의이다. 강사 또는 전문가(Panel) 간의 토의시간은 20~30분 정도로 하고, 사회자가 청중의 발언에 따라서 강사와 청중 사이에 10~15분 정도 다시 토의한다. 일반 청중도 토론에 참여함으로써 어느 개인의 주장에 치우치지 않도록 할 수 있다.

51 고등학교 영양사가 교내 여학생들을 대상으로 비만과 관련한 설문조사를 하였다. 대다수의 학생들이 신장 168cm 에 체중 51kg(BMI 18.1kg/m^2)인 학우의 체중이 많이 나간다고 생각한다면 학생들에게 우선적으로 필요한 영양교육 내용은? 2020.12

① 올바른 체형인식
② 저칼로리 외식메뉴 선택법
③ 체중감량을 위한 식사요법
④ 요요방지를 위한 행동수정요법
⑤ 체중감량을 위한 적절한 운동요법 및 환경 만들기

해설 우선적으로 체질량 지수 기준 제시를 통해 올바른 체형을 인식하도록 한다.

52 영양문제 해결을 위해 참가자 전원이 자유롭게 다양한 의견을 제시하고, 아이디어를 취합, 수정, 보완하여 그 가운데에서 좋은 아이디어를 찾아내는 방법은? 2020.12

① 패널 토의(panel discussion)
② 강연식 토의법(lecture forum)
③ 심포지엄(symposium)
④ 워크숍(workshop)
⑤ 브레인스토밍(brainstorming)

해설 브레인스토밍(brainstorming)
여러 사람이 모여 어떤 문제 해결을 위한 다양한 아이디어를 자유롭게 제시하고 이러한 아이디어들을 취합, 수정, 보완하여 독창적인 아이디어를 얻는 방법이다.

53 식품과 영양에 관한 정보를 일시에 많은 대중에게 전달할 수 있으나 교육효과를 확인할 수 없는 교육매체는?

① 라디오   ② 벽 보
③ 유인물   ④ 소책자
⑤ 융판그림

해설 대중매체인 영화, 라디오, 신문, TV 등은 신속성, 대량정보 전달효과를 가지고 있지만 대상이 불특정다수이므로 교육효과를 확인, 판정할 수 없다.

54 입체매체에 대한 설명으로 옳은 것들의 조합은?

> 가. 실물은 계절적으로 구입에 제한이 있고 부서지기 쉬운 단점이 있지만 가장 직접적이고 효과적인 시각교육자료이다.
> 나. 식품 및 음식의 모형은 다루기 수월하고 계절이나 장소에 관계없이 교육의 보조자료가 될 수 있다.
> 다. 표본은 실물로 보기 어려운 것을 수집하여 교육상 편의를 위해 장기간 보관할 수 있다.
> 라. 디오라마는 드라마의 배경을 실물과 같은 크기로 입체적으로 제작한 것으로 제작비의 부담이 크고 실제상황을 재현하기 어렵다.

① 가, 다　　　　　　　　　　　② 나, 라
③ 가, 나, 다　　　　　　　　　　④ 라
⑤ 가, 나, 다, 라

> 해설　디오라마는 전시자료의 일종으로 실제 장면과 사물을 축소하여 입체감 있게 제시한 것으로 실제 상황을 재현하므로 강한 현실감을 줄 수 있는 방법이다.

55 모형의 특징으로 옳지 않은 것은?

① 실물이나 표본으로 교육하는 것이 어려울 때 이용한다.
② 원형 그대로 알맞은 크기로 만들어 놓은 것이다.
③ 제작비가 비싸지만 한 번 제작하면 오랫동안 사용할 수 있다.
④ 식품 및 음식의 모형은 실물과 같은 촉감, 냄새 또는 맛을 느낄 수 없는 단점이 있다.
⑤ 금속, 진흙, 파라핀, 석고 등을 이용해 만들지 않는다.

> 해설　식품 및 음식의 모형은 나무, 금속, 진흙, 파라핀, 석고, 플라스틱 등을 이용해 만든다.

56 A 중학교에서 학생들의 식습관을 개선시키고, 잔반량을 줄이기 위해 학년별 각 반의 잔반량에 대한 통계 결과를 제시하기로 하였다. 각 학년에서 학급 비교를 위해서 어떤 도표를 이용하는 것이 적당한가?

① 막대도표
② 점도표
③ 원도표
④ 다각형도표
⑤ 그림도표

> 해설　통계량이 연속적인 사항이 아닐 때, 즉 학급별로 나타낼 때는 막대도표가 적당하다.

57 초등학생들에게 건강한 식생활에 관한 내용으로 영양교육을 한다. 탄수화물, 지방, 단백질의 열량 조성비를 설명하기 위한 교재로서 가장 적합한 것은?

① 막대그래프
② Pie도표
③ 도수분포표
④ 점도표
⑤ 입체도표

해설   Pie도표는 원을 분할하여 전체에 대한 각 부분의 비율을 백분율로 나타내는 것으로, 영양소의 열량 조성비를 나타낼 때 적합하다.

58 당뇨병 환자에게 식품교환법에 대한 교육을 실시하는 데 식품모형을 사용하는 이유가 아닌 것은?

① 실제상황과 거의 비슷한 효과를 낼 수 있으며 정확한 검사나 진단이 쉽다.
② 단면화 또는 복잡한 내용을 확대해서 볼 수 있고, 구조나 기능 시범을 볼 수 있다.
③ 대상자가 완전히 실기에 익숙해질 때까지 반복해서 할 수 있다.
④ 교육목적에 맞는 자료로 영양사 자신이 제작할 수 있다.
⑤ 계절적으로 구하기 어렵거나 휴대가 불편할 수 있다.

해설   실물은 계절적으로 구하기 어렵거나 불편하고 부서지기 쉬워서 실용성이 부족하다는 단점이 있는데 이를 보완하여 오래 보관할 수 있고 실물의 직접적인 경험을 대신해 줄 수 있는 대용물이 식품모형이다.

59 유인물(leaflet)을 영양교육을 위한 자료로 사용할 때의 유의점으로 옳지 않은 것은?

① 영양 지도용으로 가장 많이 사용한다.
② 간단한 그림을 넣어 설명한다.
③ 내용을 대상에 맞추어 만든다.
④ 나타내고 싶은 내용을 명확하게 설명한다.
⑤ 특히 색채감을 살려 3m 거리에서도 읽을 수 있어야 한다.

해설   유인물보다는 팸플릿이나 포스터에서 색채감을 살리며, 벽보의 경우 수 m 거리에서도 읽을 수 있도록 제작한다. 유인물은 영양 지도용 인쇄매체로 가장 많이 사용되며, 시선을 끌도록 간결하고 명확하게 설명해서 요점을 기억하는 데 도움이 되도록 작성해야 한다.

60 상담결과에 영향을 미치는 요인 중 스스로 문제의 심각성을 인식하는 요인과 같은 범주에 속하는 것은? 2018.12

① 성격측면의 상호유연성
② 경험과 숙련성
③ 내담자에 대한 호감도
④ 지적능력
⑤ 상담에 대한 동기

해설　영양상담 결과에 영향을 미치는 요인
- 내담자 요인 : 상담에 대한 기대, 문제의 심각성, 상담에 대한 동기, 지능, 자발적인 참여도, 정서 상태, 방어적 태도, 자아강도, 사회적 성취수준과 과거의 상담 경험 등
- 상담자 요인 : 상담자의 경험과 숙련성, 성격, 지적증력, 내담자에 대한 호감도 등
- 내담자와 상담자 간의 상호작용 : 성격적인 측면의 상호유연성, 공동협력, 의사소통 양식 등

61 내담자 중심의 상담요법에서 성공적으로 영양문제를 해결할 수 있는 요건은? 2021.12

① 내담자의 가정환경
② 상담자의 신념
③ 상담자의 가치관
④ 상담자 의견의 적극적 반영
⑤ 내담자와 상담자 간의 친밀함

해설　내담자 중심의 상담요법은 내담자가 느끼는 생각, 의견 등을 상담에 충분히 반영하며 내담자 스스로 문제해결 능력을 키우도록 심리적 분위기를 만들어 강한 신뢰를 바탕으로 한 친밀관계를 조성하는 것이 중요하다.

62 개인 영양상담을 위한 효율적인 의사소통 방법으로 옳은 것은?

① 내담자가 부담을 느끼지 않도록 관심을 덜 준다.
② 내담자의 말과 행동을 상담자가 부연해 줌으로써 내담자가 이해받고 있다는 느낌이 들도록 한다.
③ 내담자가 애매모호하거나 깨닫지 못하는 내용은 굳이 설명하지 않는다.
④ 대화에 참여를 유도하기 위해 개방형 질문만 한다.
⑤ 명백한 사실만을 요구하도록 폐쇄형 질문만 한다.

해설　개인 영양상담
- 수용 : 내담자에게 지속적으로 시선을 주어 관심을 표현한다.
- 반영 : 내담자의 말과 행동(감정, 생각, 태도)을 상담자가 부연해 줌으로써 내담자가 이해받고 있다는 느낌이 들도록 한다.
- 명료성 : 내담자가 애매모호하거나 깨닫지 못하는 내용을 상담자가 명확하게 표현해 줌으로써 상담의 신뢰성을 주어야 한다.
- 질문 : 적절한 질문을 통해 내담자를 깊이 이해해야 한다. 개방형 질문을 통해 심리적인 부담 없이 자기의 문제점을 드러내도록 유도하며, 폐쇄형 질문을 통해 신속히 질문한 사항에 대한 답변을 얻는다.

63 영양상담에 대한 질문 중 개방형 질문인 것을 모두 고른 것은?

> 가. 아침식사는 무엇으로 했는지 말해줄래요?
> 나. 건강보조식품을 드시나요?
> 다. 환절기 때 감기는 자주 걸리나요?
> 라. 간식으로 어떤 걸 주로 드시는지 말해줄래요?

① 가, 나　　　　　　　　　　　② 가, 다
③ 가, 다　　　　　　　　　　　④ 가, 라
⑤ 가, 나, 다, 라

> 해설　영양상담의 질문 방법
> • 개방형 질문 : 내담자의 관점, 의견, 사고, 감정까지 끌어내 친밀감을 형성할 수 있고, 대화에 참여를 유도함으로써 심리적인 부담 없이 자신의 문제점을 드러내도록 한다.
> • 폐쇄형 질문 : 신속히 질문한 사항에 대해 정확한 답변을 얻을 수 있지만 명백한 사실만을 요구하여 진행이 정지되기 쉽다.

64 다음의 영양상담 내용의 일부를 통해 알 수 있는 영양사의 상담 기술은? `2020.12`

> 최 씨 : 선생님, 어제 친구들이 저보고 살이 더 찐 것 같다고 놀려서 속상해서 눈물이 났어요.
> 영양사 : 살이 더 쪘다고 놀리다니 친구들이 미우셨겠어요.

① 질 문　　　　　　　　　　　② 설 명
③ 수 용　　　　　　　　　　　④ 요 약
⑤ 반 영

> 해설　내담자의 말과 행동을 상담자가 부연해 줌으로써 내담자가 이해받고 있다는 느낌이 들도록 한다.

65 우리나라에서 응용영양사업을 주관하는 곳은?

① 농촌진흥청　　　　　　　　　② 농림축산식품부 농림정책국
③ 교육부 학생건강안전과　　　　④ 보건복지부 영양담당관실
⑤ 행정자치부 지역발전과

> 해설　농촌진흥청
> 농촌진흥법에 근거하여 농촌진흥청 지도국 생활개선과에서는 1968년부터 농촌의 영양수준 향상을 위한 응용영양사업을 전개하고 있다.

66 UN기구 중 식품과 영양에 관련성이 많은 사업을 하는 기관으로 조합된 것은?

가. WHO	나. AID
다. FAO	라. WTO

① 가, 나, 다   ② 가, 다

③ 나, 라   ④ 라

⑤ 가, 나, 다, 라

> **해설** 영양관련 사업 기관
> - WHO : 세계보건기구(World Health Organization)
> - AID : 국제개발처(Agency for International Development)
> - FAO : 식량농업기구(Food and Agriculture Organization)
> - WTO : 세계무역기구(World Trade Organization)

67 다음 중 보건소 영양사의 업무로 옳은 것은? `2019.12`

① 식품영양 관련 정책 개발

② 금연클리닉 운영 및 구강검진

③ 비만아동을 위한 건강캠프 운영

④ 임상영양 자문 및 연구

⑤ 식품위생감시원 관리

> **해설** 보건소 영양사 업무
> - 보건영양사는 지역 주민의 영양상태를 판정하고 문제점을 개선해 나가기 위한 계획을 세우고 주민을 대상으로 영양교육 및 상담 역할을 수행한다.
> - 건강캠프 운영 역시 영양교육의 일종으로 볼 수 있다.

68 지역사회 주민의 생애주기별 영양교육, 대사증후군 관리를 위한 식사 교육을 비롯해 맞춤형 방문건강관리와 같은 영양사업을 수행하는 사람은? `2020.12`

① 중학교 영양(교)사   ② 보건소 영양사

③ 병원 임상영양사   ④ 요양기관 영양사

⑤ 산업체 영양사

> **해설** 보건소에서 일하는 영양사는 지역사회 주민의 질병예방 및 건강증진을 위한 영양개선사업을 수행한다.

69 영양교육 학습목표에 대한 진술방식이 올바르게 작성된 것은?

① 식품교환표의 식품군을 알도록 한다.
② 비타민의 체내 기능을 이해한다.
③ 1인 가구의 식생활 문제에 관해 토론한다.
④ 식품구성자전거의 식품군을 열거한다.
⑤ 당뇨병의 식사요법을 설명하고, 이를 실생활에 적용한다.

해설 학습목표 진술방식
• 영양교육 시 학습목표 진술의 필요성 : 학습자 자신이 자기 수업계획을 세우게 되어 학습효과를 높일 수 있다.
• 영양교육 대상자에게 예상되는 구체적인 변화에 대한 행동을 구체적으로 제시하며 한 가지 목표에 한 가지 성과만을 진술한다.

70 영양교육의 교수 · 학습 과정안에 대한 평가 내용으로 옳은 것은?

① 주제에 적합한 학습목표를 제시하였는지, 학습목표 진술방식에 맞게 진술하였는지 평가한다.
② 교수 · 학습 과정안 평가는 수업 후 학습자가 스스로 하는 것이 가장 효과적이다.
③ 동기유발 계획이나 학생활동에 대한 구체적인 전략보다 교수의 전문적인 지식을 더 중요하게 평가하는 것이 좋다.
④ 학습목표를 달성하기 위해 학생 수준보다 높은 내용으로 선정하도록 평가한다.
⑤ 도입, 정리, 평가, 전개의 순서대로 진행하여 학습효과를 높이는지 평가한다.

해설 교수 · 학습 과정안 평가
교수 · 학습 과정의 평가계획은 학습 목표의 도달 정도를 측정하는 내용으로 평가 문항을 두세 개 정도의 의문문으로 제시한다.

71 비만 중년 남성을 대상으로 영양교육을 실시할 때 체중조절을 위해 동기를 부여할 수 있는 교육내용은?

2020.12

① 영양표시정보를 활용하는 방법
② 식사일기를 작성하는 방법
③ 비만으로 인해 야기되는 건강 위험
④ 칼로리를 낮추기 위한 조리법
⑤ 칼로리가 낮은 후식을 선택하는 방법

해설 동기 부여를 위해 비만으로 생겨날 수 있는 여러 가지 성인병 등 건강 위험에 대해 충분히 설명해주는 것이 좋다.

69 ④ 70 ① 71 ③ 정답

72 영양사가 비만 청소년들을 대상으로 비만에 대한 교육을 실시하고자 교수학습과정안을 작성하였다. 표준체중, 비만도 및 하루 소비 에너지를 계산하는 실습을 수행하는 단계는? 2020.12

① 도 입
② 전 개
③ 정 리
④ 평 가
⑤ 종 결

해설 전개 단계에서는 실제적인 학습활동을 한다.

73 연령별로 영양교육을 실시할 경우 적합하지 않은 것은? 2018.12

① 임신부들에게 영양필요량에 따른 관리법과 살 빼는 방법을 지도한다.
② 근로계층인 청년기, 중·장년기는 암·뇌혈관질환 등 주요 만성 질환의 발현시기이므로 만성 질환의 관리와 예방을 위한 교육을 한다.
③ 어린이들을 대상으로 패스트푸드의 유해성과 균형식 선택법을 지도한다.
④ 노인들을 대상으로 만성질환자의 영양관리법을 지도한다.
⑤ 청소년들에게 과중한 학업에 따른 영양보충법을 지도한다.

해설 노인들을 대상으로 노인성 질환에 대한 이해와 영양관리를 위한 교육을 한다. 만성 질환은 근로계층인 청년기, 중·장년기를 대상으로 미리 교육하여 예방하는 것이 좋다.

74 아동을 위한 식습관 지도방법 및 내용으로 적합한 것들의 조합은?

> 가. 지도내용은 일관성이 있어야 한다.
> 나. 가족의 현재 식습관에 맞추도록 지도한다.
> 다. 아동의 성장과 발육에 맞추어야 한다.
> 라. 음식을 먹는 방법은 따로 지도하지 않아도 된다.

① 가, 다
② 나, 라
③ 가, 나, 다
④ 라
⑤ 가, 나, 다, 라

해설 아동의 영양교육
아동의 식습관은 교육을 통해 교정될 수 있다. 그러므로 지도내용은 일관성이 있어야 하고, 아동의 발육상태에 맞춰야 하며, 주로 편식교정, 식사법, 위생 등을 교육할 수 있다.

75 성인기의 당뇨병 영양교육 내용으로 가장 적절한 것은?

① 체중조절을 위해 급격한 칼로리 제한을 한다.
② 당뇨병에 좋은 보리밥은 수시로 제한 없이 많은 양을 섭취한다.
③ 질병의 원인은 선천적으로 인슐린의 분비가 부족하기 때문이다.
④ 설탕의 섭취를 전적으로 금지한다.
⑤ 인슐린과 체내 에너지 평형에 대해 설명한다.

해설 당뇨병의 영양지도
당뇨병에서 에너지의 과잉 섭취는 가장 위험하므로 공복감을 느껴도 하루의 필요량을 꼭 지키도록 해야 한다. 당질성 식품 중 소화속도가 빠른 설탕, 포도당, 과당 등은 혈당치를 상승시키게 되므로 제한하지만 전적으로 금지하는 것은 어렵다.

76 임신부와 영양상담을 할 때 조사하지 않아도 무방한 것은?

① 영양지식 정도
② 신체둘레
③ 약물복용 정도
④ 임신하기 전 체중
⑤ 식품기호도의 변화

해설 임신부의 각 부위 신체둘레는 개인차가 대단히 크기 때문에 신체둘레 변화로 모체의 영양 및 건강상태를 객관적으로 평가하는 것은 적절하지 못하다.

77 임신 전반기 구토증이 일어나는 시기의 영양관리지침으로 옳은 것은? `2018.12`

① 지질의 섭취를 늘리고 탄수화물 섭취를 줄임으로써 식사량을 줄이도록 한다.
② 채소 및 과일류 섭취를 줄인다.
③ 식사 횟수를 늘려 소량씩 자주 섭취한다.
④ 음식의 기호가 변하는 시기로 편식해도 좋다.
⑤ 임신 초기에는 영양소의 필요량이 크게 증가하므로 과잉 섭취한다.

해설 임신 - 구토
• 메스꺼움과 구토는 임신 첫 주에 시작되어 3개월째에 최대가 되며, 보통 임신 중기 동안에 사라지는데 쉽게 소화할 수 있는 탄수화물 섭취를 늘리고 지질 섭취를 줄인다.
• 특히 공복 시에 구토가 조장되므로 소량씩 자주 식사 횟수를 늘리는 식습관이 도움될 수 있다.
• 임신 초기에는 영양소의 필요량이 크게 증가하지 않으므로 과잉 섭취를 피하며, 편식으로 인한 영양장애가 생기지 않도록 주의하고, 변비를 예방하기 위해 채소 및 과일류를 많이 섭취하도록 한다.

78 임신중독증의 영양지도로 옳지 않은 것은?

① 수분 – 부종이 있으면 수분을 제한해야 한다. 심한 경우에는 전날 뇨량에 500mL의 수분을 더해서 섭취토록 한다. 되도록 우유 및 과실로 수분을 공급한다.

② 단백질 – 단백뇨가 있는 경우 강한 신장기능도 장애가 있으므로 조직의 회복을 위해 양질의 단백질을 많이 섭취한다.

③ 유지류 – 라드, 버터, 소기름 등의 동물성 유지는 피하고 식물성 유지를 적당히 섭취하도록 한다.

④ 비타민과 무기질 – 비타민을 다량 공급하고 또한 Fe과 Ca 공급도 보충해야 하므로 신선한 과일 및 녹황색 채소, 우유를 충분히 섭취해야 한다.

⑤ 식염 – 부종이 심하고 혈압이 높은 경우에는 소금 섭취를 제한한다. 단, 된장, 고추장, 간장에 함유된 소금의 양은 환산하지 않는다.

> **해설** 임신중독증 영양지도
> 식염의 경우 부종이 심하고 혈압이 높은 환자에게 제한한다. 된장, 고추장, 간장, 화학조미료에 함유된 Na도 소금의 Na과 함께 환산해야 한다.

79 모유수유를 위한 수유부의 영양교육 내용으로 옳은 것의 조합은?

> 가. 자신의 모유분비량과 모유성분에 대한 자신감을 갖게 한다.
> 나. 수유부로 하여금 모유영양을 실천하겠다는 적극적인 의지 및 동기를 부여한다.
> 다. 수유부의 남편이나 가족들에게 도움을 요청하여 모유수유가 순조롭게 이루어지도록 한다.
> 라. 수유부의 모체 비만이 많이 발생하므로 열량섭취량은 정상인과 같게 한다.

① 가, 나, 다 ② 가, 나, 라
③ 나, 라 ④ 라
⑤ 가, 나, 다, 라

> **해설** 수유부의 열량섭취량은 모유의 열량에 해당되는 부분만큼 더 섭취해야 한다.

80 다음에 해당하는 연구설계는? 2021.12

> 연구시작 시점에 질병이 없는 건강한 사람들의 식사습관을 조사하고 질병 발병 여부를 추적한다.

① 환자대조군 연구
② 중재 연구
③ 단면 연구
④ 생태학적 연구
⑤ 코호트 연구

해설 연구 설계
- 코호트 연구(cohort study) : 연구시작 시점에서 질환 요인에 노출된 집단과 노출되지 않은 집단을 구성하고 이들을 일정기간 동안 추적하여 특정 질병의 발생 여부를 관찰하는 연구
- 단면 연구(cross-sectional study) : 유병률 연구라고도 하며, 특정시점·기간 내 질병과 인구집단의 속성과의 관계를 알아보는 방식
- 환자대조군 연구(case-control study) : 지금 기준으로 환자 집단과 아닌 집단을 설정하고 과거에 특정 요인에 노출되었었는지 살펴보는 방식

81 식품섭취빈도 조사법에 관한 설명으로 옳은 것은?

① 일정기간 동안 식품의 섭취횟수를 조사한다.
② 조사에 소요되는 인력과 비용이 크다.
③ 질적으로 정확한 섭취량을 파악할 수 있다.
④ 급성 질환과 식습관의 관련성을 조사하기 위해 사용할 수 있다.
⑤ 특정식품군의 섭취 경향을 판정하는 데 어렵다.

해설 식품섭취빈도 조사법
100여 개 종류의 개개 식품을 일정기간에 걸쳐 평상적으로 섭취하는 빈도를 조사하는 것으로, 피조사자의 부담이 거의 없이 빠른 시간 내에 큰 집단에 대해 비교적 저렴한 비용으로 일상적 식품섭취 패턴을 파악할 수 있다.

82 24시간 회상법에 대한 설명으로 가장 옳은 것은? 2018.12 2019.12

① 대상자가 일정 기간 섭취한 식품의 횟수와 양을 기록한다.
② 대상자가 섭취한 식품의 종류와 양을 조사자가 측정하여 기록한다.
③ 대상자가 지난 하루 동안 섭취한 식품의 종류와 양을 기억하도록 하여 조사자가 기록한다.
④ 대상자가 과거의 특정 식품에 대한 섭취 빈도를 회상하여 기록한다.
⑤ 대표적인 질적 평가 방법이다.

해설 24시간 회상법
• 조사 대상자가 24시간 전에 섭취한 음식의 종류와 양을 기억을 통해 조사한다.
• 문맹자도 가능하므로 조사대상자의 부담이 없다.
• 다양한 집단의 평균적인 식사섭취량 조사에 매우 유용하다.
• 조사시간, 인력, 경비가 적게 든다.
• 기억이 분명하지 않거나 면접상태에 따라 섭취한 식품의 종류와 양 측정에 정확도가 떨어질 수 있으므로 기억력이 약한 어린이, 노인, 장애인에게는 적합하지 않다.

83 영양판정 방법 중에서 가장 객관적이고 정량적인 방법은?

① 개인별 식사조사   ② 신체계측법
③ 생화학적 검사   ④ 간접평가
⑤ 표본가구조사

해설 생화학적 검사는 다른 방법들에 비해 가장 객관적이고 정량적인 영양판정법이다. 성분검사(혈액, 소변, 조직 내 영양소와 그 대사물 농도 측정)와 기능검사(효소활성, 면역기능 분석)로 분류한다.

84 다음은 영양관리과정(NCP) 중 어디에 해당하는가? 2021.12

> 비만 환자의 자료를 바탕으로 패스트푸드의 잦은 섭취로 인한 '지방 섭취 과다'라는 영양문제를 파악하고 기술하였다.

① 영양판정   ② 영양감시
③ 영양중재   ④ 영양조사
⑤ 영양진단

해설 영양관리과정(Nutrition Care Process ; NCP)
실무영양사들이 어떻게 환자에게 전문적인 영양관리를 제공해야 하는지에 대한 체계적인 업무수행 절차로서, '영양판정 → 영양진단 → 영양중재 → 영양모니터링 및 평가'의 4단계 과정으로 이루어져 있다.

안심Touch

85 환자와의 면담, 관찰, 측정 등을 통해 병태를 확인한 후 영양치료를 위해 시행하는 영양관리방법(NCP) 단계로 옳은 것은? 2020.12

① 영양판정 → 영양진단 → 영양중재 → 영양모니터링 및 평가
② 영양검색 → 영양판정 → 영양진단 → 영양모니터링 및 평가
③ 영양중재 → 영양판정 → 영양모니터링 및 평가 → 영양진단
④ 영양판정 → 영양검색 → 영양중재 → 영양모니터링 및 평가
⑤ 영양검색 → 영양판정 → 영양중재 → 영양모니터링 및 평가

해설 영양관리과정(Nutrition Care Process, NCP)
양질의 영양관리를 제공하기 위해 표준화된 모델로 개인 또는 집단을 대상으로 양질의 영양관리를 시행하여 임상경과의 예측이 가능하도록 설계되었다. 영양판정, 영양진단, 영양중재 그리고 영양모니터링 및 평가의 4단계로 이루어져 있다.

86 영양결핍이나 영양상 위험이 있는 입원환자를 신속하게 선별하는 데 사용하는 방법은? 2017.02 2021.12

① 영양스크리닝
② 식사기록법
③ 생체전기저항분석법
④ 실링테스트
⑤ 식사력조사법

해설 영양스크리닝(영양검색)
영양결핍이나 영양상 위험이 있는 사람을 신속하게 알아내기 위하여 실시하는 것으로 영양검색 후 문제가 있다고 판단되는 사람에 대하여 영양판정을 실시한다.

87 영양지도원의 역할로 적합하지 않은 것은? 2017.02

① 영양지도의 기획·분석·평가 및 영양상담
② 집단급식시설에 대한 급식업무 지도
③ 보건소의 영양업무 지도
④ 영양조사 및 효과 측정
⑤ 질병의 치료

해설 영양지도원
• 국민건강증진법 시행령 제22조에는 영양조사를 담당하는 영양조사원과 국민영양지도를 담당하는 영양지도원의 자격이 규정되어 있으며, 시행규칙 제17조에는 영양지도원의 업무가 명시되어 있다.
• ①~④ 이외에 홍보 및 영양교육, 기타 영양과 식생활개선에 관한 사항이 업무로 명시되어 있다.

88 식사섭취조사방법 중 식사기록법의 장점으로 가장 옳은 것은? `2021.12`

① 식사섭취 내용의 변경 가능성이 낮다.

② 한 번의 조사로도 일상섭취 반영도가 높다.

③ 조사자의 자료처리 부담이 낮다.

④ 기억 의존도가 낮다.

⑤ 대상자의 부담이 낮다.

> 해설 　식사기록법은 조사대상자가 스스로 음식물의 종류와 양을 기록하는 방법으로, 먹는 즉시 기록하므로 기억하기 쉽다. 기록하는 기간이 길면 조사내용이 부정확해지며, 의도적으로 많거나 적게 섭취할 수 있다.

89 다음 설명에 적합한 영양판정방법은? `2020.12`

> • 영양불량과 관련되어 나타나는 신체적 징후를 기초로 진단하며 진찰소견과 징후, 그리고 환자가 호소하는 증세로 판단한다.
> • 겉으로 관찰되는 쇠약, 근육 소모, 부종, 복수, 특정 영양소의 부족증 등이 조사에 포함된다.

① 임상조사 　　　　　　　　　　② 영양지식조사

③ 식사섭취조사 　　　　　　　　④ 생화학적조사

⑤ 신체계측조사

> 해설 　임상조사는 영양판정법 중 가장 예민하지 못한 방법 중 하나로 장기간의 영양불량으로 인해 나타나는 신체 징후를 판정하는 방법이다.

90 식사섭취조사방법 중 조사단위가 개인인 것은? `2021.12`

① 식품재고조사법 　　　　　　　② 식품섭취빈도조사법

③ 식품수급표 　　　　　　　　　④ 식품계정조사

⑤ 식품목록조사법

> 해설 　**개인별 식사조사방법**
>
> | 질적평가 | 양적평가 |
> |---|---|
> | • 과거 장기간의 일상적 식품섭취 패턴을 추정
• 식품섭취빈도법 : 일정기간 동안 식품의 섭취 횟수를 조사함. 개략적인 영양소 섭취량을 추산
• 식사력조사 : 과거에 섭취한 식품을 회상을 통해 기억. 평상시 영양소 섭취를 평가 | • 식사기록법 : 1일 이상의 식품 섭취량 측정을 통해 현재 또는 최근의 식품 내지 영양소의 일상적 섭취상태 조사
• 24시간 회상법 : 전날 섭취한 식품의 섭취량과 섭취 영양량을 산출하는 방법
• 실측법 : 직접적으로 식품 섭취량을 조사하는 방법. 조사자가 비용과 인원의 제약을 받지 않고 개인별로 정확한 섭취량을 조사 |

91 영양소섭취의 질적 평가방법 중 에너지 1,000kcal에 해당하는 식이 내 영양소 함량을 1,000kcal당 영양권장량에 대한 비율로 나타낸 것은 무엇인가?

① 식품섭취빈도법   ② 식사력조사

③ 실측법   ④ 24시간 회상법

⑤ 영양밀도지수

> **해설** 영양밀도지수(Index of Nutritional Quality, INQ)
> 개인의 식사 적합성을 판정하기 위해 개발되었으며, 에너지 1,000kcal에 해당하는 식이 내 영양소 함량을 1,000kcal당 영양권장량에 대한 비율로 나타낸 것이다.

92 신체 영양상태 판정방법에 관한 설명으로 옳지 않은 것은?

① 체질량 지수는 신장에 따른 오류가 가장 작고, 사망위험률 등의 건강관련 지표와 상관성이 높다.

② 제지방조직은 주로 근육을 말하는 것으로 체단백질 보유상태의 지수가 된다.

③ 허리-엉덩이둘레비는 심혈관 질환의 위험지표이다.

④ 철의 영양상태를 평가하는 지표 중에 가장 민감한 항목은 혈중 헤모글로빈 농도이다.

⑤ 피하지방 두께 및 체지방량은 보편적으로 여자가 남자보다 그 수치가 높다.

> **해설** 영양상태 판정방법
> • 체질량 지수(BMI) : 체중(kg) ÷ 신장(m²)으로 구한다.
> • 허리-엉덩이둘레비 : 성인남자 0.95, 성인여자 0.85 이상이면 심혈관 질환의 위험률이 급증하고, 지표가 된다.
> • 철의 영양상태 평가하는 지표 : 적혈구 지수, 헤모글로빈 농도, 헤마토크리트치(적혈구 용적비), 적혈구 수의 측정치로부터 산출해낸다. 철의 저장형인 혈청 페리틴 농도가 가장 예민한 철의 영양상태 판정법이다.

93 50세 남성의 신체검사 결과가 다음과 같다면 이 결과를 보고 바르게 판정한 것은? `2020.12`

> • 키 : 170cm   • 체중 : 72kg
> • BMI : 24.9kg/m²   • 이상체중비 : 114%
> • 체지방률 : 26%   • 허리둘레 : 94cm
> • 엉덩이둘레 : 96cm

① 허리둘레 94cm로 복부비만에 해당한다.

② 체지방률 26%로 마른비만에 해당한다.

③ 이상체중비 114%로 비만에 해당한다.

④ 허리-엉덩이둘레비 0.98로 내장비만에 해당한다.

⑤ BMI 24.9kg/m²로 비만에 해당한다.

> **해설** BMI 25 이상이 비만에 속하며 23~24.9는 과체중이다. 이상체중비, 체지방률 모두 과체중으로 판단한다. 허리둘레가 남성은 90cm 이상, 여성은 85cm 이상일 때 복부비만으로 판정한다. 허리-엉덩이둘레비로는 내장비만을 판정할 수 없다.

94 입원 환자의 영양불량 상태를 확인하기 위해 영양검색 지표로 사용하는 항목은? 2020.12 2021.12

① 혈청알부민 ② 흡 연
③ 복용약 ④ 혈액형
⑤ 성 별

해설 영양검색
영양불량 환자나 영양불량 위험 환자를 발견하는 간단하고 신속한 과정이다. 영양평가는 병력, 식이섭취력, 약물력, 신체진찰, 신체계측, 혈액검사 등 영양에 영향을 미칠 수 있는 다양한 요인을 포괄적으로 고려하여 조사하는 과정이다. 혈청알부민과 같은 단백질은 영양불량의 중요한 지표로 사용된다.

95 당뇨병의 검사방법에 해당하지 않는 것은?

① 알부민 검사 ② 소변 검사
③ 케톤체 검사 ④ 경구내당능 검사
⑤ 혈당 검사

해설 ① 혈청 알부민 농도는 인체의 단백질 고갈상태를 나타내는 지표이다.
당뇨병
• 대한당뇨병협회에서 제시하는 당뇨병의 진단기준은 공복혈당 ≥ 126mg/dL이다.
• 당뇨병 환자는 혈당검사, 소변 검사, 케톤체 검사, 경구내당능 검사 등을 한다.

96 입원한 환자의 영양상태를 평가하기 위해 일상적으로 적용되는 혈액검사항목으로 조합된 것은?

가. 알부민	나. 콜레스테롤
다. 헤모글로빈	라. 프로트롬빈 타임

① 가, 다 ② 나, 라
③ 가, 나, 다 ④ 라
⑤ 가, 나, 다, 라

해설 알부민은 단백질, 콜레스테롤은 지질 대사, 헤모글로빈은 철분의 영양상태를 반영하며, 총 임파구수(면역기능)도 평가를 위해 일상적으로 측정한다. 프로트롬빈 타임은 비타민 K의 결핍 여부를 판정하는 검사항목으로 일반 환자에게 일상적으로 측정하지 않는다.

97 30대 여성의 혈액검사 수치이다. 이 사람에 대한 영양지도방법으로 옳은 것은?

> - SGTP : 20IU/100mL
> - 헤모글로빈 : 12g/100mL
> - 중성지방 : 180mg/100mL
> - 혈중 포도당 : 80mg/100mL
> - 혈청 총 콜레스테롤 : 200mg/100mL

① 채소 주스를 매일 2컵 이상 마신다.
② 지방 섭취를 줄이고 단백질 섭취를 늘린다.
③ 포화지방과 단당류의 섭취를 줄인다.
④ 간전유어, 쇠고기 살코기 등을 매일 먹는다.
⑤ 매일 우유 2컵, 두유 2컵을 마신다.

해설 혈액 내 중성지방의 정상수치는 150mg/dL 미만이므로 중성지방 180mg/100mL는 경계 단계이다. 등푸른 생선, 견과류, 들기름, 잡곡, 채소, 과일 등을 섭취하여 혈청개선에 도움을 줄 수 있다. 참고로 1dL=0.1L=100mL이다.

98 다음은 무엇을 검사하기 위한 방법인가?

> - 12시간 이후 공복혈당 측정 후 포도당을 경구로 투여하여 당의 연소능력을 측정하는 것
> - 일정량의 포도당을 공급한 후 30분, 1시간, 2시간, 3시간 간격으로 혈당을 검사함

① 아세톤 검사   ② 알부민 검사
③ 요단 백검사   ④ 요당검사
⑤ 포도당 부하검사

99 저잔사식(low residue diet)에 대한 설명으로 옳지 않은 것은?

① 섬유소와 우유를 제한하는 식사이다.
② 아몬드나 콩자반 등은 섭취해도 좋다.
③ 통조림을 제한한다.
④ 조리하지 않은 과일과 채소를 제한한다.
⑤ 과일과 채소는 주스로 사용한다.

해설 저잔사식은 장에 잔여물이 적게 남도록 하는 식사법이다. 저잔사식을 하면 화장실에 가는 횟수도 줄어들고 장에 부담이 적다. 견과류와 종실류의 사용을 피해야 한다.

100 한국인 19~29세 성인남녀의 1일 영양섭취기준으로 옳지 않은 것은? 2018.12

① 남자 단백질 권장섭취량 - 65mg
② 여자 단백질 권장섭취량 - 55mg
③ 남자 에너지 필요추정량 - 2,600kcal
④ 여자 칼슘 권장섭취량 - 700mg
⑤ 여자 비타민 C 권장섭취량 - 50mg

해설 여자 비타민 C 권장섭취량은 100mg(임신부 +10mg, 수유부 +40mg)이다.

101 식품교환표에서 1교환단위당 열량이 가장 높은 식품군은? 2021.12

① 어육류군(저지방)
② 곡류군
③ 과일군
④ 지방군
⑤ 우유군(저지방우유)

해설 식품교환표 식품군의 1교환단위당 열량
• 곡류군 : 100kcal
• 어육류군 : 저지방 50kcal, 중지방 75kcal, 고지방 100kcal
• 채소군 : 20kcal
• 지방군 : 45kcal
• 우유군 : 일반우유 125kcal, 저지방우유 80kcal
• 과일군 : 50kcal

102 한 끼 식사로 삶은 달걀(중) 1개, 저지방 우유 1컵(200mL), 식빵 2쪽을 섭취한 경우, 식품교환표를 이용하여 산출한 총 에너지를 구하라. 2019.12

① 325kcal
② 355kcal
③ 375kcal
④ 390kcal
⑤ 420kcal

해설 식품교환표
식빵 한쪽 100kcal, 저지방 우유 1컵(200mL) 약 80kcal, 달걀(중) 1개 70kcal(삶은 달걀이므로 약간의 소금추가 약 75kcal)이므로 355kcal이다.

103 식품교환표의 어육류군에 대한 설명으로 옳지 않은 것은?

① 껍질을 제거한 닭고기는 저지방 어육류군이다.

② 지방군은 어육류군에 속한다.

③ 달걀, 두부, 검정콩은 중지방 어육류군이다.

④ 새우는 저지방, 참치통조림은 고지방 어육류군이다.

⑤ 프랑크 · 비엔나소시지는 고지방 어육류군이다.

> 해설 식품교환표는 곡류군, 어육류군, 채소군, 지방군, 우유군, 과일군으로 분류하며 어육류군은 저지방, 중지방, 고지방 어육류군으로 나뉜다.
> - 저지방 : 새우, 껍질을 제거한 닭고기, 쇠간 등
> - 중지방 : 달걀, 햄, 두부, 순두부, 검정콩 등
> - 고지방 : 참치통조림, 프랑크소시지, 비엔나소시지 등

104 소화기계 수술을 한 환자에게 수술직후 수분 공급을 주목적으로 제공할 수 있는 음식은? `2020.12`

① 미 음   ② 푸 딩

③ 보리차   ④ 우 유

⑤ 토마토주스

> 해설 수술 후 보리차와 같은 맑은 유동식(끓여서 식힌 물 등)을 제공하고 환자의 위장 상태에 따라 미음, 죽 단계로 넘어간다.

105 일반유동식(full liquid diet)에 대한 설명으로 옳지 않은 것은?

① 상온에서 액체 또는 반액체인 식품으로 구성된다.

② 고형식을 씹고 삼키고 소화하기 어려운 환자, 중정도의 소화기 염증, 급성 질환자들에게 준다.

③ 크림수프, 우유음료 등을 제공할 수 있다.

④ 모든 영양소가 공급되며, 특히 단백질, 철, 비타민 B 복합체가 부족하지 않도록 한다.

⑤ 주식으로 미음을 3일 이상 사용해야 할 때는 영양보충액을 이용할 필요가 없다.

> 해설 일반유동식
> - 주식으로 미음을 3일 이상 사용해야 할 때는 영양보충액이나 혼합영양식품을 이용한다.
> - 유아용 균질육이나 난황, 탈지분유, 영양제 등을 첨가하여 영양소 요구량을 충족시킨다.

106 연식(soft diet)에 대한 설명으로 옳지 않은 것은?

① 일명 죽식이라고도 한다.
② 주식은 밥이지만 환자의 경우 활동량이 적고 소화능력, 식욕이 저하되어 있으므로 주의를 요한다.
③ 지방 함량이 적고, 위 안에 머무르는 시간이 짧은 식품을 선택한다.
④ 쌀의 도정도가 높은 것으로 한다.
⑤ 강한 향신료와 섬유질을 제한하며 주식을 반고형식으로 공급한다.

> **해설** ② 상식(regular diet)에 대한 설명이다. 질병 치료상 특별한 식사조절이나 소화에 제한이 없는 일반 환자(외상환자, 산과환자, 정신질환자)가 식사 대상이다. 주식으로 밥, 튀김, 강한 자극성 식품, 날음식(생선회, 육회) 등은 제한한다.
> • 연식으로 허용되는 식품 : 흰죽, 우유죽, 흰살생선, 반숙달걀, 식혜 등
> • 연식으로 허용되지 않는 식품 : 견과류, 건조과일, 파이, 청량음료, 고춧가루, 카레가루, 겨자, 생강 등

107 경관급식(tube feeding)에 대한 설명으로 옳지 않은 것은?

① 수술 또는 기계적 장애로 구강으로 음식을 섭취할 수 없는 환자에게 적용된다.
② 식도염 및 식도협착 등 식도장애가 있을 때 사용된다.
③ 혼수상태와 같이 의식이 없는 환자의 경우에 해당하지 않는다.
④ 경관급식에 사용되는 관은 사용하기 간편하고 위생적이어야 한다.
⑤ 체온과 동일한 온도를 사용하여야 한다.

> **해설** 경관급식
> • 수술 또는 기계적 장애(심한 혼수, 구강 인두수술, 연하곤란, 식도장애) 등으로 구강으로 음식을 섭취할 수 없는 환자에게 적용되는 영양지원식이다.
> • 체온과 동일한 온도를 유지하여 사용하고, 충분한 영양을 공급할 수 있어야 한다.
> • 이상적인 경관급식 조건
> – 경비가 저렴하고, 사용하기 간편할 것
> – 오염되지 않은 것
> – 소화·흡수가 좋고 투여하기 쉬운 액체
> – 영양밀도 1kcal/mL
> – 영양소 조성의 균형
> – 적당한 점도 유지

108 MCT Oil에 대한 설명으로 옳지 않은 것은?

① 탄소수가 8~10개인 중쇄지방산으로 이루어진 기름이다.
② 체내에 축적되는 특징이 있다.
③ 소화나 흡수를 위해 담즙의 도움을 받지 않는다.
④ 문맥을 거쳐 체내에 흡수된다.
⑤ 다량 복용 시 설사 등의 부작용이 생길 수 있다.

> **해설** MCT Oil은 지방의 가수분해와 흡수가 잘되나 다량 섭취 시 설사를 유발한다.

109 영양소의 소화·흡수가 정상적인 소화관으로 이루어지지 못하는 환자에게 4주 이상 영양지원을 한다면 적합한 방법은? `2019.12`

① 중심정맥영양
② 위조루술 경관급식
③ 경구영양급식
④ 말초정맥영양
⑤ 비위관 경관급식

> 해설   중심정맥영양은 위장관이 손상되어 소화흡수가 불가능한 환자에게 정맥으로 공급하는 방법이다. 소장절제 환자, 골수이식 환자, 중증도 이상의 췌장질환자 등에게 적합하다.

110 중심정맥영양에 대한 설명으로 옳지 않은 것은?

① 수액의 pH를 7.4 정도가 되도록 조절한다.
② 비타민·무기질은 소화·흡수 과정을 거치지 않으므로 권장섭취량보다 적게 공급한다.
③ 고농도의 영양액이라 박테리아가 번식하기 쉽다.
④ TPN을 투여받은 환자에게 가장 흔히 발생하는 합병증은 혈전이다.
⑤ TPN에 필요한 단백질량은 체중 1kg당 1.0~2.0g이다.

> 해설   중심정맥영양
> • TPN을 투여받은 환자에게 가장 흔하게 발생하는 합병증은 패혈증(sepsis)이다.
> • 혈전은 가끔 생길 수 있으나 흔하게 발생하지 않는다.

111 다음 중 치료식에서 허용되는 식품의 연결로 옳지 않은 것은?

① 고칼슘식 – 멸치
② 고칼륨식 – 오렌지
③ 저퓨린식 – 청어
④ 고철분식 – 간
⑤ 글루텐 제한식 – 감자

> 해설   치료식
> • 칼슘 함유식품 : 우유, 요구르트, 크림, 멸치 등
> • 칼륨 함유식품 : 오렌지, 코코아, 대두, 치즈, 감자, 바나나, 강낭콩 등
> • 고퓨린 함유식품 : 멸치, 육즙, 청어, 내장, 고등어 등
> • 철 함유식품 : 간, 달걀 노른자, 녹색채소 등
> • 글루텐 함유식품 : 밀, 보리, 귀리, 호밀, 메밀, 오트밀, 기장 등

112 검사식 중 고혈압 환자에게 실시하는 검사식은?

① 레닌 검사식
② 지방변 검사식
③ 분변 잠혈 검사식
④ 갑상선기능 검사식
⑤ 5-HIAA 검사식

해설 검사식이란 질병의 정확한 진단을 위해 제공하는 식사이다.
• 레닌 검사식 : 고혈압 환자의 레닌 활성도를 알아보기 위해 나트륨과 칼륨섭취를 조절하는 검사식
• 지방변 검사식 : 지방흡수불량
• 5-HIAA 검사식 : 소변 중 5-hydroxy indole acetic acid의 유무로 serotonin 생성이 정상인지 알 수 있으며, 5-HIAA 배설
  과다는 암 종양의 가능성을 암시

113 환자에게 방사선 물질이 함유된 유동식을 제공한 후 2시간에 걸쳐 위장 내 방사능 변화를 진단하는 검사식은?

① 400mg 칼슘식
② 위배출능 검사식
③ 내당능 검사식
④ 5-HIAA 검사식
⑤ 유당제한식

해설 • 위배출능 검사식 : 위의 운동기능 부전과 폐색을 진단
• 400mg 칼슘식 : 고칼슘 식사(약 1,000mg) 후 고칼슘뇨증 여부를 조사하여 신장결석 여부 진단
• 내당능 검사식 : 당뇨병 진단
• 5-HIAA 검사식 : 복강 내 암 진단
• 유당제한식 : 유당불내증 진단

114 연하곤란 환자에게 줄 수 있는 음식으로 가장 적절한 것은? 2017.12 2018.12 2021.12

① 오렌지주스
② 순두부찜
③ 우 유
④ 토마토
⑤ 멸치볶음

해설 연하곤란 식이요법
• 연하곤란이 있는 환자에게 주는 식사를 연하보조식이라고 한다.
• 흡인의 위험이 있으므로 걸쭉한 형태의 음식을 제공한다.
• 음식의 밀도가 균일하고, 적당한 점도가 있어서 흩어져 떨어지기 어렵고, 되직한 액체음식이 좋다.
• 구강이나 인두를 통과할 때 변형이 용이하고, 끈끈하여 입 안에 달라붙지 않아야 한다.
• 달걀찜, 순두부찜, 으깬 감자, 잘 익은 바나나 등을 제공한다.
• 타액의 분비를 증가시키거나 타액의 점도를 증가시킬 수 있는 단 음식, 우유제품, 감귤류 주스는 피하도록 한다.

115 흡수불량증 등 위장관 기능이 완전하지 못하고 장기간 구강으로 음식을 섭취하지 않은 극심한 영양불량 환자에게 적용하는 영양액에 대한 설명으로 옳은 것의 조합은?

> 가. 단백질은 아미노산이나 펩티드 형태
> 나. 당질은 포도당이나 덱스트린류
> 다. 소량의 필수지방산 첨가
> 라. 지방은 장쇄지방산

① 가, 다 　　　　　　　　　　　　　② 나, 라
③ 가, 나, 다 　　　　　　　　　　　④ 라
⑤ 가, 나, 다, 라

> 해설　지방은 MCT oil 형태로 제공해야 한다. MCT oil은 지방의 소화나 흡수를 위해 담즙의 도움이 없이 문맥으로 흡수된다.

116 위장관의 소화기능은 정상이지만 입으로 음식을 섭취할 수 없는 환자에게 제공할 수 있는 영양지원은? `2021.12`

① 경장영양 　　　　　　　　　　　② 정맥영양
③ 경구영양 　　　　　　　　　　　④ 중심정맥영양
⑤ 말초정맥영양

> 해설　경장영양(Enteral Nutrition)
> 위장관을 이용한 모든 유형의 영양집중 지원을 의미하는 것으로, 소화기능은 정상이나 입으로 식사를 하지 못하거나 목 부분의 이상으로 음식을 넘기지 못할 때 튜브를 통하여 영양을 공급하는 방법이다.

117 위장관의 소화·흡수 능력은 있으나 구강으로 음식을 섭취할 수 없는 환자에게 적용되는 영양지원 방법은? `2017.02`

① 경관급식 　　　　　　　　　　　② 말초정맥영양
③ 중심정맥영양 　　　　　　　　　④ 연 식
⑤ 유동식

> 해설
> • 경관급식 : 수술 또는 기계적 장애(심한 혼수, 구강 인두수술, 연하곤란, 식도장애) 등으로 구강으로 음식을 섭취할 수 없는 환자에게 적용되는 영양지원 방법이다.
> • 정맥영양 : 구강이나 위장관으로 영양공급이 어려울 때 정맥을 통해 영양요구량을 공급하는 방법. 장폐색, 장 마비, 단장 증후군 등 위장관 기능 이상, 장 누공, 치료되지 않는 크론병 등 장 휴식 시
> • 연식 : 소화기계 질환자, 구강이나 식도장애로 삼키기 힘든 환자
> • 유동식 : 수술 후 회복기 환자, 고형식을 씹고 삼키기 어려운 환자

118 병원에서 제공되는 식사에 대한 설명으로 옳지 않은 것은?

① 5-HIAA 검사식은 검사 전 1~2일간 세로토닌이 다량 함유된 식품의 섭취를 제한하는 것이다.
② 구강을 통한 식사공급이 어려운 환자에게는 경관급식으로 공급한다.
③ 말초정맥영양은 수술 후 및 위장관 소화흡수 기능이 저하되어 충분히 영양섭취를 할 수 없을 때 구강급식의 보충법으로 이용한다.
④ 검사식은 불균형 식사에 해당되지만 단기간 공급되므로 별로 문제되지 않는다.
⑤ 당뇨병 환자의 경우 식이섬유 함량을 줄인다.

> 해설 당뇨병의 경우 일반 경장영양액은 혈당 조절이 어려울 수 있어서 식사에 식이섬유를 첨가하고, 저당질, 고지방식을 제공한다.

---

119 역류성 식도염 환자에게 적합한 식단의 조합으로 옳은 것은? `2019.12`

가. 쌀밥, 애호박나물	나. 토스트, 커피
다. 가자미찜, 시금치나물	라. 케이크

① 가, 다   ② 나, 라
③ 가, 나, 다   ④ 라
⑤ 가, 나, 다, 라

> 해설 역류성 식도염 환자
> • 식도 점막의 자극을 완화하기 위해 감귤류, 토마토와 관련된 제품, 파이, 케이크, 과온·과냉의 음식을 피한다.
> • 위산 분비 억제를 위해 지방과 알코올, 카페인의 섭취를 제한한다.
> • 양파, 마늘 등 가스 발생 식품의 섭취를 제한한다.

---

120 연식을 조리할 때에 주의사항으로 옳지 않은 것은?

① 채소는 껍질을 벗긴 부드러운 것을 사용한다.
② 갑각류를 이용한다.
③ 굽는 요리보다는 찌는 요리를 사용한다.
④ 결체조직을 제거한 육류를 사용한다.
⑤ 강한 향신료 및 조미료의 사용을 자제한다.

> 해설 연 식
> • 연식은 위장장애, 구강장애, 소화흡수 능력이 저하된 급성감염 환자에게 적용되는 식사이다.
> • 죽식이라고도 하고, 반고형식의 형태로 섬유소 및 자극이 강한 향신료, 결체조직이 많은 식품은 제한한다.
> • 지방함량이 적고 위에서 머무르는 시간이 짧은 식품을 선택하고, 쌀은 도정도가 높은 것으로 선택한다.

안심Touch

121 경관급식 시 4주 미만의 단기간 동안 경관급식을 해야 할 경우 가장 적절한 경장영양 공급경로는?

① 비위관
② 위조루관
③ 비공장관
④ 장조루관
⑤ 비십이지장관

> **해설** 비위관은 경관급식 시 단기간 경장영양 공급에 적합하며 코로 튜브를 주입하는 경로이다. 주입영양액이 위·식도에서 쉽게 역류하거나 심한 구토와 혼수 시에는 흡인의 위험이 있으므로 위의 유문을 통과하여 십이지장이나 공장으로 튜브를 삽입해야 한다.

122 흡인 위험이 있고 위무력이나 식도 역류가 있는 경우 또한 6주 이상 경관급식이 필요한 경장영양 적용 대상 환자에게 적합한 영양공급 경로는? `2020.12`

① 비위관
② 비공장관
③ 공장조루술
④ 비십이지장관
⑤ 위조루술

> **해설** 경관급식 사용예상 기간이 4주 이상이고 흡인의 위험이 있는 경우 공장조루술(Jejunostomy)을 통해, 흡인 위험이 없는 경우는 위조루술(Gastrostomy)을 통해 공급한다.

123 정맥영양에서 공급하는 수액의 특징으로 옳은 것은? `2018.12` `2021.12`

① 탄수화물 공급원으로서 덱스트린이 사용된다.
② 수액의 pH는 조절하지 않아도 된다.
③ 질소 공급원으로서 아미노산이 사용된다.
④ 지질은 비수용성이라 포함되지 않는다.
⑤ 헤파린은 포함되지 않는다.

> **해설** 정맥영양
> • 수액의 pH는 체액과 같은 7.4로 조절하며 당질은 덱스트로즈, 단백질은 아미노산 결정체, 지방은 난황 인지질이 함유된 유화액을 사용한다.
> • 비타민·무기질은 소화흡수를 거치지 않으므로 권장량보다 적게 공급하며, 비타민 K는 환자가 항응고제로 주사를 통해 공급받기 때문에 용액에 포함하지 않는다.

124 경관급식 환자의 설사원인은? 2018.12

① 저삼투압 농도의 경장영양액
② 실온의 경장영양액 공급
③ 느린 주입속도
④ 중쇄중성지방(MCT)의 느린 주입
⑤ 고삼투압 농도의 경장영양액

해설 경관급식 환자의 설사
위관영양물의 삼투압과 주입속도, 위관영양물의 변경 등 여러 요인과 관련이 있다. 고삼투압 농도의 경장영양액을 빠른 속도로 주입할 경우 주된 원인이 되며 차가운 경장영양액의 공급도 원인이 될 수 있다. 그 외 미생물 감염, 불충분한 섬유소, 중쇄지방산(MCT)의 빠른 주입, 유당불내증, 당질흡수불량 등이 있다.

125 타액에 관한 설명으로 옳지 않은 것은?

① 하루 동안의 타액분비량은 1,500mL이다.
② 타액에 함유되어 있는 효소는 프티알린이다.
③ 타액선 중에서 주로 장액을 분비하는 선은 이하선이다.
④ 무조건반사에 의해 분비된다.
⑤ 정상적인 연하운동에 필요하다.

해설 타 액
• 타액은 타액선(이하선, 악하선, 설하선)에서 분비된다.
• 타액은 조건반사에 의해 일어나고, 윤활작용을 갖고 있으며, 식욕증진제로 쓴맛을 투여하여 분비를 증가시킨다.
• 교감신경자극은 농도가 진한 소량의 타액을 분비시킨다.
• 타액에는 프티알린이 있어 전분이 덱스트린이나 맥아당까지 분해된다. 음식물이 구강 내 머무는 시간이 매우 짧기 때문에 구강 내에서 일어나는 소화작용은 극히 제한된다.

126 소화과정 중 HCl의 작용과 관련이 없는 것은? 2018.12

① 지방을 유화시킨다.
② 위 내의 산성 환경 유지 및 십이지장의 약산성을 유지시킨다.
③ 세균의 살균 및 번식방지 작용을 한다.
④ 펩시노겐을 펩신으로 활성화시킨다.
⑤ 프로레닌을 레닌으로 활성화시킨다.

해설 지방의 유화는 담즙의 대표적인 작용이다.

127 식욕을 조절하는 중추는 어디에 존재하는가?

① 연 수
② 척 수
③ 시상하부
④ 대뇌피질
⑤ 뇌 간

> **해설** 조절중추
> • 연수 : 연하, 구토 또는 타액분비 중추
> • 척수 : 배변중추
> • 시상하부 외측에는 섭식중추가, 복내측핵에는 포만중추가 존재하여 음식물의 섭취 욕구를 조절한다.

128 위의 소화작용에 대한 설명 중 옳지 않은 것은?

① 위액이 가장 많이 나오는 시기는 뇌상시기이다.
② 위상시기는 위 내에 음식물이 들어온 후에도 계속적으로 위액이 분비되는 상태를 말한다.
③ 위상을 통해 위액분비를 촉진하는 물질은 히스타민이다.
④ 가스트린은 위장 내에서 분비된다.
⑤ 위액 내의 뮤신(점액소)은 위점막을 피복하여 펩신에 의한 위점막의 자기소화를 방지한다.

> **해설** 위의 소화작용
> • 위액 분비를 촉진하는 호르몬인 가스트린은 위장 내에 분비되지 않고 혈류를 통해 작용을 나타낸다.
> • 위액이 분비되는 시기를 뇌상·구강·위상·장상·배변시기로 나눈다.

뇌상시기	• 음식물을 먹기 전 음식물을 생각하거나, 보거나, 냄새를 맡을 때 가장 많이 분비되는데, 이 시기를 뇌상이라 한다. • 약 1시간에 500mL 정도 분비되며, 펩신의 함유량이 많다. • 식욕액(appetite juice)이라고도 한다.
위상시기	• 위 내에 음식물이 들어온 후에도 계속적으로 위액이 분비되는 상태이다. • 1시간에 약 80mL 정도 분비된다.
장상시기	약 1시간당 50mL 정도 분비된다.

129 소장의 주요 운동만으로 조합된 것은?

가. 연동운동	나. 분절운동
다. 진자운동	라. 팽기수축

① 가, 다   ② 나, 라

③ 가, 나, 다   ④ 라

⑤ 가, 나, 다, 라

해설   소화기관의 운동

위 장	• 연동운동을 하고, 공복기에 수축한다. • 부교감신경인 미주신경에 의해 촉진된다. • 부교감신경 차단제인 atropine을 투여 시 위의 연동운동이 억제되고, 가스트린은 촉진된다.
소 장	• 연동운동, 분절운동, 진자운동 • 연동운동은 종주근에 의하며, 분절운동은 윤상근에 의한다.
대 장	팽기수축, 집단반사 등

130 소화기관에서 지질유화 및 지용성 비타민의 흡수촉진, 소장 상부의 비정상적인 세균번식을 억제하는 역할을 하는 물질은? 2019.12

① 담 즙   ② 리파아제

③ 키모트립신   ④ 아밀라아제

⑤ 펩 신

해설   담즙에는 지방의 유화작용을 하는 담즙산염이 함유되어 있으며 소화효소는 없다.

131 콜레시스토키닌에 대한 설명 중 옳지 않은 것은?

① 담즙 분비를 촉진시키는 호르몬이다.

② 효소가 많은 췌장액의 분비를 촉진시킨다.

③ 중탄산염의 분비를 촉진시켜 알칼리성 췌장액을 분비시킨다.

④ 위나 십이지장 내로 음식물이 들어오며 십이지장의 점막에서 생산된다.

⑤ 담낭에 이르면 담낭근이 수축되면서 담즙을 배출한다.

해설   ③ 세크레틴에 대한 설명이다.

132 소장 상부에서 분비되며 췌장소화효소 분비를 촉진하는 소화관 호르몬의 일종은? `2017.02` `2021.12`

① 가스트린
② 트립신
③ 펩 신
④ 콜레시스토키닌
⑤ 프티알린

> **해설** ① 가스트린 : 위산 분비 촉진
> ② 트립신 : 아르기닌, 리신이 있는 펩티드 결합 분해
> ③ 펩신 : 단백질이 프로테오스와 펩톤으로 분해
> ⑤ 프티알린 : 타액 중 α-아밀라아제(프티알린)에 의해 전분이 덱스트린이나 맥아당으로 분해
>
> 콜레시스토키닌(Cholecystokinin)
> • 소장 상부(십이지장, 공장)에서 분비되며 단백질, 지질 소화와 관련 있다.
> • 췌액효소(트립시노겐, 키모트립시노겐, 프로카르복시펩티다아제, 최적 pH 약알칼리성)와 담즙의 분비를 촉진시킨다.

133 소화효소에 관한 설명 중 옳지 않은 것은?

① 엔테로키나아제는 단백질 분해효소인 트립신을 활성화한다.
② 수크라아제는 설탕을 2개의 포도당으로 분해시킨다.
③ 아미노펩티다아제는 폴리펩티드의 아미노기 말단으로부터 아미노산, 디펩티드, 트리펩티드로 분해시킨다.
④ 락타아제는 젖당을 포도당과 갈락토오스로 분해시킨다.
⑤ 구강에서 프티알린은 탄수화물을 분해시킨다.

> **해설** 소화효소
> • 수크라아제 : 설탕을 포도당과 과당으로 분해시킨다.
> • 말타아제 : 엿당을 2개의 포도당으로 분해시킨다.

134 간의 기능으로 조합된 것은?

가. 당과 지질 대사	나. 단백질의 합성·저장·방출
다. 담즙생산	라. 혈액응고

① 가, 다
② 나, 라
③ 가, 나, 다
④ 라
⑤ 가, 나, 다, 라

> **해설** 간의 기능
> • 어른 간의 무게는 1,200~1,600g 정도로 문맥과 간동맥을 통해서 혈액을 공급받는다.
> • 간장의 기능은 가~라 외에, 방어 및 해독작용, 혈액량 조절 등이 있다.
> • 간장의 모세혈관 망에는 식작용이 왕성한 성상세포(Kupffer's cell)가 있어 간으로 유입되는 유독성 물질, 노후세포, 파괴된 적혈구, 기타 이물질에 대해 세포 내에서 식작용 및 무독화를 한다.
> • 비타민 K를 원료로 프로트롬빈을 합성하여 혈액응고에 관여한다.

135 영양소의 소화 · 흡수 · 운반에 대한 설명으로 옳지 않은 것은?

① 총담관이 열리는 곳은 십이지장이다.
② 영양소의 흡수는 주로 십이지장과 공장에서 일어난다.
③ 동맥혈인 간동맥은 간에 산소와 영양소를 공급한다.
④ 정맥혈인 문맥은 장에서 흡수된 영양소를 간으로 운반한다.
⑤ 수분을 가장 많이 흡수하는 곳은 대장이다.

해설 수분의 흡수
- 수분의 흡수는 소장 및 대장에서 이루어진다.
- 대장에서는 내용물이 수분을 잃고 단단한 대변으로 되기 때문에 대장에서 수분흡수가 가장 많을 것이라 생각되지만 소장에서의 흡수가 훨씬 많다.
- 소화관 내로 들어온 수분 이외에 대량의 소화액이 분비되고 이들 수분의 대부분이 소장에서 흡수된다.

136 다음 중 위액 성분에 포함된 것은 무엇인가? 2019.12

① 엔테로키나아제　　　　　　② 트립신
③ 내적인자　　　　　　　　　④ 아미노펩티다아제
⑤ 키모트립신

해설 내적인자(Intrinsic Factor)
- 비타민 B_{12}의 흡수를 돕는 내적인자는 위의 벽세포에서 분비된다.
- 소장에서 엔테로키나아제는 트립시노겐을 트립신으로 활성화시키고, 활성화된 트립신은 키모트립시노겐을 키모트립신으로, 프로카르복시펩티다아제를 카르복시펩티다아제로 각각 활성화시킨다(단백질 소화).

137 위샘은 세 가지 종류의 세포로 이루어져 있는데 그중 주세포에서 분비되는 물질은? 2020.12

① 점 액
② 펩시노겐
③ 내적인자(intrinsic factor)
④ 염 산
⑤ 당단백질

해설 위샘(gastric gland)
- 위샘은 위액을 분비하는 소화샘으로 위액은 강한 산성을 띠고 있다.
- 위샘은 3가지 종류의 세포로 이루어져 있는데 주세포, 부세포, 방세포가 있다. 주세포에서는 펩시노겐, 부세포에서는 점액, 방세포에서는 염산 물질을 분비한다.
- 위샘에서 분비되는 위액은 강한 산성으로 살균작용과 단백질 분해 역할을 한다.

138 빈혈이 있는 위궤양 환자에게 줄 수 있는 음식 중 가장 옳은 것은? 2018.12

① 호밀빵, 연어구이
② 당근죽, 조기튀김
③ 토마토 스프, 우유
④ 흰죽, 야채튀김
⑤ 흰죽, 갈치구이

해설 위궤양 환자
• 위궤양 환자에게 오는 합병증으로는 알칼로시스, 열량과 단백질 결핍, 철결핍성 빈혈, 비타민 결핍증, 체중 감소 등이 있다.
• 단백질은 위산 분비를 촉진시키기는 하나 상처의 회복을 도우므로 적절하게 공급하며 튀긴 음식, 생채소, 강한 향신료, 산도가 높은 자극적인 음식 등은 제한한다.
• 소화가 잘 되는 단백질의 섭취와 빈혈 예방을 위한 철분 섭취에 유의하도록 한다. 흰죽, 으깬 감자, 가자미찜, 대구찜 등을 제공할 수 있다.

139 위산 분비를 억제하여 소화를 지연시키는 영양소와 식품이 알맞게 짝지어진 것은?

① 지방 – 크림
② 탄수화물 – 찰떡
③ 비타민 – 과일통조림
④ 탄수화물 – 꿀
⑤ 단백질 – 붉은살생선

해설 • 지방은 위의 소화운동을 억제하여 체위시간이 길어진다.
• 꿀은 농축당질이므로 위장에서 당을 희석시키기 위해서 위액이 많이 분비되며 또 당류가 체내에서 발효될 때 산이 많이 생긴다.
• 위액분비 촉진 음식 : 구운 고기, 붉은살생선, 고깃국물, 알코올·카페인 음료, 강한 향신료, 튀긴 음식 등
• 위운동 촉진 인자 : 자극적인 음식, 히스타민, 스트레스, 흡연, 부신피질자극호르몬 등

140 소화성 궤양 환자에게 제공할 수 있는 가장 적합한 음식은? 2020.12

① 제육볶음
② 소갈비찜
③ 고등어조림
④ 갈치튀김
⑤ 영계백숙

해설 연질 무자극 식품으로서 영계백숙이 좋다. 또한 출혈성 궤양을 위해 양질의 단백질, 철, 비타민 C를 섭취하며 무자극성 식사를 제공한다. 기름에 튀긴 음식, 생채소, 강한 향신료, 산도가 높은 자극적인 음식 등은 제한한다.

138 ⑤ 139 ① 140 ⑤ 정답

141 위 관련 질환 식사요법에 관한 설명 중 적절하지 않은 것은?

① 위 절제수술 후에는 단순당이나 농축당은 피하고 저당질식을 한다.

② 소화성 궤양의 경우 연질 무자극식을 이용한 식사요법을 진행한다.

③ 열대성 스프루는 저단백식사를 하는 것이 원칙이다.

④ 글루텐과민성 장질환일 때 밀, 호밀 등 글루텐 함유 식품을 제한한다.

⑤ 위 절제수술 후 위점막을 강화하기 위해 양질의 단백질을 충분히 제공한다.

해설 위 관련 질환 식사요법
- 열대성 스프루 : 고에너지, 고단백 식사와 철, 엽산, 비타민 B_{12} 등 비타민과 무기질을 충분히 섭취하도록 한다. 또한 설사로 인한 탈수를 방지하기 위해 수분과 전해질을 공급한다.
- 위 절제수술 : 소화할 수 있는 소량을 주어 환자에게 음식의 부담을 느끼지 않도록 한다. 섬유소는 후기 덤핑증후군에서 저혈당을 방지하므로 충분히 섭취하도록 한다.
- 소화성 궤양 치료에 우유와 크림은 일시적으로 궤양 부위를 보호하나 칼슘과 단백질로 인해 오히려 위산 분비를 자극하므로 제한하는 것이 좋다(우유는 하루 1컵 정도).

142 저잔사식(low residue diet)을 제공 가능한 대상으로 조합된 것은?

| 가. 유당불내증 | 나. 이완성 변비 |
| 다. 세균성 설사 | 라. 췌장염 |

① 가, 다   ② 나, 라

③ 가, 나, 라   ④ 라

⑤ 가, 나, 다, 라

해설 저잔사식
- 저섬유소식(low fiber diet)은 섬유질을 제한하는 방법이고, 저잔사식(low residue diet)은 섬유질, 우유와 육류의 결체조직을 제한하여 대변량을 줄이는 방법이다.
- 섬유소가 매우 적은 식품으로 구성되며 식이섬유는 1일 8g 이하로 공급한다.
- 식이섬유의 함량이 낮아도 대변의 용적을 늘리는 식품을 제공한다.
- 장관 내 자극과 운동을 감소시키기 위해 지방도 제한한다.
- 우유는 장내세균이 번식하기 쉬운 배양 역할을 하므로 장티푸스, 이질 등의 세균성 설사 환자에게 섭취를 금지한다.

143 열대성 스프루 환자의 증상과 식사요법으로 옳지 않은 것은?

① 소장점막의 융모가 위축되어 지방변이 생긴다.
② 고지방식, 고비타민식, 고단백식이 원칙이다.
③ 엽산, 비타민 B_{12}의 결핍으로 거대적아구성 빈혈이 생긴다.
④ 영양소 흡수장애를 수반한다.
⑤ 지방은 중쇄지방(MCT)를 이용하여 공급한다.

> **해설** 열대성 스프루
> • 스프루는 지방변증이 있으므로 저지방식이 원칙이고, 지방은 중쇄지방(MCT)으로 공급한다.
> • 지방성 설사로 단백질, 탄수화물, 지방, 철, 마그네슘, 아연, 지용성 비타민 등 흡수불량이 일어나므로 열량, 단백질, 지용성 비타민, 수용성 비타민, 무기질 등을 충분히 공급해야 한다.

144 글루텐과민성 장질환 환자가 섭취해도 되는 식품은? `2021.12`

① 밀가루
② 호밀가루
③ 보 리
④ 귀 리
⑤ 옥수수가루

> **해설** 비열대성 스프루(Non tropical sprue)
> • 개인의 특이체질에 따라 밀의 성분인 글루텐이 소장 점막의 유모를 위축시킴으로써 흡수장애를 일으키는 것으로 글루텐과민성 장질환이라고도 한다.
> • 글루텐이 들어있는 밀, 보리, 호밀, 메밀, 맥아 및 그 제품의 섭취를 제한한다. 옥수수가루는 글루텐이 들어있지 않은 대표적인 식품이다.

145 경련성 변비에 관한 설명 중 옳지 않은 것은?

① 섬유소가 많은 채소를 공급한다.
② 증상이 심할 때는 저잔사식을 한다.
③ 되도록 부드러운 음식을 제공한다.
④ 채소나 과일은 생것보다는 익힌 것이 좋다.
⑤ 탄산·알코올음료는 제한한다.

> **해설** 경련성 변비에는 장벽을 자극하지 않는 식품을 선택해야 하므로 저섬유소식과 부드러운 음식을 제공해야 한다.

146 직장벽의 민감도 저하로 연동운동이 약해졌다면 고식이섬유 식사가 필요하다. 관련된 질환으로 적합한 것은?

2019.12

① 크론병   ② 저산성 위염
③ 경련성 변비   ④ 궤양성 장염
⑤ 이완성 변비

해설 이완성 변비
• 이완성 변비는 노인, 임신부, 비만자, 수술 후 환자에게 많이 발생하며 고섬유소식, 고지방식을 준다.
• 당근튀김, 미역줄기볶음, 양배추찜, 차가운 우유 등이 좋다.
• 코코아, 초콜릿, 감, 파파야 등 탄닌이 함유된 성분을 과식하게 되면 변비에 걸리기 쉬우므로 이완성 변비에 좋지 않다.

147 급성 설사와 만성 설사의 식이요법의 공통점으로 옳은 것은?

① 수분과 전해질의 손실을 충분히 보충해야 한다.
② 수분보다는 전해질 위주로 공급한다.
③ 데운 음료를 주어야 한다.
④ 생과일을 자주 제공한다.
⑤ 저열량식을 준다.

해설 급성 설사 vs 만성 설사
• 급성과 만성 둘 다 수분 · 전해질 손실을 보충해야 한다.
• 만성 설사 시는 데운 음료를 주어야 하며 저섬유 · 저잔사식, 고열량 · 고단백식을 공급하되 구강으로 급식이 어려우면 정맥주입으로 보충해야 한다.

148 발효성 설사의 원인으로 적합한 것은?

① 지방의 소화 · 흡수 장애
② 탄수화물의 소화 · 흡수 장애
③ 단백질의 소화 · 흡수 장애
④ 비타민의 소화 · 흡수 장애
⑤ 무기질의 소화 · 흡수 장애

해설 발효성 설사
• 탄수화물의 소화 · 흡수 장애에 의해 발생한다.
• 장내에서 발효균의 작용에 의해 가스가 생겨 장점막을 자극해 설사가 일어난다.
• 황갈색 변, 시큼한 냄새, 거품의 특징이 있고, 전분질식품, 과자류, 청량음료를 제한해야 한다.

149 크론병에 대한 설명으로 옳지 않은 것은?

① 대장, 직장, 항문 부위에만 발생한다.
② 염증은 부분적으로 몇 군데로 띄어져 나타나며 회장염이라고도 한다.
③ 점막하조직의 염증성 질환, 유전적 요인, 면역과민반응으로 발생한다.
④ 비타민 B₁₂, 칼슘, 아연 등의 영양불량이 나타난다.
⑤ 만성 염증성궤양 질환이다.

> **해설** 크론병
> • 크론병은 소화기 내의 어느 부위에서도 발생할 수 있고, 특히 회장말단 부위와 대장에서 흔히 발생한다.
> • 영양소 흡수불량, 단백질 손실, 영양불량, 비타민 B₁₂ 흡수불량, 담즙산 재흡수 불량 등이 나타난다.
> • 합병증으로 장폐색, 천공, 출혈 등이 나타날 수 있다.

150 게실염을 예방하기 위해 평상시 많이 섭취하면 좋은 식품으로 조합된 것은?

| 가. 미역국 | 나. 배추쌈 |
| 다. 토마토 | 라. 사 과 |

① 가, 다　　　　② 나, 라
③ 가, 나, 다　　④ 라
⑤ 가, 나, 다, 라

> **해설** • 평소 미역, 배추, 토마토, 살구, 사과, 배 등의 고섬유소 식품을 많이 섭취하여 규칙적인 배변을 할 경우 게실염은 예방이 가능하다.
> • 게실염은 S상결장에 많이 발견되며, 저섬유소식 때문에 발생되므로 고섬유소식을 준다. 게실증은 연령 증가로 인해 결장점막의 탄력성이 저하되어 많이 발병한다.

151 50대 남자 K 씨에게 체중 감소 증상과 지방변 증상이 왔다면 식사요법으로 적당한 것은?　2018.12

① 저당질식　　　　② 고지방식
③ 비타민 섭취 금지　④ 저지방식
⑤ 고단백식

> **해설** 지방변증
> • 원인 : 지방흡수 불량으로 과량의 지방이 대변으로 배출, 췌장·간질환으로 리파아제, 담즙 분비 불량, 소장점막 염증
> • 증상 : 지방변 설사, 체중감소, 영양불량, 필수지방산 결핍, 뼈 손실 증가, 신장결석 위험 증가
> • 식사요법 : 지방제한식, 중쇄지방산(MCT) 섭취, 에너지와 단백질, 비타민, 무기질 보충
> • 췌장염 환자의 경우 지방변이 올 수 있으므로 당질을 위주로 한 식사를 하고, 지방과 단백질은 췌액 분비를 촉진하여 췌장에 자극을 주므로 제한한다.

152 회장을 절제한 환자들에게 부족하기 쉬운 비타민은 무엇인가? `2021.12`

① 티아민
② 리보플라빈
③ 니아신
④ 비타민 C
⑤ 비타민 B_{12}

해설 비타민 B_{12}는 위에서 분비되는 내적인자(intrinsic factor)와 결합하여 회장에서 흡수되므로 위나 회장 절제 시 비타민 B_{12}이 결핍되어 빈혈을 초래할 수 있다.

153 급성 장염 환자에게 제한해야 하는 식품은? `2021.12`

① 흰살생선
② 애호박나물
③ 달걀찜
④ 보리차
⑤ 우 유

해설 급성 장염
• 급성 장염의 초기 1~2일간은 절식하며 심한 설사로 인한 탈수증을 막기 위해 전해질과 수분을 충분히 공급한다.
• 증세의 회복 정도에 따라 반유동식으로 하고 부식으로는 부드러운 채소, 흰살생선, 반숙란 등을 추가한다.

154 위 상단부 절제수술 후 동반되는 영양장애에 대한 설명으로 옳지 않은 것은? `2017.02`

① 질소대사가 항진되어 소변에 질소배설량이 증가된다.
② 위산 부족에 의해 단백질 소화와 철분흡수가 어렵다.
③ 혈중 수분의 장내 이동으로 혈액량 감소를 초래하여 기립성 저혈압이 나타난다.
④ 칼슘 흡수장애에 의한 골다공증이 생기는 경우가 있다.
⑤ 내인자 분비가 증가되어 비타민 B_{12}의 흡수가 증가된다.

해설 위 절제수술 후 내인자 분비가 감퇴되어 비타민 B_{12}의 흡수가 저하된다.

155 간의 영양소 대사에 대한 설명 중 옳지 않은 것은?

① 당질, 지질, 단백질 3대 영양소 대사에 관여한다.
② 콜레스테롤로부터 담즙을 생성한다.
③ 간 손상 시 요소합성이 감소되어 혈중 암모니아 함량이 상승된다.
④ 수용성 비타민의 저장에 관여한다.
⑤ 비타민 K를 원료로 프로트롬빈으로 전환하는 데 관여한다.

해설 간은 지용성 비타민의 저장에 관여한다.

156 다음은 무엇에 관한 설명인가?

> 3대 영양소를 가수분해하는 소화효소를 모두 가지고 있으며 전구체(pro-enzyme)의 형태로 분비되어 십이지장 내에서 활성화된다.

① 위 액   ② 췌 액
③ 장 액   ④ 타 액
⑤ 담 즙

해설 췌 액
• 세크레틴에 의해 분비가 촉진되고 3대 영양소를 가수분해하는 소화효소를 모두 가지고 있다.
• 단백질 분해효소는 매우 강력한 분해활성을 가지므로 췌장의 자기 분해를 막기 위해 전구체(pro-enzyme)의 형태로 분비되어 십이지장 내에서 활성화된다.

157 간의 탄수화물 대사에 관한 설명으로 옳은 것은? 2020.12

① 혈당 감소 시 당신생이 일어난다.
② 혈당 감소 시 포도당으로부터 중성지방을 합성한다.
③ 혈당 감소 시 글리코겐 저장량이 증가한다.
④ 혈당 증가 시 간에서 인슐린을 분비한다.
⑤ 혈당 증가 시 글리코겐이 포도당으로 분해된다.

해설 우리 몸에 포도당의 공급이 끊어지는 공복 시에도 간은 당원분해 과정을 통하여 저장된 글리코겐을 분해하거나 당신생 합성을 통해 혈중으로 포도당을 내보내어 혈중농도를 일정하게 유지시킨다.

158 급성 간염에 대한 설명으로 옳지 않은 것은?

① 급성 간염을 일으키는 병원체는 박테리아에 의한다.
② 피로감, 우울증, 식욕부진, 황달 등의 증상이 나타난다.
③ 고열량식을 주되 비만이 되지 않도록 조절해야 한다.
④ 기름기가 많은 식품을 제한하고 잡곡류를 금한다.
⑤ 섬유소가 많은 채소나 건조과일은 제한한다.

해설 **급성 간염**
• 원인 : A, B, C, D 및 E형 바이러스에 의한다.
• 증상 : 피로, 권태, 우울증, 식욕부진, 메스꺼움, 구토, 두통, 체중 감소, 오른쪽 상복부 통증, 복부팽만감, 황달 등의 증상이 나타나며, 안정을 취해야 간조직에 충분한 산소와 영양분이 공급되어 간세포가 재생된다.
• 무자극성 식사, 고에너지, 고단백, 고당질 식사를 제공하고, 식단으로 우유, 달걀찜 등이 좋다.

159 간염의 식사요법으로 올바른 것의 조합은?

가. 하루 100~150g 고단백식	나. 유화지방 섭취 제한
다. 하루 300~400g의 당질 공급	라. 저열량식

① 가, 다   ② 나, 라
③ 가, 나, 다   ④ 라
⑤ 가, 나, 다, 라

해설 **간 염**
• 고에너지 · 고단백 · 고당질식을 공급한다.
• 탄수화물을 충분히 섭취하는 것은 단백질 절약작용을 할 뿐 아니라 간을 보호하고 간기능을 유지하는 데 도움이 되는 글리코겐의 급원이 되므로 하루 300~400g이 필요하다.

160 급성 간염 환자에 대한 설명으로 옳지 않은 것은?

① 요중 빌리루빈과 우로빌리노겐이 증가한다.
② 혈청 빌리루빈, AST, ALT 등이 상승한다.
③ 급성기에 식사를 못할 경우에는 경관 또는 정맥으로 영양을 공급한다.
④ A형 간염은 식품이나 음료수를 통해 경구적으로 감염된다.
⑤ E형 간염은 혈액이나 체액에 접촉되어 감염된다.

해설 **간 염**
• 간질환 시 혈청 : 빌리루빈, AST, ALT ↑, 알부민, 글로불린, 피브리노겐, A/G비 ↓
• 간질환 시 요 : 빌리루빈, 우로빌리노겐 ↑
• B, C형 간염 : 정액, 타액, 혈액이나 수혈 등으로 감염
• D형 간염 : B형 바이러스의 생존과 증식에 의존하여 B형과 동시 감염될 수 있음
• E형 간염 : 분변, 오염된 물

161 만성 간염 환자의 식사요법으로 조합된 것은?

> 가. 지나친 열량 공급을 삼감
> 나. 단백질은 양질로 1.5g/kg
> 다. 간성혼수 시 저단백질 식사
> 라. 복수가 있을 때 저염식

① 가, 다　　　　　　　　　　② 나, 라
③ 가, 나, 다　　　　　　　　　④ 라
⑤ 가, 나, 다, 라

해설　만성 간염
　　• 고에너지(2,300~2,500kcal), 고단백식(100~120g), 고비타민식을 제공한다.
　　• 부종과 복수 시 저염식으로 1일 3~5g으로 소금을 제한한다.

162 혈청효소 중 ALP를 측정했다면 어떤 질병을 알아보기 위한 것인가? `2018.12`

① 빈 혈　　　　　　　　　　② 통 풍
③ 당 뇨　　　　　　　　　　④ 만성 췌장염
⑤ 간 염

해설　질병과 혈액의 조사항목
　　• ALP, AST(GOT), ALT(GPT) 등은 간염 시 간 기능을 확인하기 위해 검사하며, 당뇨에는 혈당을, 통풍에는 요산의 배설량을,
　　　췌장기능은 소화효소(췌장 아밀라아제)의 분비량을 측정해야 한다.
　　• 빈혈을 판정하는 데 사용하는 수치는 평균 적혈구 용적(MCV)이다.

163 간경변증 환자의 혈청알부민 수치가 낮은 이유는? `2020.12`

① 신장에서 알부민 배설이 증가하기 때문이다.
② 간에서 글로불린 합성이 감소하기 때문이다.
③ 간에서 요소 합성이 증가하기 때문이다.
④ 소장에서 알부민 흡수가 감소하기 때문이다.
⑤ 간에서 알부민 합성이 감소하기 때문이다.

해설　간은 감마글로불린을 제외한 대부분의 혈청 단백질을 생산한다. 알부민은 양적으로 가장 중요한 혈청 단백질이며 전적으로 간에서만
　　합성된다. 복수를 동반한 간경변증 환자에서는 알부민 합성이 절대적으로 감소할 뿐만 아니라 체분포 용적이 증가하여 저알부민
　　혈증이 나타날 수 있다.

164 간경변증 환자에게 복수가 나타날 경우 식사요법으로 조합된 것은?

가. 고열량식	나. 고단백식
다. 고비타민식	라. 저나트륨식

① 가, 다　　　　　　　　　　　　② 나, 라
③ 가, 나, 다　　　　　　　　　　　④ 라
⑤ 가, 나, 다 라

해설　간경변증의 복수 발생
- 부종, 복수의 원인 : 문맥상의 항진에 기인하는 것 이외에 혈청단백질, 특히 알부민 감소와 항이뇨호르몬, 알도스테론과 같은 호르몬이 Na을 재흡수하여 요중의 Na을 현저하게 감소시키기 때문에 발생한다. 요의 양을 감소시켜 복수를 증가시킨다.
- 단백가가 높은 단백질을 하루 100~110g 섭취하여 간조직을 보수시켜야 하며, 식염을 0~5g으로 제한해야 한다.
- 지방은 필수지방산 결핍을 방지할 정도로 소량 공급하며, 소화가 잘되는 MCT를 공급한다.

165 간성혼수 환자가 복수가 있을 때 제한해야 하는 것은?　2021.12

① 분지아미노산　　　　　　　　　② 비타민
③ 열 량　　　　　　　　　　　　　④ 지 방
⑤ 나트륨

해설　간성혼수와 복수
- 복수와 부종이 있을 때에는 나트륨을 2,000mg/day 이하(소금 5g/day)로 제한하며, 심할 경우 나트륨을 500mg/day(소금 1.3g/day)로 제한한다.
- 분지사슬 아미노산은 간성뇌증을 유발하지 않으면서 질소균형을 양성으로 유지할 수 있으므로 영양상태를 개선할 목적으로 투여할 수 있다.

166 간경변증 환자가 간성혼수를 일으키기 시작할 때 제한하는 영양소는?

① 단백질　　　　　　　　　　　　② 지 방
③ 비타민　　　　　　　　　　　　④ 당 질
⑤ 수 분

해설　간경변증 · 간성혼수
- 원인 : 문맥과 정맥계 사이의 정맥회로에 손상으로 인해 암모니아(NH₃)가 순환계에 들어가서 혈액 암모니아를 증가시키며, 중추신경계의 중독을 일으킨다.
- 혈액 내 암모니아와 아민류가 증가하여 중추신경계에 독성, 현기증에서 혼수상태까지 진행되므로 단백질 섭취를 제한해야 한다.

167 간성혼수 환자의 식사요법 원칙은? `2017.02` `2018.12`

① 고칼로리, 고단백
② 고칼로리, 저단백
③ 저칼로리, 저단백
④ 고칼로리, 고지방
⑤ 저칼로리, 고지방

해설 간성혼수 식사요법
• 간 기능의 저하로 단백질 분해산물인 암모니아가 요소생성에 이용되지 못하고, 순환계로 들어가 혈액 내 암모니아 농도를 높이게 되며 이것이 뇌를 손상시켜 혼수상태를 유발한다.
• 따라서 식이에 단백질을 제한하고 아울러 체단백의 분해를 막기 위해 충분한 열량을 공급한다.

168 황달이 나타날 수 있는 원인으로 조합된 것은?

가. 간세포의 빌리루빈 배설 이상
나. 적혈구 용혈 항진으로 빌리루빈의 과잉생산
다. 담도계의 빌리루빈 통과 장애
라. 콜레스테롤의 과잉생산

① 가, 다
② 나, 라
③ 가, 나, 다
④ 라
⑤ 가, 나, 다, 라

해설 황달은 체내 빌리루빈 증가가 주요 원인이다.

169 용혈성 황달은 말초혈액에서 적혈구가 파괴되면서 어떤 물질의 생성에 기인하는가? `2017.02`

① 프로트롬빈
② 빌리루빈
③ 헤모글로빈
④ 콜레스테롤
⑤ 칼 슘

해설 용혈성 황달
적혈구 붕괴현상의 항진에 의하여 간장 및 혈관 내피세포의 헤모글로빈 분해가 증가되어 혈중의 빌리루빈 양이 높아져 생기는 황달증세를 말한다.

170 175cm, 체중 90kg인 50세 남성이 건강검진에서 지방간이 있는 것으로 진단되었다면 적절한 영양치료 방법은?

2021.12

① 지방 – 하루 총 에너지의 10% 미만으로 제한하기
② 단백질 – 하루에 체중 1kg당 2g 이상 섭취하기
③ 체중 – 점진적으로 5~10kg 정도 감량하기
④ 탄수화물 – 하루 총 에너지의 70% 이상으로 섭취하기
⑤ 식이섬유 – 하루에 10g 미만으로 제한하기

해설 비알코올성 지방간은 비만, 당뇨병 이상지질혈증과 대사증후군 등이 관련되어 있다. 따라서 현재 과체중 또는 비만 상태라면 식사를 조절하여 체중을 줄이면 간에 쌓인 지방을 줄일 수 있다.

171 알코올성 간질환 환자의 식사요법은? 2020.12

① 저혈당 발생 위험이 있어서 단순당을 충분히 제공한다.
② 간성혼수가 있으면 단백질 섭취를 제한한다.
③ 고에너지식을 위하여 유지류를 충분히 제공한다.
④ 식욕을 돋우기 위하여 튀기거나 볶은 음식을 제공한다.
⑤ 비타민, 무기질 보충제는 최대한 많은 양을 복용하는 것이 좋다.

해설 단순당, 포화지방산, 콜레스테롤 섭취를 제한하며 영양불량성인 경우 고에너지·고단백식을 제공하지만 간성혼수가 있으면 단백질 섭취를 제한한다(무단백식).

172 알코올성 지방간 환자의 식사요법 및 영양관리로 적절치 않은 것은?

① 알코올 섭취를 제한한다.
② 비타민 및 무기질을 충분한 섭취한다.
③ 일반적으로 지방간의 식이요법은 간염의 식사원리와 같다.
④ 정상체중을 유지하도록 한다.
⑤ 저단백·저열량식이 원칙이다.

해설 알코올성 간질환
• 지속적인 알코올 섭취로 인해 영양불량이 되기 쉽기에 금주가 필수이며, 간세포 재생을 위해 충분한 단백질을 공급하고 비타민·무기질의 충분한 섭취가 필요하다.
• 열량은 충분히 주되 정상체중을 유지하도록 한다.

173 지방간 생성을 방지하는 데 좋은 영양소로 조합된 것은?

가. 메티오닌	나. 셀레늄
다. 비타민 E	라. 콜 린

① 가, 다   ② 나, 라
③ 가, 나, 다   ④ 라
⑤ 가, 나, 다, 라

해설   항지방간인자에는 메티오닌, 콜린, 비타민 E, 셀레늄 등이 있다.

174 간경변증 환자의 단백질 대사에 대한 설명으로 옳은 조합은?

가. 혈장 글로불린 증가
나. 혈장 피브리노겐 증가
다. 혈장 알부민 합성 증가
라. 알부민/글로불린비 저하

① 가, 다   ② 나, 라
③ 가, 나, 다   ④ 라
⑤ 가, 나, 다, 라

해설   간질환 시 알부민 합성능력 감소로 알부민/글로불린비가 감소하고, 동시에 간의 모든 단백질 합성능력이 저하된다.

175 담석의 성분이 될 수 있는 것의 조합은?

가. 콜레스테롤	나. 빌리루빈
다. 칼 슘	라. 헤모글로빈

① 가, 다   ② 나, 라
③ 가, 나, 다   ④ 라
⑤ 가, 나, 다, 라

해설   담 석
- 담석증에는 콜레스테롤결석, 빌리루빈 칼슘결석, 탄산칼슘결석 등이 있다.
- 대표적으로 콜레스테롤결석은 콜레스테롤, 담즙산, 빌리루빈 등으로 구성된다.

176 담석증 환자가 섭취하지 말아야 하는 음식은?

① 쌀 밥
② 민어찜
③ 찐 감자
④ 꿀 차
⑤ 콩 밥

해설 • 담석증 환자에게는 가스를 발생하는 식품을 제한하므로 콩밥보다는 쌀밥을 섭취하도록 한다.
• 가스 발생식품
  – 채소 : 콩류, 배추, 콜리플라워, 옥수수, 오이, 풋고추, 무, 열무 등
  – 과일 : 사과, 참외, 멜론, 수박 등

177 만성 췌장염의 식사요법으로 가장 옳은 것은? 2019.12

① 고식이섬유식
② 저단백질식
③ 저당질식
④ 저지방식
⑤ 저열량식

해설 만성 췌장염의 경우 당질을 중심으로 주되 회복되면 단백질을 증가시키고, 유화된 지방으로 저지방식이 바람직하다.

178 만성 췌장염에 대한 설명으로 옳지 않은 것은?

① 당질을 중심으로 주되 회복되면 단백질을 증가시킨다.
② 유화된 지방으로 된 저지방식이 바람직하다.
③ 영양소의 공급순서는 단백질 → 탄수화물 → 지방 순이다.
④ 소화・흡수가 좋은 식품을 공급해야 한다.
⑤ 상복부 통증, 구토, 설사, 식욕부진, 체중 감소 등의 증상이 나타난다.

해설 만성 췌장염
• 급성 췌장염에 준하며 당뇨병의 합병증이 있을 때, 당뇨병 식사요법을 실시한다.
• 췌장염 환자의 식사요법에서 영양소의 공급순서는 탄수화물 → 단백질 → 지방 순이다.

179 다음 설명에 해당하는 자에게 통증이 완화될 때까지 금식시키고, 수분과 전해질을 정맥영양으로 공급한 이후에 제공하는 식사요법은? 2020.12

> 평소 과음하는 이 씨가 심한 상복부 통증으로 입원하였다. 혈액검사 결과 혈청 아밀라아제와 리파아제 농도가 정상 수준보다 매우 높았다.

① 저당질 – 저지방식
② 고당질 – 고단백식
③ 고당질 – 저지방식
④ 저단백 – 고지방식
⑤ 고단백 – 고지방식

해설 췌장염
- 췌장소화효소 중 췌장염 진단에 가장 널리 이용되는 것은 아밀라아제(amylase)와 리파아제(lipase)이다. 혈청 아밀라아제 농도가 정상치의 3배 이상 증가하고 특징적인 복통이 있는 경우 침샘 질환이나 소화관 천공 등의 다른 원인이 없다면 급성 췌장염을 확진할 수 있다. 리파아제의 경우 증상 시작 4~8시간 후에 증가하기 시작하여 보통 24시간 후에 최고 농도에 도달한다.
- 식이요법 : 발병 후 3~5일간 금식하고, 정맥으로 수분과 영양공급을 하며 고지방 식품, 알코올, 음료, 커피, 향신료 등은 금지한다. 당질 함유 맑은 유동식, 연식, 일반식으로 이행 공급한다.

180 담낭염 환자에게 제공할 수 있는 음식은? 2021.12

① 잣 죽
② 약 과
③ 쌀 밥
④ 핫도그
⑤ 곰 탕

해설 담낭염
- 담낭의 수축과 담도의 심한 발작을 예방하는 당질 위주의 저지방식이 좋다.
- 곡류는 쌀밥, 잡곡밥, 찹쌀 등을 제공하며 핫도그, 도넛, 달걀 또는 치즈가 들어간 빵 등은 제한한다.

181 담낭암 등 담도계 질환 발병 환자에게 가장 문제가 되는 것은? 2017.02

① 단백질 흡수 불량
② 수분 흡수 불량
③ 지방 흡수 불량
④ 무기질 흡수 불량
⑤ 수용성 비타민 흡수 불량

해설 담도계 질환
- 담도계는 소화에 있어서 중요한 역할을 하는데 특히 지방의 소화에 있어서 담즙산의 역할은 결정적이다.
- 간에서 분비된 담즙은 담낭에서 농축되어 있다가 지방질이 십이지장에 들어오면 콜레시스토키닌(CCK) 등에 의하여 담낭의 수축과 오디괄약근의 이완이 발생하면서 담즙이 십이지장으로 배출되면서 지방의 소화를 돕는다.
- 담낭 염증세포의 자극완화 및 재생, 담석의 이동 및 형성을 억제하는 식사요법이 필요하다.

182 비만을 치료하는 행동수정요법은 자기관찰, 자기조절, 보상 등으로 이루어진다. 다음 중 자기조절 단계에 해당하는 것은? `2020.12`

① 식사일기와 활동량 일지를 직접 작성한다.
② 바람직한 행동을 할 경우 자신에게 특별한 선물을 한다.
③ 장보기는 식사 후에 한다.
④ 몸무게를 자주 측정한다.
⑤ 하루에 섭취하는 총 에너지를 계산한다.

해설   행동수정요법
자기관찰은 행동치료의 가장 기본이 되는 요소이다. 자기관찰의 목적은 습관을 잘 인식하게 되고, 식습관과 운동습관을 평가하며, 치료 프로그램을 지속하면서 스스로 동기부여하게 된다. 식이요법을 위해서 가장 먼저 자신의 식사환경을 돌아보고 정비하는 것이 중요한데, 배가 부를 때 장을 보러 가는 것은 개선해야 할 사항으로 자기조절 단계에 해당한다.

183 비만에 대한 설명으로 옳지 않은 것은?

① 소아비만은 지방조직세포의 수가 증가하기 때문에 성인비만보다 치료가 어렵다.
② 비만도 120 이상은 비만으로 판정한다.
③ 주로 섭취열량이 소비열량보다 많기 때문이다.
④ 소아기 비만은 성인이 된 후에는 아무런 영향이 없다.
⑤ 이미 생성된 지방세포의 수는 감소되지 않는다.

해설   비 만
• 성장기 소아비만은 지방세포의 수가 증가하고, 성인비만은 지방세포의 크기가 증가한다.
• 이미 생성된 지방세포의 수는 줄어들지 않으므로 성인비만보다 치료가 어렵고 성인이 된 후에도 영향을 준다.

184 서양배형 비만의 식사요법으로 가장 적합한 것은? `2017.02`

① 저지방식   ② 고단백식
③ 저단백식   ④ 고지방식
⑤ 고탄수화물식

해설   서양배형 비만(둔부 비만)
• 허리/엉덩이의 비율이 낮으나 지방세포의 수가 많아 체중감량이 어렵다.
• 하체형 비만, 여성형 비만이라 한다.
• 식사요법, 운동요법, 행동수정 요법을 병행하는 것이 좋다.
• 저열량식을 기본으로 지방의 섭취를 줄이고 식이섬유를 충분히 섭취한다.

185 체지방 분포에 대한 설명으로 옳지 않은 것은?

① 허리둘레가 남성은 90cm 이상, 여성은 85cm 이상일 때 복부비만으로 판정한다.

② 남성은 상체비만이 많고, 여성은 하체비만이 많다.

③ 허리둘레가 클수록 성인병 위험률이 높아진다.

④ 허리/엉덩이 비율이 여성 0.85 이상, 남성 0.95 이상이면 복부비만이다.

⑤ 남성형 비만을 서양배형 비만이라고 한다.

해설 체지방 분포에 따른 비만
- 복부 비만 : 허리/엉덩이(WHR)의 비율이 높고, 당뇨병, 심혈관계 질환 등 만성 질환 발병 위험이 높다. 상체형 비만, 남성형 비만, 사과형 비만이라 한다.
- 둔부 비만 : 허리/엉덩이의 비율이 낮으나 지방세포의 수가 많아 체중감량이 어렵다. 하체형 비만, 여성형 비만, 서양배형 비만이라 한다.

186 성인의 비만 평가기준('2020 비만 진료지침', 대한비만학회)에 근거했을 때 정상수치에 해당하는 경우는?

2021.12

① 남자 : 체질량지수 $22kg/m^2$, 허리둘레 88cm

② 남자 : 체질량지수 $25kg/m^2$, 허리둘레 94cm

③ 여자 : 체질량지수 $22kg/m^2$, 허리둘레 88cm

④ 여자 : 체질량지수 $25kg/m^2$, 허리둘레 90cm

⑤ 남자 : 체질량지수 $22kg/m^2$, 허리둘레 92cm

해설 비만 평가기준 – 정상수치
한국인에서 체질량지수와 허리둘레에 따른 동반 질환 위험도는 다음과 같다.

구 분	체질량지수(kg/m^2)	허리둘레에 따른 동반 질환의 위험도	
		<90cm(남자), <85cm(여자)	≥90cm(남자), ≥85cm(여자)
저체중	<18.5	낮 음	보 통
정 상	18.5~22.9	보 통	약간 높음
비만 전단계	23~24.9	약간 높음	높 음
1단계 비만	25~29.9	높 음	매우 높음
2단계 비만	30~34.9	매우 높음	가장 높음
3단계 비만	≥35	가장 높음	가장 높음

* 비만 전단계는 과체중 또는 위험 체중으로, 3단계 비만은 고도비만으로 부를 수 있다.

187 기아나 단식요법에 의한 비만 치료 시 생기기 쉬운 합병증으로 조합된 것은?

가. 통풍성 관절염	나. 빈 혈
다. 혈압 강하	라. 신장병

① 가, 다
② 나, 라
③ 가, 나, 다
④ 라
⑤ 가, 나, 다, 라

> **해설** 기아·단식요법 시 중 통풍성 관절염(체단백 분해 → 요산치 상승 → 통풍, 고요산혈증), 빈혈, 혈압 강하 등의 합병증이 유발되기 쉬우므로 반드시 의사의 철저한 관리하에 실시해야 한다.

188 비만 환자를 위한 식사요법은? 2020.12

① 수분을 제한한다.
② 식물성 단백질 위주로 제공한다.
③ 지질은 총 에너지의 10% 이내로 제공한다.
④ 식이섬유를 제한한다.
⑤ 당질은 최소 1일 100g 이상 제공한다.

> **해설** 비만 환자의 식사요법
> • 식사 속도가 빠를수록 소화·흡수 속도가 느려지고 혈당상승 속도도 지연되어 뇌의 섭식중추 자극으로 과식하게 된다.
> • 식사 간격이 길어 하루 식사 횟수가 적어지면 지방 합성효소의 활성이 커져 체지방 합성과 저장이 증가한다. 그러므로 동일한 에너지라도 하루에 여러 번 나누어 먹는 것이 체중 감소에 도움이 된다.
> • 다이어트를 위해 칼로리 섭취량을 줄이더라도 탄수화물은 최소 100g 이상 섭취해야만 신체기능을 유지할 수 있다.

189 비만을 조절하기 위한 바람직한 운동요법 및 효과에 대한 설명으로 옳지 않은 것은?

① 중등강도 이하의 지속적인 운동을 하는 것이 좋다.
② 가벼운 운동을 단시간에 하는 것이 좋다.
③ 운동 초기에는 근육량의 증가와 비지방 성분의 밀도가 높아져 체중은 변화하지 않는다.
④ 적당한 운동은 스트레스를 감소시켜 음식섭취를 조절할 수 있다.
⑤ 운동의 효과는 운동강도와 지속시간이 중요하다.

> **해설** 비만·운동
> • 강도 높은 운동에 소모되는 열량은 주로 근육 속의 에너지인 데 비해 중간 이하 강도의 운동에 소모되는 열량은 피하지방에서 주로 공급됨 → 중간 이하 강도의 운동을 지속적으로 하는 것이 중요하다.
> • 지속적으로 운동 시 근육량 증가와 수용력 한계로 인해 체지방량이 감소된다.

190 비만 환자가 식사요법과 운동요법을 병행했을 때 변화로 옳은 것은? `2021.12`

① 인슐린 저항성의 증가
② 기초대사율의 감소
③ 단위체중당 근육량의 증가
④ 양의 에너지 균형
⑤ HDL-콜레스테롤의 감소

해설 비만에서 운동을 병행했을 경우 열량 및 지방 소모, 체중 감소, 기초대사량 감소 둔화, 비만 관련 위험인자의 조절 등 효과를 들 수 있다.

191 대사증후군의 식사요법으로 옳은 것은? `2021.12`

① 생과일 대신 과일주스 제공
② 쇼트닝 대신 마가린 제공
③ 백미 대신 현미 제공
④ 설탕 대신 꿀 제공
⑤ 육류 대신 가공육 제공

해설 햄, 통조림, 라면 등 가공식품 및 고지방, 염장식품, 단 음식을 주의하도록 한다.

192 대사증후군의 주된 원인은 인슐린 저항성이다. 인슐린 저항성이 나타나는 주원인은?

① 저체중
② 비 만
③ 고혈압
④ 고혈당
⑤ 이상지질혈증

해설 인슐린 저항성은 비만으로 인해 나타난다.

190 ③ 191 ③ 192 ② 정답

193 대사증후군에 관한 설명으로 옳지 않은 것은? 2017.02

① 일반적으로 인슐린 저항성이 근본적인 원인으로 알려져 있다.
② 비만이나 운동부족 같은 생활습관에 기인한다.
③ 내당능 장애, 고혈압, 고지혈증, 비만 등이 한꺼번에 나타난다.
④ 식사요법으로 복합당보다는 단순당이 좋다.
⑤ 허리둘레, 공복혈당, 혈압, 혈청 중성지질 농도 등을 측정한다.

> **해설** 대사증후군
> • 식사요법 : 저에너지식, 저염식을 기본으로 단순당보다는 복합당이 좋으며 식물성 복합지질, 채소류, 해조류의 섭취를 증가한다.
> • ⑤ 이외에 혈청 HDL-콜레스테롤 농도 측정이 있고, 이 판정기준에 근거해서 3개 이상에 해당되는 경우 대사증후군으로 판정한다.

194 비만 환자에게 저당질 식사를 처방할 때 나타나는 증상으로 조합된 것은?

> 가. 체지방 조직의 산화·분해 증가
> 나. 케톤증
> 다. 산혈증(acidosis)
> 라. 탈모현상

① 가, 다
② 나, 라
③ 가, 나, 다
④ 라
⑤ 가, 나, 다, 라

> **해설** 단식이나 저당질 식사 시 체지방 조직의 산화·분해 증가 → 체지방 조직에서 방출되거나 소장에서 흡수된 지방산은 산화되어 케톤체를 생성하고 케톤증(ketosis) 발생 → 케톤체는 중화되기 위해 알칼리와 결합하여 알칼리 보유물질을 감소시킨 결과 산혈증(acidosis) 유발

195 20세 비만 여성이 체중조절을 위해 평상시보다 하루 500kcal씩 에너지를 제한하는 처방을 받았다. 1개월 후 약 몇 kg의 체중 감소를 예상할 수 있는가?

① 0.5kg
② 1kg
③ 1.5kg
④ 2kg
⑤ 2.5kg

> **해설** 저에너지식 계산
> • 체지방 1kg은 7,700kcal에 해당된다. 따라서 전체 에너지 부족량을 계산하여 7,700kcal로 나누어 주면 체중 감소량을 구할 수 있다.
> • 500kcal × 30일 = 15,000kcal
>   15,000kcal ÷ 7,700kcal = 1.95kg(약 2kg)

196 임신당뇨병에 대한 설명으로 옳은 것은? `2021.12`

① 당뇨병 환자가 임신한 경우이다.
② 인슐린에 대한 민감도가 상승한다.
③ 저체중아 출산의 주요 원인이다.
④ 분만 후 정상으로 회복되지만 당뇨병이 재발할 가능성이 높다.
⑤ 경구당부하 2시간 후 혈당이 140mg/dL이면 해당된다.

해설 임신성 당뇨병(Gestational diabetes)
- 임신 이전에 이미 당뇨병이 있던 경우와 달리 임신에 의해 유발되는 질환이다. 임신 중에 당대사의 생리학적인 변화가 과장되어 나타난 결과이며 임신성 당뇨병 환자의 50% 이상은 20년 이내 현성 당뇨병이 발병한다.
- 혈당이 잘 조절되지 않을 경우 거대아 출산이나 태아에게 저혈당증 등 유발될 수 있다.

197 임신성 당뇨에 대한 설명으로 옳은 조합은?

> 가. 임신 중 포도당 불내성
> 나. 모체의 말초조직에서 인슐린 저항성이 생김
> 다. 포도당보다 지방을 에너지원으로 사용
> 라. 당뇨병 환자가 임신한 경우

① 가, 다
② 나, 라
③ 가, 나, 다
④ 라
⑤ 가, 나, 다, 라

해설 임신성 당뇨
- 당뇨병이 없었는데 임신기간에 처음으로 당뇨병이 진단된 경우로, 임신에 의해 모체의 말초조직에서 인슐린 저항성이 생겨 발병한다.
- 포도당보다 지방을 에너지원으로 사용하며 태아에게 포도당을 전달하여 에너지원으로 이용하게 한다.
- 임신성 당뇨병 선별검사 : 50g 포도당 경구당부하검사를 실시한다.

198 인슐린 저항성에 의한 증상으로 옳은 것의 조합은?

> 가. 체조직 단백질 분해
> 나. 혈중 요산 농도 증가
> 다. 통 풍
> 라. 혈압 감소

① 가, 다   ② 나, 라
③ 가, 나, 다   ④ 라
⑤ 가, 나, 다, 라

해설   인슐린 저항성에 의한 증상
• 당질 대신 지방이나 단백질을 주된 에너지원으로 이용한다.
• 체조직 단백질 분해로 인한 퓨린 농도 증가로 혈중 요산 농도 증가로 인해 통풍의 위험이 있다.

199 인슐린 저항성이 높을 경우 발생할 수 있는 질병이 아닌 것은?   2017.02

① 고혈압   ② 고지혈증
③ 당뇨병   ④ 뇌졸중
⑤ 사구체 신염

해설   인슐린 저항성(insulin resistance)
• 혈중에 인슐린이 있음에도 불구하고 세포가 인슐린에 대하여 적합하게 반응하지 않는 것이다.
• 인슐린 저항성이 높을 경우 인체는 너무 많은 인슐린을 만들어내고 이로 인해 고혈압, 고지혈증은 물론 심장병, 뇌졸중, 당뇨병까지 초래한다.
• 인슐린 저항성은 복부 비만, 운동부족, 열량 과잉 섭취 등에 의해 촉발한다.

200 당뇨병 환자가 공복상태에서 운동을 하던 중 가슴 두근거림 및 식은땀의 증상을 나타냈을 경우 즉시 공급해야 하는 것은?   2019.12

① 설탕물   ② 우 유
③ 생 수   ④ 홍 차
⑤ 블랙커피

해설   인슐린 쇼크(저혈당증)
인슐린을 과다 사용하였거나 식전에 격심한 운동으로 인하여 저혈당증이 일어날 경우, 설탕물, 꿀물 등 즉시 흡수되기 쉬운 형태의 당질을 공급해야 한다.

201 당뇨병성 신증 환자에게 제한해야 할 영양소는? `2019.02`

① 비타민 A
② 비타민 C
③ 철 분
④ 칼 슘
⑤ 칼 륨

> **해설** 당뇨병성 신증(Nephropathy)의 식사요법은 신장식사에 기준을 두며, 칼륨 제한을 위해 채소의 선택이 제한적이다.

202 당뇨병성 신증 환자의 식사요법은? `2020.12`

① 인 섭취 늘리기
② 칼륨 섭취 늘리기
③ 에너지 섭취 줄이기
④ 단백질 섭취 제한하기
⑤ 지방 섭취 줄이기

> **해설** 당뇨병성 신증 환자의 식사요법
> 적절한 열량을 섭취해야 하며 단백질, 수분, 칼륨, 인의 섭취를 제한한다.

203 당뇨병성 혼수(diabetic coma)의 원인이 되는 것의 조합은?

가. 당질의 과잉 섭취 나. 다뇨에 의한 탈수 다. 세포 내의 염분 축적 라. 혈액 내의 케톤체 축적

① 가, 다　　　　　　　　　　② 나, 라
③ 가, 나, 다　　　　　　　　④ 라
⑤ 가, 나, 다, 라

> **해설** 당뇨병성 혼수
> • 원인 : 제1형 당뇨병 환자가 인슐린 주사를 중단하거나 인슐린 부족이 심해지면서 발생한다.
> • 증상 : 갈증, 얼굴의 충혈, 심한 피로, 산성호흡, 현기증, 식욕부진 등이 있고, 지방 분해가 많아져 혈중 케톤체 증가로 인한 케톤증 발생 → 소변으로 케톤체가 배설될 때 체내의 알칼리성 전해질이 함께 배설되어 산독증 초래 및 혼수가 나타난다.

204 췌장 베타세포의 기능을 측정하기 위한 검사인 경구당부하검사에서 포도당 경구 투여 2시간 후 정맥혈당치가 180mg/dL인 경우 어떤 상태인가? 2020.12

① 공복혈당장애
② 내당능장애
③ 제1형 당뇨병
④ 제2형 당뇨병
⑤ 정 상

해설 **경구당부하검사(Oral glucose tolerance test)**
• 공복 혈당치가 126mg/dL 이상 또는 경구당부하검사 2시간 후 혈당치가 200mg/dL 이상이면 당뇨병으로 진단한다.
• 내당능장애 : 공복혈당이 당뇨병 진단기준보다 낮으면서 75g 당부하 2시간 후 혈당이 140~199mg/dL

205 당뇨병으로 판단하는 진단 기준에 대한 설명으로 옳은 것은?

① 요량 – 2L 이하
② 당뇨 – 1일 7g 이상
③ 당화혈색소 – 6% 이하
④ 공복 시 혈당 – 126mg/dL 이상
⑤ 요중 케톤체 – 1일 10mg 이상

해설 **당뇨병 진단기준**
• 요량 : 1.2~2L이면 정상이고, 그 이상이면 당뇨병
• 당뇨 : 1일 5~10g이면 정상이고, 그 이상이면 당뇨병
• 요중 케톤체 : 1일 3~15mg이면 정상이고, 그 이상이면 당뇨병
• 당화혈색소 : 정상범위는 6% 이하이며, 당뇨병의 경우 11% 이상으로 증가함

206 최근 2~3개월 동안의 평균 혈당을 측정하는 당뇨 진단법은? 2018.12

① 혈청 인슐린 농도
② C-펩티드 농도
③ 공복혈당
④ 당화혈색소 검사
⑤ 요 당

해설 **당뇨병 진단방법**
• 당뇨병의 진단은 공복혈당, 인슐린 농도, C-펩티드 농도, 당화혈색소 농도, 소변의 당 배설 측정 등이다.
• 당화혈색소(HbAlc) : 3개월 정도의 평균 혈당조절 상태를 알려준다. 혈색소에 달라붙은 당은 한 번 붙으면 잘 떨어지지 않는다. 그래서 적혈구 수명(4개월 정도)이 다할 때까지 적혈구에 달라붙은 포도당 즉, 당화혈색소는 그날그날의 몸 상태와 관계없이 변하지 않는다. 따라서 당화혈색소를 재면 3개월 정도의 평균 혈당수치를 알 수 있다. 정상인의 당화혈색소 수치는 4~6%이고, 당뇨병 환자의 당화혈색소 수치는 이보다 높다. 일반적인 당뇨병 환자의 혈당조절 목표는 당화혈색소 6.5% 미만이다.

207 당뇨병 환자의 대사변화로 옳은 것의 조합은?

> 가. 체단백·체지방 분해 증가
> 나. 간 글리코겐 분해 증가
> 다. 케톤체의 소변 배설 증가
> 라. 기초대사율 증가

① 가, 다　　　　　　　　　　　② 나, 라
③ 가, 나, 다　　　　　　　　　　④ 라
⑤ 가, 나, 다, 라

> 해설　당뇨병 환자의 대사
> • 기초대사율에 변화는 없다.
> • 포도당이 조직 내로 유입이 안 되어 에너지 부족을 느끼므로 에너지를 제공하기 위한 대사과정이 진행되어 체단백·체지방 분해가 증가하고, 간 글리코겐 분해가 증가한다.
> • 케톤체의 소변 배설이 증가한다.
> • 소변 중 당 배설로 소변의 수분 배설이 증가한다.

208 혈당 조절이 어려운 당뇨병 환자의 지질 대사를 바르게 설명한 것은? `2020.12`

① 혈중 HDL-콜레스테롤 농도의 감소
② 지방조직에서 중성지방 분해 감소
③ 간에서 중성지방의 정상적인 대사
④ 인슐린 부족이 지방 합성 촉진
⑤ 혈액에 증가된 케톤체로 인해 케톤증 유발

> 해설　당뇨병 – 지질 대사
> 인슐린의 결핍과 중성지방 분해로 혈중 유리지방산이 증가하고, 간과 근육에서 포도당 대신 유리지방산을 에너지원으로 사용함
> → 지방산 산화가 촉진되어 케톤체 형성 → 케톤증(당뇨병성 케토산증, 당뇨병성 혼수)

209 당뇨병 환자의 단백질 대사에 대한 설명으로 옳은 것은? `2018.12`

① 체조직 단백질의 이화작용이 증가된다.
② 요소 합성작용의 감소로 간성혼수를 일으킨다.
③ 근육조직으로 아미노산 유입이 촉진된다.
④ 아미노산의 포도당 신생작용이 감소된다.
⑤ 체조직 단백질의 동화작용이 증가된다.

> 해설　당뇨병 – 단백질 대사
> • 당질 대사 장애로 인해 체조직 단백질 분해 ↑, 간에서 요소 합성 ↑(요중 질소배설량 ↑)
> • 체단백질은 에너지원으로 이용되므로 이로 인해 질병에 대한 저항력이 약해진다.

210 제1형 당뇨병의 원인 및 증상에 대한 설명으로 옳지 않은 것은?

① 갑자기 발병하며 평생 인슐린 주사를 맞아야 한다.
② 인슐린의 절대적 결핍에 의하며 췌장의 베타세포 파괴로 인슐린 생산이 안 된다.
③ 전체 당뇨 환자의 10% 이하이다.
④ 주로 40세 이후에 발병한다.
⑤ 다뇨·다갈·다식·케톤증 발생·체중 감소 등의 증세가 나타난다.

> 해설 제1형 당뇨병
> • 주로 유년기나 청소년기에 많이 발생되며 전체 당뇨 환자의 10% 이하이다.
> • 케톤증이 자주 발생하므로 인슐린을 투여해야 한다.
> • 소아당뇨라고도 하며 유전과의 상관성이 높다.

211 11살인 K군은 운동하기를 좋아하고 건강했는데, 운동 중 갑자기 식은땀을 흘리며 의식을 잃고 쓰러졌다. 응급실에서 응급처치 후 의식을 되찾았지만 그 당시 혈당이 550mg/dL로 인슐린 의존형 당뇨병으로 진단받았다. K군의 당뇨병 치료방법으로 옳은 것의 조합은?

가. 인슐린 요법
나. 경구혈당 강하제 복용
다. 균형 잡힌 식생활 및 운동
라. 저지방식이

① 가, 다   ② 나, 라
③ 가, 나, 다   ④ 라
⑤ 가, 나, 다, 라

> 해설 인슐린 의존형 당뇨의 경우 인슐린 투여와 운동, 식사요법이 함께 계획되어야 한다.

212 제2형 당뇨병을 유발하는 인자로 옳은 것은? 2020.12

① 신부전증   ② 복부비만
③ 저혈압   ④ 저체중
⑤ 케톤증

> 해설 제2형 당뇨병
> 유전적 요인에 환경적 요인이 함께 작용하여 발생하는 것으로 알려져 있으며 고령, 비만, 약물, 스트레스 등의 요인이 환경적 요인이 된다. 최근 들어 현대인들의 활동량이 적은 생활습관과 비만이 늘어감에 따라 제2형 당뇨병이 급속히 증가하고 있다.

213 50세 여자의 건강검진 결과, 2형 당뇨병의 위험인자는? `2021.12`

① 중성지방 - 130mg/dL
② 체질량지수 - 28kg/m²
③ 혈압 - 110/70mmHg
④ HDL-콜레스테롤 - 60mg/dL
⑤ LDL-콜레스테롤 - 90mg/dL

해설 체질량지수(BMI)와 성인 당뇨
당뇨를 진단받은 성인 중 체질량지수의 상승은 당뇨병 및 그 합병증의 위험성도 높아져서 BMI ≥ 40kg/m²인 여자들의 경우 2형 당뇨병의 위험이 25kg/m² ≤ BMI < 27.5kg/m²인 경우에 비해 2배 가까이 된다고 한다.

214 간에서 대사되며 대사 시 인슐린을 필요로 하지 않는 당으로 조합된 것은?

| 가. 설 탕 | 나. 과 당 |
| 다. 맥아당 | 라. 자일리톨 |

① 가, 다　　　　　　　　　　② 나, 라
③ 가, 나, 다　　　　　　　　④ 라
⑤ 가, 나, 다, 라

해설 인슐린을 필요로 하지 않는 당은 과당과 자일리톨이며, 중성지방 합성을 촉진하는 당이 과당이다.

215 제1형 및 제2형 당뇨병에 관한 설명으로 옳은 것은? `2020.12`

① 제1형 당뇨병 - 인슐린 저항성이 증가되어 발생
② 제1형 당뇨병 - 주로 중년에게서 발생
③ 제2형 당뇨병 - 식습관과 생활습관 교정으로 합병증 예방 가능
④ 제2형 당뇨병 - 췌장세포의 파괴로 발생
⑤ 제2형 당뇨병 - 인슐린 치료 필수

해설 제2형 당뇨병
• 인슐린의 작용 결함
• 성인형 당뇨병, 전체 당뇨 환자의 90% 이상
• 40세 이후에 서서히 발병, 경구혈당 강하제, 식사 및 운동요법
• 고혈당, 당뇨에 의한 혈관 및 신경계 합병증 발생
• 인슐린 수용체 수 감소
• 친화력 감소로 인슐린 저항을 보임

216 성인 당뇨병 환자의 영양지도로 옳지 않은 것은?

① 백미보다 섬유소가 많은 잡곡 섭취를 권장한다.
② 케톤증 예방을 위한 당질 섭취량을 하루 총 에너지의 55~60%로 한다.
③ 양질의 동물성 단백질 섭취가 중요하다.
④ 매일 일정량의 운동으로 20~60분 정도, 저혈당이 되지 않도록 주의한다.
⑤ 에너지 섭취는 줄일 필요가 없다.

해설 성인 당뇨병 영양지도
• 식사요법은 약물요법 사용 여부와 관계없이 평생 당뇨병 치료와 관리의 기본이 되며 적절한 에너지 섭취(에너지 제한), 3대 영양소의 균형 있는 배분, 약물요법 및 운동요법과의 조화를 이루어야 한다.
• 탄수화물 55~60%, 단백질 10~20%, 지방 20~25%로 섭취한다.
• 체단백질 분해와 섭취 단백질의 에너지원 이용으로 단백질 결핍이 초래될 수 있으므로 양질의 동물성 단백질을 총 단백질 필요량의 1/2로 충분히 섭취를 권장한다.

217 당뇨병 환자에게 권장하는 식사요법은? 2020.12

① 당질은 총 열량의 70% 이상 제공하는 것이 좋다.
② 단백질은 총 열량의 10% 이내로 제공하는 것이 좋다.
③ 우유와 유제품을 적게 제공한다.
④ 양갱, 잼, 초콜릿 등으로 에너지를 보충한다.
⑤ 콩류, 과일, 채소 등 수용성 식이섬유를 충분히 제공한다.

해설 당뇨병 환자의 영양계획
• 당질은 총열량의 55~60%, 지방은 20~25%, 단백질은 10~20%를 섭취하는데, 열량의 분배는 현재 당뇨병 환자에게 바람직한 목표 혈당수치와 지질수치, 목표체중, 신체활동량의 정도에 따라 정해진다.
• 섬유소 권장량은 정상인과 같으므로 보통 1일 20~35g의 식이섬유를 포함한 식사계획을 권장한다. 소장에서 포도당의 흡수를 방해하는 수용성 섬유소(콩류, 과일, 채소)를 섭취하도록 한다.

218 당뇨 환자의 식이요법 및 운동에 대한 설명으로 옳지 않은 것은?

① 당뇨 환자에게 권장하는 식이섬유소의 양은 1,000kcal당 14g 이상이다.
② 운동 중 추가로 필요한 당질의 양은 10~15g 수준으로 과일 1단위, 우유 1단위 수준이다.
③ 운동하기 30분 전 간단한 스낵을 섭취한다.
④ 당뇨병의 종류, 혈당수치, 인슐린 사용여부 및 종류에 따라 운동 종류, 방법, 횟수, 강도 등의 계획을 세운다.
⑤ 운동은 인슐린 감수성을 감소시키는 효과가 있다.

해설 당뇨병 환자에게 운동은 인슐린 감수성을 증가시켜 혈당 감소, LDL콜레스테롤 감소, 고혈압 개선 등의 효과가 있다.

219 당뇨병의 약물요법에 대한 설명으로 옳지 않은 것은?

① 약물요법 후 심한 운동이나 절식을 할 경우 저혈당이 올 수 있다.
② 혈당 강하제는 췌장의 α-세포를 자극한다.
③ 설폰 요소제는 경구혈당 강하제의 일종이다.
④ 제1형 당뇨병 환자는 매일 인슐린 주사를 필요로 한다.
⑤ 경구혈당 강하제는 제2형 당뇨병 환자에게 효과적이다.

> 해설 제1형 당뇨병 환자의 약물요법에는 주로 인슐린이 사용되고, 제2형 당뇨병 환자의 경우 설폰 요소, 비구아나이드 등의 경구혈당 강하제가 사용된다. 혈당 강하제는 췌장의 β-세포 자극, 인슐린 감수성 증가, 장내 당질소화 등의 작용을 한다.

220 당뇨 환자에게 사용되는 식품교환표에서 곡류군 1교환단위의 탄수화물 함량과 열량은?

① 10g, 50kcal
② 23g, 100kcal
③ 30g, 150kcal
④ 50g, 150kcal
⑤ 100g, 220kcal

> 해설 식품교환표 – 곡류군
> • 곡류군 1교환단위는 탄수화물 23g, 단백질 2g, 에너지 100kcal에 해당한다.
> • 곡류, 전분, 감자 등 탄수화물을 주로 함유하는 식품으로 구성된다.
> • 곡류군에 들어 있는 탄수화물은 주로 복합당으로 섬유소의 급원식품이 되기도 한다.

221 다음 중 혈당지수(Glycemic Index)가 가장 높은 것은?   2019.12

① 흰 밥
② 우 유
③ 찐 고구마
④ 오 이
⑤ 두 부

> 해설 혈당지수(Glycemic Index)
> • 일정한 양의 시료식품을 섭취한 후의 혈당 상승정도와 같은 양의 표준탄수화물 식품 섭취 후의 혈당 상승정도와 비교한 값이다.
> • 해조류와 채소류는 혈당지수가 대체로 낮고, 설탕, 단당류 등은 혈당지수가 높다.

222 공복 혈당 130mg/dL인 사람이 보리밥 1공기와 함께 섭취하였을 때 혈당을 가장 큰 폭으로 상승시킬 수 있는 음식은? 2020.12

① 오이김치   ② 두부전골
③ 치킨샐러드   ④ 미역국
⑤ 감자조림

> **해설** 당지수(Glycemic Index)
> - 당질을 함유한 식품을 섭취 후 당질의 흡수속도를 반영하여 당질의 질을 비교할 수 있도록 수치화한 값으로 당지수가 55 이하인 경우 당지수가 낮은 식품, 70 이상인 경우 당지수가 높은 식품으로 분류하고 있다.
> - 감자의 당지수는 85로 메밀국수(54), 호밀빵(50), 두부(42), 토마토 (30), 미역(16) 등 당지수가 낮은 식품 위주로 섭취해 혈당을 안정적으로 관리하도록 한다.
> - 당지수를 낮추기 위해 채소류, 해조류, 우엉 등 식이섬유소 함량이 높은 식품을 선택한다.

223 당뇨병으로 인한 혼수 시 인슐린 주사 투여 후 제공해도 되는 식품으로 조합된 것은?

> 가. 설탕물
> 나. 염분이 있는 맑은 국물
> 다. 미 음
> 라. 보리차

① 가, 다   ② 나, 라
③ 가, 나, 다   ④ 라
⑤ 가, 나, 다, 라

> **해설** 탈수 예방을 위해 환자가 의식이 있는 경우 염분이 있는 맑은 국물, 보리차 등을 공급한다.

224 심장에 대한 설명으로 옳지 않은 것은?

① 불수의근이다.
② 2심방, 2심실 구조이다.
③ 심장근은 내장근인 평활근이다.
④ 심장근에서 흐르는 동맥은 관상동맥이다.
⑤ 심장의 박동을 1분 70회 정도로 조절하는 곳은 동방결절이다.

> **해설** 심 장
> 심장은 횡문근으로 되어있고, 자동성은 동방결절로부터 시작하여 방실결절, 방실속, 푸르키네 섬유로 이어져 전달된다.

225 심장의 판막에 대한 설명으로 옳지 않은 것은?

① 판막은 혈액의 역류를 막아주는 기능을 한다.
② 방실판막의 종류는 이첨판과 삼첨판이다.
③ 좌심실과 대동맥 사이에 대동맥판막이 있다.
④ 좌심실 수축 시 대동맥판막이 폐쇄된다.
⑤ 우심실과 폐동맥 사이에 폐동맥판막이 있다.

해설 심장의 판막
- 좌심실 수축 시 이첨판이 폐쇄된다.
- 이첨판 : 좌심방, 좌심실 사이
- 삼첨판 : 우심방, 우심실 사이
- 대동맥판막과 폐동맥판막은 반월판이다.

226 심장의 자극이 전달되는 흥분전도계를 설명한 것으로 옳은 것은?

① 동방결절 – 방실결절 – 방실줄기 – 푸르키네 섬유 – 히스속
② 동방결절 – 방실결절 – 방실줄기 – 히스속 – 푸르키네 섬유
③ 방실결절 – 동방결절 – 방실줄기 – 푸르키네 섬유 – 히스속
④ 방실결절 – 동방결절 – 방실줄기 – 히스속 – 푸르키네 섬유
⑤ 히스속 – 동방결절 – 방실결절 – 방실줄기 – 푸르키네 섬유

해설 심근의 흥분전도계
- 동방결절의 흥분 : 우심방에 위치, 심방수축
- 방실결절의 흥분 : 우심방과 우심실의 경계부위
- 방실줄기 – 히스속 – 푸르키네(Purkinje) 섬유의 흥분 : 심실수축

227 심장기능에 대한 설명으로 옳지 않은 것은?

① 안정상태의 심박출량은 분당 4.5~5.0L이다.
② 미주신경을 자극하면 심장박동수는 감소한다.
③ 교감신경이 흥분하면 심박출량은 감소한다.
④ 심박수는 체온, 신경, 호르몬, 화학물질 등에 의해 좌우된다.
⑤ 안정상태에서의 1분 동안의 심장박동량은 70mL, 박동수는 70회이다.

해설 심장기능
- 심박출량 = 박동량 × 박동수
- 안정상태에서 1분 동안의 심박출량은 심장의 박동량 70mL × 박동수 70회이므로 심박출량은 대략 5L이다.
- 교감신경은 심장활동을 촉진하고 부교감신경은 억제한다.

228 심장박동수가 증가되는 자극으로 옳은 것은? `2017.02`

① 동맥혈압 상승   ② 체온 상승
③ 미주신경의 활동   ④ 아세틸콜린 증가
⑤ 호 식

> **해설** 심장박동수
> • 심장박동의 조절은 자율신경계(교감신경과 부교감신경의 길항작용)와 심장중추(cardiac center – 심장촉진중추와 억제중추)에 의해 조절된다.
> • 심박수는 심방과 심실의 수축성에 의해 결정되며 대개 1분당 60~85회이다.
> • 심장박동수를 변화시키는 자극
>
> | 심박동수 증가 | 심박동수 감소 |
> |---|---|
> | 동맥혈압 강하, 정맥환류 증가, 흡식, 분노, 정신흥분, 수치, 심한 통각, 피부통각, 교감신경 활동 증진, catecholamine, 근육활동, thyroxine, 발열 등 체온 상승, CO_2 증가, O_2 결핍 | 동맥혈압 상승, 호식, 슬픔, 공포, 냉각, 내장통각, 3차 신경영역의 통각, 미주신경의 활동, 뇌내압 상승, 안정, acetylcholine |

229 체순환의 순서로 옳은 것은?

① 좌심실 → 대동맥 → 동맥 → 모세혈관 → 정맥 → 대정맥 → 우심방
② 우심실 → 대동맥 → 동맥 → 모세혈관 → 정맥 → 대정맥 → 좌심방
③ 우심방 → 우심실 → 대동맥 → 동맥 → 모세혈관 → 대정맥 → 정맥 → 좌심방
④ 우심실 → 폐동맥 → 폐모세혈관 → 폐정맥 → 좌심방
⑤ 좌심방 → 좌심실 → 대정맥 → 정맥 → 모세혈관 → 동맥 → 대동맥 → 우심방

> **해설** ① 체순환(대순환), ④ 폐순환(소순환)이다.

230 방실지연이 일어나는 이유로 조합된 것은?

> 가. 심실과 심실의 동시수축을 막기 위해
> 나. 심방의 충분한 수축을 위해
> 다. 심실의 충분한 확장을 위해
> 라. 동방결절의 자극을 방실결절로 잘 전달하기 위해

① 가, 다   ② 나, 라
③ 가, 나, 다   ④ 라
⑤ 가, 나, 다, 라

> **해설** 동방결절에서 발생한 흥분이 방실결절로 전도되면 방실결절에서 흥분의 전달속도 지연 → 심방수축이 완료되고 심실수축 → 효율적으로 심장의 펌프작용

231 심장수축에 관한 내용으로 옳지 않은 것은?

① 휴식상태에서 심장은 보통 1분에 60~70회 수축한다.
② 제1심음은 심실수축기 초기에 좌우 방실판이 폐쇄되면서 나타난다.
③ 제2심음은 심실확장기의 초기에 일어나는 진동음이고, 폐동맥과 대동맥의 반월판이 닫히는 소리이다.
④ 심장은 신경과 호르몬과 연결되어 박동을 계속한다.
⑤ 1분당 약 5L의 피가 심장을 거쳐 우리 몸을 돌고 40~50초 만에 다시 되돌아오게 된다.

> **해설** 심장수축
> • 심장은 신경이나 호르몬과 연결되지 않아도 스스로 박동을 계속한다. 즉, 심장은 스스로 뛰는 것이다.
> • 원리는 우심방에 있는 동방결절이라는 근육에서 약 0.8초 간격으로 전기를 발생시키면, 이러한 전류가 심벽을 따라 방실결절에 전달되어 심방이 완전히 수축하고, 그 다음 양쪽 두 개의 심실을 수축시켜 심장박동의 사이클을 완성한다.

232 스탈링(Starling)의 법칙과 연관성이 있는 것의 조합은?

가. 심장의 혈액 박출량
나. 대정맥의 혈압
다. 심장근 섬유의 길이
라. 모세혈관의 투과성

---

① 가, 다
② 나, 라
③ 가, 나, 다
④ 라
⑤ 가, 나, 다, 라

> **해설** 스탈링 법칙
> • 심근의 길이가 길어지면 길어질수록 심근의 수축력은 증가하고 심박출량도 증가한다.
> • 심장근의 섬유가 유입되는 혈액량에 의해 어느 한도까지 늘어나게 되면 섬유의 길이가 늘어난 만큼 비례하여 수축량이 증대되고, 심실 내에 있던 혈액이 남김없이 동맥 내로 나간다.

233 혈관운동신경에 대한 설명으로 옳지 않은 것은?

① 혈관운동중추는 심장운동중추와 함께 연수에 존재한다.
② 혈관의 확장과 수축은 주로 교감신경의 흥분에 의존한다.
③ 혈관을 축소시키는 신경은 교감신경이다.
④ 부교감신경은 혈관운동에 큰 영향을 미치지 않는다.
⑤ 부교감신경은 혈관 벽에 많이 분포되어 있다.

> **해설** 혈관운동신경
> • 모세혈관을 제외한 모든 혈관에 교감신경이 분포되어 있다.
> • 혈관확장신경은 일반적으로 국소적으로 분포하고 있어 국소의 조직이 활동할 때에 흥분해서 국소혈류를 늘리게 된다.

234 혈전의 형성으로 소동맥의 반지름이 1/2 감소하였을 때 소동맥을 흐르는 혈류량은 얼마나 감소하는가?

① 1/2
② 1/4
③ 1/16
④ 1/32
⑤ 감소하지 않음

> **해설** 푸아죄유의 법칙(Poiseulle's law)
> • 혈류량은 혈관의 길이와 점성에 반비례하며, 압력차와 반지름의 4제곱에 비례한다.
> • $F = \alpha P \cdot r^4/l \cdot n$ (F : 혈액량, P : 압력차, r : 반지름, l : 관의 길이, n : 점성)

235 혈압과 맥압에 대한 설명으로 옳지 않은 것은?

① 동맥혈압의 증가는 혈류량을 증가시킨다.
② 정상혈압은 120/80mmHg, 이때의 맥압은 40mmHg이다.
③ 혈관이 탄력성을 잃었을 때 정상맥압이 40mmHg보다 낮아진다.
④ 오랫동안 서있는 경우 동맥혈압이 감소한다.
⑤ 가장 낮은 동맥내압을 나타내는 순환계는 폐순환계이다.

> **해설** 혈압과 맥압
> • 노인이 되거나 동맥경화증이 있을 때 혈관이 탄력성을 잃게 되면 정상맥압이 40mmHg보다 높아진다.
> • 동맥경화증일 경우 혈관이 탄력성을 잃으면 최저혈압은 낮아지고, 정맥혈압은 40mmHg보다 커진다. 그러나 동맥경화가 있을 때 일반적으로 혈관의 안 지름이 좁아져서 만성적으로 동맥혈압이 높아지게 된다.
> • 오랫동안 서있는 경우 정맥의 정수압이 증가하기 때문에 동맥혈압이 감소하기도 한다.

236 림프계에 대한 설명으로 옳지 않은 것은?

① 정맥계를 보조하여 체순환 혈액을 심장으로 돌려보내는 순환계 역할을 한다.
② 림프구를 생산하여 신체방어작용을 한다.
③ 림프순환은 목정맥과 쇄골하정맥이 합류되는 부위에서 정맥으로 연결되어 심장으로 들어간다.
④ 혈액응고작용을 하는 데 관여한다.
⑤ 문맥순환계로 흡수되지 못한 지질흡수에 관여한다.

> **해설** 림프계
> • 림프절, 림프액 속에 함유된 백혈구들은 신체방어작용을 담당한다. 그러나 혈소판은 포함하고 있지 않으므로 혈액응고작용은 하지 않는다.
> • 장쇄지방산, 지용성 비타민, 콜레스테롤 등을 흡수하는 경로이면서 조직액을 혈액으로 되돌리는 중요한 역할을 담당한다.

237 등푸른생선에 함유되어 있으며 심혈관계 질환 개선에 도움이 되는 지방산은? `2021.12`

① 팔미트산
② 라우르산
③ 올레산
④ EPA
⑤ 스테아르산

> **해설** 심혈관계 질환과 EPA
> 혈청의 중성지방 농도는 등푸른 생선의 EPA에 의해 감소된다. n-3 불포화지방산인 α-리놀렌산은 들기름에, DHA, EPA는 생선과 어유에 많이 함유되어 있다. 어류 중 특히 DHA, EPA를 많이 함유하고 있는 것은 고등어, 꽁치, 삼치, 청어, 연어 등의 등푸른생선이다.

238 고혈압 환자를 위한 DASH 다이어트에서 권장하는 식품은? `2021.12`

① 적색육류
② 가당음료
③ 통곡물
④ 전지분유
⑤ 도 넛

> **해설** DASH 식단
> • 저지방 유제품은 충분히 섭취한다.
> • 전곡류, 생선, 껍질 제거한 가금류, 견과류는 적당히 섭취한다.
> • 적색육류, 고지방 식품, 단순당 제품은 적게 섭취한다.
> • 흰 쌀밥보다는 보리밥, 오곡밥 등이 좋으며 버섯국, 과메기(말린 꽁치), 다시마쌈 등은 좋은 식단이 된다.

239 고혈압을 조절하기 위한 DASH 식단에 대한 설명으로 옳지 않은 것은?

① 고혈압을 예방 또는 치료하기 위한 식단이다.
② 칼륨, 칼슘, 마그네슘의 섭취를 증가시킨다.
③ 콜레스테롤, 포화지방산, 염분 섭취를 줄인다.
④ 신선한 과일, 채소, 저지방 유제품은 충분히 섭취한다.
⑤ 적색육류, 고지방 식품, 단순당 제품을 많이 섭취한다.

> **해설** DASH 식단
> • 저지방 유제품은 충분히 섭취한다.
> • 전곡류, 생선, 껍질 제거한 가금류, 견과류는 적당히 섭취한다.
> • 적색육류, 고지방 식품, 단순당 제품은 적게 섭취한다.
> • 흰 쌀밥보다는 보리밥, 오곡밥 등이 좋으며 버섯국, 과메기(말린 꽁치), 다시마쌈 등은 좋은 식단이 된다.

237 ④ 238 ③ 239 ⑤ `정답`

240 저염식에 대한 설명으로 옳지 않은 것은?

① 나트륨 제한 정도는 질병상태와 환자 개인의 민감도 등에 따라 달라진다.
② 칼륨은 나트륨 배설을 촉진하고 혈압 강하 작용이 있다.
③ 신장, 간, 심장혈관계통 질환의 부종 및 고혈압에 효과가 있다.
④ 나트륨 함량이 많은 식품을 피하고, 식초, 설탕, 계피 등으로 식욕을 돋우도록 한다.
⑤ MSG, 맛소금 등은 적절히 사용해도 된다.

> **해설** 저염식사
> • MSG, 맛소금에는 나트륨을 함유하므로 금하며, 고추, 겨자 등 자극성이 강한 식품은 제한한다.
> • 계피는 자극성이 약하므로 심부전 환자 등에 제공이 가능하다.

241 뇌졸중은 뇌혈관이 막히거나 파열되어 일어나는 질환이다. 음식물을 삼키기 어려운 뇌졸중 환자에게 적합한 식품은? `2019.12`

① 맑은 뭇국
② 건조 과일
③ 호상 요구르트
④ 백설기
⑤ 크래커

> **해설** 뇌졸중
> • 뇌졸중은 뇌혈관이 막히거나(뇌경색) 파열되어(뇌출혈) 일어난다. 위험인자로는 고혈압, 당뇨병, 고지혈증, 흡연, 비만 등이 있다.
> • 주요증상은 언어장애, 의식장애, 반신불수 등이 있고, 식사요법은 나트륨을 제한하고 동맥경화 식사요법에 따른다.
> • 뇌졸중 이후 연하장애 환자이므로 죽, 푸딩, 호상 요구르트 등을 제공할 수 있다.

242 고혈압 환자가 병원에서 나트륨 제한식을 처방받았다. 이때 함께 섭취하면 좋은 식품은? `2017.02`

① 가자미 구이
② 다시마튀각
③ 장조림
④ 치 즈
⑤ 멸치볶음

> **해설** 고혈압 환자
> 다시마에 함유된 알긴산은 콜레스테롤을 배출시켜 혈관에 탄력을 주고, 칼륨이 풍부해 나트륨과 결합하여 배출에 도움을 준다.

243 혈압을 상승시키는 요인으로 조합된 것은? `2019.12`

> 가. 교감신경 활성화
> 나. 혈액점성 및 혈관저항 감소
> 다. 레닌-안지오텐신계 활성화
> 라. 심박출량 감소

① 가, 다   ② 나, 라
③ 가, 나, 다   ④ 라
⑤ 가, 나, 다, 라

해설 혈압 상승 요인
레닌은 안지오텐신을 활성화시켜 신장 내 혈관 수축으로 혈압을 상승시킨다. 또한 노르아드레날린은 교감신경 자극으로 분비되어 심장과 혈관 근육을 수축시켜 혈압을 증가시킨다.

244 혈압을 저하시키는 요인으로 옳은 것은? `2020.12`

① 혈관저항 증가   ② 혈관 수축 증가
③ 심박출량 감소   ④ 혈액점성 증가
⑤ 혈관직경 감소

해설 혈압 저하 요인
혈관저항 감소, 혈관 수축 감소, 심박출량 감소, 혈액점성 감소, 혈관직경 증가 등

245 죽상동맥경화증 환자에게 적합한 식품으로 조합된 것은? `2019.12`

> 가. 참치, 고등어
> 나. 코코넛유, 야자유
> 다. 청어, 연어
> 라. 명란젓, 달걀노른자

① 가, 다   ② 나, 라
③ 가, 나, 라   ④ 라
⑤ 가, 나, 다, 라

해설 죽상동맥경화증
예방 및 치료를 위해 오메가-3 지방산의 섭취를 권장한다. 코코넛이나 야자유, 팜유 등은 식물성 유지이나 포화지방이 높아 혈청 콜레스테롤은 낮추는 데는 부적합하다.

246 혈중 호모시스테인 농도가 높을 때 섭취하면 좋은 식품은? 2017.02

① 브로콜리
② 야채튀김
③ 찐고구마
④ 멸치볶음
⑤ 커 피

해설 심혈관계 질환 예방
- 메티오닌 대사의 중간물질인 혈액 중의 호모시스테인은 심혈관계 질환의 독립적인 위험요인이며, 고호모시스테인혈증 환자에서 심장질환의 위험이 3배나 높다.
- 비타민 B_6, B_{12}와 특히 엽산의 농도가 낮을 때 호모시스테인이 증가하였고, 따라서 이들을 보충하면 심혈관계 질환의 위험률을 감소시킨다.
  예 현미 등 도정이 덜된 곡류, 말린콩, 브로콜리 등 녹황색 채소, 바나나 등
- 혈관계 질환이 발생하기 쉬운 튀김과 같은 고지방식은 삼가고, 심장에 부담을 주는 고섬유소 식품과 수분의 체내 보유를 유도하는 건어물 등의 짠 식품을 제한한다. 커피, 홍차 등의 카페인 음료는 혈청 콜레스테롤 수준을 상승시킨다.

247 동맥경화증 등 심혈관계 질환의 발생을 줄이는 데 도움을 주는 혈중 지질의 형태는?

① VLDL(pre$-\beta-$lipoprotein)
② LDL($\beta-$lipoprotein)
③ HDL($\alpha-$lipoprotein)
④ chylomicrons
⑤ triglycerides

해설 HDL 콜레스테롤
- 단백질 50%, 인지질 22%, 콜레스테롤 17%, 중성지방 8% 순으로 함유되어 있다.
- 중성지방 조직의 콜레스테롤을 간으로 운반·처리하므로 동맥경화 위험을 감소하는 데 도움을 준다.

248 고혈압 환자에게 권장하는 식품으로 묶인 것은? 2019.12

① 케이크, 꿀, 조기
② 우유, 마가린, 고구마
③ 토마토, 바나나, 사과
④ 햄, 빵, 버터
⑤ 마요네즈, 두부, 치즈

해설 마가린, 마요네즈, 토마토케첩은 소금이 함유되어 있어 제한한다. 소금 대신 맛을 내기 위해 설탕, 식초, 겨자 등을 사용한다. 고혈압 예방을 위해 나물, 생체를 자주 먹고 후식으로 과일을 먹는 것이 좋다.

249 고당질 식사를 한 사람에게 흔하게 발생하는 고지단백혈증의 유형은? 2020.12

① 제1형(chylomicron 증가)

② 제2형 b(LDL, VLDL 증가)

③ 제3형(IDL 증가)

④ 제4형(VLDL 증가)

⑤ 제5형(chylomicron, VLDL 증가)

해설 제4형 – 고 VLDL 혈증

간에서 VLDL의 합성 증가와 혈액 내 대사 저하로 VLDL 농도가 상승하고 이로 인해 혈중 중성지방이 증가한다. 고지혈증 중 가장 많고 주로 선천적인 경우가 대부분이지만 고당질 식사가 후천적인 원인이다.

250 고콜레스테롤혈증 환자가 섭취 가능한 식품으로 올바르게 조합된 것은? 2017.02

가. 살코기	나. 달 걀
다. 저지방우유	라. 크림치즈

① 가, 다

② 나, 라

③ 가, 나, 다

④ 라

⑤ 가, 나, 다, 라

해설 고콜레스테롤혈증

• 포화지방산 · 콜레스테롤 · 총 지방 제한, 불포화지방산 · 식이섬유 섭취 권장

• 제한식품 : 알 · 내장류, 오징어, 굴, 장어, 햄, 베이컨, 튀긴 생선, 전유로 만든 유제품, 생크림, 크림치즈, 버터, 돼지기름, 쇼트닝, 마요네즈, 코코넛 기름, 초콜릿, 파이, 도넛, 튀김류 등

251 내인성 중성지방을 증가시키는 식이요인은? 2017.02

① 고당질

② 고단백질

③ 고식이섬유질

④ 고비타민

⑤ 고무기질

해설 내인성 중성지방 증가요인

• 외인성 지방(exogeneous fat) : 식품으로 섭취한 지방

• 내인성 지방(endoneneous fat) : 간에서 생합성된 지방

• 내인성 중성지방의 증가는 곡류 위주의 고당질 식사와 연관성이 높다. 탄수화물 섭취 후 포도당은 에너지원으로 즉시 사용되며, 혈당 유지를 위해 간과 근육에 저장되는 글리코겐 양은 극히 적다. 따라서 과잉의 탄수화물은 간에서 중성지방으로 전환되어 저장된다.

252 고중성지방혈증 환자의 식사요법은? `2021.12`

① n-3 지방산 섭취를 권장한다.
② 포화지방산 섭취를 권장한다.
③ 충분한 열량을 섭취하도록 한다.
④ 단백질 섭취를 제한한다.
⑤ 식이섬유 섭취를 제한한다.

> **해설** 고중성지방혈증과 n-3 지방산
> 포화지방산과 콜레스테롤의 과잉 섭취, 칼로리 섭취와 소모의 불균형, 당질의 과잉 섭취 및 섬유소 섭취 부족 그리고 알코올의
> 과잉 섭취 등이 혈청 지질에 영향을 미친다. 혈청의 중성지방 농도는 단순당과 알코올에 의해 증가하고 등푸른 생선의 n-3
> 지방산에 의해 감소한다.

253 고중성지방혈증 환자의 식사요법으로 부적합한 것은? `2017.02`

① 열량 제한
② 고탄수화물
③ 콜레스테롤 제한
④ 수용성 섬유소 증가
⑤ 알코올 제한

> **해설** 고중성지방혈증 식사요법
> • 표준체중 유지를 위해 열량을 제한하고, 지방은 섭취하는 에너지의 총량을 20% 이하로 유지하며 포화지방을 제한한다. 콜레스테롤
> 은 하루 200mg 이하로 섭취하며 알코올 섭취는 금지한다.
> • 과도한 탄수화물 섭취는 중성지방을 증가시키므로 고중성지방혈증의 경우 제한한다(특히, 단순당). 검류, 펙틴, 헤미셀룰로오스
> 등과 같은 수용성 식이섬유소는 혈장 콜레스테롤 저하가 크므로 충분히 섭취한다.

254 사구체에서 여과율이 저하될 때 혈중농도가 감소하는 것으로 옳은 것은? `2019.12`

① 칼 륨
② 인
③ 칼 슘
④ 요 소
⑤ 크레아티닌

> **해설** 사구체의 여과율이 감소함에 따라 혈중 인의 농도가 증가하며, 신장에서 비타민 D_3 생성이 저하함에 따라 혈중 칼슘 농도가
> 감소된다.

255 신장의 기능으로 옳은 것의 조합은?

> 가. 전해질과 영양소의 재흡수
> 나. 비타민 D 활성화로 칼슘 흡수 증진
> 다. 혈압 및 적혈구 생성 조절
> 라. 요소합성

① 가, 다   ② 나, 라
③ 가, 나, 다   ④ 라
⑤ 가, 나, 다, 라

해설 신장의 기능
• 신장은 뇨 형성, 혈압 조절이 주된 기능이며, 비타민 D 활성화, 적혈구 생성 조절 등을 작용하고 있다.
  - 잉여수분과 노폐물(크레아티닌, 요소, 요산같은 질소대사물) 배설
  - 체내수분과 무기질 배설 조절 : 삼투압 평형 유지, 체액의 pH 조절
  - 혈압 조절 : 신장에서 레닌 분비로 레닌-안지오텐신-알도스테론계에 의한 혈압 조절
    → 안지오텐신Ⅱ는 강력한 혈관수축물질로서 혈압을 증가시킨다.
  - 비타민 D 활성화 : 신장에 1-hydroxylase가 있어서 간에서 활성화된 25(OH)D를 1,25(OH)$_2$D로 활성화하여 칼슘 흡수 증진. 혈중 칼슘 조절
  - 조혈기능 : 조혈호르몬인 에리트로포이에틴(erythropoietin) 분비로 적혈구 성숙을 돕고, 신장질환자는 빈혈이 쉽게 유발된다.
• 요소는 간에서 합성된다.

256 신장혈장 제거율의 비율이 1보다 크다는 것은 어떤 의미인가?

① 세뇨관에서 분비됨을 의미한다.
② 세뇨관에서 재흡수됨을 의미한다.
③ 사구체에서 여과됨을 의미한다.
④ 사구체에서 여과되지 않음을 의미한다.
⑤ 사구체에서 여과되고 세뇨관에서 다량 분비됨을 의미한다.

해설 신장혈장 제거율
• 어떤 물질의 신장혈장 제거율이 1보다 작을 경우 : 세뇨관에서 재흡수
• 어떤 물질의 신장혈장 제거율이 1보다 클 경우 : 세뇨관에서 분비

257 사구체에서 여과된 포도당과 아미노산의 재흡수가 주로 일어나는 곳은? 2019.12

① 요 관   ② 집합관
③ 세뇨관   ④ 보우만주머니
⑤ 신 우

> **해설** 사구체에서 여과된 포도당과 아미노산은 대부분 세뇨관에서 재흡수된다.

258 성인의 신장기능에 대한 설명으로 옳지 않은 것은?

① 사구체에서 여과된 수분의 약 10%가 재흡수된다.
② 혈당이 신장역치 이상이 되면 소변으로 당이 배설되기 시작한다.
③ 혈장 단백질의 농도가 증가하면 사구체 여과압은 감소한다.
④ 사구체에서 여과된 포도당과 아미노산은 대부분 세뇨관에서 재흡수된다.
⑤ 사구체 모세혈관막 손상 시 단백뇨가 나타날 수 있다.

> **해설** 성인의 신장기능
> • 사구체에서 여과된 수분의 약 99%가 재흡수된다.
> • 혈장 단백질 농도 증가 → 혈장 교질삼투압 증가 → 사구체 여과압 감소
> • 단백뇨 : 사구체를 형성하는 모세혈관은 분자량이 비교적 큰 단백질은 통과하지 못하는 작은 구멍으로 형성되어 있는 것이
>   정상 → 소변 속에 소량의 아미노산이 함유될 수 있음

259 체내의 요구에 맞게 물의 재흡수를 조절하는 곳의 조합은?

> 가. 원위세뇨관
> 나. 근위세뇨관
> 다. 집합관
> 라. 보면주머니

① 가, 다   ② 나, 라
③ 가, 나, 다   ④ 라
⑤ 가, 나, 다, 라

> **해설** 수분의 재흡수 조절
> • 원위세뇨관, 집합관 : ADH호르몬에 의해 체내 수분 필요량에 따라 수분의 재흡수를 한다.
> • 근위세뇨관에서의 물의 재흡수는 체내 수분 필요량이 아닌 삼투질 농도에 따른다.
> • 세뇨관에서의 수분의 재흡수율 : 85.5~95.5%

260 세뇨관에서의 재흡수·분비에 대한 설명으로 옳지 않은 것은?

① H⁺ 이온은 세뇨관에서 능동적으로 분비된다.

② Na⁺ 이온은 근위세뇨관에서 80%가 재흡수되고, 나머지는 원위세뇨관과 집합관에서 재흡수된다.

③ NH₃는 확산에 의해 세뇨관으로 분비된다.

④ 포도당과 아미노산은 원위세뇨관에서 재흡수된다.

⑤ 수분은 대부분 근위세뇨관에서 재흡수되며 체내 요구에 따라 원위세뇨관에서 항이뇨호르몬 분비에 의해 흡수가 조절된다.

해설
- 포도당과 아미노산은 근위세뇨관에서 완전 흡수된다.
- 전해질은 세뇨관의 어느 곳에서나 흡수되지만, 특히 Na⁺ 이온은 근위세뇨관에서 80%가 재흡수되고, 나머지는 원위세뇨관과 집합관에서 재흡수된다.
- 혈장 포도당의 농도가 신장역치보다 높으면 더 이상 재흡수되지 않고 오줌으로 배설된다. 근위세뇨관에서의 포도당 운반체는 수가 제한되어 있으므로 혈당치가 180mL 이상이면 요 중으로 당이 배설되는데, 이 수준을 포도당의 신장 역치라고 한다.

261 다음은 신장의 재흡수에 관한 설명이다. 괄호 안에 들어갈 말은 무엇인가? `2017.02` `2020.12`

> 수분은 수동적으로 재흡수된다. 여과된 물의 약 70~80%는 근위세뇨관에서 Na⁺이 재흡수될 때 생기는 삼투질 농도차에 의해 재흡수된다. 그 이외에 헨레고리 하행각, 원위세뇨관 및 집합관에서도 재흡수되는데, 특히 원위세뇨관과 집합관의 수분에 대한 투과도는 뇌하수체 후엽에서 분비되는 (   )에 의해 조절된다.

① 옥시토신

② 프로락틴

③ 항이뇨호르몬

④ 부갑상선호르몬(PTH)

⑤ 티록신

해설 항이뇨호르몬(antidiuretic hormone, ADH)
- 9개의 아미노산으로 된 펩티드호르몬이다.
- 신장의 세뇨관에서 수분의 재흡수에 영향을 미침으로써, 분비가 증가하면 수분 재흡수를 촉진시켜 소변량이 감소한다. 반대로 이 호르몬의 분비가 감소하면 소변량이 증가하여 요붕증(diabetes insipidus)이 발생한다.
- 과량 투여 시 혈관평활근을 수축시켜 혈압을 상승시키므로 vasopressin이라고 불린다.

262 다음 중 신장과 관련된 설명으로 옳지 않은 것은?

① 피질의 삼투압은 300mOsm/L이다.
② 수질의 삼투압은 혈장 삼투압의 4배가 되는 1,200mOsm/L이다.
③ 오줌의 삼투압 농도는 약 100mOsm/L이다.
④ 혈액의 삼투압은 피질삼투압과 같다.
⑤ 요붕증은 항이뇨호르몬의 결핍으로 인한 질환이다.

> 해설   **신 장**
> - 혈액 삼투압 : 300mOsm/L
> - 오줌의 삼투압 : 1,200mOsm/L 이상 올라갈 수 있다.
> - 원위세뇨관에서의 물과 나트륨이온의 재흡수는 각각 항이뇨호르몬(뇌하수체후엽호르몬), 알도스테론(부신피질호르몬)의 영향을 받는다.
> - 요붕증은 항이뇨호르몬 결핍에 의한다.

263 사구체 모세혈관의 압력을 100mmHg, 혈장교질 삼투압은 40mmHg, 보먼주머니 내압을 25mmHg라고 할 때 순여과압은 얼마인가?

① 35mmHg   ② 85mmHg
③ 105mmHg   ④ 125mmHg
⑤ 165mmHg

> 해설   **사구체여과압**
> - 사구체여과압은 여과를 촉진하는 힘과 여과를 방해하는 힘의 차이로 결정된다.
> - 사구체여과압 = 사구체 모세혈관압 − (혈장 교질삼투압 + 보먼주머니 정수압) = 100 − (40 + 25) = 35mmHg
> - 사구체에서의 여과는 사구체 모세혈관압이 혈액의 교질삼투압과 보먼주머니 내압의 합보다 커야만 일어난다.
> - 혈압이 떨어지면 사구체 여과가 일어나지 않아 신장의 기능저하가 일어날 수 있다.

264 신장과 관련된 설명으로 옳지 않은 것은?

① 신장으로 흐르는 혈액은 심박출량의 20~25%이다.
② 정상적인 신사구체에서 여과되지 못하는 성분은 단백질이다.
③ 신장의 혈압조절기능과 관련 있는 호르몬은 티록신이다.
④ 항이뇨호르몬의 분비는 체액의 삼투압에 의해 좌우된다.
⑤ 국소혈액을 공급받아 노폐물 제거, 삼투압 조절을 담당한다.

> 해설   - 티록신은 갑상선호르몬으로 열량 대사를 조절하고, 알도스테론은 혈압 조절에 관여하는 나트륨의 재흡수, 칼륨의 배설 등에 관여한다.
> - 사구체 모세혈관막에는 작은 구멍이 다량 존재 → 이 구멍을 통과하지 못하는 혈구와 혈장 단백질은 남게 되고, 포도당, 전해질, 물 및 아미노산은 여과되어 세뇨관 안으로 들어온다.
> - 신장은 체중의 0.5%에 불과하지만 20~25%의 많은 혈액(국소혈액)을 공급받아 노폐물 제거, 수분과 전해질의 조절, 삼투압 조절을 하고, 산·염기 평형을 유지하는 역할을 한다.

265 만성 신장염에 대한 식사요법으로 옳게 조합된 것은?

> 가. 열량은 충분히 공급하되 당질을 권함
> 나. 생물가가 높은 단백질을 공급함
> 다. 식염과 수분은 환자의 상태에 따라 조절함
> 라. 지방은 제한함

① 가, 다
② 나, 라
③ 가, 나, 다
④ 라
⑤ 가, 나, 다, 라

> **해설** 만성 신장염
> • 요중 단백질(알부민)이 많고, 신장 조직의 손상이 증가하기 때문에 질이 좋은 단백질 섭취로 신장 조직을 재생시켜야 한다.
> → 생물가가 높은 단백질을 체중 kg당 1g 정도 제공한다.
> • 지방은 열량에 맞게 적당히 공급한다.

266 감기 증상이 있는 소아에게 갑자기 핍뇨, 혈뇨, 부종 증상이 나타났다면 가장 적합한 식사요법은? `2019.12`

① 수분은 하루에 2,000mL 정도 공급한다.
② 나트륨은 1일 1,000mg 이하로 제한한다.
③ 충분한 에너지와 단백질을 공급하는 것이 좋다.
④ 칼륨 함량이 높은 식품을 주로 제공한다.
⑤ 회복기에도 수분은 계속 제한하는 것이 좋다.

> **해설** 급성 사구체신염
> 부종이 심할 경우 이뇨제의 사용과 함께 엄격한 염분 제한(1,000mg 이하)을 해야 한다. 적절한 칼로리 섭취를 하며 저단백식이므로 생물가가 높은 단백질원을 사용한다.

267 급성 사구체신염의 회복기 환자에게 적용할 수 있는 식사요법은? `2020.12`

① 나트륨 제한
② 칼륨 증가
③ 수분 제한
④ 에너지 제한
⑤ 단백질 제한

> **해설** 회복기 환자에게는 열량은 2,000kcal 정도의 충분한 열량을 공급하며 수분은 제한하지 않는다. 칼륨은 신기능이 개선될 때까지 금하며, 나트륨은 1일 5g까지 제한한다. 단백질은 회복기에 들면 체중 kg당 1g으로 양질의 단백질을 공급한다.

268 55세 남자의 혈액검사 결과가 다음과 같을 경우 적합한 식사요법은? 2020.12

검사항목	검사치	정상치
알부민	2.5g/dL	3.3~5.0g/dL
혈중요소질소	95mg/dL	4~22mg/dL
크레아티닌	9.21mg/dL	0.7~1.5mg/dL
칼 륨	6.7mEq/L	3.5~5.0mEq/L
총콜레스테롤	245mg/dL	150~200mg/dL

① 단백질 대사산물 수치가 정상이므로 단백질을 충분히 제공해도 좋다.
② 감자는 튀김보다는 조림이나 찜이 좋다.
③ 에너지 보충을 위해 설탕, 젤리, 꿀 등의 단순당을 제공한다.
④ 비타민과 무기질 공급을 위해 시금치, 근대 등 채소 섭취량을 증가시켜도 좋다.
⑤ 현미밥, 보리밥 등을 제공한다.

해설 만성 신부전 – 요독증
- 식염과 칼륨은 제한하며, 칼륨 함량이 높은 시금치, 근대, 토마토 등의 채소 섭취량은 제한한다.
- 당질과 지방은 열량원으로 적당히 공급한다.
- 요독증 증상이 매우 심하므로 단백질을 완전히 제거한다.

269 신장질환에 대한 설명으로 옳지 않은 것은?

① 일반적인 증상은 단백뇨, 혈뇨, 부종, 고혈압, 빈혈 등이 있다.
② 급성 신염일 때 고도의 핍뇨가 계속되면 칼륨이 많은 식품을 제한한다.
③ 신장질환의 식품교환표에서 고려하지 않는 영양소는 당질이다.
④ 신장질환에서 요중 배설량의 증가로 부종을 일으키는 단백질은 글로불린이다.
⑤ 신장질환에서 이뇨제를 사용한 경우 그 변동에 가장 주의해야 하는 영양소는 수분, 염분, 전해질이다.

해설 신장질환
- 일반 증상 : 단백뇨, 혈뇨, 부종, 고혈압, 빈혈, 다뇨와 결뇨, 고질소혈증 등의 증상이 나타난다.
- 혈청단백질인 알부민이 소변으로 배설되므로 저단백혈증으로 인한 부종이 나타난다.
- 신장질환자를 위한 식품교환표는 열량, 단백질, 나트륨, 칼륨, 인 등의 영양소 조절을 고려하여 만들었다.

270 만성 콩팥병으로 인한 요독증 환자의 식사요법은? 2021.12

① 저열량식
② 저지방식
③ 저단백식
④ 고식이섬유식
⑤ 고칼륨식

해설 요독증 식사요법
• 열량은 충분히 공급, 당질과 지방은 열량원으로 적당히 공급하되 단백질은 제한한다.
• 요독증 증세가 매우 심할 경우에는 단백질을 완전히 제거한다.

271 만성 콩팥병 환자에게 나타나는 증상은? 2021.12

① 혈중요소질소(BUN) 감소
② 체액량 감소
③ 골형성장애
④ 알칼리혈증
⑤ 식욕 상승

해설 만성 콩팥병 – 골형성장애
만성 콩팥병 합병증 중 하나인 신성골이영양증(renal osteodystrophy)은 2006년 세계신장학회 Kidney Disease Improving Global Outcomes(KDIGO)에서 미네랄, 뼈질환, 혈관 석회화와 연조직 석회화 등 뼈 외 합병증을 합하여 전신질환 개념인 만성 콩팥병-미네랄뼈질환(chronic kidney disease—mineral bone disorder, CKD-MBD)으로 명명하였다.

272 만성 신부전 환자에게 골절이 발생하기 쉬운데 이는 신장의 어떤 기능이 손상된 것인가? 2020.12

① 산-염기 조절
② 혈압 조절
③ 비타민 D 활성화
④ 에리트로포이에틴 생성
⑤ 노폐물 배설

해설 칼슘의 장내 흡수를 조절하는 1,25(OH)₂D(활성화 비타민 D) 부족과 인이 증가하면서 칼슘에 문제가 생긴다. 만성 신장질환에서는 1,25(OH)₂D(활성화 비타민 D)가 감소하게 되는데, 그 이유는 1차 활성화는 간에서, 2차 활성화는 신장에서 이뤄지기 때문이다.

273 만성 신부전 환자가 투석을 하지 않는다면 적합한 식사요법은? 2019.12

① 칼륨 섭취를 증가한다.
② 에너지 섭취를 제한한다.
③ 칼슘 섭취를 제한한다.
④ 인 섭취를 증가한다.
⑤ 단백질 섭취를 제한한다.

해설 투석하지 않는 만성 신부전 환자
• 만성 신부전 환자의 식사요법 원칙은 단백질의 섭취를 제한하며(1일 체중 kg당 0.6~0.8g), 정상체중 유지를 기준으로 충분한 열량을 제공하여 근육의 이화작용을 예방한다. 또한 나트륨을 제한하여 부종을 예방하고 혈압을 조절한다. 그러나 수분은 제한하지 않는다.
• 투석을 하지 않는 만성 신부전 환자에게 골이영양증을 예방하기 위해 인의 섭취량을 제한하거나 인 저해제를 이용한다.

274 만성 신부전 환자에게 제한하는 식품으로 적절한 것은? 2017.02 2021.12

① 바나나   ② 숙 주
③ 가 지   ④ 사 과
⑤ 고사리

해설 만성 신부전 식사요법
• 충분한 에너지 공급, 부종 예방, 혈압 조절, 요독증 예방을 원칙으로 하며, 칼륨은 혈중 수준에 따라 개별 처방한다.
• 칼륨 함량이 높은 채소는 주 2회 이하로 섭취를 제한한다.
• 칼륨 함량이 높은 식품 : 시금치, 근대, 쑥갓, 아욱, 물미역, 부추, 양송이, 고춧잎, 단호박, 늙은 호박, 바나나, 토마토, 참외, 키위, 멜론, 곶감, 잡곡, 감자, 고구마, 콩, 토란, 밤, 초콜릿

275 결뇨, 핍뇨가 있는 만성 신부전(만성 콩팥병) 환자에게 제한해야 하는 영양소는? 2020.12

① 불포화지방산   ② 당 질
③ 철   ④ 칼 슘
⑤ 칼 륨

해설 만성 신부전(만성 콩팥병)
• 만성 신부전은 신장이 만성적으로 손상을 받아서 지속적으로 콩팥의 기능이 저하된 상태를 말한다.
• 핍뇨가 지속되면 요독증이 발생하므로 만성 신부전 환자에게는 칼륨을 철저히 제한한다.
• 만성 신부전의 위험요인인 단백뇨, 고혈압, 이상지질혈증, 고혈당은 생활습관 관리를 통해 교정이 가능하므로 신장질환의 진행을 지연시키기고 좋은 영양상태를 유지하기 위해서는 치료와 함께 식사요법을 병행하는 것이 좋다.

276 고혈압을 동반한 핍뇨기의 만성 콩팥병 환자에게 적합한 식사요법은? 2021.12

① 고지방식, 저염식

② 고단백식, 저염식

③ 수분제한식, 저염식

④ 수분제한식, 고단백식

⑤ 고지방식, 저단백식

> **해설** 일반적으로 수분을 제한하지는 않으나 부종 및 핍뇨(1일 소변량의 500mL 이하)가 있는 경우에는 섭취하는 수분량을 전일 소변량
> 500mL로 제한한다.

277 요산결석 환자의 식사요법으로 옳은 것은? 2017.02

① 요산결석은 알칼리성이므로 산성 식품의 섭취를 늘린다.

② 동물의 내장, 육류(육수), 등푸른 생선 등의 섭취를 권장한다.

③ 퓨린체는 요산을 생성하므로 저퓨린 식품을 제공한다.

④ 수분을 반드시 제한한다.

⑤ 채소와 과일을 적게 섭취한다.

> **해설** 요산결석
> • 요산결석은 산성 결석이므로 알칼리성 식품을 섭취해야 하며, 저퓨린 식사를 제공한다.
> • 저퓨린 식품 : 국수, 빵, 우유, 달걀, 채소, 과일 등
> • 퓨린은 근육 등과 같은 활성조직, 육류 추출물에 함유되어 있다.
> • 결석의 배출을 돕기 위해 하루 3L의 수분섭취를 권장한다.

278 수산칼슘결석 환자의 식사요법으로 옳은 것은? 2018.12

① 견과류, 초콜릿 등을 간식으로 조금씩 줘도 된다.

② 비타민 C 보충제를 준다.

③ 수분을 충분히 섭취한다.

④ 함유황아미노산의 섭취를 감소시킨다.

⑤ 홍차를 자주 마신다.

> **해설** 수산칼슘 결석 환자 식사요법
> • 결석을 용해시켜 제거하기 위해 수분을 충분히 섭취한다(일 3L 이상).
> • 비타민 C 보충제는 먹지 않는다(다량의 비타민 장기간 복용 시 소변 중 수산 농도 증가).
> • 칼슘은 약간 적게 제한한다.
> • 수산을 제한한다(시금치, 아스파라거스, 무화과, 비트, 견과류, 초콜릿, 코코아, 홍차, 딸기 등).
> • 함유황아미노산의 섭취 감소는 시스틴 결석의 경우에 해당된다.

279 수산칼슘결석 환자에게 제한하는 영양소나 식품 종류는? `2017.02`

① 퓨 린

② 우유 및 유제품

③ 아스코르브산

④ 메티오닌

⑤ 인(P)

> **해설** 신결석(Kidney Stone) 식사요법
> • 수산칼슘결석 : 저수산식 · 산성 식품 섭취 권장, 흡수된 비타민 절반가량이 수산으로 전환되므로 비타민 C(ascorbic acid) 보충제 먹는 것을 제한한다.
> • 요산결석 : 저퓨린식을 원칙으로 알칼리성 식품 섭취를 권장한다(우유, 채소 · 과일류 등).
> • 인산칼슘결석 : 산성 식품 섭취 권장, 인함유 식품과 우유 및 유제품을 제한한다.
> • 시스틴결석 : 저메티오닌식, 다량의 수분섭취와 알칼리성 식품을 권장한다.

280 시스틴결석의 식사요법으로 옳은 것의 조합은?

가. 수분 제한
나. 퓨린 제한
다. 산성 식품 보충
라. 과일, 채소 보충

① 가, 다

② 나, 라

③ 가, 나, 다

④ 라

⑤ 가, 나, 다, 라

> **해설** 시스틴결석은 산성 결석이므로 과일, 채소 등 알칼리성 식품을 보충하는 것이 좋다.

281 신장의 수산결석 환자에게 줄 수 있는 식품으로 적합한 것은? `2019.12`

① 초콜릿

② 시금치

③ 비타민 C

④ 사과주스

⑤ 아스파라거스

> **해설** 신장의 수산결석 식사요법
> • 식사요법 원칙은 결석을 용해시켜 제거하기 위해 물을 가급적 많이 섭취하며 결석의 종류에 따라 결석 성분의 섭취를 제한해야 한다.
> • 수산이 많이 들어있는 시금치, 아스파라거스, 부추, 초콜릿, 코코아, 홍차 등을 금지하며 수산의 전구체인 비타민 C도 권장량 이상 과량으로 섭취하는 것을 금한다.

282 당뇨병의 합병증으로 신부전이 동반된 당뇨병성 신장질환의 식사요법으로 옳지 않은 것은?

① 당뇨병 식사에 비해 당질의 섭취가 증가된다.
② 당뇨병 식사에 비해 단백질이 제한된다.
③ 당뇨병 식사에 비해 지방의 섭취가 증가된다.
④ 당뇨병 식사와 같이 채소 선택이 자유롭다.
⑤ 당뇨병 식사와 달리 사탕, 젤리 등이 허용된다.

> **해설** 당뇨병성 신증 식사요법
> • 신장질환 식사요법에 기준을 두며 칼륨 제한을 위하여 채소 선택이 제한적이다.
> • 시금치, 근대, 쑥갓, 쑥, 미나리, 아욱, 물미역, 부추, 양송이, 고춧잎, 취나물, 단호박 등 칼륨함량이 많은 채소는 1주에 2회 이하로 섭취를 제한한다.

283 지속적 외래 복막투석 환자의 영양소별 고려사항으로 옳지 않은 것은?

① 에너지는 총 필요량에 투석액을 통해 흡수되는 포도당 열량을 제하고 공급한다.
② 투석액으로 단백질 손실이 크므로 체중 kg당 1.2~1.5g의 단백질을 공급한다.
③ 고칼륨혈증 예방을 위해 고칼륨 식품을 엄중히 제한한다.
④ 부종이 없는 한 수분은 제한하지 않는다.
⑤ 인은 제한하되 칼슘과 단백질은 충분히 공급한다.

> **해설** 복막투석 환자 – 식사요법
> • 복막투석 시 혈중 칼륨 농도를 정상 수준으로 유지시켜 줄 수 있으므로 항상 칼륨을 제한할 필요는 없다. 그러나 단백질 공급을 위해 사용되는 고단백식품 등이 고칼륨 혈증을 유발할 수 있으므로 고칼륨 식품은 중등 정도로만 제한한다.
> • 부종, 갈증, 혈압을 조절하기 위해 나트륨을 제한한다.

284 복막투석 환자에게 충분히 공급해야 할 영양소는? 2017.02

① 단백질   ② 나트륨
③ 단순당   ④ 지 방
⑤ 인

> **해설** 투석(dialysis)
> • 급성 신부전, 만성 신부전, 기타 약물 중독, 간부전 등에 의해 수분, 전해질의 대사 이상, 각종 질소화합물의 축적을 초래하여 체액의 항상성이 이루어지지 않을 때 사용한다.
> • 복막투석 : 환자 복막의 반투막을 사용하며, 고농도의 포도당 주입으로 노폐물을 걸러낸다.
> • 에너지는 주입한 투석액의 포도당 농도에 따라 제한한다. 단백질은 충분히 공급하고, 나트륨·인은 제한하며, 칼륨·수분은 완화될 수 있다. 또한 고지혈증 예방을 위해 단순당, 알코올, 포화지방, 콜레스테롤을 제한한다.

285 투석 환자에게 나타날 수 있는 질병을 예방하기 위한 식이요법으로 옳지 않은 것은?

① 혈액투석 환자의 투석 간 체중 증가를 억제하기 위해 쇠고기, 버터 등을 제한한다.
② 복막투석 환자에게 나타나기 쉬운 신성골이영양증을 예방하기 위해 인함유 식품을 제한한다.
③ 심장부정맥, 심장마비 방지를 위해 고칼륨식품인 근대를 제한한다.
④ 고인혈증인 경우 우유, 잡곡류, 견과류 등을 제한한다.
⑤ 고칼륨혈증인 경우 식염대용품을 제한한다.

> **해설** 혈액투석 환자의 매 투석 간 1일 체중 증가량이 0.5kg 이하로 하기 위해서는 1일 수분허용량이 소변량에 500~700mL 정도를 더 추가한 양이므로 음료, 아이스크림 같은 상온에서 액체인 식품을 제한한다.

286 햄, 베이컨 등과 같은 훈연가공육에 함유된 발암성 물질은? `2021.12`

① 히스타민
② 니트로소아민
③ 이산화탄소
④ 석 면
⑤ 과산화수소

> **해설** ② 니트로소아민은 체내 또는 체외에서 아민과 아질산의 반응에 의해 생성되는 발암성 물질이다.

287 암 발생을 예방하기 위한 식사요법으로 옳지 않은 것은?

① 지방은 1일 총 열량의 20% 이하로 한다.
② 암 발생을 예방하기 위해 채소의 충분한 섭취를 권장한다.
③ 항암비타민인 비타민 A, C, E를 충분히 섭취한다.
④ 복합당질 및 섬유소를 충분히 섭취하는 것이 좋다.
⑤ 염장식품, 훈제식품을 자주 섭취해도 좋다.

> **해설** 암 예방 식사요법
> • 표준체중을 유지하는 내에서 열량을 공급하며 지방은 1일 총 열량의 20% 이내로 한다.
> • 섬유소, 카로틴, 비타민 A, C, E 등은 암 예방에 도움을 주므로 채소와 과일을 충분히 섭취하도록 권장하고, 우유 및 유제품의 섭취를 권장한다.
> • 염장식품, 훈제식품, 질산염을 함유한 식품의 섭취를 줄이며 금연하는 것이 좋다.

288 암 악액질 증상이 있는 암 환자에게 나타나는 대표적인 대사변화로 옳은 것은? `2019.12`

① 체단백질 분해 증가로 음의 질소균형이 발생한다.
② 지방 합성의 증가로 제지방량이 증가한다.
③ 인슐린 민감성 증가로 당불내증이 발생한다.
④ 간의 당신생 감소로 저혈당증이 발생한다.
⑤ 기초대사량과 에너지 소비량 감소로 체중이 감소한다.

> **해설** 암 악액질(cachexia)
> • 가속적인 체조직 소모, 현저한 체중 감소로 인한 쇠약감, 식욕부진, 조기 만복감, 장기기능장애 등의 증상을 나타내는 복잡한 대사증후군이다.
> • 대사변화 : 단백질 분해 증가 및 단백질 합성 감소, 제지방량 감소, 지방 분해 증가 및 지방 합성 감소, 혈중 유리지방산 농도 증가, 단백질 절약 기전의 장애로 인해 충분한 포도당 공급에도 불구하고 당신생 증가, 알라닌과 젖산으로부터 당신생 증가

289 암 악액질(cancer cachexia)의 대사적 변화로 옳은 조합은? `2018.12`

> 가. 포도당 신생이 활발하여 근육 소모가 큼
> 나. 암세포에서 지방 분해를 촉진하는 사이토카인 분비로 에너지 소모량 증가
> 다. 당질이 지방으로 잘 전환되지 않아 체내 저장 지방이 고갈됨
> 라. 기초대사량 증가로 에너지 소비가 증가되어 체중 감소

① 가, 다
② 나, 라
③ 가, 나, 다
④ 라
⑤ 가, 나, 다, 라

> **해설** 암 악액질 대사벽 변화로 가~라 이외에 근육 손실로 인한 면역체계 손상과 체중 감소가 있다.

290 암 발생으로 인한 체내 영양소 대사의 변화로 옳은 것은? `2017.02` `2020.12` `2021.12`

① 근육단백질 합성이 증가한다.
② 기초대사량이 감소한다.
③ 당신생이 증가한다.
④ 인슐린 민감도가 증가한다.
⑤ 지방 분해가 감소한다.

> **해설** 288번 해설 참고

291 위암 환자의 기본 식사지침으로 옳은 것의 조합은?

| 가. 저열량식 공급 | 나. 저섬유소·무자극성식 |
| 다. 산미가 강한 과일 공급 | 라. 양질의 단백질 공급 |

① 가, 다
② 나, 라
③ 가, 나, 다
④ 라
⑤ 가, 나, 다, 라

해설 위암 환자 식사지침
- 에너지는 질병의 중증도를 고려하여 결정하고, 맛이 담백하고 지방이 적은 양질의 단백질을 공급한다.
- 종양을 자극하지 않도록 저섬유소·무자극성을 제공한다.
- 식욕을 돋우기 위해 산뜻한 음식을 공급해야 하며, 소화가 잘되고 열량이 높은 음식을 공급한다.
- 우유와 유제품, 신선한 녹황색 채소, 과일, 비타민 A·C·E 등을 적당히 섭취한다.
- 고염식, 젓갈, 장아찌, 염장어류, 대량의 쌀밥, 뜨겁고 찬 음식, 훈제식품, 고질산 함유물 등은 위험요인이다.

292 암 환자의 식욕부진 시 식욕증진 방법으로 옳지 않은 것은?

① 육류를 약간 차게 해서 공급한다.
② 육류 대신 달걀, 생선, 가금류, 유제품을 먹는다.
③ 육류에 조미하지 않고 그대로 먹는다.
④ 새로운 음식이나 향신료를 이용한다.
⑤ 환자가 직접 조리하지 않고 다른 사람이 해준다.

해설 암 환자 식욕증진 방법
- 육류에 조미하고 소스를 곁들인다.
- 구미를 돋우는 산뜻한 음식을 공급해야 소화가 잘된다.

293 구토, 메스꺼움과 식욕부진을 겪는 암 환자를 위한 식사요법으로 옳은 것은? `2019.12`

① 음식은 소량씩 자주 제공한다.
② 에너지 밀도가 높은 고지방 식품을 제공한다.
③ 하루 세끼 식사를 규칙적으로 제공한다.
④ 식욕을 촉진시키기 위해 자극적인 음식을 제공하는 것이 좋다.
⑤ 되도록 음식의 온도는 뜨겁게 제공하는 것이 좋다.

해설 암 환자(메스꺼움, 오심, 구토 등)
- 아침에는 메스꺼움이 덜 하므로 아침에 식사를 충분히 공급하며 차가운 음식이 메스꺼움을 줄인다. 또한 소량씩 자주 공급하여 속이 거북하지 않도록 한다.
- 구토 증상을 보일 때는 상온 이하의 음식을 소량씩 자주, 천천히 공급하여 구토증상을 완화시킨다.
- 오심과 구토가 심한 환자는 지방이 적고, 맑고 찬 음료나 크래커, 토스트 같은 마른 음식을 준다.

---

294 위 절제수술 후 덤핑증후군을 예방하기 위한 방법은?　2017.02　2021.12

① 유제품 섭취하기
② 비타민 B₁₂ 보충하기
③ 식사 도중 물 마시기
④ 하루 3회 이하로 식사하기
⑤ 단순당 함량이 높은 식품 섭취하지 않기

> **해설**　덤핑증후군(Dumping syndrome)
> - 위 절제수술 후 정상적인 식사를 시작하면서 공장의 삼투압이 올라가고 이에 따라 체액이 장내로 분비되면서 혈량이 갑자기 줄고, 혈압이 내려가고 맥박이 증가하면서 생기는 일시적인 증세이다. → 발한, 저혈압, 고혈당이 함께 나타난다.
> - 식이요법의 기본 원칙은 섭취하는 음식물의 양을 줄이고 고단백, 고지방, 저탄수화물과 수분이 적은 식사를 자주 먹는 것이다(소량의 음식을 하루 5~6회 섭취).
> - 위 절제수술 후에는 유당이 포함된 우유와 유제품을 피해야 하는데 위장 내에 유당을 분해하고 소화하는 효소가 부족하므로 이들 식품을 먹을 경우 설사, 복통 등이 일어날 수 있다.

295 암의 발생과 관련한 식이요인으로 옳지 않은 것은?

① 대장암 – 벤조피렌　　　② 직장암 – 저섬유소식
③ 식도암 – 아질산염　　　④ 방광암 – 천연감미료
⑤ 간암 – 타르색소

> **해설**　암의 발생 식이요인
> - 구강암·식도암·위암 : 짠 음식. 위암, 식도암의 경우 소시지, 베이컨 등 훈연식품의 아질산염
> - 대장암, 유방암 : 태운 음식에 생긴 벤조피렌
> - 방광염 : 식품첨가물인 시클라메이트, 둘신 등
> - 폐암 : 흡연, 공해 등
> - 유방암 : 고지방식, 알코올 등

296 대장암 예방을 위해 식이섬유를 섭취하는 이유로 옳은 것의 조합은?

> 가. 보수성을 가지므로 대장 내 발암물질 희석
> 나. 대변량 증가
> 다. 대변 횟수 증가
> 라. 장내 통과시간 지연

① 가, 다　　　　　　② 나, 라
③ 가, 나, 다　　　　④ 라
⑤ 가, 나, 다, 라

> **해설**　섬유소는 수분을 흡수하는 보수성으로 대장 내의 발암물질을 희석시키며 장내 통과시간을 증진시킨다.

297 아토피피부염과 식품 알레르기에 관련이 있는 면역글로불린(Ig)은? `2021.12`

① IgA　　　　　　　　　　　　② IgM
③ IgG　　　　　　　　　　　　④ IgE
⑤ IgD

해설 면역글로불린(Ig)
- 식품 알레르기를 일으키는 물질을 식품 항원(Food Allergen)이라 하며, 식품 항원은 식품 내 함유된 특정 성분(specific components or ingredients)으로 면역 반응을 일으켜 특징적인 임상 증상을 유발하게 된다.
- 아토피피부염 환자에서 혈청 내 총 IgE와 식품 특이 IgE의 농도가 높다는 사실은 아토피피부염과 식품 알레르기 간에 연관성이 있다는 점을 시사하고 있다.
- IgE는 혈액이나 조직에 존재하며 식품 알레르기 반응에 관여한다. IgA는 눈물, 콧물, 장점막 등에서 분비되며 여기에 들어온 세균을 방어한다. IgG는 면역혈청에 가장 많이 존재하며 주로 항박테리아 및 항바이러스 작용을 하며 유일하게 태반을 통과할 수 있는 항체이다.

298 세포 중 항체를 생산하는 것은? `2018.12`

① 호중구　　　　　　　　　　② T-림프구
③ 대식세포　　　　　　　　　④ 자연살해세포
⑤ β-림프구

해설 세 포
- β-림프구는 항체를 생성하는 세포이고, 체액성 면역에 관여하며 골수의 줄기세포에서 형성된다. 항원과 접촉하면 형질세포(plasma cell)로 변하여 면역글로불린(immunoglobulin, Ig)이라 불리는 여러 가지 항체를 생성하여 작용한다.
- T-림프구는 세포매개성 면역기능에 관여하며, 골수의 줄기세포에서 분화하여 성숙된 후 흉선에서 분리된다. 세포 내에서 직접 림포카인, 사이토킨 등의 물질을 분비하여 항원을 파괴한다.
- 대식세포와 호중구는 비특이성 면역기능을 담당하는 세포이다.

299 감염질환의 식사요법에 대한 설명으로 옳지 않은 것은?

① 충분한 당질, 단백질을 공급한다.
② 농축된 열량 식품은 피한다.
③ 5,000~6,000cc의 수분을 공급한다.
④ 고비타민식을 준다.
⑤ 전해질을 보충한다.

해설 감염질환 식사요법
- 발열 시 대사속도가 증가하여 단백질 및 당질 대사가 항진되고, 배설물과 발한량의 증가로 수분 손실, 염분과 칼륨 배설 증가, 체내 글리코겐 저장량 감소 등이 나타난다.
- 감염 환자의 열량 요구량은 50% 이상 증가하므로 농축된 형태로 열량을 공급하고, 고단백질, 고당질, 고비타민식을 주며 수분과 전해질을 보충한다.

안심Touch

300 급성 감염성 질환으로 인한 생리적 대사 변화에 대한 설명으로 옳은 것은? `2019.12`

① 체단백질 합성 증가
② 글리코겐 저장량 증가
③ 호흡 및 맥박수 감소
④ 수분보유량 증가
⑤ 발열과 기초대사량 증가

> **해설** 감염성 질환
> • 대표적인 증세가 발열이며 기초대사량은 증가한다.
> • 탈수 및 전해질 손상을 초래하고 단백질 대사가 항진되어 체단백의 붕괴가 나타난다.
> • 고열은 혈류속도와 호흡수를 증가시켜 혈액의 알칼로시스(Alkalosis)를 가져온다. 또한 열이 나기 직전 또는 열이 날 때 코르티솔 분비량이 늘어난다.

301 알레르기를 일으키는 식품에 대한 설명으로 옳지 않은 것은?

① 메밀, 옥수수 등의 곡류도 항원이 된다.
② 항원은 동·식물성 단백질에 많다.
③ $\omega-3$ 계열 불포화지방산이 알레르기를 완화시킬 수 있다.
④ 찬 우유보다 뜨거운 우유나 가당연유가 알레르기 반응이 크다.
⑤ 같은 식품을 매일 먹으면 알레르겐이 되기 쉽다.

> **해설** 알레르기를 일으키는 식품
> • 항원이 되는 식품 : 동·식물성 단백질식품, 곰팡이 핀 식품, 삶아서 물에 담가야 하는 채소, 붉은살생선 등이 있다.
> • 가열할 경우 알레르기 반응성이 떨어지므로 찬 우유보다는 뜨거운 우유나 가당연유가 알레르기 반응이 적다.
> • 알레르기 유발 식품 : 돼지고기, 우유, 달걀, 고등어, 연어, 오징어, 꽁치, 새우, 조개 등이 있다.

302 알레르기 반응에 관련된 설명으로 옳지 않은 것은?

① 같은 식품군 내에서 항원 간 교차반응이 나타나기도 한다.
② 부모에게 알레르기가 있어도 자녀에게 영향을 주지 않는다.
③ 항원이 침입하면 체내 IgE의 생성이 증가한다.
④ 유아의 알레르기를 예방하기 위해 이유시기를 4~6개월로 늦춘다.
⑤ 알레르기는 영유아기에 많이 나타나며 성장함에 따라 과민성이 감소한다.

> **해설** 알레르기 반응
> • 부모가 알레르기가 있으면 자녀의 75%가 나타나기도 한다.
> • 항원이 강한 식품을 중지한 후 몇 개월 후에 소량씩 섭취하거나 조리법의 변경으로 알레르기를 방지할 수 있다.

303 담낭 절제수술 후 환자에게 많이 주어도 무방한 식품으로 조합된 것은?

가. 유자차	나. 시원한 보리차
다. 꿀 차	라. 커스터드

① 가, 다   ② 나, 라

③ 가, 나, 다   ④ 라

⑤ 가, 나, 다, 라

해설 담낭 절제수술 후에는 지방이 많은 음식을 제한하며, 가~다 이외에 작은 얼음 덩어리 등으로 수분을 조금씩 공급한다.

304 수술 전·후에 사용되는 저잔사식 식단으로 적합한 것은? `2017.02`

① 으깬 감자, 바나나   ② 연어구이, 크림스프

③ 깍두기, 현미밥   ④ 토마토, 통밀빵

⑤ 말린 과일, 미역국

해설 수술 전·후 – 저잔사식
- 수술 전날 저녁식사는 가볍게, 밤 12시 이후에는 금식, 수술 전 적어도 6시간 전부터 경구섭취 금지 → 수술 후 감염방지, 가스로 인한 팽만감을 막기 위해 수술 2~3일 전부터 수술 후까지 저섬유소식 실시로 장 내 잔사를 줄인다.
- 허용식품 vs 제한식품

	허용식품	제한식품
곡 류	흰밥, 찹쌀밥, 흰식빵, 국수, 체에 내린 감자	보리, 현미, 율무, 팥, 조, 수수, 콩류, 고구마, 옥수수, 통밀빵, 미숫가루
우유 및 유제품	1일 1/2컵 이하, 요플레(플레인), 푸딩, 아이스크림(과일, 땅콩 제외)	허용량 이상의 우유 및 유제품, 크림수프
육 류	연한 쇠고기, 돼지고기, 달걀, 두부, 껍질 벗긴 닭고기, 생선	질긴 육류, 햄류, 조개류, 비지
채소류	잘 익힌 시금치, 애호박, 당근, 가지(껍질 제외), 숙주, 양송이, 양상추, 야채주스	• 생채소(양상추 제외), 허용식품 외 채소 : 도라지, 고사리, 콩나물, 우엉 등 • 말린 나물 : 무말랭이, 건호박 등
과일류	잘 익은 바나나, 과일 통조림(복숭아, 포도 등), 과일주스	토마토, 딸기, 사과, 배, 귤, 감, 파인애플 등 생과일, 건포도, 대추, 곶감 등 말린 과일
해조류, 견과류	–	• 미역, 김, 다시마, 파래 등 • 땅콩, 아몬드, 호두, 해바라기씨 등
기 타	–	• 과량의 된장, 고추장, 겨자가루 등 • 팝콘, 포테이토칩 등의 간식

305 저잔사식에 허용되는 식품은? 2020.12

① 감자전, 오렌지주스
② 콩밥, 토마토주스
③ 우유, 버터
④ 흰밥, 달걀찜
⑤ 옥수수스프, 젤라틴

해설 304번 해설 참고

306 신체의 40% 이상 2도 화상을 입은 환자에게 즉각 취해야 할 조치로 조합된 것은?

가. 고단백질식 공급	나. 저에너지식 공급
다. 고지방식 공급	라. 수분과 전해질 공급

① 가, 다
② 나, 라
③ 가, 나, 다
④ 라
⑤ 가, 나, 다, 라

해설 2도 화상 환자
환자는 쇼크 상태에 있고 상처를 통해 많은 양의 체액과 전해질이 손실되므로 물과 전해질 공급이 가장 중요하다.

307 화상 시 나타나는 체내 변화로 옳지 않은 것은? 2017.02

① 에너지필요량이 증가한다.
② 체액 나트륨이 다량 손실된다.
③ 면역기능이 항진된다.
④ 신진대사율이 증가된다.
⑤ 요중 질소배설량이 증가한다.

해설 화 상
• 에너지 대사가 항진되므로 화상이 심한 경우 기초대사량이 2배까지 증가한다.
• 호르몬 변화로 인한 대사 항진은 에너지요구량을 증진시키고 이것은 단백질 분해와 요중 질소 배설을 증가 → 이로 인해 면역기능이
  저하되어 감염에 특히 민감하다.

308 화상 환자에게 충분히 공급해야 하는 필수 영양소로 조합된 것은?

> 가. 비타민 A
> 나. 비타민 C
> 다. 칼 륨
> 라. 나트륨

① 가, 다   ② 나, 라

③ 가, 나, 다   ④ 라

⑤ 가, 나, 다, 라

> **해설**   화상 환자의 공급 영양소
> • 화상 환자는 가~라 이외에 칼슘, 아연, 인 등의 보충이 필요하다.
> • 비타민 C는 콜라겐 합성과 관련이 있으므로 상처 치료 시 요구량이 증가된다.

309 호흡부전에 대한 설명으로 옳지 않은 것은?

① 숨이 차고, 기침, 두통, 복수, 부종이 발생한다.
② 부종이 생기면 수분과 염분을 제한한다.
③ 대사에 의해 CO_2가 많이 발생되는 당질은 제한한다.
④ 지방과 단백질 공급을 늘린다.
⑤ 고열량을 공급한다.

> **해설**   호흡부전 시 열량은 적정량을 공급한다.

310 폐렴과 결핵 환자가 병소의 석회화를 위해 섭취해야 할 영양소는?

① 염 소   ② 칼 륨

③ 칼 슘   ④ 황

⑤ 비타민 C

> **해설**   칼슘은 결핵병소를 석회화하여 세균활동을 억제한다.

311 체조직 소모가 심한 폐결핵 환자가 섭취하면 좋은 식품은? `2021.12`

① 생선, 콩나물   ② 사과, 오렌지

③ 소고기, 두부   ④ 오이, 감자

⑤ 옥수수, 무

해설   폐결핵 환자는 체중 감소와 체조직 소모를 방지하기 위하여 충분한 식사량의 유지 및 어육류나 두부, 달걀을 통한 단백질 섭취가 병행되어야 한다.

312 호흡에 대한 설명으로 옳지 않은 것은?

① 강력한 호식 시에는 내늑간근이 수축한다.
② 폐포 내 공기와 혈액 내의 가스교환은 외호흡이라고 한다.
③ 횡격막의 수축에 의한 호흡을 흉식호흡이라고 한다.
④ 산소분압의 저하로 대동맥소체와 경동맥소체가 자극을 받으면 호흡이 촉진된다.
⑤ 정상 시의 흡식운동은 횡격막과 외늑간근의 수축에 의한다.

해설   ③ 복식호흡이고, 외늑간근의 수축에 의한 호흡을 흉식호흡이라 한다.
• 혈액과 다른 조직 사이의 가스교환과 조직에 의한 산소의 이용을 통틀어 내호흡이라 한다.
• 동맥혈의 산소분압 저하로 대동맥소체와 경동맥소체가 자극을 받을 시 호흡이 촉진된다.

313 폐활량에 해당하는 것으로 조합된 것은?

가. 흡식용량
나. 흡식성 예비용적
다. 호식성 예비용적
라. 잔기용적

① 가, 다   ② 나, 라
③ 가, 나, 다   ④ 라
⑤ 가, 나, 다, 라

해설   폐활량
• 최대흡기에 이어 최대로 호기할 수 있는 공기량으로 일호흡용적 + 흡식성 예비용적 + 호식성 예비용적
• 흡식용량 : 일호흡용적 + 흡식성 예비용적
• 정상 성인의 폐활량 : 약 4.0~4.8L

314 호흡중추를 가장 민감하게 자극하는 요인들로만 조합된 것은?

가. O_2와 CO_2	나. OH^-
다. H^+	라. N_2

① 가, 다   ② 나, 라
③ 가, 나, 다   ④ 라
⑤ 가, 나, 다, 라

해설 호흡중추 자극
- 호흡촉진의 정도는 H^+ 농도 상승에 비례한다.
- 호흡은 O_2와 CO_2의 분압, H^+ 및 체온변화와 같은 신체 요구량에 따라 조절된다.
- 혈중 CO_2의 농도가 정상보다 높을 때 호흡중추가 흥분하기 쉬운 상태가 되며, N_2는 항상 같다(1기압).

315 산소해리곡선에 대한 설명으로 옳지 않은 것은?

① 고산지역에서 헤모글로빈의 산소포화도는 증가한다.
② 혈액이 산성이 되면 헤모글로빈의 산소포화도는 감소한다.
③ 체온이 올라가면 헤모글로빈의 산소포화도는 감소한다.
④ 산소분압, pH 변화, 온도, 혈액의 1,2-DPG 농도에 의해 영향을 받는다.
⑤ 폐정맥혈의 헤모글로빈 산소포화도가 가장 높다.

해설 산소해리곡선
- 헤모글로빈의 산소포화도(%)가 산소분압의 변화에 따라 변화하는 모습을 나타내며, 정비례 곡선이 아닌 S자형 곡선을 형성한다.
- 고산지역에서 헤모글로빈의 산소포화도는 감소한다.

316 체인-스토크스(Cheyne-Stokes) 호흡에 대한 설명으로 옳은 것의 조합은?

> 가. 호흡곤란과 무호흡이 교대로 나타난다.
> 나. 뇌출혈, 심부전, 인공호흡증 등 소위 호흡중추가 현저하게 감퇴될 때 일어난다.
> 다. 호흡중추의 흥분성이 낮아진 것이 원인이다.
> 라. 헤모글로빈의 일산화탄소(CO)와의 친화력이 증가된 상태이다.

① 가, 다   ② 나, 라
③ 가, 나, 다   ④ 라
⑤ 가, 나, 다, 라

해설   체인-스토크스 호흡
- 일정 간격을 두고 약한 호흡, 호흡 곤란, 무호흡, 큰 호흡이 교대로 되풀이되면서 나타나는 상태이다.
- 호흡중추의 흥분성이 현저히 낮아짐으로써 일어남 → 혈액 내의 PCO_2가 높아져야만 비로소 흥분하게 되며 매우 힘겨운 호흡운동, 즉 호흡곤란을 일으킴 → 그 이후 CO_2가 폐포를 통해 외부로 배출되면 자연히 혈액 내 PCO_2가 낮아져서 그 결과로 호흡이 정지되어 무호흡
- 두개강 내압의 상승, 마약 및 일산화탄소 급성중독, 중추신경계의 질환, 생체가 죽기 전 반드시 체인-스토크스 호흡을 한다.

317 순환하는 혈액 중의 산소 농도를 감지하는 화학수용체가 있는 곳으로 조합된 것은?

> 가. 경동맥체   나. 모세혈관
> 다. 대동맥궁   라. 뇌 간

① 가, 다   ② 나, 라
③ 가, 나, 다   ④ 라
⑤ 가, 나, 다, 라

해설   호흡 – 화학수용체
- 화학수용체는 대동맥궁에 위치하는 대동맥소체, 외경동맥과 내경동맥의 분기점에 있는 경동맥체에 위치한다.
- 이는 동맥혈의 CO_2 분압, O_2 분압 및 pH의 변화에 민감하게 반응하여 환기량을 조절하게 된다.

318 폐의 용적과 용량에 대한 설명으로 옳지 않은 것은?

① 총 폐용량은 폐활량과 잔기량을 합한 것으로 약 6,000mL 정도가 된다.
② 일회흡용적은 안정 시 1회의 흡식이나 호식으로 폐 내에 출입할 수 있는 기체량이다.
③ 잔기용적은 최대로 호흡한 후, 폐에 남아 있는 기체량으로 정상 성인에서 약 1,200mL이다.
④ 흡기 예비량은 정상 호식 후에 최대로 흡입할 수 있는 기체량이다.
⑤ 흡식용량은 일회흡용적과 흡식성 예비용적의 합이다.

> **해설** 폐의 용적과 용량
> • 흡기 예비량(흡식성 예비용적) : 정상상태에서 1회 호흡량을 흡입한 후 최대로 더 흡입할 수 있는 양으로, 정상 성인에서는 약 3,000mL 정도이다.
> • 호기 예비량(호기성 예비용적) : 1회 호흡량을 호출한 후에 최대로 더 호출할 수 있는 기체량으로, 정상 성인에서는 약 1,200mL 정도이다.
> • 흡식용량 : 정상흡식 후에 최대로 흡입할 수 있는 기체량을 말한다(약 3,500mL).
> • 기능적 잔기용량 : 호식성 예비용량과 잔기용적의 합이다(약 2,400mL).

319 혈액의 기능으로 옳은 것의 조합은?

> 가. 영양소·가스·노폐물·호르몬 등의 운반작용
> 나. 방어 및 식균작용
> 다. 수분·체온·pH 조절작용
> 라. 혈압조절기능

① 가, 다   ② 나, 라
③ 가, 나, 다   ④ 라
⑤ 가, 나, 다, 라

320 혈액의 pH를 조절하는 데 가장 효과적인 기관은? `2017.02`

① 신 장   ② 폐
③ 뇌   ④ 심 장
⑤ 모세혈관

> **해설** 혈액의 pH 균형
> • 신장은 폐보다 훨씬 많은 산을 배설할 수 있고, 필요한 경우에는 많은 염기도 배설할 수 있어 혈액 pH를 조절하는 데에 가장 효과적인 기관이다.
> • 신장은 HCO_3^- 농도를 24~28mEq/L로 안정시키고, 폐는 혈장의 H_2CO_3 농도를 1.2~1.4mEq/L로 유지하며 산·염기 균형을 조절한다.
> • 신장은 HCO_3^-의 재흡수, H^+의 분비, 암모니아의 생성 등의 방법으로 산·염기의 균형을 조절한다.

321 **만성 폐쇄성 폐질환 환자의 식사요법은?** 2020.12

① 근손실 방지를 위해 충분한 단백질 공급

② 고식이섬유 식사 공급

③ 에너지원으로 지방보다 당질 공급

④ 식사 횟수 줄이기

⑤ 호흡 기능을 돕기 위한 에너지 섭취 제한

> **해설** 만성 폐쇄성 폐질환
> • 탄수화물은 체내에서 대사된 후 탄산가스가 많이 생성되므로 적게 섭취해야 하고, 지방의 섭취량을 늘리고 단백질은 적정량 섭취해야 한다.
> • 호흡 부전 시 폐에 과량의 수분이 보유되어 있는 경우가 많으므로 수분 및 소금 섭취는 제한한다.
> • 지방은 좋은 에너지원으로 충분히 공급한다.

322 **체내 수분에 대한 설명으로 옳은 것은?** 2020.12

① 근육량이 많은 사람은 체내 수분 비율이 낮다.

② 세포내액의 양은 세포외액보다 적다.

③ 연령이 증가하면 체내 수분 비율이 증가한다.

④ 혈장은 세포외액에 속한다.

⑤ 세포외액의 대부분은 혈액으로 존재한다.

> **해설** 체 액
> • 체액은 여러 가지 전해질 및 유기물로 구성되어 있다.
> • 인체의 약 60%이며 세포외액과 세포내액은 각각 체중의 약 20%, 40%를 차지한다.
> • 세포외액의 대부분은 세포간질액이며, 나머지는 혈장이 차지한다.
> • 사람의 출생 시부터 성장이 완료되는 성인기까지 체구성의 변화를 보면 체단백질의 함량은 증가하고, 체액량은 감소한다.
> • 연령이 증가하면 체내 수분 비율은 감소하며, 근육량이 많아지면 증가한다.
> • 지방조직이 많은 여자가 남자보다 총 체액량이 적다.

323 **모세혈관에서 액체이동에 주로 관여하는 것으로 조합된 것은?**

가. 혈액 내 교질삼투압	나. 조직 내 교질삼투압
다. 혈액의 액압	라. 조직압

① 가, 다

② 나, 라

③ 가, 나, 다

④ 라

⑤ 가, 나, 다, 라

324 다음 혈액에 대한 설명 중 옳지 않은 것은?

① 정상 성인 여자의 혈액 $1mm^3$당 적혈구 수는 450만 개이다.
② 정상 성인의 혈액 pH는 7.4 정도이다.
③ 혈청 중 철 운반단백질은 페리틴이다.
④ 총 체액 중 혈장이 차지하는 비율은 약 5%이다.
⑤ 혈장 단백질의 55%는 알부민으로 체액량을 조절한다.

> **해설** 혈 액
> • 혈청 중 철분을 운반하는 단백질은 트랜스페린이며, 철분은 간에서 페리틴의 형태로 저장된다.
> • 정상 성인 남자의 적혈구 수는 혈액 $1mm^3$당 500만 개이다.
> • 혈장 단백질 구성
>   – 55% 알부민 : 체액량 조절
>   – 38% 글로불린 : 면역항체
>   – 7% 피브리노겐 : 혈액응고
>   – 1% 이하 프로트롬빈 : 혈액응고

325 혈액 속에 존재하는 단백질의 하나로 면역 기능을 담당하는 것은? `2020.12`

① 피브리노겐　　　　　　② 프로트롬빈
③ 글로불린　　　　　　　④ 트랜스페린
⑤ 알부민

> **해설** ③ 글로불린 : 면역항체
> ① 피브리노겐 : 혈액응고
> ② 프로트롬빈 : 혈액응고
> ④ 트랜스페린 : 철분 운반
> ⑤ 알부민 : 체액량 조절

326 혈장에 대한 설명으로 옳지 않은 것은?

① 혈액을 방치하여 응고되었을 때 위에 뜨는 상층액을 혈청이라 한다.
② 신선한 혈액을 원심분리하여 얻어지는 상층액의 녹황색 액체를 혈장이라 한다.
③ 혈장은 세포외액이므로 Na^+, Cl^-가 85%를 차지한다.
④ 혈장은 혈액의 액체부분으로 수분이 50%를 차지한다.
⑤ 혈청은 혈액응고로 인해 피브리노겐과 혈액응고에 관여하는 단백질이 제거된 혈장을 말한다.

> **해설** 혈 장
> • 혈장의 구성성분 중 90~93%는 수분이고, 약 7%는 혈장 단백질이며, 약 1.5%는 무기염류이다.
> • 혈액의 액체부분으로 수분 속에 용해된 다량의 유기물과 무기물로 구성되어 있다.

327 **혈구에 대한 설명으로 옳지 않은 것은?**

① 백혈구 > 적혈구 > 혈소판 순으로 크기가 크다.
② 에리트로포이에틴은 적혈구의 생성속도를 촉진한다.
③ 적혈구는 뼈 속의 황색골수에서 만들어진다.
④ 적혈구 조혈인자(erythropoietin)는 주로 신장에서 생성된다.
⑤ 적혈구 수는 체중의 증가가 왕성한 14~17세경에 증가한 후 서서히 안정감을 유지한다.

> **해설** 혈 구
> • 적혈구는 뼈 속에 있는 적색골수에서 조혈되어 순환계로 방출된다.
> • 백혈구(8~15μm) > 적혈구(평균 7.7μm) > 혈소판(2μm) 순으로 크기가 크다.
> • 적혈구 조혈인자는 주로 신장에서 생성되며 간과 악하선에서도 소량 생성된다.

328 **적혈구가 파괴될 때 생성되는 분해산물로 옳은 것의 조합은?**

가. 칼 슘	나. 레시틴
다. 글로불린	라. 빌리루빈

① 가, 다   ② 나, 라
③ 가, 나, 다   ④ 라
⑤ 가, 나, 다, 라

> **해설** 적혈구 파괴
> • 적혈구의 수명은 약 120일이며, 간이나 비장에서 파괴된다.
> • 혈색소 헤모글로빈(hemoglobin)은 헴(heme)과 글로빈(globin)으로 분해되어 혈철소 헤모시데린(hemosiderin)과 담즙색소인 빌리루빈(bilirubin), 빌리베르딘(biliverbin)을 만든다.

329 **저산소증일 때 신장에서 분비되는 적혈구 조혈인자는?** `2018.12` `2021.12`

① 헤모시데린   ② 에리트로포이에틴
③ 빌리루빈   ④ 빌리베르딘
⑤ 글로불린

> **해설** 에리트로포이에틴
> • 적혈구의 조혈인자로, 신장에서 분비되며 대기압 저하, 빈혈 등의 상황에서 적혈구 조혈은 적색골수에서 활발하게 일어난다.
> • 세포에 산소가 부족하면 적혈구 조혈은 활발해진다.

330 헤마토크리트(Hematocrit)란? 2019.12

① 혈액을 원심분리한 후 적혈구가 차지하는 용적비(%)
② 혈액을 원심분리한 후 상층액이 차지하는 용적비(%)
③ 혈액 내에서 적혈구가 침강하는 속도
④ 혈액 내에서 백혈구가 침강하는 속도
⑤ 혈액이 응고하는 속도

해설 헤마토크리트(Hematocrit)
- 혈액을 원심분리한 후 적혈구가 차지하는 용적비(%)로 평균 42% 정도이다.
- 혈액은 크게 세포성분과 혈장으로 분리되며 세포성분에는 적혈구, 백혈구, 혈소판이 속한다. 백혈구에는 호중구, 호산구, 호염기구, 림프구, 단핵구가 있다. 혈장의 6~8% 정도는 알부민, 글로불린 등의 혈장 단백질이 함유되어 있다. 헤마토크리트는 혈액 중 적혈구가 차지하는 용적이다.

331 혈액 성분에 대한 설명으로 옳지 않은 것은?

① 백혈구 중 가장 많은 비율을 차지하고 있는 것은 호중구로 식균작용을 한다.
② 림프구의 생산 및 분화는 모두 골수에서 이루어진다.
③ 혈액이 적색을 띠고 있는 것은 헤모글로빈 중의 헴(heme) 성분 때문이다.
④ 백혈구는 혈액뿐만 아니라 세포 간질액, 림프액, 골수 및 기타 림프조직 중에 존재하며 작용을 나타낸다.
⑤ 헤모글로빈은 헴(heme) 4분자와 4개의 글로빈 단백질로 구성된다.

해설 혈액 성분
- 림프구의 생산 및 분화는 골수 이외에도 림프절, 흉선, 지라(spleen) 등이 관여한다.
- 백혈구의 분류 : 특수한 과립이 있는 과립백혈구와 과립이 없는 무과립백혈구로 크게 분류한다. 과립백혈구는 염색 상태에 따라 호중구(50~70%), 호산구(1~4%), 호염기구(0.4%)로 분류하고, 무과립백혈구는 림프구(20~40%), 단핵구(4%)가 있다.

332 백혈구의 기능에 대한 설명으로 옳지 않은 것은?

① 호산구 – 알레르기 반응 시 이를 중화시키는 물질을 분비함으로써 알레르기 질환에 대처한다.
② 호중구 – 1차 면역에서 가장 중요한 식균작용을 나타내며, 급성 염증 시 급속히 증가한다.
③ 호염기구 – 식균작용을 나타낸다.
④ 림프구 – 면역반응에 관여하며 β, γ 글로불린을 생산한다.
⑤ 단핵구 – 강한 식균작용을 하며 만성 염증 시에 작용한다.

해설 ③ 호염기구는 헤파린, 히스타민을 함유한다. 헤파린을 분비하여 혈액응고를 방지함으로써 혈액순환에서 중요한 역할을 수행하며, 히스타민과 같은 염증물질을 분비함으로써 알레르기 반응을 유발한다.

333 혈액응고에 대한 설명으로 옳지 않은 것은?

① 혈액응고에 관여하는 영양소는 비타민 K와 칼슘이다.
② 혈액 항응고제로 플라스민, 피브리노겐, 헤파린, 디쿠마롤 등이 있다.
③ 칼슘은 간에서 프로트롬빈의 생산을 촉진한다.
④ 프로트롬빈은 트롬보키나아제에 의해 트롬빈으로 전환된다.
⑤ 피브리노겐은 트롬빈에 의해 비가용성인 피브린이 된다.

해설 ③ 비타민 K의 역할이며, 칼슘은 프로트롬빈이 트롬빈으로 되는 과정에서 촉매 역할을 한다.
혈액응고의 가장 중요하고 기본적인 반응은 피브리노겐이 피브린으로 전환되어, 피브린에 의해 단단한 응고물로 변하는 일련의 과정이다.

334 선천적 결핍 시 혈우병의 원인이 되는 인자는?

① factor Ⅶ ② factor Ⅷ
③ factor Ⅹ ④ factor Ⅱ
⑤ factor Ⅲ

해설 factor Ⅷ인자는 항혈우병인자(antihemophilic factor, AHF)라고도 한다.

335 가임기 여성에게 발생하기 쉬운 빈혈의 형태는?

① 재생불량성 빈혈 ② 악성 빈혈
③ 용혈성 빈혈 ④ 철결핍성 빈혈
⑤ 거대적아구성 빈혈

해설 가임기 여성은 철결핍성 빈혈이 발생하기 쉬우므로 철, 비타민 C, 동물성 단백질을 충분히 공급해야 한다.

336 악성 빈혈의 모체가 될 수 있는 빈혈의 형태는?

① 거대적아구성 빈혈 ② 임신성 빈혈
③ 출혈성 빈혈 ④ 철결핍성 빈혈
⑤ 저색소성 빈혈

해설 악성 빈혈의 모체
• 악성 빈혈은 비타민 B12의 부적절한 섭취 및 흡수, 위 내 당단백질인 내적인자의 부족이 주원인이다.
• 비타민 B12 부족 시 적혈구의 합성과 성숙이 불완전하여 거대적아구성 빈혈이 발생한다.

337 10년 전 위암으로 위 절제수술을 받은 후 채식 위주로 식사를 환자가 최근 악성 빈혈 진단을 받았다면, 이 환자에게 결핍된 영양소는? 2019.12 2020.12

① 비타민 C
② 비타민 B$_{12}$
③ 칼 슘
④ 비타민 E

해설 악성 빈혈 원인
- 대적혈구, 거대적아구성 빈혈의 일종으로 적혈구, 백혈구, 혈소판의 수가 감소한다. 비타민 B$_{12}$의 섭취가 불량할 경우 악성 빈혈에 걸리기 쉬운데, 이는 대개 동물성 식품에 함유되어 있다.
- 고단백식, 간·쇠고기·달걀의 섭취 증가, 철과 엽산이 많은 녹황색 채소 등을 섭취하는 것이 좋다.
- 비타민 E 부족은 용혈성 빈혈과 관련이 있다.

338 체내에서 철의 흡수를 저해하는 물질로 조합된 것은?

| 가. 동물성 단백질 |
| 나. 피틴산 |
| 다. 비타민 C |
| 라. 인산염 |

① 가, 다
② 나, 라
③ 가, 나, 다
④ 라
⑤ 가, 나, 다, 라

해설 철은 피틴산과 인산염이 많은 식품을 같이 섭취하면 불용성염을 이루어 흡수가 저해된다.

339 식물성 식품에 함유된 비헴철의 흡수율을 높이기 위해 같이 섭취하면 좋은 식품은? 2020.12

① 딸 기
② 커 피
③ 근 대
④ 두 부
⑤ 우 유

해설 철분 흡수를 돕는 식품
- 비타민 C가 풍부한 오렌지, 딸기, 잎채소(케일, 콜라드 등), 브로콜리, 피망, 콜리플라워 등을 철분이 풍부한 식품과 함께 섭취하면 철분의 흡수를 도울 수 있다.
- 차와 커피에는 타닌이 함유되어 있으며, 이는 철분의 흡수를 방해하므로 섭취를 자제한다.

340 철결핍성 빈혈 환자의 철 섭취에 대한 설명으로 옳지 않은 것은?

① 철분보충제는 부작용을 감소시키기 위해 하루에 한 번 복용한다.
② 헤모글로빈이 정상수준으로 회복된 후에도 철분의 체내 저장량을 충족할 수 있도록 몇 개월간 지속한다.
③ 환원형의 철이 산화형보다 흡수율이 3배나 높다.
④ 철 흡수율은 식사 조성 및 기타 영양소의 영향을 많이 받는다.
⑤ 철분제 복용 시 비타민 C가 많이 함유된 식품을 섭취하는 것이 좋다.

해설 철분보충제는 하루에 최소한 3회로 나누어 공급하면 부작용을 줄일 수 있다.

341 철결핍성 빈혈 환자에게 좋은 식품이 아닌 것은? 2017.02

① 간
② 코코아
③ 난 황
④ 말린 과일
⑤ 가금류

해설 철결핍성 빈혈 환자 식사요법
• 간, 육류, 내장, 난황, 말린 과일 등 철 함량이 높은 식품을 섭취해야 하며, 매끼마다 신선한 과일과 채소를 섭취한다(비타민 C는 철분의 흡수를 증가).
• 충분한 양질의 단백질 섭취가 중요하며 식사 전후 녹차, 커피, 홍차 등 자제한다(특히 철분 영양제 복용 시 철분의 흡수를 저해).
• 코코아에 함유된 카페인은 철분의 흡수를 방해한다.

342 철결핍성 빈혈 환자에게 권장할 수 있는 음식은? 2020.12 2021.12

① 소간전과 부추김치
② 두부찜과 배추김치
③ 돼지갈비찜과 깍두기
④ 갈치구이와 미나리전
⑤ 닭조림과 콩나물국

해설 철분 함량이 높은 간, 녹색채소류의 식품을 제공한다.

340 ① 341 ② 342 ① 정답

343 소혈구성 저색소성 빈혈에 권장하는 식품들로 조합된 것은?

> 가. 간, 쇠고기, 건조과일
> 나. 사과, 감, 밤
> 다. 완두콩, 내장, 당밀
> 라. 감자, 고구마, 무

① 가, 다
② 나, 라
③ 가, 나, 다
④ 라
⑤ 가, 나, 다, 라

해설 철 함량이 많은 식품
간, 콩팥, 쇠고기, 내장, 난황, 말린 과일(살구, 복숭아, 자두, 건포도 등), 완두콩, 강낭콩, 땅콩, 녹색채소류, 당밀 등

344 간을 싫어하는 빈혈 환자에게 조리방법 교육을 어떻게 하면 좋은가?

① 생간으로 먹도록 권장한다.
② 양파, 생강 등의 향신 채소나 소스를 이용하도록 한다.
③ 소금에 담가 피를 완전히 뽑은 후에 익혀 먹도록 한다.
④ 보존이 오래된 간을 이용한다.
⑤ 고추나 겨자를 이용하여 조리한다.

해설 간 조리방법 교육
냄새 제거를 위해 우유에 담그거나 양파, 파, 생강 등의 향신 채소와 마요네즈 등의 사용이 효과적이다.

345 뉴런에 대한 설명 중 옳지 않은 것은?

① 신경세포는 재생능력이 없으므로 수명이 가장 길다.
② 유사분열을 통해 분열할 수 있다.
③ 축삭·수상돌기에서도 흥분이 시작될 수 있다.
④ 수상돌기는 다른 뉴런으로부터 흥분을 받아들인다.
⑤ 세포체는 뉴런의 성장과 물질 대사에 관여한다.

해설 뉴런은 세포분열을 하지 않는다.

346 화학적 신경전달물질 중 억제성 전달물질로 조합된 것은?

> 가. 도파민
> 나. 글리신
> 다. 노르에피네프린
> 라. γ-아미노부티르산(GABA)

① 가, 다   ② 나, 라
③ 가, 나, 다   ④ 라
⑤ 가, 나, 다, 라

> **해설** 흥분성 전압 유발물질
> 아세틸콜린, 에피네프린, 노르에피네프린, 도파민, 세로토닌, 글루탐산, 아스파르트산 등

347 활동전압이 나타날 때의 현상으로 옳지 않은 것은?

① 탈분극 시 세포 내부에 나트륨 이온이 유입된다.
② 재분극 시 세포 외부로 나트륨 이온이 이동한다.
③ 안정막 전압에서는 세포 외부에 나트륨 이온이 다량 존재하여 양극상태이다.
④ 탈분극이 일어날 때 뉴런의 막은 내부가 양극이고, 외부가 음극이다.
⑤ 안정 상태에 있는 신경섬유에 자극을 주면 세포막의 나트륨 이온의 투과성이 커진다.

> **해설** 재분극 시에는 K^+ 이온이 세포 외부로 확산되어 양극으로 되돌아간 상태이다.

348 뇌에서 주로 이용되는 에너지원으로 조합된 것은?

> 가. 탄수화물, 단백질, 지방   나. 알부민
> 다. 유리지방산   라. 포도당

① 가, 다   ② 나, 라
③ 가, 나, 다   ④ 라
⑤ 가, 나, 다, 라

> **해설** 뇌의 에너지원
> • 신경조직은 다른 조직과 달리 뉴런을 위한 유일한 연료로서 포도당만을 요구한다.
> • 혈당은 정상적인 뇌기능을 유지하기 위해 일정하게 조절된다.

349 정신활동을 할 때 나타나는 특징적인 뇌파의 유형은?

① α-파

② β-파

③ δ-파

④ θ-파

⑤ 방추파

> **해설** 뇌파 유형
> • α-파 : 시각영역에 해당하는 부위에서 잘 포착되며 일반적으로 눈을 감고 휴식상태
> • β-파 : 정신활동
> • δ-파 : 수면 상태
> • θ-파 : 강한 흥분상태

350 뇌에 대한 설명으로 옳지 않은 것은?

① 대뇌 손상 시 판단장애가 올 수 있다.

② 소뇌는 움직임을 계획하고 자세와 평형을 통제하며 팔다리의 움직임을 조절하는 기능을 담당한다.

③ 중뇌는 시각(동공)반사와 자세반사를 담당한다.

④ 연수는 연하반사, 척수는 발목반사와 슬개건반사를 담당한다.

⑤ 대뇌피질은 기억하는 역할과 관련이 없다.

> **해설** 뇌
> • 대뇌피질 : 기억, 판단과 같은 고등한 정신기능을 담당한다. 또한 운동, 감각, 시각, 청각, 후각 영역 등이 있다. 이를 제외한 전체 3/4 이상이 연합영역이다. 연합영역에서는 고등한 정신기능과 관련이 있어서 의지·이해·판단·기억·언어·이성·인격 등의 기능을 주재하고 여러 가지 감각을 통합하는 모든 기능을 총괄적으로 발휘하기도 한다.
> • 시상 : 감각의 연결중추로서 후각을 제외한 모든 감각을 종합하고 대뇌피질로 전달하는 역할을 수행한다.

351 기저핵과 대뇌피질의 운동영역과 작용하여 운동조정에 참여하는 곳은 뇌의 어느 부분인가?

① 소 뇌

② 대뇌수질

③ 대뇌피질

④ 연 수

⑤ 기저핵

> **해설** 소 뇌
> • 운동학습기능이 있어 연습이나 훈련에 의한 운동패턴을 기억하여 숙련된 운동을 통제한다.
> • 소뇌는 운동학습과 운동 중 관절운동의 조정에 필요하고 사지운동 시에 타이밍을 맞추고 적절한 힘을 내게 하는 데 필요하다.

352 부교감 신경계의 활동으로 옳은 것의 조합은?

가. 소화효소 분비 및 소화작용 촉진	나. 기관지근 수축
다. 혈압을 내림	라. 동공 확대

① 가, 다   ② 나, 라
③ 가, 나, 다   ④ 라
⑤ 가, 나, 다, 라

> 해설   ③ 부교감 신경의 흥분 시 가~다의 활동을 한다.
> 교감 신경의 흥분은 혈관을 수축시켜 혈압을 올리고, 동공산대근을 수축시켜 동공이 확대되며, 수정체의 두께를 조절하는 모양체근을 이완시켜 수정체가 얇아진다.

353 척수반사에 속하는 것의 조합은?

가. 슬개건반사(신장반사)	나. 굴곡반사
다. 교차신전반사(굴근도피반사)	라. 구토와 재채기

① 가, 다   ② 나, 라
③ 가, 나, 다   ④ 라
⑤ 가, 나, 다, 라

> 해설   ③ 척수반사에는 가~다 이외에 역근형반사 등이 있다.
> • 연수반사 : 구토와 재채기
> • 아슈네르반사 : 안구압박에 의한 감압반사

354 시상하부에 존재하는 중추로 조합된 것은?

가. 포만중추와 공복중추	나. 구토중추
다. 혈당조절중추	라. 호흡중추

① 가, 다   ② 나, 라
③ 가, 나, 다   ④ 라
⑤ 가, 나, 다, 라

> 해설   ① 시상하부 중추에는 가, 다 이외에 체온과 삼투압 조절 중추가 있다.
> 연수에는 호흡 · 심장 · 혈관운동 · 연하 · 구토 · 발한중추, 타액 및 위액분비 중추 등이 존재한다.

352 ③   353 ③   354 ①   정답

355 케톤식(ketogenic diet)에 대한 설명으로 옳지 않은 것은?

① 고지방, 저당질식을 할 때 케토시스를 유발시킨다.
② 항경련성 효과가 커서 간질 발작을 조절하는 데 도움을 준다.
③ 진한 크림, 버터 등이 제공될 수 있다.
④ 지방의 불완전 연소를 유도한다.
⑤ 동맥경화증 환자에게도 케톤식을 실시한다.

해설 ⑤ 동맥경화증 환자의 경우 식물성 기름과 양질의 단백질을 이용하는 것이 좋다.
간질 치료식은 환자의 산·알칼리 균형에 변화를 초래하여 케토시스 상태를 만들도록 구성된 식사이다.

356 조절이 잘 되지 않는 소아 뇌전증(간질) 환자의 식사요법은? 2021.12

① 고식이섬유식
② 고당질식
③ 고지방식
④ 고단백식
⑤ 고염식

해설 케톤 생성 식이요법(Ketogenic Diet)
고지방, 저단백, 저탄수화물 식이요법으로 지방 함유량을 높여 몸 안에 케톤체가 과량으로 생성되도록 유도한다. 탄수화물인 당 대신 지방으로부터 얻어지는 케톤체를 두뇌 대사의 에너지로 사용하게 함으로써 경련 발작을 억제하는 치료법이다.

357 인체의 골격기능으로 옳은 조합은?

가. 지지작용
나. 보호작용
다. 운동작용
라. 응고작용

① 가, 다 ② 나, 라
③ 가, 나, 다 ④ 라
⑤ 가, 나, 다, 라

해설 골격의 기능
인체 지지, 내장 보호, 수동적인 운동기관으로 근육의 운동에 관여, 골수에서 조혈작용과 저장소 기능을 한다.

358 혈중 칼슘 농도에 대한 설명으로 옳지 않은 것은?

① 혈중 칼슘 농도는 일정하게 유지되며 근육의 수축, 이완 등에 관여한다.
② 부갑상선호르몬의 과잉 분비 시 골조직에서 칼슘의 유리가 증가되어 골연화증 등이 된다.
③ 혈중 칼슘 농도 상승 시 칼시토닌이 분비된다.
④ 칼시토닌 분비가 과다하면 골연화증, 골다공증을 초래한다.
⑤ 비타민 D는 소장에서의 칼슘 흡수를 증가시킨다.

> **해설** 혈중 칼슘 농도
> • 부갑상선호르몬(PTH) : 혈중 칼슘 농도 저하 시 분비 → 골격칼슘 용출, 신장에서 칼슘 재흡수 촉진, 소장 칼슘 흡수 촉진(비타민 D 활성화) → 혈중 칼슘 농도 상승
> • 칼시토닌(calcitonin) : 혈중 칼슘 농도 상승 시 분비 → 골격칼슘 침착, 신장에서 칼슘 재흡수 감소
> • 비타민 D : 소장에서 칼슘 흡수 증가, 골 흡수와 형성 촉진, 즉 골 대사회전을 활성화해 체내 칼슘 항상성을 유지시킴

359 혈중 칼슘 농도가 낮아졌을 때 분비되는 호르몬은? 2017.02

① 칼시토닌
② 부신수질호르몬
③ 에스트로겐
④ 부갑상선호르몬
⑤ 코르티솔

> **해설** 부갑상선호르몬(parathyroid hormone)
> 뼛속에 들어있는 칼슘을 유리시켜 혈액 중의 칼슘 농도를 높이는 작용을 하고, 신장 세뇨관에서 칼슘의 재흡수를 증가시키고 소장에서의 칼슘 흡수를 촉진하여 혈중 칼슘 농도를 증가시킨다. 칼시토닌은 이와 반대작용을 한다.

360 뼈에 칼슘이 침착되는 것을 도우며 노령화에 따라 감소되는 호르몬은? 2020.12

① 칼시토닌
② 갑상선호르몬
③ 알도스테론
④ 부갑상선호르몬
⑤ 안드로겐

> **해설** 칼시토닌(calcitonin)
> 혈중 칼슘 농도 상승 시 분비 → 골격칼슘 침착, 신장에서 칼슘 재흡수 감소

358 ④ 359 ④ 360 ① 정답

361 칼슘의 흡수를 저해하는 영양소로 조합된 것은?

가. 식이섬유	나. 비타민 D
다. phytate	라. 동물성 단백질

① 가, 다　　　　　　　　　　② 나, 라
③ 가, 나, 다　　　　　　　　④ 라
⑤ 가, 나, 다, 라

해설　칼슘 흡수
　　　• 증진 요소 : 비타민 D, 동물성 단백질, 유당, 염산, 비타민 C 등
　　　• 저해 요소 : 식이섬유, phytate, oxalate 등

362 구루병(rickets)의 원인으로 옳은 조합은?

가. 비타민 D 섭취 부족
나. 칼슘 섭취 증가
다. 인의 섭취 부족
라. 부갑상선호르몬의 증가

① 가, 다　　　　　　　　　　② 나, 라
③ 가, 나, 다　　　　　　　　④ 라
⑤ 가, 나, 다, 라

해설　구루병은 가, 다 이외에 자외선 차단, 칼슘섭취 부족, 신장기능 장애, 부갑상선호르몬의 감소 등에 의해 발생된다.

363 통풍 환자는 퓨린체 대사이상으로 체내에 이것이 축적되어 발생하는데, 혈중 수치가 높게 나타나는 것은?

2019.12

① 지방산　　　　　　　　　　② 요 산
③ 암모니아　　　　　　　　　④ 알부민
⑤ 크레아티닌

해설　통 풍
　　　요산이 체내에 축적되어 고요산혈증, 관절염 증상으로 통증이 심하게 나타나는 질병이다.

364 통풍 환자에게 제공해 줄 수 있는 음식으로만 구성된 식단은? 2020.12

① 완두콩밥, 홍합탕, 비프스테이크, 버섯볶음
② 모닝빵, 달걀프라이, 푸딩, 우유
③ 크림스프, 아스파라거스, 연어구이
④ 잡곡밥, 소고기뭇국, 고등어구이, 시금치나물
⑤ 쌀밥, 조개된장국, 멸치볶음, 콩자반

해설 통풍 환자 식사요법
• 퓨린 제한식 : 육류의 내장, 멸치, 등푸른 생선(고등어, 연어, 청어), 조개류 제한
• 에너지 : 제한
• 단백질 : 1g/kg 이하로 섭취, 우유와 달걀, 치즈는 권장
• 지방 : 하루 50g 이하, 불포화지방산으로 섭취
• 체중조절 및 알코올 제한

365 페닐케톤뇨증은 이것이 티로신으로 전환하는 데 필요한 효소가 결핍되어 나타난다. 이것은 무엇인가? 2020.12

① 호모시스테인
② 메티오닌
③ 페닐알라닌
④ 이소류신
⑤ 티로신

해설 페닐알라닌히드록실라아제(phenylalanine hydroxylase)가 결핍되어 페닐알라닌이 티로신으로 전화하지 못해 나타난다.

366 분지(= 측쇄, 곁가지) 아미노산을 제한해야 하는 선천성 대사장애는? 2018.12 2021.12

① 호모시스틴뇨증
② 페닐케톤뇨증
③ 단풍당뇨증
④ 갈락토오스혈증
⑤ 메틸말론산혈증

해설 단풍당뇨증(ketoaciduria)
• 측쇄아미노산인 류신, 이소류신, 발린의 대사장애증으로, 증세는 저혈당, 케톤성산독증 등이 있다.
• 가장 뚜렷하게 나타나는 증상은 소변, 땀, 타액에서 단풍 당밀 냄새가 나는 것이며 혼수, 사망에 이를 수 있다.
• 식사요법으로 측쇄아미노산을 제한한 특수조제유를 공급한다.
• 메틸말론산혈증 : 메틸말론산(methylmalonic acid)이 혈액과 소변에서 비정상적으로 증가되어 있어 대사산증(metabolic acidosis)도 일어날 수 있으며, 혈액과 소변에서 아세톤과 같은 케톤체의 수치가 높아지는 케톤혈증(ketonemia)과 케톤뇨증(ketonuria)이 나타난다.

364 ② 365 ③ 366 ③ 정답

367 단풍당뇨증 환자가 대사하지 못하는 아미노산으로 묶인 것은? 2019.12

> 가. 이소류신
> 나. 페닐알라닌
> 다. 발 린
> 라. 아르기닌

① 가, 다
② 나, 라
③ 가, 나, 다
④ 라
⑤ 가, 나, 다, 라

해설 단풍당뇨증
측쇄아미노산인 류신, 이소류신, 발린의 대사장애증이다.

368 갈락토오스혈증(galactosemia)에 대한 설명으로 옳지 않은 것은?

① galactose-1-phosphate uridyl transferase 부족으로 갈락토오스가 글루코오스로 전환되지 못하여 생긴다.
② 함황아미노산 대사이상으로 발생한다.
③ 식욕부진, 체중 저하, 발육지연, 구토, 설사, 지능 저하 등의 증상이 있다.
④ 혈중 높은 갈락토오스를 함유하므로 갈락토오스 함유 유제품을 제한한다.
⑤ 칼슘을 보충한 대두유로 대치하여 제공한다.

해설 ② 호모시스틴뇨증에 대한 설명이다. 이는 함황아미노산 대사이상으로 메티오닌에서 시스테인 합성과정 중 시스타티오닌 합성효소
의 결핍으로 소변에 호모시스틴 농도가 증가하여 동맥경화를 발생하는 선천성 대사이상이다.

369 갈락토오스혈증의 식사요법에 관한 설명으로 옳지 않은 것은? `2017.02`

① 유제품은 평생 동안 엄격히 제한한다.
② 유제품 함유의 기재가 없으면서 유당을 함유한 식품을 주의해야 한다.
③ 영아기에는 우유로 만든 조제분유나 모유를 이용해도 좋다.
④ 가공식품에는 유당이 포함되어 있으므로 먹지 않는 것이 안전하다.
⑤ 유당을 포함하지 않은 원재료로 만든 자연식품을 선택한다.

> **해설** 갈락토오스혈증 식사요법
> • 갈락토오스를 포도당으로 전환하는 효소인 galactose-1-phosphate uridyl transferase(type Ⅰ)이나 galactokinase(typeⅡ)가 선천적으로 결핍된 유전성 질환이다.
> • 영아기에는 우유로 만든 조제분유나 모유 대신 두유나 갈락토오스 제거 분유를 이용한다.

370 galactose가 glucose로 전환되지 못하여 생기는 갈락토오스혈증의 원인효소는? `2020.12`

① 헥소키나아제(hexokinase)
② 포도당-6-인산 가수분해효소(glucose-6-phosphatase)
③ 포스포글루코뮤타아제(phosphoglucomutase)
④ 갈락토오스-1-인산 우리딜전이효소(galactose-1-phosphate uridyl transferase)
⑤ 글루코키나아제(glucokinase)

> **해설** 갈락토오스혈증(galactosemia)
> 갈락토오스-1-인산 우리딜전이효소(galactose-1-phosphate uridyl transferase)의 부족으로 갈락토오스(galactose)가 글루코오스(glucose)로 전환되지 못하여 발생한다.

371 부신피질에서 분비되는 호르몬으로 나트륨의 재흡수 및 수분 평형 조절에 관여하는 것은? `2018.12`

① 티록신
② 항이뇨호르몬
③ 코르티솔
④ 알도스테론
⑤ 인슐린

> **해설** 부신피질호르몬
> • 알도스테론 : 나트륨의 재흡수, 칼륨의 분비에 관여함
> • 코르티솔 : 혈당 유지

372 렙틴 호르몬의 주요기능은? `2018.12`

① 분만유도
② 혈당증가
③ 칼슘 농도 조절
④ 식욕억제
⑤ 기초대사율 조절

> **해설** 호르몬
> - 렙틴은 식욕억제호르몬이며, 지방세포에서 분비되어 에너지 저장상태에 관한 정보를 뇌로 전달하는 역할을 담당한다.
> - 혈중 칼슘 농도 조절에 관여하며 뼈로부터 칼슘 용출을 억제하는 호르몬은 칼시토닌이며, 자궁을 수축시켜 정상분만을 유도하는 호르몬은 옥시토신이다.

373 표준체중과 활동량에 맞는 적정 에너지를 섭취하는 사람이 평소에 쉽게 피로하며 체중이 지속적으로 증가하고 있는 경우 그 원인은? `2020.12`

① 근육강화운동
② 갑상선 기능 저하
③ 흡 연
④ 저염식
⑤ 추운 지역 거주

> **해설** 갑상선(Thyroid gland)기능저하증
> 갑상선기능저하증은 우리 몸에 필요한 갑상선호르몬이 부족하여 나타나는 질환을 의미한다. 갑상선호르몬은 열과 에너지를 생성하는 데 필수적이므로 이것이 부족하면 온몸의 대사 기능이 저하된다. 주요증상으로는 쉽게 피로하고 피부는 건조, 창백하며 누렇게 된다. 또한 얼굴과 손발이 붓고, 식욕이 없어 잘 먹지 않는데도 몸이 붓고 체중이 증가한다.

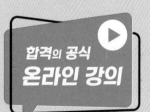

좋은 책을 만드는 길
독자님과 함께하겠습니다.

도서나 동영상에 궁금한 점, 아쉬운 점, 만족스러운 점이
있으시다면 어떤 의견이라도 말씀해 주세요.
SD에듀는 독자님의 의견을 모아 더 좋은 책으로 보답하겠습니다.

www.sdedu.co.kr

新2022 SD에듀 영양사 1교시 완벽마무리를 책임진다!

개정7판1쇄 발행	2022년 08월 05일 (인쇄 2022년 06월 23일)
초 판 발 행	2016년 12월 02일 (인쇄 2016년 12월 02일)
발 행 인	박영일
책 임 편 집	이해욱
저 자	최미희
편 집 진 행	박종옥 · 윤소진
표지디자인	김도연
편집디자인	하한우 · 이은미
발 행 처	(주)시대고시기획
출 판 등 록	제10-1521호
주 소	서울시 마포구 큰우물로 75 [도화동 538 성지 B/D] 9F
전 화	1600-3600
팩 스	02-701-8823
홈 페 이 지	www.sdedu.co.kr
I S B N	979-11-383-2701-5 (13590)
정 가	22,000원

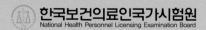

한국보건의료인국가시험원
National Health Personnel Licensing Examination Board

SD에듀와 함께
면허증 취득의 영광을 누려라!

가장 최근에 출제된 시험유형 반영 / 손에 잡힐듯한 완전컬러 화보의 실기
출제 빈도가 높은 예상문제 엄선 / 개정법 반영 / 실제시험 형식의 5회 모의고사

실제 시험에 합격한 선배의 노하우 / 반드시 알아야 할 내용의 중요도 표시
출제 빈도가 높은 예상문제 엄선 / 개정법 반영 / 실제시험 형식의 6회 모의고사

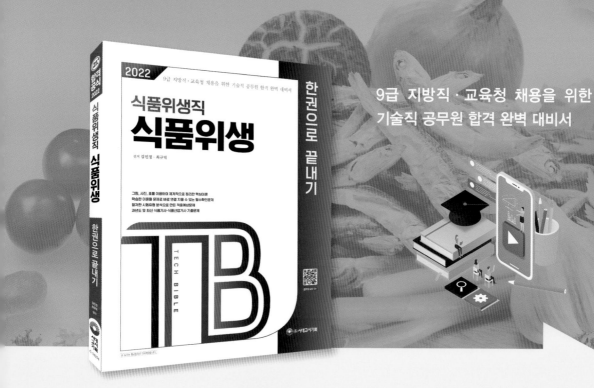

9급 지방직·교육청 채용을 위한
기술직 공무원 합격 완벽 대비서

2022 기술직공무원 식품위생직 식품위생 한권으로 끝내기   가격 | 23,000원

2022 기술직공무원 식품위생직 식품화학 한권으로 끝내기   가격 | 20,000원